农药标准应用指南

（2016）

农业部农药检定所　编

中国农业出版社

图书在版编目（CIP）数据

农药标准应用指南．2016/农业部农药检定所编．—北京：中国农业出版社，2016.12
ISBN 978-7-109-22212-0

Ⅰ.①农… Ⅱ.①农… Ⅲ.①农药—标准—中国—指南 Ⅳ.S48-65

中国版本图书馆 CIP 数据核字（2016）第 234191 号

中国农业出版社出版
（北京市朝阳区麦子店街 18 号楼）
（邮政编码 100125）
责任编辑 李文宾 王 凯

中国农业出版社印刷厂印刷 新华书店北京发行所发行
2016 年 12 月第 1 版 2016 年 12 月北京第 1 次印刷

开本：787mm×1092mm 1/16 印张：31.75
字数：600 千字
定价：60.00 元

编　委　会

前　言

农药标准化是农药产业技术进步的重要标志，也是实施农业标准化的重要内容之一。近年来，我国十分重视农药管理工作，社会各界也普遍关注。为提高农药管理水平，促进农药行业健康协调发展，农药管理有关部门加大了农药标准制修订的工作力度。随着我国《农产品质量安全法》和《食品安全法》的颁布实施，加强农产品质量安全管理，提高我国农产品国际竞争力，对农药标准化工作提出了更高的要求。

2015 年，农业部启动“2020 年农药使用量零增长行动”，根据病虫害发生为害特点和防控措施，坚持“综合治理、标本兼治”，重点在“控、替、精、统”上下工夫。为此，做好农药标准化工作更具有重要的现实意义。农药是一种特殊商品，农药标准化工作涉及农业、化工、卫生、环境保护等多个行业领域。因此，加强农药相关行业间的标准化信息交流，有利于促进农药标准化建设。为了方便大家了解、查询和利用农药标准，我们组织编写了《农药标准应用指南（2016）》。

本书收集了截至 2016 年 6 月发布的有效农药标准 1 472 项，其中国家标准 684 项、行业标准 788 项。按照标准的功能进行分类，分为基础标准、产品标准、药效标准、残留标准、环境标准和毒理学标准六大类。摘录了标准编号、名称、应用范围和要求等主要内容，指导性和实用性强。在编写过程中，我们对使用不规范的中英文农药通用名、剂型名称，按照现行国家标准进行了适当修改，并在原标准名称中加括号、以斜体字表示。为便于读者查阅，本书最后附标准索引。国家标准按照强制性标准（GB）、推荐性标准（GB/T）和指导性标准（GBZ），分别以标准编号从小到大的顺序排列；行业标准按照行业代号的字母顺序排列，收集的行业标准包括包装（BB）、化工（HG）、环境保护（HJ）、建工（JG）、粮食（LS）、林业（LY）、轻工（QB）、农业（NY）、商业（SB）、水产（SC）、出入境检验检疫（SN）、卫生（WS）、烟草（YC）等。

由于时间仓促，书中难免有疏漏和错误之处，敬请读者批评指正。

编　者

2016 年 6 月

目　　录

一、基础标准

序号	标准编号 （被替代标准号）	标准名称	应用范围和要求
1	GB/T 1604—1995 （GB/T 1604—1989）	商品农药验收规则 Commodity pesticide regulations for acceptance	规定了商品农药原药及加工制剂产品，在验收中供需双方的权利、责任与义务，技术依据，取样及仲裁。适用于商品农药原药及加工制剂产品的验收
2	GB/T 1605—2001 （GB/T 1605—1989）	商品农药采样方法 Sampling method for commodity pesticides	规定了商品农药的采样安全、采样技术、净含量检验以及样品的包装、运输和贮存。适用于商业和监督检验部门对商品农药原药及加工制剂的常规取样和质量检定；不适用于农药生产、加工和包装过程中的质量控制
3	GB 3796—2006 （GB 3796—1999）	农药包装通则 General rule for packing of pesticides	规定了农药的包装类别、包装技术要求、包装件运输、包装件贮存、试验方法和检验规则。适用于农药包装
4	GB 4838—2000 （GB 4838—1984）	农药乳油包装 Packaging for emulsifiable concentrates of pesticides	规定了农药乳油产品的包装技术要求、包装标志以及包装件的运输、贮存、试验方法和包装验收。适用于农药乳油包装
5	GB 4839—2009 （GB 4839—1998）	农药中文通用名称 Chinese common name for pesticides	规定了国内外常用的 1 274 个中文农药通用名称。在国内科研、生产、商贸、使用、卫生、防疫、环保、出版物、广告等有关领域里，凡用到农药名称的，都应使用本标准的中文通用名称

（续）

序号	标准编号 (被替代标准号)	标准名称	应用范围和要求
6	GB 6944—2012 （GB 6944—2005）	危险货物分类和品名编号 Classification and code of dangerous goods	规定了危险货物分类［爆炸品，气体，易燃液体，易燃固体、易于自燃的物质、遇水放出易燃气体的物质，氧化性物质和有机过氧化物，毒性和感染性物质，放射性物质，腐蚀性物质杂项危险物质和物品］、危险货物危险性的先后顺序和危险货物编号
7	GB 12268—2012 （GB 12268—2005）	危险货物品名表 List of dangerous goods	规定了危险货物品名表的一般要求［爆炸品，气体，易燃液体，易燃固体、易于自燃的物质、遇水放出易燃气体的物质，氧化性物质和有机过氧化物，毒性和感染性物质，放射性物质，腐蚀性物质、杂项危险物质和物品］、结构和危险货物品名表（3 495 个）。适用于危险货物的运输、储存、经销及其相关活动
8	GB 12475—2006 （GB 12475—1990）	农药贮运、销售和使用的防毒规程 Antitoxic regulations for storage-transportation，marketing and use of pesticides	规定了农药的装卸、运输、贮存、销售、使用中的防毒要求。新修订版中增加了农药毒性分级的数值表。适用于农药贮存、销售和使用等作业场所及其操作人员
9	GB 13042—2008 （GB 13042—1998）	包装容器　铁质气雾罐 Packaging containers-Tinplate aerosol cans	规定了铁质气雾罐的术语、分类、材料、要求、试验方法、检验规则以及标志、包装、运输与贮存。适用于口径为25.4mm、容积<1 000mL、用镀锡（烙）薄钢板制成的气雾罐
10	GB 13690—2009 （GB 13690—1992）	化学品的分类及危险性公示　通则 General rule for classification and hazard commonication of chemicals	规定了 GHS 化学品的分类［理化危险、健康危险、环境危险］及危险公示，适用化学品分类及危险公示，适用化学品生产场所和消费者的标示

（续）

序号	标准编号 (被替代标准号)	标准名称	应用范围和要求
11	GB/T 14019—2009 (GB/T 14019—1992)	木材防腐术语 Technical terms used in wood preservation	规定了木材防腐的常用术语。适用与针、阔叶树原材、锯材、木基复合材料以及其他木制品在使用前和使用中的木材防腐、木材阻燃相关领域。竹材、藤材等可参照使用
12	GB/T 14156—2009	食品用香料分类与编码 Classification and code flavoring substancens	规定了食品用香料分类与编码的术语和定义、编码原则和具体编码表。本标准适用于研制、生产、使用、管理以及一切涉及食品用香料的场合
13	GB/T 14372—2013 (GB/T 14372—2005)	危险货物运输　爆炸品的认可和分项试验方法 Transport of dangerous goods-Test method of acceptance and dassification for explosive	规定了爆炸品认可、分项所需的试验方法的原理、仪器和材料、试验条件、试验步骤及结果的表述。适用于爆炸品的认可、分项试验
14	GB/T 17515—1998	农药乳化剂术语 Pesticide emulsifiers-terms	规定了106条农药乳化剂及与其有关的表面活性剂、表面现象、分散体系、乳状液、农药制剂加工、农药乳化剂应用领域的有关术语。适用于农药乳化剂及其有关的表面活性剂领域
15	GB/T 17519—2013 (GB/T 17519.2—2003)	化学品安全技术说明书编写指南 Guidance on the compilation of safety data sheet for chemical products	规定了化学品安全技术说明书（SDS）中化学品及企业标识、危险性概述、成分/组成信息、急救措施、消防措施、泄漏应急处理、操作处置与储存、接触控制和个体防护、理化性质、稳定性和反应性、毒理学信息、生态学信息、废弃处置、运输信息、法规信息、其他信息等16个部分内容的编写规则以及SDS的格式、书写要求和计量单位等的要求，并给出了说明书样例和参考数据源

（续）

序号	标准编号 （被替代标准号）	标准名称	应用范围和要求
16	GB/T 17768—1999	悬浮种衣剂产品标准编写规范 Guidelines on drafting standards of suspension concentrates for seed dressing	规定了悬浮种衣剂产品标准编写的要求和表述方法［有效成分质量分数、杂质、悬浮率、筛析、黏度范围、成膜性、包衣均匀性、包衣脱落率、pH 范围、低温和热贮稳定性］。适用于编写相应的悬浮种衣剂产品的国家标准、行业标准、地方标准和企业标准
17	GB/T 19378—2003	农药剂型名称及代码 Nomenclature and codes for pesticide formulations	规定了 120 个农药剂型的名称及代码，涵盖了国内现有的农药剂型、国际上绝大多数农用剂型和卫生用农药的剂型。适用于农药的原药和制剂［包括原药和母药、固体制剂、液体制剂、种子处理制剂、其他制剂］
18	GB 20813—2006	农药产品标签通则 Guideline on labels for pesticide products	规定了农药产品标签设计制作的基本原则、标签标示的基本内容和要求。适用于商品农药（用于销售，包装进口）产品的标签设计和制作。不适用于出口农药以及属农药管理范畴的转基因作物、天敌生物产品的标签设计和制作
19	GB/T 21459.1—2008	真菌农药母药产品标准编写规范 Specification guidelines for fungal pesticide technical concentrates (TK)	规定了真菌农药母药产品标准中的产品要求［含菌量、活菌率、毒力、杂菌率、化学杂质、干燥减量、细度、pH 范围、贮存稳定性和（或）热贮稳定性］、试验方法以及标志、标签、包装、贮存和运输等规范性技术要素的内容和编写要求。适用于真菌母药产品的国家标准、行业标准或企业标准的编写
20	GB/T 21459.2—2008	真菌农药粉剂产品标准编写规范 Specification guidelines for fungal pesticide powders (DP)	规定了真菌农药粉剂产品标准中的产品要求［含菌量、活菌率、毒力、杂菌率、化学杂质、干燥减量、细度、pH 范围、贮存稳定性和（或）热贮稳定性］、试验方法以及标志、标签、包装、贮存和运输等规范性技术要素的内容和编写要求。适用于真菌粉剂产品的国家标准、行业标准或企业标准的编写

（续）

序号	标准编号 (被替代标准号)	标准名称	应用范围和要求
21	GB/T 21459.3—2008	真菌农药可湿性粉剂产品标准编写规范 Specification guidelines for fungal pesticide wettable powders（WP）	规定了真菌农药可湿性粉剂产品标准中的产品要求［含菌量、活菌率、毒力、杂菌率、化学杂质、干燥减量、悬浮率、润湿时间、细度、pH 范围、贮存稳定性和（或）热贮稳定性］、试验方法以及标志、标签、包装、贮存和运输等规范性技术要素的内容和编写要求。适用于真菌可湿性粉剂产品的国家标准、行业标准或企业标准的编写
22	GB/T 21459.4—2008	真菌农药油悬浮剂产品标准编写规范 Specification guidelines for fungal pesticide oil miscible flowable concentrates（OF）	规定了真菌农药油悬浮剂产品标准中的产品要求［含菌量、活菌率、毒力、杂菌率、化学杂质、水分、悬浮率、倾倒性、湿筛试验、低温稳定性、贮存稳定性和（或）热贮稳定性］、试验方法以及标志、标签、包装、贮存和运输等规范性技术要素的内容和编写要求。适用于真菌油悬浮剂产品的国家标准、行业标准或企业标准的编写
23	GB/T 21459.5—2008	真菌农药饵剂产品标准编写规范 Specification guidelines for fungal pesticide baits（RB）	规定了真菌农药饵剂产品标准中的产品要求［含菌量、活菌率、毒力、杂菌率、化学杂质、引诱剂、干燥减量、细度、pH 范围、贮存稳定性和（或）热贮稳定性］、试验方法以及标志、标签、包装、贮存和运输等规范性技术要素的内容和编写要求。适用于真菌饵剂产品的国家标准、行业标准或企业标准的编写
24	GB/T 22225—2008	化学品危险性评价通则 General provisions for hazard evaluation of chemicals	规定了化学品危险性评价的术语和定义、评价程序及评价化学品的范围。适用于化学品生产单位和进口单位对其生产或进口的化学品进行危险性评价。评价的化学品是属于物质的化学品。不适用于放射性化学品、化妆品、医药、兽药、军用化学品及聚合物，但聚合物中含有本标准规定量的未聚合单体时，需对单体进行评价

（续）

序号	标准编号 (被替代标准号)	标准名称	应用范围和要求
25	GB/T 23694—2013 (GB/T 23694—2009)	风险管理　术语 Risk management-Vocabucary	规定了与风险管理有关的基本术语的定义，旨在鼓励用连贯的方法和一致的理解对风险管理相关活动进行描述，并在涉及风险管理的过程和框架时使用统一的风险管理术语
26	GB/T 23811—2009	食品安全风险分析工作原则 Working principles for safety analysis	规定了食品安全风险分析的一般要求，以及风险评估、风险管理和风险交流的基本原则。本标准适用于指导开展食品安全风险分析
27	GB 24330—2009	家用卫生杀虫用品安全通用技术条件 General security technical specification for domestic sanitary insecticide	规定了家用卫生杀虫用品类产品通用的术语和定义、要求、试验方法。适用于家用卫生杀虫用品类产品有关健康、环境安全通用要求
28	GB/T 24774—2009	化学品分类和危险性象形图标识通则 Classification and hazard pictograms for chemicals-General specification	规定了化学品物理危害、健康危害和环境危害分类及各类中使用的危害性象形图标识。适用于了化学品物理危害、健康危害和环境危害分类及确定化学品危害性象形图标识
29	GB/T 24775—2009	化学品安全评定规程 Procedure of chemical safety assessment	规定了化学品安全评定步骤和评定要求。适用于制造、进出口、投放市场的物质本身和配制品和物品中的化学品

（续）

序号	标准编号 (被替代标准号)	标准名称	应用范围和要求
30	GB/T 27617—2011	有害生物风险管理综合措施 Use of integrated measures in a systems approach for pest risk management	规定了有关制定和评价系统综合措施的准则，包括系统方法的目的、特点、与有害生物风险分析和现有风险治理方案的关系、相关的独立措施和关联措施、采用的环境、类别、效率、建立、评价以及责任等。可作为根据有关国际标准进行有害生物风险治理的备选方案，旨在达到对输入植物、植物产品和其他限定物品的植物检疫要求。适用于对输入植物、植物产品和其他限定物品的植物检疫
31	GB/T 27921—2011	风险管理 风险评估技术 Risk management—Risk assessment techniques	规定了风险评估技术的选择和应用。风险管理过程的要素包括明确环境信息、风险评估（包括风险识别、风险分析和风险评价 3 个步骤）、风险应对、监督和检查、沟通和记录等；规定了风险评估 3 个步骤的具体做法；并说明如何选择风险评估技术；标准附录中比较了不同技术在风险评估各阶段的适用性；并介绍了头脑风暴法、结构化/半结构化访谈、德尔菲法等 32 种风险评估技术。适用于指导组织选择合适的风险评估技术，一般性的风险管理标准以及各种类型和规模的组织
32	GB 28644.1—2012	危险货物例外数量及包装要求 Excepted quantitied and packing requinements of dangerous goods	规定了危险货物例外数量表的结构、危险货物例外数量以及危险货物以例外数量运输时一般的规定、包装、单证、标记、豁免等内容。适用于例外限数量包装运输的危险货物
33	GB 28644.2—2012	危险货物有限数量及包装要求 Limited quantitied and packing requinements of dangerous goods	规定了危险货物有限数量表的结构、危险货物有限数量以及危险货物以有限数量运输时的包装、单证、标记、豁免等内容。适用于以有限数量包装运输的危险货物

（续）

序号	标准编号 (被替代标准号)	标准名称	应用范围和要求
34	GB 28644.3—2012	有机过氧化物分类及品名表 Classification and list organic peroxide	规定了有机过氧化物的性质、分类、温度控制要求、减敏、储存、运输的安全技术要求，列明了有机过氧化物具体品名。适用于有机过氧化物运输以及运输中转过程中的储存作业
35	GB 30000.2—2013 (GB 20589—2006)	化学品分类和标签规范　第2部分：爆炸物 Rules for classification and labelling of chemicals—Part 2：Explosives	规定了爆炸物的术语和定义、分类标准、判定逻辑和指导、标签。适用于爆炸物按联合国《全球化学品统一分类和标签制度》分类和标签
36	GB 30000.3—2013 (GB 20589—2006)	化学品分类和标签规范　第3部分：易燃气体 Rules for classification and labelling of chemicals—Part 3：Flammable gases	规定了易燃气体的术语和定义、分类标准、判定逻辑和指导、标签。适用于易燃气体按联合国《全球化学品统一分类和标签制度》分类和标签
37	GB 30000.4—2013 (GB 20578—2006)	化学品分类和标签规范　第4部分：气溶胶 Rules for classification and labelling of chemicals—Part 4：Aerosols	规定了气溶胶的术语和定义、分类标准、判定逻辑和指导、标签。适用于气溶胶按联合国《全球化学品统一分类及标签制度》（简称GHS）分类和标签

（续）

序号	标准编号 （被替代标准号）	标准名称	应用范围和要求
38	GB 30000.5—2013 （GB 20589—2006）	化学品分类和标签规范　第5部分：氧化性气体 Rules for classification and labelling of chemicals—Part 5：Oxidizing gases	规定了氧化性气体的术语和定义、分类标准、判定逻辑和指导、标签。适用于氧化性气体按联合国《全球化学品统一分类和标签制度》分类和标签
39	GB 30000.6—2013 （GB 20589—2006）	化学品分类和标签规范　第6部分：加压气体 Rules for classification and labelling of chemicals—Part 6：Gases under pressure	规定了加压气体的术语和定义、分类标准、判定逻辑和指导、标签。适用于加压气体按联合国《全球化学品统一分类和标签制度》分类和标签
40	GB 30000.7—2013 （GB 20589—2006）	化学品分类和标签规范　第7部分：易燃液体 Rules for classification and labelling of chemicals—Part 7：Flammable liquids	规定了易燃液体的术语和定义、分类标准、判定逻辑和指导、标签。适用于易燃液体按联合国《全球化学品统一分类和标签制度》分类和标签
41	GB 30000.8—2013 （GB 20589—2006）	化学品分类和标签规范　第8部分：易燃固体 Rules for classification and labelling of chemicals—Part 8：Flammable solids	规定了易燃固体的术语和定义、分类标准、判定逻辑和指导、标签。适用于易燃固体按联合国《全球化学品统一分类和标签制度》分类和标签

（续）

序号	标准编号 (被替代标准号)	标准名称	应用范围和要求
42	GB 30000.9—2013 (GB 20589—2006)	化学品分类和标签规范　第 9 部分：自反应物质和混合物 Rules for classification and labelling of chemicals—Part 9: Self-reactive substances and mixtures	规定了自反应物质和混合物的术语和定义、分类标准、判定逻辑和指导、标签。适用于自反应物质和混合物按联合国《全球化学品统一分类和标签制度》（以下简称 GHS）分类和标签
43	GB 30000.10—2013 (GB 20589—2006)	化学品分类和标签规范　第 10 部分：自燃液体 Rules for classification and labelling of chemicals—Part 10: Pyrophoric liquids	规定了自燃液体的术语和定义、分类标准、判定逻辑和指导、标签。适用于自燃液体按联合国《全球化学品统一分类和标签制度》分类和标签
44	GB 30000.11—2013 (GB20589—2006)	化学品分类和标签规范　第 11 部分：自燃固体 Rules for classification and labelling of chemicals—Part 11: Pyrophoric solids	规定了自燃固体的术语和定义、分类标准、判定逻辑和指导、标签。适用于自燃固体按联合国《全球化学品统一分类和标签制度》分类和标签
45	GB 30000.12—2013 (GB 20589—2006)	化学品分类和标签规范　第 12 部分：自热物质和混合物 Rules for classification and labelling of chemicals—Part 12: Self-heating substances and mixtures	规定了自热物质和混合物的术语和定义、分类标准、判定逻辑和指导、标签。适用于自热物质和混合物按联合国《全球化学品统一分类和标签制度》分类和标签

（续）

序号	标准编号 （被替代标准号）	标准名称	应用范围和要求
46	GB 30000. 13—2013 （GB 20589—2006）	化学品分类和标签规范　第13部分：遇水放出易燃气体的物质和混合物 Rules for classification and labelling of chemicals—Part 13：Substances and mixtures which，in contact with water，emit flammable gases	规定了遇水放出易燃气体的物质和混合物的术语和定义、分类标准、判定逻辑和指导、标签。适用于遇水放出易燃气体的物质和混合物按联合国《全球化学品统一分类和标签制度》分类和标签
47	GB 30000. 14—2013 （GB 20589—2006）	化学品分类和标签规范　第14部分：氧化性液体 Rules for classification and labelling of chemicals—Part 14：Oxidizing liquids	规定了氧化性液体的术语和定义、分类标准、判定逻辑和指导、标签。适用于氧化性液体按联合国《全球化学品统一分类和标签制度》进行分类和标签
48	GB 30000. 15—2013 （GB 20590—2006）	化学品分类和标签规范　第15部分：氧化性固体 Rules for classification and labelling of chemicals—Part 15：Oxidizing solids	规定了氧化性固体的术语和定义、分类标准、判定逻辑和指导、标签。适用于氧化性固体按联合国《全球化学品统一分类和标签制度》进行分类和标签
49	GB 30000. 16—2013 （GB 20591—2006）	化学品分类和标签规范　第16部分：有机过氧化物 Rules for classification and labelling of chemicals—Part 16：Organic peroxides	规定了有机过氧化物的术语和定义、分类标准、判定逻辑和指导、标签。适用于有机过氧化物按联合国《全球化学品统一分类和标签制度》分类和标签

（续）

序号	标准编号 (被替代标准号)	标准名称	应用范围和要求
50	GB 30000.17—2013 (GB 20588—2006)	化学品分类和标签规范　第 17 部分：金属腐蚀物 Rules for classification and labelling of chemicals—Part 17：Corrosive to metals	规定了金属腐蚀物的术语和定义、分类标准、判定逻辑和指导、标签。适用于金属腐蚀物按联合国《全球化学品统一分类和标签制度》分类和标签
51	GB 30000.18—2013 (GB 20592—2006)	化学品分类和标签规范　第 18 部分：急性毒性 Rules for classification and labelling of chemicals—Part 18：Acute toxicity	规定了具有急性毒性的化学品的术语和定义、分类标准、判断逻辑、标签，适用于具有急性毒性的化学品按联合国《全球化学品统一分类和标签制度》分类和标签
52	GB 30000.19—2013 (GB 20593—2006)	化学品分类和标签规范　第 19 部分：皮肤腐蚀/刺激 Rules for classification and labelling of chemicals—Part 19：Skin corrosion/irritation	规定了具有皮肤腐蚀/刺激的化学品的术语和定义、分类标准、判定逻辑和标签。适用于具有皮肤腐蚀/刺激的化学品按联合国《全球化学品统一分类和标签制度》分类和标签
53	GB 30000.20—2013 (GB 20594—2006)	化学品分类和标签规范　第 20 部分：严重眼损伤/眼刺激 Rules for classification and labelling of chemicals—Part 20：Seriuos eye damage/eye irritation	规定了具有严重眼损伤/眼刺激化学品的术语和定义、分类标准、判定逻辑和标签。适用于具有严重眼损伤/眼刺激的化学品按联合国《全球化学品统一分类和标签制度》分类和标签

（续）

序号	标准编号 （被替代标准号）	标准名称	应用范围和要求
54	GB 30000.21—2013 （GB 20595—2006）	化学品分类和标签规范　第21部分：呼吸道或皮肤致敏 Rules for classification and labelling of chemicals—Part 21：Respiratory or skin sensitization	规定具有呼吸道或皮肤致敏性的化学品的术语和定义、一般说明、分类标准、判定逻辑、标签。适用于具有呼吸道或皮肤致敏性的化学品按联合国《全球化学品统一分类和标签制度》分类和标签
55	GB 30000.22—2013 （GB 20596—2006）	化学品分类和标签规范　第22部分：生殖细胞致突变性 Rules for classification and labelling of chemicals—Part 22：Germ cell mutagenicity	规定了具有生殖细胞致突变性的化学品的术语和定义、分类标准、判定逻辑和指导、标签。适用于具有生殖细胞致突变性的化学品按联合国《全球化学品统一分类和标签制度》分类和标签
56	GB 30000.23—2013 （GB 20597—2006）	化学品分类和标签规范　第23部分：致癌性 Rules for classification and labelling of chemicals—Part 23：Carcinogenicity	规定了具有致癌性的化学品的术语和定义、分类标准、判定逻辑和指导、标签。适用于具有具有致癌性的化学品按联合国《全球化学品统一分类和标签制度》分类和标签
57	GB 30000.24—2013 （GB 20598—2006）	化学品分类和标签规范　第24部分：生殖毒性 Rules for classification and labelling of chemicals—Part 24：Reproductive toxicity	规定了具有生殖毒性的化学品的术语和定义、分类标准、判定逻辑和标签。适用于具有生殖毒性的化学品按联合国《全球化学品统一分类和标签制度》分类和标签

（续）

序号	标准编号 （被替代标准号）	标准名称	应用范围和要求
58	GB 30000.25—2013 （GB 20599—2006）	化学品分类和标签规范　第25部分：特异性靶器官毒性　一次接触 Rules for classification and labelling of chemicals—Part 25：Specific target organ toxicity-Single exposure	规定了具有一次接触引起的特异性靶器官毒性的化学品的术语和定义、一般说明、分类标准、判定逻辑、标签。适用于具有一次接触引起的特异性靶器官毒性的化学品按联合国《全球化学品统一分类和标签制度》分类和标签
59	GB 30000.26—2013 （GB 20600—2006）	化学品分类和标签规范　第26部分：特异性靶器官毒性　反复接触 Rules for classification and labelling of chemicals—Part 26：Specific target organ toxicity-repeated exposure	规定了具有反复接触引起的特异性靶器官毒性的化学品的术语和定义、一般说明、分类标准、判定逻辑、标签。适用于具有反复接触引起的特异性靶器官毒性的化学品按联合国《全球化学品统一分类和标签制度》分类和标签
60	GB 30000.27—2013	化学品分类和标签规范　第27部分：吸入危害 Rules for classification and labelling of chemicals—Part 27：Aspiration hazard	规定了具有吸入危害的化学品的术语和定义、分类标准、判定逻辑和标签。适用于具有吸入危害的化学品按联合国《全球化学品统一分类和标签制度》分类和标签
61	GB 30000.28—2013 （GB 20602—2006）	化学品分类和标签规范　第28部分：对水生环境的危害 Rules for classification and lablling of chemicals—Part 28：Hazardous to the aquatic environment	规定了具有对水生环境危害的化学品的术语和定义、分类标准、判定逻辑和标签。适用于具有对水生环境危害的化学品按联合国《全球化学品统一分类和标签制度》（第四修订版）分类和标签

（续）

序号	标准编号（被替代标准号）	标准名称	应用范围和要求
62	GB 30000.29—2013	化学品分类和标签规范　第29部分：对臭氧层的危害 Rules for classification and labling of chemicals—Part 29：Hazardous to the ozone layer	规定了具有对臭氧层危害的化学品的术语和定义、分类标准、判定逻辑和标签。适用于具有对臭氧层危害的化学品按联合国《全球化学品统一分类和标签制度》分类和标签。不适用于含有危害臭氧层物种的设备、物品和电器（如电冰箱或空调设备等）
63	GB/T 31720—2015	病媒生物抗药性治理　总则 Insecticide resistance management for vector-General rules	规定了病媒生物抗药性治理基本要求与措施。适用于蝇类、蚊虫、蜚蠊等病媒生物的抗药性治理
64	GB/T 31721—2015	病媒生物控制术语与分类 Vector control terms and classification	规定了病媒生物监测、防制和评估过程中常用的术语及其分类。适用于病媒生物监测、防制和评估工作及其他相关领域
65	GB/T 50768—2012	白蚁防治工程基本术语标准 Standard for basic terminology of termite control project	统一和规范白蚁防治工程基本术语及其定义，实现专业术语标准化，以利于开展国内外技术交流，促进我国白蚁防治事业的发展。适用于白蚁防治工程的规划、设计、施工、管理
66	BB/T 0005—2010（BB 0005—95，BB/T 0033—2006）	气雾剂产品的标示、分类和术语 Label，classification and terms of aerosol products	规定了气雾剂产品标示要求、分类、术语及其定义。适用于在气雾剂包装容器上直接印刷或粘贴的气雾剂产品的标示，以及在科研、生产、流通和使用领域的气雾剂产品的分类及术语
67	BB 0042—2007	包装容器　铝质农药瓶 Packing containers-aluminum bottle for packing of pesticides	规定了铝质农药瓶的产品分类［Y型：盛满液态的农药瓶，G型：盛满固态的农药瓶］、要求［具有抗腐蚀或合适机械强度］、试验方法、检验规则以及标志、包装、运输与储运。适用于容量在1.5L及以下的各种规格的农药瓶

（续）

序号	标准编号 （被替代标准号）	标准名称	应用范围和要求
68	BB 0044—2007	包装容器　塑料农药瓶 Packing containers-plastic bottle for packing of pesticides	规定了塑料农药瓶的定义、产品分类［一级危险品包装瓶分3类、二级属非危险品包装；挤吹瓶、注吹瓶、注塑瓶］、要求、试验方法、检验规则以及标志、包装、运输与储运。适用于容量不超过1L（1kg）、以聚乙烯（PE）、聚对苯二甲酸乙二醇（PET）为主要原料制成的农药瓶和采用聚酰胺、乙烯—乙烯醇共聚物或聚乙烯氟化等工艺制成的农药瓶
69	HG/T 2467.1～20—2003（HG/T 2467.1～7—1996，HG/T 2473.1～6—1996）	农药产品标准编写规范 Guidelines on drafting specifications of pesticides	适用于编写相应产品［原药、母药、可湿性粉剂、粉剂、颗粒剂、水分散粒剂、可分散片剂、可溶粉剂、可溶粒剂、可溶片剂、烟粒、烟片、可溶液剂、水剂、悬浮剂、乳油、水乳剂、微乳剂、悬乳剂、超低容量液剂］的国家标准、行业标准、地方标准和企业标准
70	HG/T 2467.1—2003	农药原药产品标准编写规范	规定了原药的要求［有效成分质量分数、杂质、固体不溶物、水分、酸碱度或 pH 范围］、试验方法以及标志、标签、包装、贮运。适用于由原药及其生产过程中产生的杂质组成原药的国家标准、行业标准或企业标准的编写
71	HG/T 2467.2—2003	农药乳油产品标准编写规范	规定了乳油的要求［有效成分质量分数、杂质、水分、酸碱度或pH 范围、乳液稳定性、低温稳定性、热贮稳定性］、试验方法以及标志、标签、包装、贮运。适用于原药与乳化剂溶解在适宜溶剂中配制而成乳油的国家标准、行业标准或企业标准的编写

（续）

序号	标准编号（被替代标准号）	标准名称	应用范围和要求
72	HG/T 2467.3—2003	农药可湿性粉剂产品标准编写规范	规定了可湿性粉剂的要求［有效成分质量分数、杂质、水分、酸碱度或 pH 范围、悬浮率、润湿时间、细度、热贮稳定性］、试验方法以及标志、标签、包装、贮运。适用于原药、适宜的助剂和填料加工而成可湿性粉剂的国家标准、行业标准或企业标准的编写
73	HG/T 2467.4—2003	农药粉剂产品标准编写规范	规定了粉剂的要求［有效成分质量分数、杂质、水分、酸碱度或 pH 范围、细度、热贮稳定性］、试验方法以及标志、标签、包装、贮运。适用于原药、助剂和填料加工而成粉剂的国家标准、行业标准或企业标准的编写
74	HG/T 2467.5—2003	农药悬浮剂产品标准编写规范	规定了悬浮剂的要求［有效成分质量分数、杂质、酸碱度或 pH 范围、悬浮率、倾倒性、湿筛试验、持久起泡性、低温稳定性、热贮稳定性］、试验方法以及标志、标签、包装、贮运。适用于原药、助剂和填料加工而成悬浮剂的国家标准、行业标准或企业标准的编写
75	HG/T 2467.6—2003	农药水剂产品标准编写规范	规定了水剂的要求［有效成分质量分数、杂质、水不溶物、pH 范围、稀释稳定性、低温稳定性、热贮稳定性］、试验方法以及标志、标签、包装、贮运。适用于原药和必要的助剂加工成水剂的国家标准、行业标准或企业标准的编写
76	HG/T 2467.7—2003	农药可溶液剂产品标准编写规范	规定了可溶液剂的要求［有效成分质量分数、杂质、水分、酸碱度或 pH 范围、与水互溶性、低温稳定性、热贮稳定性］、试验方法以及标志、标签、包装、贮运。适用于原药和助剂溶解在适宜的水溶性溶剂中加工而成可溶液剂的国家标准、行业标准或企业标准的编写

（续）

序号	标准编号 (被替代标准号)	标准名称	应用范围和要求
77	HG/T 2467.8—2003	农药母药产品标准编写规范	规定了母药的要求［有效成分质量分数、杂质、固体不溶物、酸碱度或 pH 范围］、试验方法以及标志、标签、包装、贮运。适用于由母药及其生产过程中产生的杂质组成母药的国家标准、行业标准或企业标准的编写
78	HG/T 2467.9—2003	农药水乳剂产品标准编写规范	规定了水乳剂的要求［有效成分质量分数、杂质、酸碱度或 pH 范围、乳液稳定性、倾倒性、持久起泡性、低温稳定性、热贮稳定性］、试验方法以及标志、标签、包装、贮运。适用于原药与助剂加工成水乳剂的国家标准、行业标准或企业标准的编写
79	HG/T 2467.10—2003	农药微乳剂产品标准编写规范	规定了微乳剂的要求［有效成分质量分数、杂质、酸碱度或 pH 范围、乳液稳定性、透明温度范围、持久起泡性、低温稳定性、热贮稳定性］、试验方法以及标志、标签、包装、贮运。适用于原药与助剂加工成微乳剂的国家标准、行业标准或企业标准的编写
80	HG/T 2467.11—2003	农药悬乳剂产品标准编写规范	规定了悬乳剂的要求［有效成分质量分数、杂质、酸碱度或 pH 范围、分散稳定性、倾倒性、湿筛试验、持久起泡性、低温稳定性、热贮稳定性］、试验方法以及标志、标签、包装、贮运。适用于原药与助剂加工成悬乳剂的国家标准、行业标准或企业标准的编写
81	HG/T 2467.12—2003	农药颗粒剂产品标准编写规范	规定了颗粒剂的要求［有效成分质量分数、杂质、水分、酸碱度或 pH 范围、松密度和堆密度、脱落率、粒度范围、热贮稳定性］、试验方法以及标志、标签、包装、贮运。适用于原药、载体和助剂用包衣法加工成颗粒剂的国家标准、行业标准或企业标准的编写

（续）

序号	标准编号 (被替代标准号)	标准名称	应用范围和要求
82	HG/T 2467.13—2003	农药水分散粒剂产品标准编写规范	规定了水分散粒剂的要求［有效成分质量分数、杂质、水分、酸碱度或 pH 范围、悬浮率、分散性、持久起泡性、润湿时间、湿筛试验、粒度范围、热贮稳定性］、试验方法以及标志、标签、包装、贮运。适用于原药、载体和助剂加工成水分散粒剂的国家标准、行业标准或企业标准的编写
83	HG/T 2467.14—2003	农药可分散片剂产品标准编写规范	规定了可分散片剂的要求有［有效成分质量分数、杂质、水分、酸碱度或 pH 范围、悬浮率、持久起泡性、崩解时间、湿筛试验、粉末和碎片、热贮稳定性］、试验方法以及标志、标签、包装、贮运。适用于原药、载体和助剂加工成可分散片剂的国家标准、行业标准或企业标准的编写
84	HG/T 2467.15—2003	农药可溶粉剂产品标准编写规范	规定了可溶粉剂的要求［有效成分质量分数、杂质、水分、酸碱度或 pH 范围、溶解程度和溶液稳定性、持久起泡性、润湿时间、热贮稳定性］、试验方法以及标志、标签、包装、贮运。适用于原药、载体和助剂加工成可溶粉剂的国家标准、行业标准或企业标准的编写
85	HG/T 2467.16—2003	农药可溶粒剂产品标准编写规范	规定了可溶粒剂的要求［有效成分质量分数、杂质、水分、酸碱度或 pH 范围、溶解程度和溶液稳定性、持久起泡性、热贮稳定性］、试验方法以及标志、标签、包装、贮运。适用于原药、载体和助剂加工成可溶粒剂的国家标准、行业标准或企业标准的编写

（续）

序号	标准编号 (被替代标准号)	标准名称	应用范围和要求
86	HG/T 2467.17—2003	农药可溶片剂产品标准编写规范	规定了可溶片剂的要求［有效成分质量分数、杂质、水分、酸碱度或 pH 范围、溶解程度和溶液稳定性、持久起泡性、崩解时间、湿筛试验、粉末和碎片、热贮稳定性］、试验方法以及标志、标签、包装、贮运。适用于原药、载体和助剂加工成可溶片剂的国家标准、行业标准或企业标准的编写
87	HG/T 2467.18—2003	农药烟粉粒剂产品标准编写规范	规定了烟粉粒剂的要求［有效成分质量分数、杂质、干燥减量、酸碱度或 pH 范围、成烟率、自燃温度、干筛试验、燃烧发烟时间、点燃试验、热贮稳定性］、试验方法以及标志、标签、包装、贮运。适用于原药、助燃剂、燃剂、填料加工成烟粉粒剂的国家标准、行业标准或企业标准的编写
88	HG/T 2467.19—2003	农药烟片剂产品标准编写规范	规定了烟片剂的要求［有效成分质量分数、杂质、干燥减量、酸碱度或 pH 范围、成烟率、自燃温度、跌落破碎率、粉末和碎片、燃烧发烟时间、点燃试验、热贮稳定性］、试验方法以及标志、标签、包装、贮运。适用于原药、助燃剂、燃剂、填料等加工成烟片剂的国家标准、行业标准或企业标准的编写
89	HG/T 2467.20—2003	农药超低容量液剂产品标准编写规范	规定了超低容量液剂的要求［有效成分质量分数、杂质、水分、酸碱度或 pH 范围、低温稳定性、热贮稳定性］、试验方法以及标志、标签、包装、贮运。适用于原药与助剂制成的超低容量液剂的国家标准、行业标准或企业标准的编写

（续）

序号	标准编号 （被替代标准号）	标准名称	应用范围和要求
90	HG 3308—2001 （HG 3308—1986）	农药通用名称及制剂名称命名原则和程序 Principles and procedure of the nomenclature for common names of pesticides and pesticide formulations	规定了农药有效成分中文通用名称以及制剂名称的命名原则和程序。适用于农药有效成分中文通用名称以及制剂名称的命名
91	HJ/T 154—2004	新化学物质危害评估导则 The guidelines for the hazard evaluation of new chemical substances	规定了新化学物质危害评估的数据要求、评估方法、分级标准、评估结论的编写等事项。适用于新化学物质申报中的专家评审和申报人的自评
92	HJ 556—2010	农药使用环境安全技术导则 Technical guideline on environmental safety application	规定了农药环境安全使用的原则、控制技术措施和管理措施等相关内容。适用于指导农药环境安全使用的监督与管理，也可作为农业技术部门指导农业生产者科学、合理用药的依据
93	HJ 624—2011	外来物种环境风险评估技术导则 Technical guideline for assessment on environmental risk of alien species	规定了外来物种环境风险评估的原则、内容、工作程序、方法和要求。本标准适用于规划和建设项目可能导致外来物种造成生态危害的评估
94	LS/T 1212—2008	储粮化学药剂管理和使用规范 Guideline of pesticide management and application for stored grain	规定了储粮化学药剂的术语和定义、分类（按防治对象：熏蒸剂、防护剂、防霉剂及空仓器材杀虫剂；按成分：无机和有机药剂）管理和使用。适用于储粮化学药剂的采购、运输、装卸、储存、废弃物处理和使用

（续）

序号	标准编号 (被替代标准号)	标准名称	应用范围和要求
95	LY/T 1925—2010	防腐木材产品标识 Brands of preservative-treated preservative-treared wood	规定了水载型及有机溶剂型木材防腐剂处理材的产品标识，不包括木材防腐油处理材的产品标识。适用于国内防腐木材的生产、销售、施工、使用及质量监督
96	NY/T 718—2003	农药毒理学安全性评价良好实验室规范	规定了从事农药毒理学安全性评价良好实验室应遵守的规范。适用于农药登记的毒理学安全性评价试验。标准中有相关术语，对评价机构的组织和人员、质量保证部门、实验设施、仪器设备和试验材料、标准操作规程、试验计划书及试验的实施、试验报告书、资料和标本的保管等做出了相关要求
97	NY/T 762—2004	蔬菜农药残留检测抽样规范	规定了新鲜蔬菜样本抽样方法及实验室试样制备方法。适用于市场和生产地新鲜蔬菜样本地抽取及实验室试样的制备
98	NY/T 788—2004	农药残留试验准则 Guideline on pesticide residue trials	规定了农药残留试验的基本要求（包括田间试验的设计和实施、采样及样品贮藏、残留分析、试验记录及报告）。适用于农药登记残留试验，最高残留限量的制定及农药合理使用准则的制定
99	NY/T 789—2004	农药残留分析样本的采样方法 Guideline on sampling for pesticide residue analysis	规定了农药残留田间试验样本（植株、水、土壤）、产地和市场样本的采集、处理、贮存方法。适用于种植业中农药残留分析样本的采样过程
100	NY 885—2004	农用微生物产品标识要求 Marking of microbial product in agriculture	规定了农用微生物产品标识的基本原则、一般要求及标注内容等。适用于中华人民共和国境内生产、销售的农用微生物产品

（续）

序号	标准编号 （被替代标准号）	标准名称	应用范围和要求
101	NY/T 1506—2015	绿色食品 食用花卉 Green food Edible flower	规定了绿色食品食用花卉的术语和定义、要求、检验规则、标签、包装、运输和贮存。适用于绿色食品食用花卉的鲜品，包括菊花、玫瑰花、金银花、茉莉花、金雀花、代代花、槐花，以及国家批准的其他可食用花卉
102	NY/T 1276—2007	农药安全使用规范　总则 General guidelines for pesticide safe use	规定了使用农药人员的安全防护和安全操作的要求。适用于农业领域施药人员
103	NY/T 1386—2007	农药理化分析良好实验室规范准则 Principles of good laboratory practice for pesticide physical-chemical testing	规定了农药理化分析实验室应遵从的良好实验室规范准则。适用于为向农药登记部门提供所需产品的理化数据而开展的试验
104	NY/T 1493—2007	农药残留试验良好实验室规范 Good laboratory practice for pesticide residue trials	规定了农药残留试验应遵从的良好实验室规范的基本要求。适用于为农药登记提供数据进行的残留试验
105	NY/T 1667.1—2008	农药登记管理术语　第1部分：基本术语 Terminology of pesticide registration management Part 1：Basic terminology	规定了农药登记中常用的79条基本术语。适用于农药管理领域

（续）

序号	标准编号 (被替代标准号)	标准名称	应用范围和要求
106	NY/T 1667.2—2008	农药登记管理术语　第 2 部分：产品化学 Terminology of pesticide registration management Part 2：Product chemistry	规定了农药登记中常用的 176 条产品化学术语。适用于农药管理领域
107	NY/T 1667.3—2008	农药登记管理术语　第 3 部分：农药药效 Terminology of pesticide registration management Part 3：Pesticide efficacy	规定了农药登记中常用的 134 条农药药效术语。适用于农药管理领域
108	NY/T 1667.4—2008	农药登记管理术语　第 4 部分：农药毒理 Terminology of pesticide registration management Part 4：Pesticide toxicology	规定了农药登记中常用的 125 条农药毒理术语。适用于农药管理领域
109	NY/T 1667.5—2008	农药登记管理术语　第 5 部分：环境影响 Terminology of pesticide registration management Part 5：Pesticide environmental effect	规定了农药登记中常用的 79 条环境影响术语。适用于农药管理领域

（续）

序号	标准编号 (被替代标准号)	标准名称	应用范围和要求
110	NY/T 1667.6—2008	农药登记管理术语　第6部分：农药残留 Terminology of pesticide registration management Part 6：Pesticide residue	规定了农药登记中常用的28条农药残留术语。适用于农药管理领域
111	NY/T 1667.7—2008	农药登记管理术语　第7部分：农药监督 Terminology of pesticide registration management Part 7：Pesticide supervision	规定了农药登记中常用的40条农药监督术语。适用于农药管理领域
112	NY/T 1667.8—2008	农药登记管理术语　第8部分：农药应用 Terminology of pesticide registration management Part 8：Pesticide application	规定了农药登记中常用的76条农药应用术语。适用于农药管理领域。其中附录A：适用作物和场所的中、英文或拉丁文对照名称共有431条，附录B：防治对象或作用的中、英文或拉丁文对照名称共有1 026条
113	NY/T 1906—2010	农药环境评价良好实验室规范 Good laboratory practice for pesticide environmental testing	规定了农药环境评价实验室应遵从的良好实验室规范。适用于为农药登记提供数据而进行的环境评价试验
114	NY/T 2885—2016	农药登记田间药效试验质量管理规范 Good experimental practice for pesticide efficacy trials	规定了农药登记田间药效试验应遵从的基本要求。适用于为农药登记提供数据而进行的田间药效试验

（续）

序号	标准编号 (被替代标准号)	标准名称	应用范围和要求
115	SB/T 10558—2009	防腐木材及木材防腐剂取样方法 Sampling method for preservative-treated wood and wood preservatives	规定了防腐木材（包括锯材、圆木、木制品）和木材防腐剂的批的选择、取样、取样前的准备、取样方法、取样记录的要求以及安全注意事项。适用于以检验该批防腐木材的透入率和载药量及木材防腐剂的质量为目的取样
116	SN/T 0001—1995 (SN/T 0001—1993)	出口商品中农药、兽药残留量及生物毒素检验方法标准编写的基本规定 General rules for drafting the standard methods for the determination veterinary drug residues and of pesticide, biotoxins in commodities for export	规定了出口商品中农药、兽药残留量及生物毒素检验方法标准编写的基本要求、标准的构成和条文的编写要求，并附录检验方法标准的测定低限、回收率、精密度规定及英文版本。适用于编写出口商品中农药、兽药残留量及生物毒素检验方法的国家标准、行业标准
117	SN/T 0005—1996	出口商品中农药、兽药残留量及生物毒素生物学检验方法标准编写的基本规定 General rules for drafting the standard of biological methods for the determination of pesticide, veterinary drug residues and biotoxins in commodities for export	规定了出口商品中农药、兽药残留量及生物毒素的生物学检验方法标准编写的基本要求、标准的构成和条文的编写要求。并附录英文版本。适用于编写出口商品中农药、兽药残留量及生物毒素生物学检验方法的国家标准、行业标准

（续）

序号	标准编号（被替代标准号）	标准名称	应用范围和要求
118	SN/T 2421—2010	进口农药检验规程 Rules for inspection of pesticides for import	规定了进口农药的报检申报材料、抽样、登记资料的备案、检验、合格评定、检验证书复议有效期限和检验留样保存期限。适用于进口农药的包装与标签的查验、抽样、登记资料的备案、理化性能和安全性能的检验、合格评定以及复议
119	SN/T 3083.1—2012	全球化学品统一分类和标签制度（GHS） 第1部分：定义和缩略语 Globally harmonized system of classification and lablling of chemicals（GHS）. Part 1：Definitions and abbreviations	规定了GHS制度关于化学品分类标签方面的通用定义和缩略语。适用于GHS制度化学品分类标签的相关领域
120	SN/T 3083.2—2012	全球化学品统一分类和标签制度（GHS） 第2部分：标签和安全数据单的可理解性测试方法 Globally harmonized system of classification and labelling of chemicals（GHS）. Part 2：Comprehensibility testing methodology of labels and SDS	规定了全球化学品统一分类和标签制度（GHS）中的标签和安全数据单的可理解性测试方法。适用于对全球化学品统一分类和标签制度（GHS）中的标签和安全数据单可理解性的测试评估

（续）

序号	标准编号 （被替代标准号）	标准名称	应用范围和要求
121	SN/T 3522—2013	化学品风险评估通则 General principles for risk assessment of chemicals	规定了化学品风险评估的原则、程序、基本内容和一般要求。原则为信息有效、全面评估、综合衡量；程序主要包括危害识别、危害表征、暴露评估、风险表征等；并对评估前准备、危害识别、危害表征、暴露评估、风险表征、不确定性和风险评估报告等内容进行了规定。适用于化学品的风险评估
122	SN/T 4040—2014	农药残留分析良好实验室操作指南 Guildelines on good laboratory praticitice in reside analysis	规定了农药残留分析的良好实验室通用要求，以及分析人员、基础资源、分析过程的相关要求。适用于农药残留分析良好实验室的管理及指导性操作
123	YC/T 526—2015	烟草除草剂药害分级及调查方法 Grade and investigation method of herbicide phytotoxicity in tobacco	规定了烟叶生产过程中烟草遭受除草剂药害的程度及调查方法。适用于苗床期烟苗和大田烟株遭受除草剂药害严重程度的分级和判断

二、产品标准

(一) 技术要求

序号	标准编号 (被替代标准号)	标准名称	应用范围和要求
1	GB 334—2001 (GB 334—1989)	敌百虫原药 Trichlorfon technical	规定了敌百虫原料的要求（敌百虫≥97.0%，90.0%，水分≤0.3%，0.4%，丙酮不溶物≤0.5%，酸度≤0.3%，1.8%）、试验方法［液相色谱法（仲裁法）、碱解定氯法］及标志、标签、包装、贮运。适用于由敌百虫及生产中产生的杂质组成的敌百虫原药
2	GB 434—1995 (GB 434—1982)	溴甲烷原药 Methyl bromide technical	规定了溴甲烷原药的技术条件［溴甲烷质量分数≥99.5%，98.5%，不挥发物≤0.03%，0.01%，酸度≤0.02%，0.05%］、试验方法［气相色谱法内标法（仲裁法）、气相色谱法归一法］、检验规则以及标志、包装、运输和贮存条件。适用于由溴甲烷及其生产中产生的杂质组成的溴甲烷原药，应无添加的改性剂
3	GB 437—2009 (GB 437—1993)	硫酸铜（农用） Copper sulfate（For crops use）	规定了农业用硫酸铜的技术条件［硫酸铜（$CuSO_4 \cdot 5H_2O$）质量分数≥98.0%，砷质量分数≤25mg/kg，铅质量分数≤125mg/kg，镉质量分数≤25mg/kg，水不溶物≤0.2%，酸度≤0.2%］、试验方法（化学滴定法）以及标志、标签、包装、贮运条件。适用于含 5 个结晶水的硫酸铜及其生产中产生的杂质组成的硫酸铜

（续）

序号	标准编号 (被替代标准号)	标准名称	应用范围和要求
4	GB 2548—2008 (GB 2548—1993)	敌敌畏乳油 Dichlorvos emulsifiable concentrates	规定了敌敌畏乳油的技术条件［敌敌畏质量分数：$77.5^{+3.5}_{-2.5}$%，$48^{+3.0}_{-2.0}$%，三氯乙醛质量分数≤0.4%，水分≤0.1%，酸度≤0.3%等］、试验方法（气相色谱法 FID、气相色谱法 TCD）以及标志、标签、包装、贮运条件。适用于由敌敌畏原药与适宜的乳化剂和溶剂配制的敌敌畏乳油
5	GB 2549—2003 (GB 2549—1989)	敌敌畏原药 Dichlorvos technical	规定了敌敌畏原药的技术要求［敌敌畏质量分数≥95.0%，三氯乙醛≤0.5%，水分≤0.05%，酸度≤0.2%］、试验方法（气相色谱法）以及标志、标签、包装、贮运。适用于由敌敌畏及其生产中产生的杂质组成的敌敌畏原药
6	GB/T 4895—2007 (GB/T 4895—1991)	合成樟脑 Synthetic camphor	规定了合成樟脑的定义、外观、性状、等级、要求［樟脑质量分数≥96.0%，95.0%，94.0%，不挥发物≤0.05%，0.05%，0.1%，乙醇不溶物≤0.01%，0.01%，0.015%，水分：石油醚溶液清晰透明，比旋光度 $[\alpha]^{20}_{D}$：$-1.5°\sim+1.5°$，熔点（毛细管法）≥174℃，170℃，165℃，酸度≤0.01%，硫酸显色（标准碘液）≤0.001mol/L］、试验方法［化学法（仲裁法）、毛细管气相色谱法］检验规则、标志、包装、贮运、安全（易燃固体，燃点 50℃，自燃点 375℃）及卫生（空气中樟脑蒸气量>$3mg/cm^3$时，会刺激人体神经系统）。适用于以松节油为原料制得的工业合成樟脑

（续）

序号	标准编号 （被替代标准号）	标准名称	应用范围和要求
7	GB 5452—2001 （GB 5452—1985）	56% 磷化铝片剂 56% Aluminium phosphide tablets	规定了56%磷化铝片剂的技术条件［磷化铝质量分数≥56.0%，片质量：3.2±0.1g，2.5±0.1g，0.60±0.03g，立面强度/MPa≥—，0.7，0.5，等］、试验方法（化学滴定法）以及标志、标签、包装、贮运。适用于由符合标准的磷化铝原药和氨基甲酸铵及其他填料所压制成的56%磷化铝片剂
8	GB 6694—1998	氰戊菊酯原药 Fenvalerate technical	规定了氰戊菊酯原药的技术要求［氰戊菊酯质量分数≥93.0%，90.0%，85.0%，α/β≤1.15（参考），水分≤0.2%，0.2%，0.5%，酸度≤0.1%，0.1%，0.2%］、试验方法（气相色谱法）以及标志、标签、包装、贮运。适用于由氰戊菊酯及其生产中产生的杂质组成的氰戊菊酯原药
9	GB 6695—1998 （GB 6695—1986）	20% 氰戊菊酯乳油 20% Fenvalerate emulsifiable concentrates	规定了20%氰戊菊酯乳油的技术条件［氰戊菊酯质量分数≥20.0%，α/β≤1.15（参考），水分≤0.2%，酸度≤0.1%］、试验方法（气相色谱法）、检验规则以及标志、包装、运输和贮存条件。适用于由氰戊菊酯原药与适宜的乳化剂和溶剂配制的氰戊菊酯乳油
10	GB 8200—2001 （GB 8200—1987）	杀虫双水剂 Thiosultao-disodium aqueous solution	规定了杀虫双水剂的技术条件［杀虫双质量分数≥18.0%，2.09%，氯化钠≤12.0%，9.0%，硫代硫酸钠≤4.0%，氯化物盐酸盐≤0.50%，pH 5.5～7.5 等］、试验方法［杀虫双液相色谱法（仲裁法）、非水滴定法，氯化钠、硫代硫酸钠及氯化物盐酸盐（化学滴定法）］及标志、标签、包装、贮运。适用于由杀虫双和生产中产生的杂质组成的杀虫双水剂

（续）

序号	标准编号 (被替代标准号)	标准名称	应用范围和要求
11	GB 9551—1999 (GB 9551—1988)	百菌清原药 Chlorothalonil technical	规定了百菌清原药的技术要求［百菌清质量分数≥98.5%，96.0%，90.0%，六氯苯≤0.01%，0.03%，0.04%，二甲苯不溶物≤0.35%，pH 5.0～7.0，3.5～7.0，3.5～7.0］、试验方法［百菌清（气相色谱法），六氯苯（液相色谱法）］以及标志、标签、包装、贮运。适用于由百菌清及其生产中产生的杂质组成的百菌清原药
12	GB 9552—1999 (GB 9552—1988)	百菌清可湿性粉剂 Chlorothalonil wettable powders	规定了百菌清可湿性粉剂的技术条件［百菌清质量分数≥75.0%，60.0%，50.0%，六氯苯≤0.03%，0.03%，0.02%，悬浮率≥70%，pH 5.0～8.5 等］、试验方法［百菌清（气相色谱法），六氯苯（液相色谱法）］以及标志、标签、包装、贮运。适用于由百菌清原药与适宜的助燃剂、燃剂、填料加工制成的75%、60%、50%百菌清可湿性粉剂
13	GB/T 9553—1993 (GB 9553—1988)	井冈霉素水剂 Jinggangmeisu aqueous solution	规定了 3%、5%井冈霉素水剂的技术条件［井冈霉素 A（μg/mL）≥2.4×10^4，4×10^4，pH 2.5～3.5 等］、试验方法（液相色谱法）、检验规则以及标志、包装、运输和贮存条件。适用于吸水链霉素井冈变种，通过微生物发酵法制得的抗生素井冈霉素。本标准以主要有效成分井冈霉素 A 的含量来衡量产品的质量
14	GB 9556—2008 (GB 9556—1999)	辛硫磷原药 Phoxim technical	规定了辛硫磷原药的技术要求［辛硫磷质量分数（以顺式辛硫磷计）≥90.0%，水分≤0.5%，酸度≤0.3%］、试验方法（液相色谱法）以及标志、标签、包装、贮运。适用于由辛硫磷及其生产中产生的杂质组成的辛硫磷原药

（续）

序号	标准编号（被替代标准号）	标准名称	应用范围和要求
15	GB 9557—2008 （GB 9557—1999）	40%辛硫磷乳油 40% Phoxim emulsifiable concentrates	规定了40%辛硫磷乳油的技术条件［辛硫磷质量分数（以顺式辛硫磷计）≥40.0%，水分≤0.5%，酸度≤0.3%等］、试验方法（液相色谱法）、检验规则以及标志、包装、运输和贮存条件。适用于由辛硫磷原药与适宜的乳化剂和溶剂配制的辛硫磷乳油
16	GB 9558—2001 （GB 9558—1988）	晶体乐果（母药） Crystallo-dimethoate（technical concentrate）	规定了乐果母药的技术要求［乐果质量分数≥95.0%，水分≤0.2%，酸度≤0.5%］、试验方法［液相色谱法（仲裁法）、薄层-溴化法］以及标志、标签、包装、贮运。适用于由乐果及其生产中产生的杂质组成的晶体乐果
17	GB 10501—2000 （GB 10501—1989）	多菌灵原药 Carbendazim technical	规定了多菌灵原药的技术要求［多菌灵质量分数≥98.0%，95.0%，干燥减量≤1.0%，1.5%］、试验方法（液相色谱法）以及标志、标签、包装、贮运。适用于由多菌灵及其生产中产生的杂质组成的多菌灵原药
18	GB 12685—2006 （GB 12685—1990）	三环唑原药 Tricyclazole technical	规定了三环唑原药的技术要求［三环唑质量分数≥95.0%，干燥减量≤1.0%，酸度≤0.5%］、试验方法［液相色谱法（仲裁法）、气相色谱法］以及标志、标签、包装、贮运。适用于由三环唑及其生产中产生的杂质组成的三环唑原药
19	GB 12686—2004 （GB 12686—1990）	草甘膦原药 Glyphosate technical	规定了草甘膦原药的技术要求［草甘膦质量分数≥95.0%，甲醛≤0.8%，亚硝基草甘膦≤1.0%，氢氧化钠不溶物≤0.2%］、试验方法［液相色谱法（仲裁法）、分光光度法］以及标志、标签、包装、贮运。适用于由草甘膦及其生产中产生的杂质组成的草甘膦原药

（续）

序号	标准编号 （被替代标准号）	标准名称	应用范围和要求
20	GB 13649—2009 （GB 13649—1992）	杀螟硫磷原药 Fenitrothion technical	规定了杀螟硫磷原药的技术条件［杀螟硫磷质量分数≥95.0%，S-甲基杀螟硫磷质量分数≤2.0%，水分≤0.1%，酸度≤0.3%］、试验方法（毛细管气相色谱法、填充柱气相色谱法）以及标志、标签、包装和贮运条件。适用于由杀螟硫磷及其生产中产生的杂质组成的杀螟硫磷原药
21	GB 13650—2009 （GB 13650—1992）	杀螟硫磷乳油 Fenitrothion emulsifiable concentrates	规定了杀螟硫磷乳油的技术条件［杀螟硫磷质量分数：(45.0±2.2)%，(50.0±2.5)%，S-甲基杀螟硫磷质量分数≤1.0%，水分≤0.3%，酸度≤0.3%等］、试验方法（毛细管气相色谱法、填充柱气相色谱法）以及标志、标签、包装、贮运条件。适用于由杀螟硫磷原药与适宜的乳化剂和溶剂配制的杀螟硫磷乳油
22	GB 15582—1995	乐果原药 Dimethoate technical	规定了乐果原药的技术条件［乐果质量分数≥93.0%，90.0%，80.0%，水分≤0.2%，0.3%，0.4%，丙酮不溶物≤0.1%，0.1%，0.2%酸度≤0.3%，0.4%，0.4%］、试验方法［气相色谱法、薄层-溴化法（仲裁法）］、检验规则以及标志、包装、运输和贮存条件。适用于由乐果及其生产中产生的杂质组成的乐果原药，应无外来杂质
23	GB 15583—1995	40% 乐果乳油 40% Dimethoate emulsifiable concentrates	规定了40%乐果乳油的技术条件［乐果质量分数≥40.0%，水分≤0.5%，酸度≤0.3%等］、试验方法［气相色谱法、薄层-溴化法（仲裁法）］、检验规则以及标志、包装、运输和贮存条件。适用于由乐果原药与适宜的乳化剂和溶剂配制的乐果乳油

（续）

序号	标准编号 (被替代标准号)	标准名称	应用范围和要求
24	GB 15955—2011 （GB 15955—1995）	赤霉酸原药 Gibberellic acid technical material	规定了赤霉酸原药的技术要求［赤霉酸质量分数≥90.0%，比旋光度$_{am}$（20℃，D）［（°）·m^2/kg］≥+80，干燥减量≤0.5%］、试验方法（液相色谱法）以及标志、标签、包装、贮运和验收期。适用于由赤霉酸及其生产中产生的杂质组成的赤霉酸原药
25	GB 18171—2000	百菌清悬浮剂 Chlorothalonil aqueous suspension concentrates	规定了百菌清悬浮剂的技术条件［百菌清质量分数≥40.0%，六氯苯≤0.02%，悬浮率≥90%，pH 6.0～9.0 等］、试验方法［百菌清（气相色谱法），六氯苯（液相色谱法）］以及标志、标签、包装、贮运。适用于由符合 GB 9551 的百菌清原药、填料及适宜的助剂加工制成的 40%百菌清悬浮剂
26	GB 18172.1—2000	百菌清烟粉粒剂 Chlorothalonil smoke power-Granualars	规定了百菌清烟粉粒剂的技术条件［百菌清质量分数≥30.0%、45.0%，六氯苯≤0.01%、0.02%，加热减量≤4.0%，pH 5.0～8.5 等］、试验方法［百菌清（气相色谱法），六氯苯（液相色谱法）］以及标志、标签、包装、贮运。适用于由符合 GB 9551 的百菌清原药与适宜的助燃剂、燃剂、填料加工制成的 45%、30%百菌清烟粉粒剂
27	GB 18172.2—2000	10% 百菌清烟片剂 Chlorothalonil smoke tablets	规定了百菌清烟片剂的技术条件［百菌清质量分数≥10.0%，片质量：（25.0±1）g 或（50.0±2）g，六氯苯≤0.004%，加热减量≤5%，pH 5.0～8.5 等］、试验方法［百菌清（气相色谱法），六氯苯（液相色谱法）］以及标志、标签、包装、贮运。适用于由百菌清原药与适宜的助燃剂、燃剂、填料加工制成的 10%百菌清烟片剂

（续）

序号	标准编号（被替代标准号）	标准名称	应用范围和要求
28	GB/T 18416—2009（GB 18416—2001）	家用卫生杀虫用品　蚊香 Domestic sanitary insecticide—Mosquito coils	规定了蚊香的定义、技术要求［通则、抗折力≥1.5N、平整度、水分≤10%、连续点燃时间≥7.0h、脱圈性等］、试验方法（GB 24330—2009）、检验规则及标志、包装、运输、贮存和使用说明。适用于由有效成分、植物性粉末、炭质粉末、黏合剂等为原料混合制成的蚊香
29	GB/T 18417—2009（GB 18417—2001）	家用卫生杀虫用品　电热蚊香片 Domestic sanitary insecticide—Electrothermal vaporizing mats	规定了电热蚊香片的定义、技术要求［通则、尺寸、挥发速率：1/2 时间，残留总有效成分含量>明示含量的 30%等］、试验方法（GB 24330—2009）、检验规则及标志、包装、运输、贮存、使用说明。适用于由可吸性材料为载体，添加杀虫有效成分制成的驱杀蚊虫用的药片，与恒温电加热器配套使用，在额定的加热温度下，有效成分以气体状态作用于蚊虫，起到驱杀蚊虫效果的产品
30	GB/T 18418—2009（GB 18418—2001）	家用卫生杀虫用品　电热蚊香液 Domestic sanitary insecticide—Electrothermal vaporizing liquid	规定了电热蚊香液的定义、技术要求［通则、外观、密封性、自由跌落、挥发速率等］、试验方法（GB 24330—2009）、检验规则及标志、包装、运输、贮存、使用说明。适用于将可吸性芯棒放置在装有杀虫药液的瓶体中，经配套使用的电加热器加热后，以气体状态作用于蚊虫，起到驱杀蚊虫效果的产品
31	GB/T 18419—2009（GB 18419—2001）	家用卫生杀虫用品　杀虫气雾剂 Domestic sanitary insecticidal—Aerosols	规定了杀虫气雾剂的定义、技术要求［通则、雾化率≥98.0%，酸度：油基≤0.02%、水基/醇基：pH 4.0～8.0；水分≤0.15%（除水基/醇基外）等］、试验方法（GB 24330—2009）、检验规则及标志、包装、运输、贮存、使用说明。适用于卫生杀虫剂允许使用的有效成分与适宜的溶剂和辅助剂配制而成的，以抛射剂为动力，罐装于耐压容器内，内容物按预订方式喷出，用以杀灭害虫的产品

（续）

序号	标准编号 （被替代标准号）	标准名称	应用范围和要求
32	GB 19307—2003	百草枯母药 Paraquat dichloride technical concentrates	规定了百草枯母药的技术条件［百草枯阳离子质量分数≥30.5%，百草枯阳离子与三氮唑嘧啶酮比：（400±50）：1，4，4′-联吡啶≤0.3%，水不溶物≤0.5%，pH 2.0～6.0］、试验方法［液相色谱法（仲裁法）、比色法］以及标志、标签、包装、贮运。适用于由百草枯和生产中产生的杂质以及催吐剂组成的百草枯母药
33	GB 19308—2003	百草枯水剂 Paraquat dichloride aqueous solution	规定了百草枯水剂的技术条件［百草枯阳离子质量分数、质量浓度 $22.5^{+1.5}_{-0.7}$%、250^{+15}_{-7} g/L，$18.5^{+1}_{-0.5}$%、200^{+10}_{-5} g/L，百草枯阳离子与三氮唑嘧啶酮质量比：（400±50）：1，4，4′-联吡啶≤0.3%，pH 4.0～7.0 等］、试验方法［液相色谱法（仲裁法）、比色法］以及标志、标签、包装、贮运。适用于由百草枯和生产中产生的杂质以及催吐剂、改色剂和着色剂组成的百草枯水剂
34	GB 19604—2004	毒死蜱原药 Chlorpyrifos technical	规定了毒死蜱原药的技术要求［毒死蜱质量分数≥95.0%，水分≤0.2%，丙酮不溶物≤0.5%，酸度≤0.2%］、试验方法［液相色谱法（仲裁法）、气相色谱法］以及标志、标签、包装、贮运。适用于由毒死蜱及其生产中产生的杂质组成的毒死蜱原药
35	GB 19605—2004	毒死蜱乳油 Chlorpyrifos emulsifiable concentrates	规定了毒死蜱乳油的技术要求［毒死蜱质量分数≥40.0%，水分≤0.3%，酸度≤0.2%等］、试验方法［液相色谱法（仲裁法）、气相色谱法］以及标志、标签、包装、贮运。适用于由毒死蜱原药与乳化剂溶解在适宜的溶剂中配制成的毒死蜱乳油

（续）

序号	标准编号 (被替代标准号)	标准名称	应用范围和要求
36	GB 19336—2003	阿维菌素原药 Abamectin technical	规定了阿维菌素原药的技术条件［阿维菌素（$B_{1a}+B_{1b}$）质量分数≥92%，α（B_{1a}/B_{1b}）≥4，干燥减量≤2.0%，丙酮不溶物≤0.5%，pH 4.5～7.0］、试验方法（液相色谱法）以及标志、标签、包装、贮运。适用于由阿维菌素及其生产中产生的杂质组成的阿维菌素原药
37	GB 19337—2003	阿维菌素乳油 Abamectin emulsifiable concentrates	规定了阿维菌素乳油的技术条件［阿维菌素（$B_{1a}+B_{1b}$）质量分数≥标示值%，α（B_{1a}/B_{1b}）≥4，水分≤0.6%，pH 4.5～7.0 等］、试验方法（液相色谱法）以及标志、标签、包装、贮运。适用于由阿维菌素原药与乳化剂溶解在适宜的溶剂中配制成的阿维菌素乳油
38	GB/T 19567.1—2004	苏云金芽孢杆菌原粉（母药） *Bacillus thuringgiensis* technical (technical concentrate)	规定了苏云金芽孢杆菌鲇泽亚种（*B. t. a*）母药的技术条件［毒素蛋白（130kDa）≥8.0%，7.0%，毒力效价（甜菜夜蛾 *S. e.*）/（IU/mg）≥60 000，50 000，水分≤6%，pH 5.5～7.0］和苏云金芽孢杆菌库斯塔克亚种（*B. t. k*）的技术条件［毒素蛋白（130kDa）≥7.0%、6.0%，毒力效价（小菜蛾 *P. x*、棉铃虫 *H. a.*）/（IU/mg）≥50 000，40 000，水分≤6.0%，pH 5.5～7.0 等］、试验方法［毒素蛋白用十二烷基硫酸钠-聚丙烯酰胺（SDS - PAGE）凝胶图像处理法测定，毒力效价用小菜蛾、棉铃虫、甜菜夜蛾试虫测定方法］以及标志、标签、包装、贮运。适用于防治鳞翅目害虫的苏云金芽孢杆菌原粉

（续）

序号	标准编号 （被替代标准号）	标准名称	应用范围和要求
39	GB/T 19567.2—2004	苏云金芽孢杆菌悬浮剂 *Bacillus thuringgiensis* suspension concentrates	规定了苏云金芽孢杆菌悬浮剂的技术条件［毒素蛋白（130kDa）≥0.6%，毒力效价（小菜蛾 *P.x*、棉铃虫 *H.a.*）/（IU/μL）、（甜菜夜蛾 *S.e.*）/（IU/mg）≥6 000，悬浮率≥80%，pH 4.5～6.5 等］、试验方法［毒素蛋白用十二烷基硫酸钠-聚丙烯酰胺（SDS - PAGE）凝胶图像处理法测定，毒力效价用小菜蛾、棉铃虫、甜菜夜蛾试虫测定方法］以及标志、标签、包装、贮运。适用于防治鳞翅目害虫的苏云金芽孢杆菌原粉和助剂制成的苏云金芽孢杆菌悬浮剂
40	GB/T 19567.3—2004	苏云金芽孢杆菌可湿性粉剂 *Bacillus thuringgiensis* wettable powders	规定了苏云金芽孢杆菌可湿性粉剂的技术条件［毒素蛋白（130kDa）≥4.0%，2.0%，毒力效价（小菜蛾 *P.x*、棉铃虫 *H.a.*、甜菜夜蛾 *S.e.*）/（IU/mg）≥32 000、16 000，悬浮率≥70%，pH 6.0～7.5 等］、试验方法［毒素蛋白用十二烷基硫酸钠-聚丙烯酰胺（SDS - PAGE）凝胶图像处理法测定，毒力效价用小菜蛾、棉铃虫、甜菜夜蛾试虫测定方法］以及标志、标签、包装、贮运。适用于防治鳞翅目害虫的苏云金芽孢杆菌原粉和助剂制成的苏云金芽孢杆菌可湿性粉剂
41	GB/T 20619—2006	40%杀扑磷乳油 40% Methidathion emulsifiable concentrates	规定了 40%杀扑磷乳油的技术要求［杀扑磷质量分数≥40.0%，水分≤0.5%，pH 4.0～7.0 等］、试验方法［液相色谱法（仲裁法）、气相色谱法］以及标志、标签、包装、贮运。适用于由杀扑磷原药与适宜的乳化剂、溶剂配制成的杀扑磷乳油

（续）

序号	标准编号 (被替代标准号)	标准名称	应用范围和要求
42	GB/T 20620—2006	灭线磷颗粒剂 Ethoprophos granules	规定了灭线磷颗粒剂的技术要求［灭线磷质量分数≥10.0%，5.0%，水分≤3.0%，pH 4.0～7.0 等］、试验方法（毛细管气相色谱法、填充柱气相色谱法）以及标志、标签、包装、贮运。适用于由灭线磷原药与适宜的助剂、包衣剂、着色剂和载体加工而成的灭线磷颗粒剂
43	GB/T 20437—2006	硫丹乳油 Endosufan emulsifiable concentrates	规定了硫丹乳油的技术要求［硫丹质量分数≥标示值%，α/β：1.8～2.3，水分≤0.3%，pH 5.0～8.0 等］、试验方法［毛细管气相色谱法（仲裁法）、填充柱气相色谱法］以及标志、标签、包装、贮运。适用于由硫丹原药与适宜的乳化剂、溶剂配制成的硫丹乳油
44	GB 20676—2006	特丁硫磷颗粒剂 Terbufod granules	规定了特丁硫磷颗粒剂的技术要求［特丁硫磷质量分数≥3.0%，5.0%，10.0%，15.0%，水分≤2.5%，pH 5.0～8.0 等］、试验方法（气相色谱法）以及标志、标签、包装、贮运。适用于由特丁硫磷原药与适宜的助剂、包衣剂、着色剂和载体加工而成的特丁硫磷颗粒剂
45	GB 20677—2006	特丁硫磷原药 Terbufod technical	规定了特丁硫磷原药的技术要求［特丁硫磷质量分数≥86.0%，特丁硫醇≤0.1%，水分≤0.5%，丙酮不溶物≤0.1%，酸度≤0.5%］、试验方法（气相色谱法）以及标志、标签、包装、贮运。适用于由特丁硫磷及其生产中产生的杂质组成的特丁硫磷原药

（续）

序号	标准编号（被替代标准号）	标准名称	应用范围和要求
46	GB 20678—2006	溴敌隆原药 Bromadiolone technical	规定了溴敌隆原药的技术要求［溴敌隆质量分数≥97.0%，α（A/B）≤0.30%，干燥减量≤1.0%，pH 5.0～9.0］、试验方法（液相色谱法）以及标志、标签、包装、贮运。适用于由溴敌隆及其生产中产生的杂质组成的溴敌隆原药
47	GB 20679—2006	溴敌隆母药 Bromadiolone technical concentrates	规定了溴敌隆母药（固体、液体）的技术要求［溴敌隆质量分数≥0.50%，α（A/B）≤0.30%，固体：水分≤3.0%，pH 6.0～9.0，液体：pH 8.0～11.0 等］、试验方法（液相色谱法）以及标志、标签、包装、贮运。适用于由溴敌隆原药与填料及适宜的助剂加工而成的溴敌隆固体母药以及溴敌隆原药与必要的助剂溶解在适宜的有机溶剂中加工而成的溴敌隆液体母药
48	GB 20680—2006	10%苯磺隆可湿性粉剂 10% Tribenuron-methyl wettable powders	规定了 10%苯磺隆可湿性粉剂的技术要求［苯磺隆质量分数：$10.0^{+1.2}_{-2}$%，甲磺隆≤0.1%，水分≤3.0%，悬浮率≥80%，pH 8.0～10.0 等］、试验方法（液相色谱法）以及标志、标签、包装、贮运。适用于由苯磺隆原药、填料及适宜的助剂加工而成 10%苯磺隆可湿性粉剂
49	GB 20681—2006	灭线磷原药 Ethoprphos technical	规定了灭线磷原药的技术要求［灭线磷质量分数≥90.0%，丙硫醇≤0.1%，水分≤0.5%，酸度≤0.5%］、试验方法（毛细管气相色谱法、填充柱气相色谱法）以及标志、标签、包装、贮运。适用于由灭线磷及其生产中产生的杂质组成的灭线磷原药

（续）

序号	标准编号 (被替代标准号)	标准名称	应用范围和要求
50	GB 20682—2006	杀扑磷原药 Methidathion technical	规定了杀扑磷原药的技术要求［杀扑磷质量分数≥95.0%，水分≤0.3%，丙酮不溶物≤0.2%，酸度≤0.5%］、试验方法［液相色谱法（仲裁法）、气相色谱法］以及标志、标签、包装、贮运。适用于由杀扑磷及其生产中产生的杂质组成的杀扑磷原药
51	GB 20683—2006	苯磺隆原药 Tribenuron-methyl technical	规定了苯磺隆原药的技术要求［苯磺隆质量分数≥95.0%，甲磺隆≤0.5%，水分≤0.4%，pH 3.0～7.0］、试验方法（液相色谱法）以及标志、标签、包装、贮运。适用于由苯磺隆及其生产中产生的杂质组成的苯磺隆原药
52	GB 20684—2006	草甘膦水剂 Glyphosate aqueous solution	规定了草甘膦水剂的技术要求［草甘膦质量分数：标明值%×（0.95～1.10），甲醛≤10g/kg，pH 4.0～8.5 等］、试验方法（液相色谱法）以及标志、标签、包装、贮运。适用于由草甘膦原药或草甘膦可溶性盐和水及适宜的助剂加工而成草甘膦水剂
53	GB 20685—2006	硫丹原药 Endosulfan technical	规定了硫丹原药的技术要求［硫丹质量分数≥96.0%，α/β：1.8～2.3，硫丹醇≤1.0%，硫丹醚≤0.5%，干燥减量≤1.0%，丙酮不溶物≤1.0%，酸度≤0.1%］、试验方法［毛细管柱气相色谱法（仲裁法）、填充柱气相色谱法］以及标志、标签、包装、贮运。适用于由硫丹及其生产中产生的杂质组成的硫丹原药

（续）

序号	标准编号 (被替代标准号)	标准名称	应用范围和要求
54	GB 20686—2006	草甘膦可溶粉（粒）剂 Glyphosate water soluble powders (granules)	规定了草甘膦可溶粉（粒）剂的技术要求［草甘膦质量分数：标明值×（0.98～1.04）%，甲醛≤0.6g/kg，pH 3.0～8.0等］、试验方法（液相色谱法）以及标志、标签、包装、贮运。适用于由草甘膦原药或草甘膦可溶性盐、载体以及适宜的助剂加工而成草甘膦可溶粉（粒）剂
55	GB 20687—2006	溴鼠灵母药 Brodifacoum technical concentrate	规定了溴鼠灵母药的技术要求［溴鼠灵质量分数≥0.50%，顺、反异构体 α（A/B）：1.0～4.0，pH 7.0～11.0］、试验方法（液相色谱法）以及标志、标签、包装、贮运。适用于由溴鼠灵原药与必要的助剂溶解在适宜的有机溶剂中加工而成的溴鼠灵母药
56	GB 20690—2006	溴鼠灵原药 Brodifacoum technical material	规定了溴鼠灵原药的技术要求［溴鼠灵质量分数≥95.0%，顺、反异构体 α（A/B）：1.0～4.0，干燥减量≤1.0%，丙酮不溶物≤0.5%，pH 4.0～8.0］、试验方法（液相色谱法）以及标志、标签、包装、贮运。适用于由溴鼠灵及其生产中产生的杂质组成的溴鼠灵原药
57	GB 20691—2006	乙草胺原药 Acetochlor technical	规定了乙草胺原药的技术要求［乙草胺质量分数≥93.0%，2-氯-2′-甲基-6′-乙基替苯胺（简称伯酰胺）≤2.0%，水分≤0.3%，pH 3.5～7.0等］、试验方法［填充柱气相色谱法（仲裁法）、毛细管气相色谱法］以及标志、标签、包装、贮运。适用于由乙草胺及其生产中产生的杂质组成的乙草胺原药

（续）

序号	标准编号（被替代标准号）	标准名称	应用范围和要求
58	GB 20692—2006	乙草胺乳油 Acetochlor emulsifiable concentrates	规定了乙草胺乳油的技术要求［乙草胺质量分数、质量浓度（20℃）：81.5^{+2}_{-1}%、900^{+22}_{-11} g/L，50.0^{+2}_{-1}%，水分≤0.4%，pH 5.0～9.0 等］、试验方法［填充柱气相色谱法（仲裁法）、毛细管气相色谱法］以及标志、标签、包装、贮运。适用于由乙草胺原药与适宜的乳化剂、溶剂配制成的乙草胺乳油
59	GB 20693—2006	甲氨基阿维菌素原药 Emamectin B_1 technical	规定了甲氨基阿维菌素原药的技术要求［甲氨基阿维菌素质量分数≥79.1%，α（B_{1a}/B_{1b}）≥20.0，水分≤2.0%，丙酮不溶物≤0.5%，pH 4.0～8.0］、试验方法（液相色谱法）以及标志、标签、包装、贮运。适用于由甲氨基阿维菌素（盐）及其生产中产生的杂质组成的甲氨基阿维菌素原药
60	GB 20694—2006	甲氨基阿维菌素乳油 Emamectin B_1 emulsifiable concentrates	规定了甲氨基阿维菌素乳油的技术要求［甲氨基阿维菌素质量分数≥标示值，α（B_{1a}/B_{1b}）≥20.0，水分≤0.8%，pH 4.0～7.5 等］、试验方法（液相色谱法）以及标志、标签、包装、贮运。适用于由甲氨基阿维菌素原药与适宜的乳化剂、溶剂配制成的甲氨基阿维菌素乳油
61	GB 20695—2006	高效氯氟氰菊酯原药 Lambda-cyhalothrin technical	规定了高效氯氟氰菊酯原药的技术要求［高效氯氟氰菊酯质量分数≥95.0%，水分≤0.5%，丙酮不溶物≤0.5%，酸度≤0.3%］、试验方法［液相色谱法（仲裁法），气相色谱法］以及标志、标签、包装、贮运。适用于由高效氯氟氰菊酯及其生产中产生的杂质组成的高效氯氟氰菊酯原药

（续）

序号	标准编号 （被替代标准号）	标准名称	应用范围和要求
62	GB 20696—2006	高效氯氟氰菊酯乳油 Lambda-cyhalothrin emulsifiable concentrates	规定了高效氯氟氰菊酯乳油的技术要求［高效氯氟氰菊酯质量分数、质量浓度（20℃）≥标示值％或 g/L，水分≤0.8％，pH 4.0～7.0 等］、试验方法［液相色谱法（仲裁法）、气相色谱法］以及标志、标签、包装、贮运。适用于由高效氯氟氰菊酯及其生产中产生的杂质组成的高效氯氟氰菊酯原药
63	GB 20697—2006	13％ 2 甲 4 氯钠水剂 13％ MCPA-Na aqueous solution	规定了 2 甲 4 氯钠水剂的技术要求［2 甲 4 氯钠质量分数：$13.0^{+1}_{-0.5}$％，游离酚（以 4 -氯邻甲酚计）≤0.5％，pH 8.0～11.0 等］、试验方法［2 甲 4 氯钠（液相色谱法、衍生化气相色谱法），游离酚（分光光度法）］、检验规则及标志、包装运输和贮存。适用于由 2 甲 4 氯钠及生产中产生的杂质和水组成的 13％2 甲 4 氯钠水剂
64	GB 20698—2006	56％ 2 甲 4 氯钠可溶粉剂 56％ MCPA-Na water soluble powders	规定了 2 甲 4 氯钠可溶粉剂的技术要求［2 甲 4 氯钠质量分数：56.0^{+2}_{-1}％，游离酚（以 4 -氯邻甲酚计）≤2.0％，干燥减量≤8.0％，pH 7.0～10.0 等］、试验方法［2 甲 4 氯钠（液相色谱法、衍生化气相色谱法），游离酚（分光光度法）］、检验规则及标志、包装运输和贮存。适用于由 2 甲 4 氯钠及生产中产生的杂质及填料组成的 56％2 甲 4 氯钠可溶粉剂
65	GB 20699—2006	代森锰锌原药 Mancozeb technical	规定了代森锰锌原药的技术要求［代森锰锌质量分数≥88.0％，锰≥20.0％，锌≥2.0％，乙撑硫脲（ETU）≤0.3％，水分≤1.5％］、试验方法［代森锰锌、锰及锌（化学滴定方法），ETU（液相色谱法）］以及标志、标签、包装、贮运。适用于由代森锰锌及其生产中产生的杂质组成的代森锰锌原药

（续）

序号	标准编号 (被替代标准号)	标准名称	应用范围和要求
66	GB 20700—2006	代森锰锌可湿性粉剂 Mancozed wettable powders	规定了代森锰锌可湿性粉剂的技术要求［代森锰锌质量分数≥80.0%，70.0%，50.0%，锰≥20.0%，锌≥2.0%，乙撑硫脲（ETU）≤0.5%，水分≤3.0%，悬浮率≥60%，pH 6.0～9.0 等］、试验方法［代森锰锌、锰及锌（化学滴定方法），ETU（液相色谱法）］以及标志、标签、包装、贮运。适用于由代森锰锌原药、适宜的助剂和填料加工成的代森锰锌可湿性粉剂
67	GB 20701—2006	三环唑可湿性粉剂 Tricyclazole wettable powders	规定了三环唑可湿性粉剂的技术要求［三环唑质量分数≥75.0%，20.0%，水分≤2.0%，悬浮率≥70%，pH 6.0～8.0 等］、试验方法［液相色谱法（仲裁法）、气相色谱法］以及标志、标签、包装、贮运。适用于由三环唑原药、适宜的助剂和填料加工成的三环唑可湿性粉剂
68	GB 22167—2008	氟磺胺草醚原药 Fomesafen technical	规定了氟磺胺草醚原药的技术要求［氟磺胺草醚质量分数≥95.0%，干燥减量≤1.0%，丙酮不溶物≤0.5%，pH 3.5～6.0］、试验方法（液相色谱法）以及标志、标签、包装、贮运。适用于由氟磺胺草醚及其生产中产生的杂质组成的氟磺胺草醚原药
69	GB 22168—2008	吡嘧磺隆原药 Pyrazosulfuron-ethyl technical	规定了吡嘧磺隆原药的技术要求［吡嘧磺隆质量分数≥95.0%，干燥减量≤1.0%，二氯甲烷不溶物≤0.5%，pH 4.0～8.0］、试验方法（液相色谱法）以及标志、标签、包装、贮运。适用于由吡嘧磺隆和生产中产生的杂质组成的吡嘧磺隆原药

（续）

序号	标准编号 （被替代标准号）	标准名称	应用范围和要求
70	GB 22169—2008	氟磺胺草醚水剂 Fomesafen aqueous solution	规定了氟磺胺草醚水剂的技术要求［氟磺胺草醚质量分数、质量浓度：$22.0^{+1.3}_{-1.3}$%、250^{+15}_{-15} g/L，$25.0^{+1.5}_{-1.5}$%，水不溶物≤0.3%，pH 6.0～9.0 等］、试验方法（液相色谱法）以及标志、标签、包装、贮运。适用于由氟磺胺草醚和水及适宜的助剂组成的氟磺胺草醚水剂
71	GB 22170—2008	吡嘧磺隆可湿性粉剂 Pyrazosulfuron-ethyl wettable powders	规定了吡嘧磺隆可湿性粉剂的技术要求［吡嘧磺隆质量分数：7.5±0.8%，10.0±1.0%，水分≤2.0%，悬浮率≥75%，pH 5.0～8.0 等］、试验方法（液相色谱法）以及标志、标签、包装、贮运。适用于由吡嘧磺隆原药、填料及适宜助剂组成的吡嘧磺隆可湿性粉剂
72	GB 22171—2008	15%多效唑可湿性粉剂 15% Paclobutrazol wettable powders	规定了 15%多效唑可湿性粉剂的技术要求［多效唑质量分数：15.0±1%，水分≤2.0%，悬浮率≥75%，pH 6.0～10.0 等］、试验方法（液相色谱法）以及标志、标签、包装、贮运。适用于由多效唑原药、填料及适宜助剂组成的 15%多效唑可湿性粉剂
73	GB 22172—2008	多效唑原药 Paclobutrazol technical	规定了多效唑原药的技术要求［多效唑质量分数≥95.0%，干燥减重≤0.5%，丙酮不溶物≤0.5%，pH 4.0～9.0］、试验方法［液相色谱法（仲裁法）、毛细管气相色谱法］以及标志、标签、包装、贮运。适用于由多效唑和生产中产生的杂质组成的多效唑原药

（续）

序号	标准编号 （被替代标准号）	标准名称	应用范围和要求
74	GB 22173—2008	噁草酮原药 Oxadiazon technical	规定了噁草酮原药的技术要求［噁草酮质量分数≥95.0%，水分≤0.5%，丙酮不溶物≤0.5%，酸度≤0.3%］、试验方法（毛细管气相色谱法、填充柱气相色谱法）以及标志、标签、包装、贮运。适用于由噁草酮和生产中产生的杂质组成的噁草酮原药
75	GB 22174—2008	烯唑醇可湿性粉剂 Diniconazolel wettable powders	规定了烯唑醇可湿性粉剂的技术要求［烯唑醇质量分数：12.5±0.7%，水分≤3%，悬浮率≥70，pH 7.0～11.0 等］、试验方法（液相色谱法）以及标志、标签、包装、贮运。适用于由烯唑醇原药与适宜助剂和填料加工成的烯唑醇可湿性粉剂
76	GB 22175—2008	烯唑醇原药 Diniconazolel technical	规定了烯唑醇原药的技术要求［烯唑醇质量分数≥95.0%，水分≤0.5%，丙酮不溶物≤0.5%，pH 5.0～8.0］、试验方法（液相色谱法）以及标志、标签、包装、贮运。适用于由烯唑醇和生产中产生的杂质组成的烯唑醇原药
77	GB 22176—2008	二甲戊灵乳油 Pendimethalin emulsifiable concentrates	规定了二甲戊灵乳油的技术要求［二甲戊灵质量分数、质量浓度：$33.0^{+1.7}_{-1.7}$% L，$33.5^{+2.0}_{-2.0}$%、330^{+20}_{-20} g/L，水分≤0.5%，pH 5.0～8.0 等］、试验方法［液相色谱法（仲裁法）、气相色谱法］以及标志、标签、包装、贮运。适用于由二甲戊灵原药与适宜的乳化剂、溶剂配制成的二甲戊灵乳油

（续）

序号	标准编号 （被替代标准号）	标准名称	应用范围和要求
78	GB 22177—2008	二甲戊灵原药 Pendimethalin technical	规定了二甲戊灵原药的技术要求［二甲戊灵质量分数≥95.0%，水分≤0.5%，丙酮不溶物≤0.5%，pH 4.0～8.0］、试验方法［液相色谱法（仲裁法）、气相色谱法］以及标志、标签、包装、贮运。适用于由二甲戊灵和生产中产生的杂质组成的二甲戊灵原药
79	GB 22178—2008	噁草酮乳油 Oxadiazon emulsifiable concentrates	规定了噁草酮乳油的技术要求［噁草酮质量分数、质量浓度：$25.5^{+1.5}_{-1.5}$%、250^{+15}_{-15} g/L，$12.5^{+0.7}_{-0.7}$%、120^{+7}_{-7} g/L，水分≤0.5%，pH 4.0～7.0 等］、试验方法［毛细管气相色谱法、填充柱气相色谱法］以及标志、标签、包装、贮运。适用于由噁草酮原药与适宜的乳化剂、溶剂配制成的噁草酮乳油
80	GB 22600—2008	2，4-滴丁酯原药 2，4-D butyl technical	规定了2，4-滴丁酯原药的技术要求［2，4-滴丁酯质量分数≥92.0%，游离酚（以2，4-二氯酚计）≤1.0%，三乙醇胺不溶物≤0.5，酸度（以2，4-滴计）≤1.5%］、试验方法（气相色谱法、毛细管气相色谱法）以及标志、标签、包装、贮运。适用于由2，4-滴丁酯及其生产中产生的杂质组成的2，4-滴丁酯原药
81	GB 22601—2008	2，4-滴丁酯乳油 2，4-D butyl emulsifiable concentrates	规定了2，4-滴丁酯乳油的技术要求［2，4-滴丁酯质量分数或质量浓度（20℃）：(57.0±2.5)%，(72.0±2.5)%，(76.0±2.5)%、(900±25) g/L，(82.5±2.5)%、(999±25) g/L，游离酚（以2，4-二氯酚计）≤0.6%，0.8%，0.8%，0.9%，水分≤0.8%，pH 3.0～7.0 等］、试验方法（气相色谱法、毛细管气相色谱法）以及标志、标签、包装、贮运。适用于由2，4-滴丁酯原药与适宜的乳化剂和溶剂配制成的2，4-滴丁酯乳油

（续）

序号	标准编号 （被替代标准号）	标准名称	应用范围和要求
82	GB 22602—2008	戊唑醇原药 Tebuconazole technical	规定了戊唑醇原药的技术要求［戊唑醇质量分数≥96.0%，水分≤0.5%，丙酮不溶物≤0.2%，pH 6.0～9.0］、试验方法［液相色谱法（仲裁法）、毛细管气相色谱法］以及标志、标签、包装、贮运要求。适用于由戊唑醇及生产中产生的杂质组成的戊唑醇原药
83	GB 22603—2008	戊唑醇可湿性粉剂 Tebuconazole wettable powders	规定了戊唑醇可湿性粉剂的技术要求［戊唑醇质量分数：(80.0±2.5)%、(25.0±1.5)%，水分≤3.0%，悬浮率≥75%，pH 6.0～10.0 等］、试验方法［液相色谱法（仲裁法）、毛细管气相色谱法］以及标志、标签、包装、贮运。适用于由戊唑醇原药与适宜的填料、助剂加工而成的戊唑醇可湿性粉剂
84	GB 22604—2008	戊唑醇水乳剂 Tebuconazole emulsion，oil in water	规定了戊唑醇水乳剂的技术要求［戊唑醇质量分数或质量浓度（20℃）：(25.0±1.5)%、(250±15) g/L，(12.5±1.6)%，pH 4.5～8.0 等］、试验方法［液相色谱法（仲裁法）、毛细管气相色谱法］以及标志、标签、包装、贮运。适用于由戊唑醇原药与适宜的助剂加工而成的戊唑醇水乳剂
85	GB 22605—2008	戊唑醇乳油 Tebuconazole emulsifiable concentrates	规定了戊唑醇乳油的技术要求［戊唑醇质量分数或质量浓度(20℃)：(25.0±1.5)%、(250±15) g/L，水分≤1.0%，pH 6.0～9.0 等］、试验方法［液相色谱法（仲裁法）、毛细管气相色谱法］以及标志、标签、包装、贮运。适用于由戊唑醇原药与适宜的乳化剂和溶剂配制成的戊唑醇乳油

（续）

序号	标准编号 （被替代标准号）	标准名称	应用范围和要求
86	GB 22606—2008	莠去津原药 Atrazine technical	规定了莠去津原药的技术要求［莠去津质量分数≥95.0%，干燥减量≤0.8%，二甲基甲酰胺不溶物≤0.5%］、试验方法（毛细管气相色谱法、填充柱气相色谱法）以及标志、标签、包装、贮运。适用于由莠去津及其生产中产生的杂质组成的莠去津原药
87	GB 22607—2008	莠去津可湿性粉剂 Atrazine wettable powders	规定了莠去津可湿性粉剂的技术要求［莠去津质量分数：(80.0±2.5)%，(48.0±2.5)%，水分≤2.5%，悬浮率≥70%，pH 6.0～10.0 等］、试验方法（毛细管气相色谱法、填充柱气相色谱法）以及标志、标签、包装、贮运。适用于由莠去津原药与填充剂、助剂加工而成的莠去津可湿性粉剂
88	GB 22608—2008	莠去津悬浮剂 Atrazine suspension concentrates	规定了莠去津悬浮剂的技术要求［莠去津质量分数或质量浓度（20℃）：(38.0±2)%，(45.0±2)%、(500±20) g/L，(50.0±2)%，悬浮率≥90%，pH 6.0～10.0 等］、试验方法（毛细管气相色谱法、填充柱气相色谱法）以及标志、标签、包装、贮运。适用于由莠去津原药与助剂及载体加工而成的莠去津悬浮剂
89	GB 22609—2008	丁硫克百威原药 Carbosulfan Technical	规定了丁硫克百威原药的技术要求［丁硫克百威质量分数≥90.0%，克百威质量分数≤2.0%，水分≤0.2%，丙酮不溶物≤0.2%，碱度≤0.05%］、试验方法（液相色谱法）以及标志、标签、包装、贮运。适用于由丁硫克百威及其生产中产生的杂质组成的丁硫克百威原药

（续）

序号	标准编号 (被替代标准号)	标准名称	应用范围和要求
90	GB 22610—2008	丁硫克百威颗粒剂 Carbosulfan Granules	规定了丁硫克百威颗粒剂的技术要求［丁硫克百威质量分数：(5.0±0.5)%，(10.0±1)%，克百威质量分数≤0.1%，0.2%，pH 7.0～9.0等］、试验方法（液相色谱法）以及标志、标签、包装、贮运。适用于由丁硫克百威原药与适宜的助剂、包衣剂、着色剂和载体组成的丁硫克百威颗粒剂
91	GB 22611—2008	丁硫克百威乳油 Carbosulfan emulsifiable concentrates	规定了丁硫克百威乳油的技术要求［丁硫克百威质量分数或质量浓度（20℃）：(21.0±1.2)%，(20.0±1.2)%、(200±12）g/L，克百威质量分数≤0.5%，水分≤0.5%，pH 7.0～9.0等］、试验方法（液相色谱法）以及标志、标签、包装、贮运。适用于由丁硫克百威原药与适宜的乳化剂和溶剂配制成的丁硫克百威乳油
92	GB 22612—2008	杀螟丹原药 Cartap hydrochloride technical	规定了杀螟丹原药的技术要求［杀螟丹质量分数≥97.0%，水分≤1.0%，水不溶物≤0.2%，pH 3.0～6.0］、试验方法（液相色谱法）以及标志、标签、包装、贮运。适用于由杀螟丹及其生产中产生的杂质组成的杀螟丹原药
93	GB 22613—2008	杀螟丹可溶粉剂 Cartap hydrochloride water soluble powders	规定了杀螟丹可溶粉剂的技术要求［杀螟丹质量分数：(50.0±2.5)%，(95.0±2.5)%，水分≤3.0%，1.5%，水不溶物≤0.6%，pH 3.0～6.0等］、试验方法（液相色谱法）以及标志、标签、包装、贮运。适用于由杀螟丹原药与适宜的助剂、填料加工而成的杀螟丹可溶粉剂

（续）

序号	标准编号 (被替代标准号)	标准名称	应用范围和要求
94	GB 22614—2008	烯草酮原药 Clethodim technical	规定了烯草酮原药的技术要求［烯草酮质量分数≥85.0%，水分≤0.3%，丙酮不溶物≤0.2%，pH 5.0～7.0］、试验方法（正相液相色谱法、反相液相色谱法）以及标志、标签、包装、贮运。适用于由烯草酮及其生产中产生的杂质组成的烯草酮原药
95	GB 22615—2008	烯草酮乳油 Clethodim emulsifiable concentrates	规定了烯草酮乳油的技术要求［烯草酮质量分数或质量浓度（20℃）：$13.0^{+1.4}_{-0.7}$%、120^{+14}_{-7} g/L，$26.0^{+2.6}_{-1.3}$%、240^{+24}_{-12} g/L，$24.0^{+2.4}_{-1.2}$%，水分≤0.4%，pH 4.0～7.0 等］、试验方法（正相液相色谱法、反相液相色谱法）以及标志、标签、包装、贮运。适用于由烯草酮原药与适宜的乳化剂和溶剂配制成的烯草酮乳油
96	GB 22616—2008	精噁唑禾草灵原药 Fenoxaprop-P-ethyl technical	规定了精噁唑禾草灵原药的技术要求［精噁唑禾草灵质量分数≥92.0%，水分≤0.3%，丙酮不溶物≤0.3%，pH 4.5～7.5］、试验方法（液相色谱法、毛细管气相色谱法）以及标志、标签、包装、贮运。适用于由精噁唑禾草灵及其生产中产生的杂质组成的精噁唑禾草灵原药
97	GB 22617—2008	精噁唑禾草灵水乳剂 Fenoxaprop-P-ethyl emulsion，oil in water	规定了精噁唑禾草灵水乳剂的技术要求［精噁唑禾草灵质量分数或质量浓度（20℃）：(6.9±0.7)%，(7.5±0.7)%，(6.8±0.7)%、(69±7) g/L，解草唑≥标示值，pH 5.0～9.0 等］、试验方法（液相色谱法、毛细管气相色谱法）以及标志、标签、包装、贮运。适用于由精噁唑禾草灵原药、安全剂解草唑与适宜的助剂加工而成的精噁唑禾草灵水乳剂

（续）

序号	标准编号 (被替代标准号)	标准名称	应用范围和要求
98	GB 22618—2008	精噁唑禾草灵乳油 Fenoxaprop-P-ethyl emulsifiable concentrates	规定了精噁唑禾草灵乳油的技术要求［精噁唑禾草灵质量分数或质量浓度（20℃）：(6.9±0.7)%，(8.4±0.8)%、(80.5±8) g/L，(10.4±1)%、(100±10) g/L，解草唑≥标示值，水分≤1.0%，pH 5.0～9.0 等］、试验方法（液相色谱法、毛细管气相色谱法）以及标志、标签、包装、贮运。适用于由精噁唑禾草灵原药、安全剂解草唑与适宜的乳化剂和溶剂配制成的精噁唑禾草灵乳油
99	GB 22619—2008	联苯菊酯原药 Bifenthrin technical	规定了联苯菊酯原药的技术要求［联苯菊酯质量分数≥96.0%，水分≤1.0%，丙酮不溶物≤0.3%，酸度≤0.3%］、试验方法（毛细管气相色谱法）以及标志、标签、包装、贮运。适用于由联苯菊酯及其生产中产生的杂质组成的联苯菊酯原药
100	GB 22620—2008	联苯菊酯乳油 Bifenthrin emulsifiable concentrates	规定了联苯菊酯乳油的技术条件［联苯菊酯质量分数或质量浓度（20℃）：(2.8±0.4)%、(25±4) g/L，(11.0±1)%、(100±10) g/L，(10.0±1)%，水分≤0.6%，pH 4.0～7.0 等］、试验方法（毛细管气相色谱法）、检验规则以及标志、标签、包装、贮运条件。适用于由联苯菊酯原药与适宜的乳化剂和溶剂配制的联苯菊酯乳油
101	GB 22621—2008	霜霉威原药 Propamocarb technical	规定了霜霉威原药的技术要求［霜霉威质量分数≥95.0%，水分≤0.5%，丙酮不溶物≤0.3%，pH 10.0～12.0］、试验方法（液相色谱法）以及标志、标签、包装、贮运。适用于由霜霉威及其生产中产生的杂质组成的霜霉威原药

（续）

序号	标准编号 (被替代标准号)	标准名称	应用范围和要求
102	GB 22622—2008	霜霉威盐酸盐水剂 Propamocarb hydrochloride aqueous solution	规定了霜霉威盐酸盐水剂的技术要求［霜霉威盐酸盐质量分数或质量浓度（20℃）：(66.5±2.5)%、(722±25) g/L，(35±1.8)%，水不溶物≤0.3%，pH 3.0～7.0 等］、试验方法（液相色谱法）以及标志、标签、包装、贮运。适用于由霜霉威（盐酸盐）原药（或霜霉威盐酸盐母药）和必要的助剂组成的霜霉威盐酸盐水剂
103	GB 22623—2008	咪鲜胺原药 Prochloraz technical	规定了咪鲜胺原药的技术要求［咪鲜胺质量分数≥95.0%，2，4，6-三氯苯酚质量分数≤0.5%，水分≤0.5%，丙酮不溶物≤0.2%，pH 5.5～8.5］、试验方法（液相色谱法、毛细管气相色谱法）以及标志、标签、包装、贮运。适用于由咪鲜胺及其生产中产生的杂质组成的咪鲜胺原药
104	GB 22624—2008	咪鲜胺乳油 Prochloraz emulsifiable concentrates	规定了咪鲜胺乳油的技术条件［咪鲜胺质量分数或质量浓度(20℃)：(25.0±1.5)%，(45.0±2.2)%，(42.0±2.1)%、(450±22) g/L，2，4，6-三氯苯酚质量分数≤0.2%、0.3%，水分≤0.5%，pH 5.5～8.5 等］、试验方法（液相色谱法、毛细管气相色谱法）、检验规则以及标志、标签、包装、贮运条件。适用于由咪鲜胺与适宜的乳化剂和溶剂配制的咪鲜胺乳油
105	GB 22625—2008	咪鲜胺水乳剂 Prochloraz emulsion，oil in water	规定了咪鲜胺水乳剂的技术要求［咪鲜胺质量分数或质量浓度（20℃）：(25.0±1.5)%，(45.0±2.2)%，(40.0±2)%、(450±22) g/L，2，4，6-三氯苯酚质量分数≤0.2%、0.3%，pH 5.5～8.5 等］、试验方法（液相色谱法、毛细管气相色谱法）以及标志、标签、包装、贮运。适用于由咪鲜胺原药与适宜的助剂加工而成的咪鲜胺水乳剂

序号	标准编号 (被替代标准号)	标准名称	应用范围和要求
106	GB 23548—2009	噻吩磺隆可湿性粉剂 Thifensulfuron-methyl wettable powders	规定了噻吩磺隆可湿性粉剂的技术要求［噻吩磺隆质量分数：(15.0±0.9)%，(25.0±1.5)%，水分≤3.0%，悬浮率≥75%，pH 6.0～9.0 等］、试验方法（液相色谱法）以及标志、标签、包装、贮运。适用于由噻吩磺隆原药与适宜的助剂和填料加工而成的噻吩磺隆可湿性粉剂
107	GB 23549—2009	丙环唑乳油 Propiconazole emulsifiable concentrates	规定了丙环唑乳油的技术要求［丙环唑质量分数或质量浓度(20℃)：(25.0±1.5)%、(250±15) g/L，水分≤1.0%，pH 4.0～9.0 等］、试验方法［气相色谱法（仲裁法）、液相色谱法］以及标志、标签、包装、贮运。适用于由丙环唑原药与适宜的乳化剂和溶剂配制成的丙环唑乳油
108	GB 23550—2009	35%水胺硫磷乳油 35% Isocarbophos emulsifiable concentrates	规定了35%水胺硫磷乳油的技术要求［水胺硫磷质量分数：(35.0±1.8)%，水分≤0.5%，酸度≤0.3%等］、试验方法［液相色谱法（仲裁法）、气相色谱法］以及标志、标签、包装、贮运。适用于由水胺硫磷原药与适宜的乳化剂和溶剂配制成的35%水胺硫磷乳油
109	GB 23551—2009	异噁草松乳油 Clomazone emulsifiable concentrates	规定了异噁草松乳油的技术要求［异噁草松质量分数或质量浓度（20℃)：(45.0±2.2)%、(480±24) g/L，(35.0±1.7)%、(360±18) g/L，渗透剂（氮酮）质量分数：—，≥2.0%，水分≤0.5%，pH 5.0～8.0 等］、试验方法（液相色谱法）以及标志、标签、包装、贮运。适用于由异噁草松原药与适宜的乳化剂和溶剂配制成的异噁草松乳油

（续）

序号	标准编号 (被替代标准号)	标准名称	应用范围和要求
110	GB 23552—2009	甲基硫菌灵可湿性粉剂 Thiophanate-methyl wettable powders	规定了甲基硫菌灵可湿性粉剂的技术要求［甲基硫菌灵质量分数：（70.0±2.5）%，（50.0±2.5）%，HAP 质量分数≤0.4mg/kg、0.3mg/kg，DAP 质量分数≤4.0mg/kg、3.0mg/kg，悬浮率≥70%，pH 6.0～9.0 等］、试验方法（液相色谱法）以及标志、标签、包装、贮运。适用于甲基硫菌灵原药与填料、助剂经加工而成的可湿性粉剂
111	GB 23553—2009	扑草净可湿性粉剂 Prometryn wettable powders	规定了扑草净可湿性粉剂的技术要求［扑草净质量分数：（50.0±2.5）%，（40.0±2.0）%，（25.0±1.5）%，水分≤3.0%，悬浮率≥70%，pH 6.0～10.0 等］、试验方法（毛细管气相色谱法、填充柱气相色谱法）以及标志、标签、包装、贮运。适用于由扑草净原药与填充剂、助剂加工而成的扑草净可湿性粉剂
112	GB 23554—2009	40%乙烯利水剂 40% Ethephon aqueous solution	规定了 40%乙烯利水剂的技术要求［乙烯利质量分数：（40.0±2）%，1，2-二氯乙烷质量分数≤0.02%，pH 1.5～3.0 等］、试验方法（化学滴定法）以及标志、标签、包装、贮运。适用于由乙烯利原药和水及助剂组成的 40%乙烯利水剂
113	GB 23555—2009	25%噻嗪酮可湿性粉剂 25% Buprofezin wettable powders	规定了 25%噻嗪酮可湿性粉剂的技术要求［噻嗪酮质量分数：（25.0±1.5）%，水分≤2.0%，悬浮率≥75%，pH 6.0～10.5 等］、试验方法（毛细管气相色谱法、填充柱气相色谱法）以及标志、标签、包装、贮运。适用于由噻嗪酮原药与适宜助剂、填料加工制成的 25%噻嗪酮可湿性粉剂

（续）

序号	标准编号 (被替代标准号)	标准名称	应用范围和要求
114	GB 23556—2009	20%噻嗪酮乳油 20% Buprofezin emulsifiable concentrates	规定了 20%噻嗪酮乳油的技术要求［噻嗪酮质量分数：(20.0±1.2)%，水分≤0.5%，pH 5.0～9.0 等］、试验方法（毛细管气相色谱法、填充柱气相色谱法）以及标志、标签、包装、贮运。适用于由噻嗪酮原药与适宜的乳化剂和溶剂配制成的 20%噻嗪酮乳油
115	GB 23557—2009	灭多威乳油 Methomyl emulsifiable concentrates	规定了灭多威乳油的技术要求［灭多威质量分数：(20.0±1.2)%，(40.0±2.0)%，水分≤1.0%，pH 5.0～8.0 等］、试验方法（液相色谱法）以及标志、标签、包装、贮运要求。适用于由灭多威原药与乳化剂溶解在适宜的溶剂中配制成的灭多威乳油
116	GB 23558—2009	苄嘧磺隆可湿性粉剂 Bensulfuron-methyl wettable powders	规定了苄嘧磺隆可湿性粉剂的技术要求［苄嘧磺隆质量分数：(10.0±1)%，(30.0±1.5)%，水分≤3.0%，悬浮率≥75%，pH 6.0～9.0 等］、试验方法（液相色谱法）以及标志、标签、包装、贮运。适用于由苄嘧磺隆原药与适宜的助剂、填料加工而成的苄嘧磺隆可湿性粉剂
117	GB 24749—2009	丙环唑原药 Propiconazole technical	规定了丙环唑原药的技术要求［丙环唑质量分数≥95.0%，水分≤0.8%，丙酮不溶物≤0.2%，酸度≤0.5%］、试验方法［气相色谱法（仲裁法）、液相色谱法］以及标志、标签、包装、贮运。适用于由丙环唑及其生产中产生的杂质组成的丙环唑原药

（续）

序号	标准编号 (被替代标准号)	标准名称	应用范围和要求
118	GB 24750—2009	乙烯利原药 Ethephon technical	规定了乙烯利原药的技术要求［乙烯利质量分数≥89.0%，1，2-二氯乙烷质量分数≤0.05%，水不溶物≤0.2%，pH 1.5～2.0］、试验方法（化学滴定法）以及标志、标签、包装、贮运。适用于由乙烯利及其生产中产生的杂质组成的乙烯利原药
119	GB 24751—2009	异噁草松原药 Clomazone technical	规定了异噁草松原药的技术要求［异噁草松质量分数≥93.0%，水分≤0.5%，丙酮不溶物≤0.2%，酸度≤0.3%］、试验方法（液相色谱法）以及标志、标签、包装、贮运。适用于由异噁草松及其生产中产生的杂质组成的异噁草松原药
120	GB 24752—2009	灭多威原药 Methomyl technical	规定了灭多威原药的技术要求［灭多威质量分数≥98.0%，水分≤0.3%，丙酮不溶物≤0.2%，pH 4～8］、试验方法（液相色谱法）以及标志、标签、包装、贮运要求。适用于由灭多威及生产中产生的杂质组成的灭多威原药
121	GB 24753—2009	水胺硫磷原药 Isocarbophos technical	规定了水胺硫磷原药的技术要求［水胺硫磷质量分数≥95.0%，水分≤0.3%，丙酮不溶物≤0.5%，酸度≤0.3%］、试验方法［液相色谱法（仲裁法）、气相色谱法］以及标志、标签、包装、贮运要求。适用于由水胺硫磷及生产中产生的杂质组成的水胺硫磷原药
122	GB 24754—2009	扑草净原药 Prometryn technical	规定了扑草净原药的技术要求［扑草净质量分数≥96.0%，氯化钠质量分数≤1.0%，二甲基甲酰胺不溶物≤0.5%，干燥减量≤1.0%］、试验方法（毛细管气相色谱法、填充柱气相色谱法）以及标志、标签、包装、贮运。适用于由扑草净及其生产中产生的杂质组成的扑草净原药

（续）

序号	标准编号 (被替代标准号)	标准名称	应用范围和要求
123	GB 24755—2009	甲基硫菌灵原药 Thiophanate-methyl technical	规定了甲基硫菌灵原药的技术要求［甲基硫菌灵质量分数≥95.0%，HAP质量分数≤0.5mg/kg，DAP质量分数≤5.0mg/kg，干燥减量≤0.5%，pH 5.0～8.0］、试验方法（液相色谱法）以及标志、标签、包装、贮运。适用于甲基硫菌灵及其生产中产生的杂质组成的甲基硫菌灵原药
124	GB 24756—2009	噻嗪酮原药 Buprofezin technical	规定了噻嗪酮原药的技术要求［噻嗪酮质量分数≥97%，干燥减量≤0.3%，丙酮不溶物≤0.2%，酸度或碱度≤0.1%］、试验方法（气相色谱法）以及标志、标签、包装、贮运。适用于噻嗪酮及其生产中产生的杂质组成的噻嗪酮原药
125	GB 24757—2009	苄嘧磺隆原药 Bensulfuron-methyl technical	规定了苄嘧磺隆原药的技术要求［苄嘧磺隆质量分数≥96.0%，干燥减量≤0.5%，pH 4.0～7.0］、试验方法（液相色谱法）以及标志、标签、包装、贮运要求。适用于由苄嘧磺隆及生产中产生的杂质组成的苄嘧磺隆原药
126	GB 24758—2009	噻吩磺隆原药 Thifensulfuron-methyl technical	规定了噻吩磺隆原药的技术要求［噻吩磺隆质量分数≥95.0%，水分≤0.5%，N，N-二甲基甲酰胺不溶物≤0.3%，pH 3.0～7.0］、试验方法（液相色谱法）以及标志、标签、包装、贮运要求。适用于由噻吩磺隆及生产中产生的杂质组成的噻吩磺隆原药

（续）

序号	标准编号（被替代标准号）	标准名称	应用范围和要求
127	GB/T 25864—2010	球孢白僵菌粉剂 Powder of *Beauveria bassiana*	规定了球孢白僵菌粉剂的要求（含孢量：高孢粉≥1 000 亿孢子/g、低孢粉≥（100±10）亿孢子/g，萌发率≥90%，毒力 LT_{50}：高孢粉≤5d、低孢粉≤6d，杂菌率：高孢粉≤5%、低孢粉≤10%，干燥减量≤10%等）、检验方法［显微计数法］及标签、包装、贮运等规则。适用于球孢白僵菌经生物发酵与加工而获得的分生孢子粉剂，不适用于布氏白僵菌或其他种类白僵菌生产的杀虫剂
128	GB/T 27654—2011	木材防腐剂 Wood preservatives	规定了水载型木材防腐剂的有效成分配比，并描述在各种剂型中有效成分含量的要求，包括有机溶剂型木材杀虫剂、防腐剂及防霉变色剂的有效成分。适用木材防腐剂的生产和使用。 一、水载型木材防腐剂 1. 铜铬砷（CCA-C）（按 100%氧化物计算）：六价铬（以 CrO_3 计）44.5%～50.5%，二价铜（以 CuO 计）17%～20%，五价砷（以 As_2O_5 计）30%～38%； 2. 烷基铵化合物：AAC-1：二癸基二甲基氯化铵(DDAC)≥90%，双十二烷基或双八烷基二甲基氯化铵（C8 或 C12）≤10%；AAC-2：十二烷基苄基二甲基氯化铵（BAC）≥90%，其他烷基铵的混合物≤10%； 3. 硼化合物：按无水纯度≥98%。可用八硼酸钠、四硼酸钠、五硼酸钠、硼酸等。有效成分以 B_2O_3 计，pH 7.9～9.0； 4. 氨（胺）溶性季铵铜（ACQ）和微化季铵铜（MCQ）：

序号	标准编号 (被替代标准号)	标准名称	应用范围和要求
128	GB/T 27654—2011	木材防腐剂 Wood preservatives	ACQ-2　ACQ-3　ACQ-4　MCQ 二价铜（以CuO计）62.0～71.0，62.0～71.0，62.0～71.0，62.0～71.0 二癸基二甲基氯化铵（DDAC）29.0～38.0，　29.0～38.0 二癸基二甲基碳酸铵（$DDACO_3$）　29.0～38.0 5. 铜唑（CuAz） CuAz-1　CuAz-2　CuAz-3　CuAz-4　CuAz-5 二价铜（以Cu计）44.0～54.0，95.4～96.8，95.4～96.8，95.4～96.8，98.4～98.8 硼（以H_3BO_3计）44.0～54.0 戊唑醇　1.8～2.8　3.2～4.6　1.6～2.3 丙环唑　3.2～4.6　1.6～2.3 环丙唑醇　1.2～1.6 6. 柠檬酸铜（CC）：二价铜（以CuO计）≥59.2%，柠檬酸≥35.8%； 7. 双-（N-环己烷基二氮烯二氧）铜（CuHDO）：二价铜（以CuO计）55.3%～66.7%，HDO12.6%～15.4%，硼（以H_3BO_3计） 8. 唑醇啉（PTI）：丙环唑 42.8%～52.4%，戊唑醇 42.8%～52.4%，吡虫啉 4.3%～5.3%。 在1、4、5、7、8及2、3测定时采用GB/T 23229中方法。在确定防腐液中环丙唑醇、柠檬酸、HDO、吡虫啉时，分别采用AWPA A44-08，SB/T 10404、AWPA A33-08、HG 3670中方法。

（续）

序号	标准编号 (被替代标准号)	标准名称	应用范围和要求
128	GB/T 27654—2011	木材防腐剂 Wood preservatives	二、有机溶剂型木材防虫剂：溴氰菊酯（HG 2801）、氯氰菊酯（HG3627）、氯菊酯（HG/T 2988）、联苯菊酯（GB 22619）、毒死蜱（GB 19604）、吡虫啉（HG 3670）。 三、有机溶剂型木材杀菌剂：戊唑醇（GB/T 23229）、丙环唑（GB/T 23229）、百菌清（GB 9551）、8-羟基喹啉铜及环烷酸铜中的铜（GB/T 23229）、环烷酸铜（AWPA A41-06）、3-碘-2-丙炔基-丁氨基甲酸酯、三丁基氧化锡、4，5-二氯-2-正辛基异噻唑啉-3-酮（AWPA A5-09）。 四、木材防霉防变色剂：百菌清（GB 9551）、8-羟基喹啉铜中的铜（GB/T 23229）、多菌灵（GB 10501）、3-碘-2-丙炔基-丁氨基甲酸酯（AWPA A5-09）、二癸基二甲基氯化铵、十二烷基苄基二甲基氯化铵、丙环唑（GB/T23229）
129	GB/T 28006—2011	家用卫生杀虫用品 气味 Domesticsanitaryinsecticide-Odor grade	规定了电热蚊香片、电热蚊香液、蚊香和杀虫气雾剂的气味等级指标［无味：气味浓度＜15，且气味强度≤1.0；有味：气味浓度＞15］、标识和感官评定方法。适用于卫生杀虫剂用品气味等级的评定；其他家用卫生杀虫剂用品气味等级的评定亦可根据实际情况参照使用
130	GB 28126—2011	吡虫啉原药 Imidacloprid technical material	规定了吡虫啉原药的技术要求［吡虫啉质量分数≥97.0%，干燥减量≤0.5%，二甲基甲酰胺不溶物≤0.2%，pH 5.0～8.0］、试验方法（液相色谱法）以及标志、标签、包装、贮运及验收期。适用于由吡虫啉及其生产中产生的杂质组成的吡虫啉原药

（续）

序号	标准编号 (被替代标准号)	标准名称	应用范围和要求
131	GB 28127—2011	氯磺隆原药 Chlorsulfuron technical material	规定了氯磺隆原药的技术要求［氯磺隆质量分数≥95.0%，水分≤0.5%，丙酮不溶物≤0.5%，pH 3.0～6.0］、试验方法（液相色谱法）以及标志、标签、包装、贮运及验收期。适用于由氯磺隆及其生产中产生的杂质组成的氯磺隆原药
132	GB 28128—2011	杀虫单原药 Thiosultap-monosodium technical material	规定了杀虫单原药的技术要求［杀虫单质量分数≥95.0%，氯化钠≤2.0%，干燥减量≤1.0%，pH 4.0～5.5］、试验方法（液相色谱法）及标志、标签、包装、贮运和验收期。适用于由杀虫单及其生产中产生的杂质组成的杀虫单原药
133	GB 28129—2011	乙羧氟草醚原药 Fluoroglycofen-ethyl technical material	规定了乙羧氟草醚原药的技术要求［乙羧氟草醚质量分数≥95.0%，干燥减量≤0.5%，丙酮不溶物≤0.3%，酸度≤0.5%］、试验方法［气相色谱法（仲裁法）、液相色谱法］以及标志、标签、包装、贮运及验收期。适用于由乙羧氟草醚及其生产中产生的杂质组成的乙羧氟草醚原药
134	GB 28130—2011	哒螨灵原药 Pyridaben technical material	规定了哒螨灵原药的技术要求［哒螨灵质量分数≥95.0%，水分≤0.5%，丙酮不溶物≤0.5%，酸度≤0.3%或碱度≤0.2%］、试验方法［液相色谱法（仲裁法）、毛细管气相色谱法］以及标志、标签、包装、贮运及验收期。适用于由哒螨灵及其生产中产生的杂质组成的哒螨灵原药
135	GB 28131—2011	溴氰菊酯原药 Deltamethrin technical material	规定了溴氰菊酯原药的技术要求［溴氰菊酯质量分数≥98.5%，干燥减量≤0.5%，pH 4.0～7.0］、试验方法（液相色谱法）及标志、标签、包装、贮运和验收期。适用于由溴氰菊酯及其生产中产生的杂质组成的溴氰菊酯原药

（续）

序号	标准编号 （被替代标准号）	标准名称	应用范围和要求
136	GB 28132—2011	吡虫啉微乳剂 Imidacloprid micro-emulsion	规定了吡虫啉微乳剂的技术要求［吡虫啉质量分数：（10±1.0）%，20±1.2%，pH 5.0～8.0 等］、试验方法（液相色谱法）以及标志、标签、包装、贮运、安全和保证期。适用于由吡虫啉原药、水和助剂制成的吡虫啉微乳剂
137	GB 28133—2011	绿麦隆可湿性粉剂 Chlorotoluron wettable powders	规定了绿麦隆可湿性粉剂的技术要求［绿麦隆质量分数：25±1.5%，1，1-二甲基-3-（4-甲基苯基）脲质量分数≤0.3%，1-甲基-3-（3-氯-4-甲基苯基）脲质量分数≤0.3%，水分≤3.0%，悬浮率≥65%，pH 6.0～9.0 等］、试验方法（液相色谱法）以及标志、标签、包装、贮运、安全、质量保证期。适用于由绿麦隆原药与适宜的助剂和填料加工而成的绿麦隆可湿性粉剂
138	GB 28134—2011	绿麦隆原药 Chlorotoluron technical material	规定了绿麦隆原药的技术要求［绿麦隆质量分数≥95.0%，1，1-二甲基-3-（4-甲基苯基）脲质量分数≤0.8%，1-甲基-3-（3-氯-4-甲基苯基）脲质量分数≤0.8%，干燥减量≤1.0%，丙酮不溶物≤0.5%，pH 6.0～8.0］、试验方法（液相色谱法）以及标志、标签、包装、贮运和验收期。适用于由绿麦隆及其生产中产生的杂质组成的绿麦隆原药
139	GB 28138—2011	硝磺草酮悬浮剂 Mesotrione aqueous suspension concentrate	规定了硝磺草酮悬浮剂的技术要求［硝磺草酮质量分数：（10±0.9）%，（15±0.9）%，悬浮率≥90%，pH 3.0～6.0 等］、试验方法（液相色谱法）以及标志、标签、包装、贮运和保证期要求。适用于由硝磺草酮原药、适宜的助剂和填料加工制成的硝磺草酮悬浮剂

（续）

序号	标准编号 (被替代标准号)	标准名称	应用范围和要求
140	GB 28139—2011	70%吡虫啉水分散粒剂 70% Imidacloprid water dispersible granules	规定了70%吡虫啉水分散粒剂的技术要求［吡虫啉水分散粒剂质量分数：(70.0±2.5)%，水分≤2.0%，悬浮率≥90%，pH 6.0～9.0 等］、试验方法（液相色谱法）以及标志、标签、包装、贮运和保证期要求。适用于由吡虫啉原药、载体和助剂加工制成的70%吡虫啉水分散粒剂
141	GB 28140—2011	75%乙酰甲胺磷可溶粉剂 75% Acephate water soluble powders	规定了75%乙酰甲胺磷可溶粉剂的技术要求［乙酰甲胺磷质量分数：(75.0±3)%，乙酰胺质量分数≤0.3%，甲胺磷质量分数≤0.5%，O，O，S-三甲基硫代磷酸酯质量分数≤0.1%，水分≤2.0%、pH 3.0～7.5 等］、试验方法（液相色谱法）以及标志、标签、包装、贮运及保证期。适用于由乙酰甲胺磷原药与适宜的助剂和填料加工制成的75%乙酰甲胺磷可溶粉剂
142	GB 28141—2011	吡虫啉可溶液剂 Imidacloprid soluble concentrate	规定了吡虫啉可溶液剂的技术要求［吡虫啉质量分数：(5.0±0.5)%，(10.0±1.0)%，(20.0±1.2)%，水分≤0.5%，pH 5.0～8.0 等］、试验方法（液相色谱法）以及标志、标签、包装、贮运和保证期。适用于由吡虫啉原药和助剂溶解在适宜的水溶性有机溶剂中加工成的吡虫啉可溶液剂
143	GB 28142—2011	吡虫啉可湿性粉剂 Imidacloprid wettable powders	规定了吡虫啉可湿性粉剂的技术要求［吡虫啉质量分数：(10.0±1.0)%，(20.0±1.2)%，(25.0±1.5)%，(50.0±2.5)%，(70.0±2.5)%，水分≤2.0，悬浮率≥85%，pH 6.0～10.0 等］、试验方法（液相色谱法）以及标志、标签、包装、贮运和保证期。适用于由吡虫啉原药、适宜的助剂和填料加工制成的吡虫啉可湿性粉剂

（续）

序号	标准编号 （被替代标准号）	标准名称	应用范围和要求
144	GB 28143—2011	吡虫啉乳油 Imidacloprid emulsifiable concentrates	规定了吡虫啉乳油的技术要求［吡虫啉质量分数：(5.0±0.5)%，(10.0±1.0)%，(20.0±1.2)%，水分≤0.5%，pH 5.0～8.0 等］、试验方法（液相色谱法）以及标志、标签、包装、贮运和保证期。适用于由吡虫啉原药与适宜的乳化剂、溶剂配制成的吡虫啉乳油
145	GB 28144—2011	吡虫啉悬浮剂 Imidacloprid aqueous suspension concentrate	规定了吡虫啉悬浮剂的技术要求［吡虫啉质量分数或质量浓度（20℃）：(31.0±1.5)%、(350±17) g/L，(40.0±2)%、(480±24) g/L，(47.0±2.3)%、(600±25) g/L；悬浮率≥95%，pH 6.0～9.0 等］、试验方法（液相色谱法）以及标志、标签、包装、贮运和保证期。适用于由吡虫啉原药、助剂和填料配制成的吡虫啉悬浮剂
146	GB 28145—2011	赤霉酸可溶粉剂 Gibberellic acid water soluble powders	规定了赤霉酸可溶粉剂的技术要求［赤霉酸质量分数：(3.0±0.3)%，(10.0±1.0)%，(20.0±1.2)%，(40.0±2.0)%，pH 3.0～7.0 等］、试验方法（液相色谱法）以及标志、标签、包装、贮运和保证期。适用于由赤霉酸原药、载体和适宜的助剂配制成的赤霉酸可溶粉剂
147	GB 28146—2011	3%赤霉酸乳油 3% Gibberellic acid emulsifiable concentrates	规定了3%赤霉酸乳油的技术要求［赤霉酸质量分数：(3.0±0.3)%，水分≤5.0%，pH 2.5～4.5 等］、试验方法（液相色谱法）以及标志、标签、包装、贮运和保证期。适用于由赤霉酸原药与乳化剂溶解在适宜溶剂中配制成的3%赤霉酸乳油

（续）

序号	标准编号 (被替代标准号)	标准名称	应用范围和要求
148	GB 28147—2011	哒螨灵可湿性粉剂 Pyridaben wettable powders	规定了哒螨灵可湿性粉剂的技术要求［哒螨灵质量分数：(20.0±1.2)%，(30.0±1.5)%，悬浮率≥75%，pH 5.0～9.0 等］、试验方法［液相色谱法（仲裁法）、气相色谱法］以及标志、标签、包装、贮运和保证期要求。适用于由哒螨灵原药、适宜的助剂和填料加工制成的哒螨灵可湿性粉剂
149	GB 28148—2011	哒螨灵乳油 Pyridaben emulsifiable concentrates	规定了哒螨灵乳油的技术要求［哒螨灵质量分数：(15.0±1.0)%，(20.0±1.2)%，水分≤0.5%，pH 4.5～8.5 等］、试验方法［液相色谱法（仲裁法）、气相色谱法］以及标志、标签、包装、贮运和保证期要求。适用于由哒螨灵原药与乳化剂溶解在适宜的溶剂中配制成的乳油
150	GB 28149—2011	氯磺隆可湿性粉剂 Chlorsulfuron wettable powders	规定了氯磺隆可湿性粉剂的技术要求［氯磺隆质量分数：(10.0±1)%，(20.0±1.2)%，(25.0±1.5)%，水分≤2.5%，悬浮率≥85%，pH 6.0～9.0 等］、试验方法（液相色谱法）以及标志、标签、包装、贮运和保证期要求。适用于由氯磺隆原药、适宜的助剂和填料加工制成的氯磺隆可湿性粉剂
151	GB 28150—2011	氯磺隆水分散粒剂 Chlorsulfuron water dispersible granules	规定了氯磺隆水分散粒剂的技术要求［氯磺隆质量分数：(25.0±1.5)%，(75.0±2.5)%，水分≤2.0%，悬浮率≥90%，pH 5.0～7.0 等］、试验方法（液相色谱法）以及标志、标签、包装、贮运和保证期要求。适用于由氯磺隆原药、载体和助剂加工制成的氯磺隆水分散粒剂

（续）

序号	标准编号 (被替代标准号)	标准名称	应用范围和要求
152	GB 28151—2011	嘧霉胺可湿性粉剂 Pyrimethanil wettable powders	规定了嘧霉胺可湿性粉剂的技术要求［嘧霉胺质量分数：(20.0±1.2)%，(40.0±2.0)%，水分≤3%，悬浮率≥80%，pH 6.0～10.0 等］、试验方法（液相色谱法、气相色谱法）以及标志、标签、包装、贮运和保证期要求。适用于由嘧霉胺原药、适宜的助剂和填料加工制成的嘧霉胺可湿性粉剂
153	GB 28152—2011	嘧霉胺悬浮剂 Pyrimethanil aqueous suspension concentrate	规定了嘧霉胺悬浮剂的技术要求［嘧霉胺质量分数：(20.0±1.2)%，(30.0±1.5)%，(40.0±2.0)%，悬浮率≥90%，pH 6.0～10.0 等］、试验方法（液相色谱法、气相色谱法）以及标志、标签、包装、贮运和保证期要求。适用于由嘧霉胺原药、适宜的助剂和填料加工制成的嘧霉胺悬浮剂
154	GB 28153—2011	杀虫单可溶粉剂 Thiosultap-monosodium water soluble powders	规定了杀虫单可溶粉剂的技术要求［杀虫单质量分数：(50.0±2.5)%，(80.0±2.5)%，(90.0±2.5)%，(95.0±2.5)%，氯化钠≤1.0%，1.7%，2.0%，2.0%，干燥减量≤3.0%，pH 4.0～6.0 等］、试验方法（液相色谱法）及标志、标签、包装、贮运和保证期。适用于由杀虫单原药、适宜的助剂和填料加工制成的杀虫单可溶粉剂
155	GB 28154—2011	75%烟嘧磺隆水分散粒剂 75% Nicosulfuron water dispersible granules	规定了75%烟嘧磺隆水分散粒剂的技术要求［烟嘧磺隆质量分数：(75.0±2.5)%，水分≤3.0%，pH 4.0～7.0 等］、试验方法（液相色谱法）以及标志、标签、包装、贮运及保证期。适用于由烟嘧磺隆原药、载体和助剂组成的75%烟嘧磺隆水分散粒剂

（续）

序号	标准编号 (被替代标准号)	标准名称	应用范围和要求
156	GB 28155—2011	烟嘧磺隆可分散油悬浮剂 Nicosulfuron oil-based suspension concentrates	规定了烟嘧磺隆可分散油悬浮剂的技术要求［烟嘧磺隆质量分数或质量浓度（20℃）：（4.1±0.4)%、（40±4）g/L，(10.0±1.0)%、（100±10）g/L，悬浮率≥90%，pH 3.0～7.0 等］、试验方法（液相色谱法）以及标志、标签、包装、贮运及保证期。适用于由烟嘧磺隆原药、助剂和填料加工制成的烟嘧磺隆可分散油悬浮剂
157	GB 28156—2011	乙羧氟草醚乳油 Fluoroglycofen-ethyl emulsifiable concentrates	规定了乙羧氟草醚乳油的技术要求［乙羧氟草醚质量分数：(10.0±1)%，（20.0±1.2)%，水分≤0.5%，pH 4.0～6.0 等］、试验方法［毛细管气相色谱法（仲裁法）、液相色谱法］以及标志、标签、包装、贮运及保证期。适用于由乙羧氟草醚原药与乳化剂溶解在适宜的溶剂中配制成的乙羧氟草醚乳油
158	GB 28157—2011	乙酰甲胺磷乳油 Acephate emulsifiable concentrates	规定了乙酰甲胺磷乳油的技术要求［乙酰甲胺磷质量分数：30.0^{+3}_{-2}%，$40.0^{+4}_{-2.7}$%，乙酰胺质量分数≤0.3%，0.4%，甲胺磷质量分数≤0.8%，1.0%，O，O，S-三甲基硫代磷酸酯质量分数≤0.1%，0.2%，水分≤0.6%，酸度≤0.5%等］、试验方法（液相色谱法）以及标志、标签、包装、贮运和保证期。适用于由乙酰甲胺磷原药与乳化剂溶解在适宜的溶剂中配制成的乙酰甲胺磷乳油
159	GB 29380—2012	胺菊酯原药 Tetramethrin technical material	规定了胺菊酯原药的技术要求［胺菊酯质量分数≥92.0%，顺/反异构体比：(20±5)/(80±5)，干燥减量≤0.5%，丙酮不溶物≤0.2%，酸度≤0.2%］、试验方法（气相色谱法）以及标志、标签、包装、贮运和验收期。适用于由胺菊酯及其生产中产生的杂质组成的胺菊酯原药

（续）

序号	标准编号（被替代标准号）	标准名称	应用范围和要求
160	GB 29381—2012	戊唑醇悬浮剂 Tebuconazole suspension concentrates	规定了戊唑醇悬浮剂的技术要求［戊唑醇质量分数或质量浓度（20℃）：(38.0±2)%、(430±20) g/L，(23.5±1.2)%、(250±15) g/L，悬浮率≥90%，pH 5.0～8.0 等］、试验方法试验方法［液相色谱法（仲裁法）、毛细管气相色谱法］以及标志、标签、包装、贮运和保证期。适用于由戊唑醇原药与助剂及填料加工而成的戊唑醇悬浮剂
161	GB 29382—2012	硝磺草酮原药 Mesotrione technical material	规定了硝磺草酮原药的技术要求［硝磺草酮质量分数（以干基计）≥95.0%，硝基呫吨酮质量分数（以干基计）≤2mg/kg，干燥减量≤25，丙酮不溶物≤0.2%，pH 3.0～6.0］、试验方法（液相色谱法）以及标志、标签、包装、贮运及验收期。适用于由硝磺草酮及其生产中产生的杂质组成的硝磺草酮原药
162	GB 29383—2012	烟嘧磺隆原药 Nicosulfuron technical material	规定了烟嘧磺隆原药的技术要求［烟嘧磺隆质量分数≥92.0%，水分≤5.0%，二甲基甲酰胺不溶物≤0.3%，pH 3.0～7.0］、试验方法（液相色谱法）以及标志、标签、包装、贮运及验收期。适用于由烟嘧磺隆及其生产中产生的杂质组成的烟嘧磺隆原药
163	GB 29384—2012	乙酰甲胺磷原药 Acephate technical material	规定了乙酰甲胺磷原药的技术要求［乙酰甲胺磷质量分数≥97.0%，乙酰胺质量分数≤0.3%，甲胺磷质量分数≤0.3%，O，O，S-三甲基硫代磷酸酯质量分数≤0.1%，酸度≤0.5%，水分≤0.5%］、试验方法（液相色谱法）以及标志、标签、包装、贮运及验收期。适用于由乙酰甲胺磷及其生产中产生的杂质组成的乙酰甲胺磷原药

（续）

序号	标准编号 (被替代标准号)	标准名称	应用范围和要求
164	GB 29385—2012	嘧霉胺原药 Pyrimethanil technical material	规定了嘧霉胺原药的技术要求［嘧霉胺质量分数≥97.0%，水分≤0.5%，丙酮不溶物≤0.2%，pH 6.0～10.0］、试验方法（液相色谱法）以及标志、标签、包装、贮运及验收期。适用于由嘧霉胺及其生产中产生的杂质组成的嘧霉胺原药
165	GB 29386—2012	溴氰菊酯乳油 Deltamethrin emulsifiable concentrates	规定了溴氰菊酯乳油的技术要求［溴氰菊酯质量分数或质量浓度（20℃）：(2.8±0.3)%、(25±3) g/L，(5.0±0.5)%、(50±5) g/L，水分≤1.0%，pH 4.0～7.0 等］、试验方法（液相色谱法）以及标志、标签、包装、贮运和保证期要求。适用于由溴氰菊酯原药与乳化剂溶解在适宜的溶剂中配制成的乳油
166	HG 2200—1991	甲基异柳磷乳油 Isofenphos-methyl emulsifiable concentrates	规定了甲基异柳磷乳油的技术要求［甲基异柳磷质量分数≥35.0%，水分≤0.4%，酸度≤0.3%等］、试验方法（气相色谱法）以及标志、标签、包装、贮运。适用于由甲基异柳磷原药与适宜的乳化剂和溶剂配制成的甲基异柳磷乳油
167	HG/T 2206—2015 （HG 2206—1991）	甲霜灵原药 Metalaxyl technical material	规定了甲霜灵原药的要求［甲霜灵质量分数≥95.0%，2，6-二甲基苯胺质量分数≤0.1%，丙酮不溶物≤0.3%，pH 3.0～7.0］、试验方法（气相色谱法）以及标志、标签、包装、贮运和验收期。适用于由甲霜灵及其生产中产生的杂质组成的甲霜灵原药
168	HG 2207—1991	甲霜灵粉剂 Metalaxyl dustable powder	规定了甲霜灵粉剂的技术要求［甲霜灵质量分数：35.0^{+2}_{-1}%，水分≤4%，pH 5.0～8.0 等］、试验方法（气相色谱法）以及标志、标签、包装、贮运。适用于甲霜灵原药经填料吸附、稀释加工制成的粉剂

（续）

序号	标准编号 (被替代标准号)	标准名称	应用范围和要求
169	HG/T 2208—2015 （HG 2208—1991）	甲霜灵可湿性粉剂 Metalaxyl wettable powders	规定了甲霜灵可湿性粉剂的要求［甲霜灵质量分数：(25.0±1.5)%，2，6-二甲基苯胺质量分数≤0.02%，悬浮率≥90%，pH 5.0～9.0 等］、试验方法（气相色谱法）、试验方法及标志、标签、包装、贮运和保证期。适用于由甲霜灵原药、适宜的助剂和填料加工制成的甲霜灵可湿性粉剂
170	HG 2209—1991	哒嗪硫磷原药 Pyridaphenthione tetradifon technical	规定了哒嗪硫磷原药的技术要求［哒嗪硫磷质量分数≥75.0%，水分≤0.4%，丙酮不溶物≤0.5%，酸度≤0.5%］、试验方法［参考 HG/T 2980—87（1997）气相色谱法］以及标志、标签、包装、贮运。适用于由哒嗪硫磷原药与适宜的乳化剂和溶剂配制成的哒嗪硫磷乳油
171	HG 2210—1991	哒嗪硫磷乳油 Pyridaphenthione emulsifiable concentrates	规定了哒嗪硫磷乳油的技术要求［哒嗪硫磷质量分数≥20.0%，水分≤0.5%，酸度≤0.2%等］、试验方法［参考 HG/T 2980—87（1997）气相色谱法］以及标志、标签、包装、贮运。适用于由哒嗪硫磷原药与适宜的乳化剂和溶剂配制成的哒嗪硫磷乳油
172	HG/T 2213—2013 （HG 2213—1991）	禾草丹原药 Thiobencarb technical material	规定了禾草丹原药的技术要求［禾草丹质量分数≥95.5%，水分≤0.2%，丙酮不溶物≤0.05%，酸度≤0.2%］、试验方法（气相色谱法）以及标志、标签、包装、贮运和验收期。适用于由禾草单及其生产中产生的杂质组成的禾草丹原药
173	HG/T 2214—2013 （HG 2214—1991）	禾草单乳油 Thiobencarb emulsifiable concentrates	规定了禾草丹乳油的技术要求［禾草丹质量分数：(50.0±2.5)%，(90.0±2.5)%，水分≤0.5%，pH 5.0～8.0 等］、试验方法（气相色谱法）以及标志、标签、包装、贮运和保证期。适用于由禾草丹原药、乳化剂、溶剂组成的禾草丹乳油

（续）

序号	标准编号 （被替代标准号）	标准名称	应用范围和要求
174	HG 2215—1991	10% 禾草丹颗粒剂 10% Thiobencarb granule	规定了10%禾草丹颗粒剂的技术要求［禾草丹质量分数：$10.0^{+0.8}_{-0.4}$%，水分≤3.0%，pH 6.0～9.0等］、试验方法（气相色谱法）以及标志、标签、包装、贮运。适用于以挤压粒吸附法工艺加工制成的10%禾草丹颗粒剂
175	HG 2313—1992	增效磷乳油注1 Zengxiaolin emulsifiable concentrates	规定了增效磷乳油的技术要求［增效磷质量分数≥40.0%，水分≤0.4%，酸度≤0.05%等］、试验方法（气相色谱法）以及标志、标签、包装、贮运。适用于增效磷工业品与适宜的乳化剂和溶剂配制成的增效磷乳油
176	HG 2316—1992	硫磺悬浮剂 Sulfur aqueous suspension concentrates	规定了硫磺悬浮剂的技术要求（硫质量分数≥45.0%，50.0%，悬浮率≥92%，pH 5.0～9.0等）、试验方法（化学滴定法）以及标志、标签、包装、贮运。适用于由硫磺、水、助剂加工而成的硫磺悬浮剂
177	HG 2317—1992	敌磺钠原药 Fenaminosulf technical	规定了敌磺钠原药的技术要求［敌磺钠质量分数≥60.0%，水分≤30.0%］、试验方法（薄层-分光光度法）以及标志、标签、包装、贮运。适用于由4-N，N-二甲氨基苯胺、亚硝酸钠、亚硫酸钠合成制得的敌磺钠原药
178	HG 2318—1992	敌磺钠湿粉（母药） Fenaminosulf technical concentrate	规定了敌磺钠母药的技术要求［敌磺钠质量分数≥45.0%，水分≤23.0%，pH 6.0～9.0等］、试验方法（薄层-分光光度法）以及标志、标签、包装、贮运。适用于由敌磺钠原药与填充剂加工而成的敌磺钠母药

（续）

序号	标准编号 （被替代标准号）	标准名称	应用范围和要求
179	HG 2460.1—1993	五氯硝基苯原药 Quintozene technical	规定了五氯硝基苯原药的技术要求［五氯硝基苯质量分数≥95.0%，92.0%，88.0%，六氯苯≤1.0%，1.5%，3.0%，水分≤1.0%，1.0%，1.5%，酸度≤0.8%，1.0%，1.0%］、试验方法（气相色谱法）以及标志、标签、包装、贮运。适用于不同的工艺路线合成的五氯硝基苯原药
180	HG 2460.2—1993	五氯硝基苯粉剂 Quintozene dustable power	规定了五氯硝基苯粉剂的技术要求［五氯硝基苯质量分数≥40.0%，六氯苯≤1.5%，水分≤1.5%，pH 5.0～6.0 等］、试验方法（气相色谱法）以及标志、标签、包装、贮运。适用于不同的工艺路线合成的五氯硝基苯原药和填料加工而成的粉状混合物
181	HG 2464.1—1993	甲拌磷原药 Phorate technical	规定了甲拌磷原药的技术要求［甲拌磷质量分数≥90.0%，85.0%，80%，水分≤0.5%，1.0%，1.0%，酸度≤0.5%，1.0%，1.0%］、试验方法（气相色谱法）以及标志、标签、包装、贮运。适用于由 O，O-二乙基二硫代磷酸、乙硫醇、甲醛缩合而成的甲拌磷原药
182	HG 2464.2—1993	甲拌磷乳油 Phorate emulsifiable concentrates	规定了甲拌磷乳油的技术要求［甲拌磷质量分数≥55%，水分≤1.0%，酸度≤1.0%等］、试验方法（气相色谱法）以及标志、标签、包装、贮运。适用于甲拌磷原药与适宜的乳化剂和溶剂配制成的甲拌磷乳油

（续）

序号	标准编号 (被替代标准号)	标准名称	应用范围和要求
183	HG/T 2466—1993	农药乳化剂[注2]	规定了由表面活性剂和适当溶剂组成的农药乳化剂的技术要求［外观：淡黄色或红褐色黏稠液体，水分≤0.3%，0.4%，0.5%，1.5%，pH 6.0±1.0］、试验方法、检验规则、标志、包装、运输和贮存
184	HG 2615—1994	敌鼠钠盐（原药） Diphacinone sodium salt（technical）	规定了敌鼠钠盐原药的技术要求［敌鼠钠盐质量分数≥95.0%，90.0%，80.0%，水分≤1.0%，3.0%，5.0%］、试验方法（紫外分光光度法、比色法）、检验规则及标志、包装、运输和贮存。适用于由偏二苯基丙酮与邻苯二甲酸二甲酯反应而制得的敌鼠钠盐及其生产中产生的杂质组成的敌鼠钠盐原药，应无外来杂质
185	HG/T 2844—2012 （HG 2844—1997）	甲氰菊酯原药 Fenpropathrin technical material	规定了甲氰菊酯原药的技术要求［甲氰菊酯质量分数≥92.0%，水分≤0.3%，丙酮不溶物≤0.1%，酸度≤0.2%］、试验方法（毛细管气相色谱法，填充柱气相色谱法）以及标志、标签、包装、贮运、安全和验收期。适用于由甲氰菊酯及其生产中产生的杂质组成的甲氰菊酯原药
186	HG/T 2845—2012 （HG 2845—1997）	甲氰菊酯乳油 Fenpropathrin emulsifiable concentrates	规定了甲氰菊酯乳油的技术要求［甲氰菊酯质量分数：(20.0±1.2)%，(10.0±1.0)%，水分≤0.5%，酸度≤0.3%等］、试验方法（毛细管气相色谱法，填充柱气相色谱法）以及标志、标签、包装、贮运及保证期要求。适用于由甲氰菊酯原药与乳化剂溶解在适宜的溶剂中配制成的甲氰菊酯乳油

（续）

序号	标准编号 (被替代标准号)	标准名称	应用范围和要求
187	HG 2846—1997	三唑磷原药 Triazophos technical	规定了三唑磷原药的技术要求［三唑磷质量分数≥85.0%，75.0%，水分≤0.2，0.3%，酸度≤0.5%］、试验方法（气相色谱法）以及标志、标签、包装、贮运。适用于由三唑磷及其生产中产生的杂质组成的三唑磷原药
188	HG 2847—1997	三唑磷乳油 Triazophos emulsifiable concentrates	规定了三唑磷乳油的技术要求［三唑磷质量分数≥40.0%，20.0%，水分≤0.4%，酸度≤0.5%等］、试验方法（气相色谱法）以及标志、标签、包装、贮运。适用于由三唑磷原药（或苯油）与乳化剂溶解在适宜的溶剂中配制成的三唑磷乳油
189	HG 2848—2016 （HG 2848—1997）	二氯喹啉酸原药 Quinclorac technical	规定了二氯喹啉酸原药的技术要求［二氯喹啉酸质量分数≥96.0%，干燥减量≤0.8%］、试验方法（液相色谱法）以及标志、标签、包装、贮运和验收期。适用于由二氯喹啉酸及其生产中产生的杂质组成的二氯喹啉酸原药
190	HG 2849—2016 （HG 2849—1997）	二氯喹啉酸可湿性粉剂 Quinclorac wettable powders	规定了二氯喹啉酸可湿性粉剂的技术要求［二氯喹啉酸质量分数：(25.0±1.5)%、(50.0±2.5)%、(75.0±2.5)%，悬浮率≥75%，pH 3.0～9.0 等］、试验方法（液相色谱法）以及标志、标签、包装、贮运。适用于由二氯喹啉酸原药及助剂和填料加工制成的二氯喹啉酸可湿性粉剂
191	HG 2850—1997 （HG 9562—1988）	速灭威原药 Metolcarb technical	规定了速灭威原药的技术要求［速灭威质量分数≥98.0%，95.0%，90.0%，游离酚（以间甲酚计）≤0.1%，0.5%，1.0%，水分≤0.5%，0.5%，1.0%］、试验方法［薄层定胺法、气相色谱法（仲裁法）］以及标志、标签、包装、贮运。适用于由速灭威及其生产中产生的杂质组成的速灭威原药

（续）

序号	标准编号（被替代标准号）	标准名称	应用范围和要求
192	HG 2851—1997 （HG 9564—1988）	20% 速灭威乳油 20% Metolcarb emulsifiable concentrates	规定了 20%速灭威乳油的技术要求［速灭威质量分数≥20.0%，水分≤0.5%，酸度≤0.2%等］、试验方法［薄层色谱法、气相色谱法（仲裁法）］以及标志、标签、包装、贮运。适用于由速灭威原药与乳化剂溶解在适宜的溶剂中配制成的 20%速灭威乳油
193	HG 2852—1997 （HG 9563—1988）	25%速灭威可湿性粉剂 25% Metolcarb wettable powders	规定了 25%速灭威可湿性粉剂的技术要求［速灭威质量分数≥25.0%，悬浮率≥90%，pH 4.0～8.0 等］、试验方法［薄层色谱法、气相色谱法（仲裁法）］以及标志、标签、包装、贮运。适用于由速灭威原药、适宜的助剂和填料加工制成的 25%速灭威可湿性粉剂
194	HG 2853—1997 （HG 9560—1988）	异丙威原药 Isoprocarb technical	规定了异丙威原药的技术要求［异丙威质量分数≥98.0%，95.0%，90.0%，游离酚（以邻异丙基酚计）≤0.1%，0.5%，1.0%，水分≤0.5%，0.5%，1.0%］、试验方法［薄层定胺法、气相色谱法（仲裁法）］以及标志、标签、包装、贮运。适用于由异丙威及其生产中产生的杂质组成的异丙威原药
195	HG 2854—1997 （HG 9560—1988）	20%异丙威乳油 20% Isoprocarb emulsifiable concentrates	规定了 20%异丙威乳油的技术要求［异丙威质量分数≥20.0%，水分≤0.5%，酸度≤0.2%等］、试验方法［薄层定胺法、气相色谱法（仲裁法）］以及标志、标签、包装、贮运。适用于由异丙威原药与乳化剂溶解在适宜的溶剂中配制成的 20%异丙威乳油

（续）

序号	标准编号 (被替代标准号)	标准名称	应用范围和要求
196	HG 2855—1997 （HG 436—1980）	磷化锌原药 Zinc phosphide technical	规定了磷化锌原药的技术要求［磷化锌质量分数≥99.0%，80.0%］、试验方法（化学滴定法）以及标志、标签、包装、贮运。适用于由磷化锌及其生产中产生的杂质组成的磷化锌原药
197	HG 2856—1997 （HG 9555—1988）	甲哌鎓原药 Mepiquat chloride technical	规定了甲哌鎓原药的技术要求［甲哌鎓质量分数≥98.0%，96.0%，N-甲基哌啶盐酸≤0.5%、1.5%］、试验方法（非水滴定法）以及标志、标签、包装、贮运。适用于由甲哌鎓及其生产中产生的杂质组成的甲哌鎓原药
198	HG 2857—1997 （HG 9554—1988）	250g/L 甲哌鎓水剂 250g/L Mepiquat chloride aqueous solution	规定了250g/L甲哌鎓水剂的技术要求［甲哌鎓质量分数≥250g/L，氯化钠≤110g/L，有机氯化物（以N-甲基哌啶盐酸盐计）≤6g/L，pH 6.5～7.5］、试验方法（电位滴定法、纸层析法及银量点位滴定法）以及标志、标签、包装、贮运。适用于六氢吡啶与氯甲烷在缚酸剂存在下，一步合成N，N-二甲基哌啶鎓氯化物后而配制成的水剂
199	HG 2858—2016 （HG 2858—2000）	40%多菌灵悬浮剂 40% Carbendazim aqueous suspension concentrates	规定了40%多菌灵悬浮剂的技术要求［40%：多菌灵质量分数≥（40.0±2.0）%，500g/L：多菌灵质量分数≥（43.0±2.2）%、质量浓度（20℃）（500±25）g/L，2，3-二氨基吩嗪（DAP）质量分数≤2mg/kg，2-氨基-3-羟基吩嗪（HAP）质量分数≤0.3mg/kg，悬浮率≤90%，pH 5.0～8.0等］、试验方法（液相色谱法）以及标志、标签、包装、贮运、保证期。适用于由多菌灵原药、适宜的助剂和填料加工制成的多菌灵悬浮剂

（续）

序号	标准编号 (被替代标准号)	标准名称	应用范围和要求
200	HG 3283—2002 [HG 3283—1975 (1983)]	矮壮素水剂 Chlormequat-chloride aqueous solution	规定了矮壮素水剂的技术要求［矮壮素质量分数：50.0^{+2}_{-1}%，1，2-二氯乙烷≤0.5%，水不溶物≤0.2%，pH 3.5～7.5 等］、试验方法［矮壮素（化学滴定法）、1，2-二氯乙烷（气相色谱法）］以及标志、标签、包装、贮运。适用于矮壮素原药与适当的助剂、水制得的矮壮素水剂
201	HG 3284—2000 (HG 3284—1979)	45%马拉硫磷乳油 45% Malathion emulsifiable concentrates	规定了45%马拉硫磷乳油的技术要求［马拉硫磷质量分数≥45.0%，水分≤0.3%，酸度≤0.5%等］、试验方法（气相色谱法）以及标志、标签、包装、贮运。适用于由马拉硫磷原药（苯油）与乳化剂溶解在适宜的溶剂中配制成的45%马拉硫磷乳油
202	HG 3285—2002 (HG 3285—1981)	异稻瘟净原药 Iprobenfos technical	规定了异稻瘟净原药的技术要求［异稻瘟净质量分数≥90.0%，水分≤0.4%，酸度≤0.5%］、试验方法（气相色谱法）以及标志、标签、包装、贮运。适用于由异稻瘟净及其生产中产生的杂质组成的异稻瘟净原药
203	HG 3286—2002 (HG 3286—1981)	异稻瘟净乳油 Iprobenfos emulsifiable concentrates	规定了异稻瘟净乳油的技术要求［异稻瘟净质量分数≥40.0%，50.0%，水分≤0.4%，酸度≤0.5%等］、试验方法（气相色谱法）以及标志、标签、包装、贮运。适用于由异稻瘟净原药与乳化剂溶解在适宜的溶剂中配制成的异稻瘟净乳油
204	HG 3287—2000 (HG 3287—1982)	马拉硫磷原药 Malathion technical	规定了马拉硫磷原药的技术要求［马拉硫磷质量分数≥95.0%，90.0%，85.0%，水分≤0.1%，0.2%，0.2%，丙酮不溶物≤0.5%，酸度≤0.5%］、试验方法（气相色谱法）以及标志、标签、包装、贮运。适用于由马拉硫磷及其生产中产生的杂质组成的马拉硫磷原药

（续）

序号	标准编号 (被替代标准号)	标准名称	应用范围和要求
205	HG 3288—2000 （HG 3288—1982）	代森锌原药 Zineb technical	规定了代森锌原药的技术要求［代森锌质量分数≥90.0%，85.0%，水分≤2.0%，pH 5.0～9.0］、试验方法（化学滴定法）以及标志、标签、包装、贮运。适用于由代森锌及其生产中产生的杂质组成的代森锌原药
206	HG 3289—2016 （HG 3289—2000）	代森锌可湿性粉剂 Zineb wettable powders	规定了代森锌可湿性粉剂的技术要求［代森锌质量分数≥80.0%，65.0%，水分≤2.0%，悬浮率≥60%，pH 5.0～9.0等］、试验方法（化学滴定法）以及标志、标签、包装、贮运和保证期。适用于由代森锌原药、适宜的助剂和填料加工制成的代森锌可湿性粉剂
207	HG 3290—2000 （HG 3290—1989）	多菌灵可湿性粉剂 Carbendazim wettable powders	规定了多菌灵可湿性粉剂的技术要求［多菌灵质量分数(25.0±1.5)%、(50.0±2.5)%，(80.0±2.5)%，2，3-二氨基吩嗪（DAP）质量分数/（mg/kg）≤2、≤3、≤4，2-氨基-3-羟基吩嗪（HAP）质量分数a/（mg/kg）≤0.3、≤0.3、≤0.4，悬浮率≥70%，pH 5.0～8.5等］、试验方法（液相色谱法）以及标志、标签、包装、贮运。适用于由多菌灵原药、适宜的助剂和填料加工制成的多菌灵可湿性粉剂
208	HG 3291—2001 （HG 3291—1989）	丁草胺原药 Butachlor technical	规定了丁草胺原药的技术要求［丁草胺质量分数≥90.0%，2-氯-2′，6′-二乙基乙酰替苯胺（简称伯酰胺）≤2.0%，水分≤0.3%，酸度≤0.1%］、试验方法（气相色谱法）以及标志、标签、包装、贮运。适用于由丁草胺及其生产中产生的杂质组成的丁草胺原药

（续）

序号	标准编号 (被替代标准号)	标准名称	应用范围和要求
209	HG 3292—2001 (HG 3292—1989)	丁草胺乳油 Butachlor emulsifiable concentrates	规定了丁草胺乳油的技术要求［丁草胺质量分数：60.0^{+2}_{-2}%，50.0^{+2}_{-2}%，水分≤0.4%，pH 5.0～8.0 等］、试验方法（气相色谱法）以及标志、标签、包装、贮运。适用于由丁草胺原药与乳化剂溶解在适宜的溶剂中配制成的丁草胺乳油
210	HG 3293—2001 (HG 3293—1989)	三唑酮原药 Triadimefon technical	规定了三唑酮原药的技术要求［三唑酮质量分数≥95.0%，对氯苯酚≤0.5%，水分≤0.4%，丙酮不溶物≤0.5%，酸度≤0.3%］、试验方法［三唑酮（气相色谱法），对氯苯酚（液相色谱法）］以及标志、标签、包装、贮运。适用于由三唑酮及其生产中产生的杂质组成的三唑酮原药
211	HG 3294—2001 (HG 3294—1989)	20%三唑酮乳油 20% Triadimefon emulsifiable concentrates	规定了 20%三唑酮乳油的技术要求［三唑酮质量分数≥20.0%，对氯苯酚≤0.1%，水分≤1.0%，酸度≤0.4%等］、试验方法［三唑酮（气相色谱法），对氯苯酚（液相色谱法）］以及标志、标签、包装、贮运。适用于由三唑酮原药与乳化剂溶解在适宜的溶剂中配制成的三唑酮乳油
212	HG 3295—2001 (HG 3295—1989)	三唑酮可湿性粉剂 Triadimefon wettable powders	规定了三唑酮可湿性粉剂的技术要求［三唑酮质量分数≥15.0%，25.0%，对氯苯酚≤0.1%，0.12%，悬浮率≥60%，pH 6.0～10.5 等］、试验方法［三唑酮（气相色谱法），对氯苯酚（液相色谱法）］以及标志、标签、包装、贮运。适用于由三唑酮原药、适宜的助剂和填料加工制成的三唑酮可湿性粉剂

（续）

序号	标准编号 （被替代标准号）	标准名称	应用范围和要求
213	HG 3296—2001 （HG 3296—1989）	三乙膦酸铝原药 Fosetyl-aluminium technical	规定了三乙膦酸铝原药的技术要求［三乙膦酸铝质量分数≥95.0%，87.0%，亚磷酸盐（以亚磷酸铝计）≤1.0%，干燥减量≤1.0%、2.0%］、试验方法（化学滴定法）以及标志、标签、包装、贮运。适用于各种工艺生产的三乙膦酸铝原药
214	HG 3297—2001 （HG 3297—1989）	三乙膦酸铝可湿性粉剂 Fosetyl-aluminium wettable powders	规定了三乙膦酸铝可湿性粉剂的技术要求［三乙膦酸铝质量分数≥40.0%，80.0%，亚磷酸盐（以亚磷酸铝计）≤0.6%，1.0%，悬浮率≥80%，pH 2.5～5.5 等］、试验方法（化学滴定法）以及标志、标签、包装、贮运。适用于由三乙膦酸铝原药、适宜的助剂和填料加工制成的三乙膦酸铝可湿性粉剂
215	HG 3298—2002 （HG 3298—1990）	甲草胺原药 Alachlor technical	规定了甲草胺原药的技术要求［甲草胺质量分数≥90.0%，N-（2，6-二乙基）-N-氯乙酰胺（简称伯酰胺）≤3.0%，水分≤0.2%，丙酮不溶物≤0.2%，酸度≤0.2%］、试验方法（气相色谱法）以及标志、标签、包装、贮运。适用于由甲草胺及其生产中产生的杂质组成的甲草胺原药
216	HG 3299—2002 （HG 3299—1990）	甲草胺乳油 Alachlor emulsifiable concentrates	规定了甲草胺乳油的技术要求［甲草胺质量分数：43.0^{+2}_{-1}%，水分≤0.3%，pH 4.0～7.5 等］、试验方法（气相色谱法）以及标志、标签、包装、贮运。适用于由甲草胺原药与乳化剂溶解在适宜的溶剂中配制成的甲草胺乳油
217	HG 3303—1990 （ZBG 25015—1990）	三氯杀螨砜原药 Tetradifon technical	规定了三氯杀螨砜原药的技术要求［三氯杀螨砜质量分数≥94.0%，90.0%，水分≤0.4%，0.5%，酸度≤0.1%］、试验方法（气相色谱法）以及标志、标签、包装、贮运。适用于由三氯杀螨砜及其生产中产生的杂质组成的三氯杀螨砜原药

（续）

序号	标准编号 （被替代标准号）	标准名称	应用范围和要求
218	HG 3304—2002 （HG 3304—1990）	稻瘟灵原药 EBP technical	规定了稻瘟灵原药的技术要求［稻瘟灵质量分数≥90.0%，水分≤0.2%，丙酮不溶物≤0.1%，酸度≤0.2%］、试验方法（填充柱气相色谱法、毛细管气相色谱法—资料性附录）以及标志、标签、包装、贮运。适用于由稻瘟灵及其生产中产生的杂质组成的稻瘟灵原药
219	HG 3305—2002 （HG 3305—1990）	稻瘟灵乳油 EBP emulsifiable concentrates	规定了稻瘟灵乳油的技术要求［稻瘟灵质量分数≥30.0%，40.0%，水分≤0.5%，酸度≤0.2%等］、试验方法（填充柱气相色谱法、毛细管气相色谱法—资料性附录）以及标志、标签、包装、贮运。适用于由稻瘟灵原药与乳化剂溶解在适宜的溶剂中配制成的稻瘟灵乳油
220	HG 3306—2000 （HG 3306—1990）	氧乐果原药 Omethoate technical	规定了氧乐果原药的技术要求［氧乐果质量分数≥92.0%，80.0%，70.0%，水分≤0.2%、0.3%、0.5%，酸度≤0.5%］、试验方法［薄层-溴化法（仲裁法）、液相色谱法］以及标志、标签、包装、贮运。适用于由氧乐果及其生产中产生的杂质组成的氧乐果原药
221	HG 3307—2000 （HG 3307—1990）	40% 氧乐果乳油 40% Omethoate emulsifiable concentrates	规定了氧乐果乳油的技术要求［氧乐果质量分数≥40.0%，水分≤0.4%，酸度≤0.5%等］、试验方法［薄层-溴化法（仲裁法）、液相色谱法］以及标志、标签、包装、贮运。适用于由氧乐果原药与适宜的乳化剂、溶剂配制成的40%氧乐果乳油

（续）

序号	标准编号 (被替代标准号)	标准名称	应用范围和要求
222	HG 3310—1999	邻苯二胺注3 *o*-Phenylenediamine	规定了邻苯二胺的技术要求（邻苯二胺质量分数≥99.0%，90.0%，88.0%，邻氯苯胺≤—，1%，1.6%，邻硝基苯胺≤—%，0.1%，0.1%）、试验方法［邻苯二胺及杂质：气相色谱法（仲裁法），邻苯二胺：薄层-重氮法］以及标志、标签、包装、贮运。适用于由邻硝基氯化苯经氨化还原而制得的邻苯二胺以及通过进一步精制而制得的邻苯二胺
223	HG 3619—1999	仲丁威原药 Fenobucarb technical	规定了仲丁威原药的技术要求［仲丁威质量分数≥98.0%，95.0%，90.0%，邻仲丁基酚≤0.4%，0.5%，1.0%，水分≤0.2%、0.3%、0.5%，丙酮不溶物≤0.03%，0.05%，0.05%，酸度≤0.05%或碱度≤0.1%］、试验方法（仲丁威及杂质：液相色谱法，仲丁威：气相色谱法，邻仲丁基酚：比色法）以及标志、标签、包装、贮运。适用于由仲丁威及其生产中产生的杂质组成的仲丁威原药
224	HG 3620—1999	仲丁威乳油 Fenobucarb emulsifiable concentrates	规定了仲丁威乳油的技术要求［仲丁威质量分数≥80.0%，50.0%，20.0%，邻仲丁基酚≤0.5%、0.3%、0.3%，水分≤0.5%，酸度≤0.05%或碱度≤0.05%等］、试验方法（液相色谱法、气相色谱法）以及标志、标签、包装、贮运。适用于由仲丁威原药与适宜的乳化剂、溶剂配制成的仲丁威乳油

（续）

序号	标准编号 (被替代标准号)	标准名称	应用范围和要求
225	HG 3621—1999	克百威原药 Carbofuran technical	规定了克百威原药的技术要求［克百威质量分数≥98.0%，96.0%，93.0%，呋喃酚≤0.2%，0.3%，0.4%，水分≤0.2%，0.4%，1.0%，丙酮不溶物≤0.2%，酸度≤0.05%，0.05%，0.1%］、试验方法［克百威：液相色谱法，呋喃酚：分光光度法］以及标志、标签、包装、贮运。适用于由克百威及其生产中产生的杂质组成的克百威原药
226	HG 3622—1999	3% 克百威颗粒剂 3% Carbofuran granules	规定了3%克百威颗粒剂的技术要求［克百威质量分数≥3.0%，水分≤1.5%，pH 5.0～7.5等］、试验方法（液相色谱法，气相色谱法）以及标志、标签、包装、贮运。适用于由克百威原药及助剂载体用包衣法加工制成的颗粒剂
227	HG 3623—1999	三氯杀虫酯原药 Plifenate technical	规定了三氯杀虫酯原药的技术要求［克百威质量分数≥95.0%，90.0%，丙酮不溶物≤0.2%，酸度≤0.2%］、试验方法（气相色谱法）以及标志、标签、包装、贮运。适用于由三氯杀虫酯及其生产中产生的杂质组成的三氯杀虫酯原药
228	HG 3624—1999	2，4-滴原药 2，4-D technical	规定了2，4-滴原药的技术要求［2，4-滴质量分数≥96.0%，游离酚（以2，4-二氯苯酚计）≤0.3%，干燥减量≤1.5%，三乙醇胺不溶物≤0.5%］、试验方法（液相色谱法）以及标志、标签、包装、贮运。适用于由2，4-滴及其生产中产生的杂质组成的2，4-滴原药

（续）

序号	标准编号 (被替代标准号)	标准名称	应用范围和要求
229	HG 3625—1999	丙溴磷原药 Profenofos technical	规定了丙溴磷原药的技术要求［丙溴磷质量分数≥89.0%，85.0%，80.0%，游离溴酚≤1.0%，2.0%，3.0%，水分≤0.2%，0.3%，0.3%］、试验方法（气相色谱法）以及标志、标签、包装、贮运。适用于由丙溴磷及其生产中产生的杂质组成的丙溴磷原药
230	HG 3626—1999	40% 丙溴磷乳油 40% Profenofos emulsifiable concentrates	规定了 40%丙溴磷乳油的技术要求［丙溴磷质量分数≥40.0%，水分≤0.4%，pH 3.0～7.0 等］、试验方法（气相色谱法）以及标志、标签、包装、贮运。适用于由丙溴磷原药与适宜的乳化剂、溶剂配制成的 40%丙溴磷乳油
231	HG 3627—1999 （HG/T 2987—1988）	氯氰菊酯原药 Cypermethrin technical	规定了氯氰菊酯原药的技术要求［氯氰菊酯质量分数≥95.0%，92.0%，90.0%，高效、低效异构体比≥0.6，水分≤0.1%，0.3%，0.5%，酸度≤0.1%，0.2%，0.3%］、试验方法（液相色谱内标法、液相色谱外标法）以及标志、标签、包装、贮运。适用于由氯氰菊酯及其生产中产生的杂质组成的氯氰菊酯原药
232	HG 3628—1999 （HG/T 2987—1988）	氯氰菊酯乳油 Cypermethrin emulsifiable concentrates	规定了氯氰菊酯乳油的技术要求［氯氰菊酯质量分数≥10.0%，5.0%，水分≤0.5%，pH 4.0～6.0 等］、试验方法［液相色谱内标法（仲裁法）、液相色谱外标法］以及标志、标签、包装、贮运。适用于由氯氰菊酯原药与适宜的乳化剂、溶剂配制成的氯氰菊酯乳油

（续）

序号	标准编号 (被替代标准号)	标准名称	应用范围和要求
233	HG 3629—1999	高效氯氰菊酯原药 Beta-cypermethrin technical	规定了高效氯氰菊酯原药的技术要求［高效氯氰菊酯质量分数≥99.0%，95.0%，92.0%，干燥减量≤0.1%，0.3%，0.5%，pH 4.0～6.0］、试验方法［液相色谱外标法、液相色谱内标法（仲裁法）］以及标志、标签、包装、贮运。适用于由高效氯氰菊酯及其生产中产生的杂质组成的高效氯氰菊酯原药
234	HG 3630—1999	高效氯氰菊酯原药浓剂（母药） Beta-cypermethrin technical concentrate	规定了高效氯氰菊酯母药的技术要求［高效氯氰菊酯质量分数≥27.0%，水分≤0.3%，pH 4.0～6.0］、试验方法［液相色谱外标法、液相色谱内标法（仲裁法）］以及标志、标签、包装、贮运。适用于由高效氯氰菊酯及其生产中产生的杂质组成的高效氯氰菊酯母药
235	HG 3631—1999	4.5% 高效氯氰菊酯乳油 4.5% Beta-cypermethrin emulsifiable concentrates	规定了 4.5%高效氯氰菊酯乳油的技术要求［高效氯氰菊酯质量分数≥4.5%，水分≤0.5%，pH 4.0～6.0 等］、试验方法［液相色谱外标法、液相色谱内标法（仲裁法）］以及标志、标签、包装、贮运。适用于由高效氯氰菊酯原药与适宜的乳化剂、溶剂配制成的 4.5%高效氯氰菊酯乳油
236	HG 3699—2002	三氯杀螨醇原药 Dicofol technical	规定了三氯杀螨醇原药的技术要求［总有效成分（三氯杀螨醇+邻、对-三氯杀螨醇）质量分数≥95.0%，90.0%，三氯杀螨醇/总有效成分≥84.0%，滴滴涕类杂质（DDTγ）≤0.1%，0.5%，水分≤0.05%，0.5%，二甲苯不溶物≤0.4%，酸度≤0.3%，0.5%］、试验方法（液相色谱法）以及标志、标签、包装、贮运。适用于由三氯杀螨醇及其生产中产生的杂质组成的三氯杀螨醇原药

（续）

序号	标准编号 （被替代标准号）	标准名称	应用范围和要求
237	HG 3700—2002	三氯杀螨醇乳油 Dicofol emulsifiable concentrates	规定了三氯杀螨醇乳油的技术要求［总有效成分质量分数（三氯杀螨醇＋邻、对-三氯杀螨醇）≥40.0%，20.0%，三氯杀螨醇/总有效成分≥84.0%，滴滴涕类杂质（DDTγ）≤0.2%，0.1%，水分≤0.5%，pH 3.0～6.0］、试验方法（液相色谱法）以及标志、标签、包装、贮运。适用于由三氯杀螨醇原药与适宜的乳化剂、溶剂配制成的三氯杀螨醇乳油
238	HG 3701—2002	氟乐灵原药 Trifluralin technical	规定了氟乐灵原药的技术要求［氟乐灵质量分数≥95.0%，N，N-二正丙基亚硝胺≤1mg/kg，丙酮不溶物≤0.2%］、试验方法（气相色谱法）以及标志、标签、包装、贮运。适用于由氟乐灵及其生产中产生的杂质组成的氟乐灵原药
239	HG 3702—2002	氟乐灵乳油 Trifluralin emulsifiable concentrates	规定了氟乐灵乳油的技术要求［氟乐灵质量分数、质量浓度（20℃）：45.5^{+2}_{-1}%、480^{+20}_{-10} g/L，水分≤0.3%，pH 4.0～8.0等］、试验方法（气相色谱法）以及标志、标签、包装、贮运。适用于由氟乐灵原药与适宜的乳化剂、溶剂配制成的氟乐灵乳油
240	HG 3717—2003	氯嘧磺隆原药 Chlorimuron-ethyl technical	规定了氯嘧磺隆原药的技术要求［氯嘧磺隆质量分数≥95.0%，干燥减量≤0.5%，二甲基甲酰胺≤0.5%，pH 2.0～6.0］、试验方法（液相色谱法）以及标志、标签、包装、贮运。适用于由氯嘧磺隆及其生产中产生的杂质组成的氯嘧磺隆原药

（续）

序号	标准编号 (被替代标准号)	标准名称	应用范围和要求
241	HG 3718—2003	氯嘧磺隆可湿性粉剂 Chlorimuron-ethyl wettable powders	规定了氯嘧磺隆可湿性粉剂的技术要求［氯嘧磺隆质量分数：$10.0^{+1}_{-0.5}$%，$20.0^{+1}_{-0.5}$%，$25.0^{+1}_{-0.5}$%，悬浮率≥80%，pH 5.0～9.0 等］、试验方法（液相色谱法）以及标志、标签、包装、贮运。适用于由氯嘧磺隆原药、适宜的助剂和填料加工制成的氯嘧磺隆可湿性粉剂
242	HG 3719—2003	苯噻酰草胺原药 Mefenacet technical	规定了苯噻酰草胺原药的技术要求［苯噻酰草胺质量分数≥95.0%，干燥减量≤1.0%，丙酮不溶物≤0.5%，pH 5.0～9.0］、试验方法［液相色谱法（仲裁法）、气相色谱法］以及标志、标签、包装、贮运。适用于由苯噻酰草胺及其生产中产生的杂质组成的苯噻酰草胺原药
243	HG 3720—2003	50% 苯噻酰草胺可湿性粉剂 50% Mefenacet wettable powders	规定了 50%苯噻酰草胺可湿性粉剂的技术要求［苯噻酰草胺质量分数：50.0^{+2}_{-1}%，水分≤2.0%，悬浮率≥75%，pH 6.0～10.0 等］、试验方法［液相色谱法（仲裁法）、气相色谱法］以及标志、标签、包装、贮运。适用于由苯噻酰草胺原药、适宜的助剂和填料加工制成的 50%苯噻酰草胺可湿性粉剂
244	HG 3754—2004	啶虫脒可湿性粉剂 Acetamiprid wettable powders	规定了啶虫脒可湿性粉剂的技术要求［啶虫脒质量分数≥标示值%，悬浮率≥90%，pH 6.0～9.0 等］、试验方法（液相色谱法）以及标志、标签、包装、贮运。适用于由啶虫脒原药、适宜的助剂和填料加工制成的啶虫脒可湿性粉剂

（续）

序号	标准编号 (被替代标准号)	标准名称	应用范围和要求
245	HG 3755—2004	啶虫脒原药 Acetamiprid technical	规定了啶虫脒原药的技术要求［啶虫脒质量分数≥96.0%，水分≤0.5%，丙酮不溶物≤0.3%，pH 4.0～7.0］、试验方法（液相色谱法）以及标志、标签、包装、贮运。适用于由啶虫脒及其生产中产生的杂质组成的啶虫脒原药
246	HG 3756—2004	啶虫脒乳油 Acetamiprid emulsifiable concentrates	规定了啶虫脒乳油的技术要求［啶虫脒质量分数≥标示值%，水分≤0.5%，pH 5.0～7.0 等］、试验方法（液相色谱法）以及标志、标签、包装、贮运。适用于由啶虫脒原药与适宜的乳化剂、溶剂配制成的啶虫脒乳油
247	HG 3757—2004	福美双原药 Thiram technical	规定了福美双原药的技术要求［福美双质量分数≥95.0%，水分≤1.5%，丙酮不溶物≤0.5%，pH 6.0～8.0］、试验方法（液相色谱法）以及标志、标签、包装、贮运。适用于由福美双及其生产中产生的杂质组成的福美双原药
248	HG 3758—2004	福美双可湿性粉剂 Thiram wettable powders	规定了福美双可湿性粉剂的技术要求［福美双质量分数≥50.0%，80.0%，水分≤2.5%，悬浮率≥60%，pH 6.0～9.0 等］、试验方法（液相色谱法）以及标志、标签、包装、贮运。适用于由福美双原药、适宜的助剂和填料加工制成的福美双可湿性粉剂
249	HG 3759—2004	喹禾灵原药 Quizalofop-ethyl technical	规定了喹禾灵原药的技术要求［喹禾灵质量分数≥95.0%，水分≤0.5%，丙酮不溶物≤0.5%，pH 5.0～7.0］、试验方法（气相色谱法）以及标志、标签、包装、贮运。适用于由喹禾灵及其生产中产生的杂质组成的喹禾灵原药

（续）

序号	标准编号 （被替代标准号）	标准名称	应用范围和要求
250	HG 3760—2004	喹禾灵乳油 Quizalofop-ethyl emulsifiable concentrates	规定了喹禾灵乳油的技术要求［喹禾灵质量分数：$10.0^{+1}_{-0.5}$%，水分≤0.5%，pH 5.0～7.0 等］、试验方法（气相色谱法）以及标志、标签、包装、贮运。适用于由喹禾灵原药与适宜的乳化剂、溶剂配制成的喹禾灵乳油
251	HG 3761—2004	精喹禾灵原药 Quizalofop-P-ethyl technical	规定了精喹禾灵原药的技术要求（精喹禾灵质量分数≥92.0%，水分≤0.5%，丙酮不溶物≤0.5%，pH 5.0～7.0）、试验方法（精喹禾灵：毛细管气相色谱法，R-对映体比例：正相液相色谱法）以及标志、标签、包装、贮运。适用于由精喹禾灵及其生产中产生的杂质组成的精喹禾灵原药
252	HG 3762—2004	精喹禾灵乳油 Quizalofop-P-ethyl emulsifiable concentrates	规定了精喹禾灵乳油的技术要求［精喹禾灵质量分数≥$5.0^{+0.5}_{-0.3}$%、$8.8^{+0.9}_{-0.4}$%、$10.0^{+1}_{-0.5}$%，R-对映体比≥90%，水分≤0.5%，pH 5.0～7.0 等］、试验方法（精喹禾灵：毛细管气相色谱法，R-对映体比例：正相液相色谱法）以及标志、标签、包装、贮运。适用于由精喹禾灵原药与适宜的乳化剂、溶剂配制成的精喹禾灵乳油
253	HG 3763—2004	腈菌唑乳油 Myclobutanil emulsifiable concentrates	规定了腈菌唑乳油的技术要求［腈菌唑质量分数≥标示值%，水分≤0.3%，pH 5.0～7.0 等］、试验方法（液相色谱法）以及标志、标签、包装、贮运。适用于由腈菌唑原药与适宜的乳化剂、溶剂配制成的腈菌唑乳油

（续）

序号	标准编号 (被替代标准号)	标准名称	应用范围和要求
254	HG 3764—2004	腈菌唑原药 Myclobutanil technical	规定了腈菌唑原药的技术要求［腈菌唑质量分数≥90.0%，水分≤0.4%，丙酮不溶物≤0.3%，酸度≤0.2%］、试验方法（液相色谱法）以及标志、标签、包装、贮运。适用于由腈菌唑及其生产中产生的杂质组成的腈菌唑原药
255	HG 3765—2004	炔螨特原药 Propargite technical	规定了炔螨特原药的技术要求［炔螨特质量分数≥90.0%，水分≤0.4%，丙酮不溶物≤0.2%，酸度≤0.3%］、试验方法［液相色谱法（仲裁法）、气相色谱法］以及标志、标签、包装、贮运。适用于由炔螨特及其生产中产生的杂质组成的炔螨特原药
256	HG 3766—2004	炔螨特乳油 Propargite emulsifiable concentrates	规定了炔螨特乳油的技术要求［炔螨特质量分数≥标示值%，水分≤0.4%，pH 5.0～8.0 等］、试验方法［液相色谱法（仲裁法）、气相色谱法］以及标志、标签、包装、贮运。适用于由炔螨特原药与适宜的乳化剂、溶剂配制成的炔螨特乳油
257	HG/T 3884—2006	代森锰锌·霜脲氰可湿性粉剂 Mancozeb and cymoxanil wettable powders	规定了代森锰锌·霜脲氰可湿性粉剂的要求（代森锰锌质量分数≥64.0%，霜脲氰质量分数≥8.0%，水分≤3.0%，代森锰锌悬浮率≥70%，霜脲氰悬浮率≥90%，pH 6.0～8.0 等），试验方法（代森锰锌：化学滴定法，霜脲氰：液相色谱法）以及标志、标签、包装、贮运。适用于由代森锰锌、霜脲氰原药，与适宜的助剂和填料加工成的代森锰锌·霜脲氰可湿性粉剂

（续）

序号	标准编号 （被替代标准号）	标准名称	应用范围和要求
258	HG/T 3885—2006	异丙草胺·莠去津悬乳剂 Proisochlor atrazine aqueous suspo-emulsion	规定了异丙草胺·莠去津悬乳剂的要求［异丙草胺、莠去津质量分数：标明值$^{b+a}_{-b}$%，异丙草胺/莠去津悬浮率≥90%，pH 6.0～9.0 等］、试验方法（气相色谱法）、检验规则、包装、标志、运输和贮存。适用于异丙草胺、莠去津原药与助剂制成的异丙草胺·莠去津悬乳剂
259	HG/T 3886—2006	苄嘧磺隆·二氯喹啉酸可湿性粉剂 Bensulfuron-methyl and quinclorac wettable powders	规定了苄嘧磺隆·二氯喹啉酸可湿性粉剂的要求（苄嘧磺隆、二氯喹啉酸质量分数：标明值$^{b+a}_{-c}$%，水分≤3.0%，水分≤3.0%，苄嘧磺隆、二氯喹啉酸悬浮率≥70%，pH 4.0～9.0 等），试验方法（液相色谱法）以及标志、标签、包装、贮运。适用于由代森锰锌、霜脲氰原药，与适宜的填料和其他必要的助剂加工成的苄嘧磺隆·二氯喹啉酸可湿性粉剂
260	HG/T 3887—2006	阿维菌素·高效氯氰菊酯乳油 Abamectin and beta-cypemethrin emulsifiable concentrates	规定了阿维菌素·高效氯氰菊酯乳油的要求［阿维菌素 B_{1a}质量分数：标明值%，高效氯氰菊酯质量分数：标明值%，水分≤0.5%，pH 4.0～7.0 等］、试验方法（阿维菌素反相液相色谱法，高效氯氰菊酯正相液相色谱法）、检验规则、包装、标志、运输和贮存。适用于阿维菌素、高效氯氰菊酯原药或浓剂与乳化剂溶解在适宜的溶剂中的阿维菌素·高效氯氰菊酯乳油
261	HG/T 4460—2012	苯醚甲环唑原药 Difenoconazole technical material	规定了苯醚甲环唑原药的技术要求［苯醚甲环唑质量分数≥95.0%，水分≤0.5%，丙酮不溶物≤0.2%，pH 5.0～8.0］、试验方法（液相色谱法）以及标志、标签、包装、贮运、安全和验收期。适用于由苯醚甲环唑及其生产中产生的杂质组成的苯醚甲环唑原药

（续）

序号	标准编号（被替代标准号）	标准名称	应用范围和要求
262	HG/T 4461—2012	苯醚甲环唑乳油 Difenoconazole emulsifiable concentrates	规定了苯醚甲环唑乳油的技术要求［苯醚甲环唑质量分数：(25.0±1.5)%，(30.0±1.5)%，水分≤0.5%，pH 5.0～8.0等］、试验方法（液相色谱法）以及标志、标签、包装、贮运、安全及保证期要求。适用于由苯醚甲环唑原药与乳化剂溶解在适宜的溶剂中配制成的苯醚甲环唑乳油
263	HG/T 4462—2012	苯醚甲环唑微乳剂 Difenoconazole microemulsion	规定了苯醚甲环唑微乳剂的技术要求［苯醚甲环唑质量分数：(10.0±1)%，(20.0±1.2)%，pH 4.0～7.0 等］、试验方法（液相色谱法）以及标志、标签、包装、贮运、安全及保证期要求。适用于由苯醚甲环唑原药、水与助剂配制成的苯醚甲环唑微乳剂
264	HG/T 4463—2012	苯醚甲环唑水分散粒剂 Difenoconazole water dispersible granules	规定了苯醚甲环唑水分散粒剂的技术要求［苯醚甲环唑质量分数：(10.0±1)%，(15.0±1)%，(20.0±1.2)%，(30.0±1.5)%，(37.0±1.8)%，水分≤3.0%，悬浮率≥70%，pH 6.0～10.0 等］、试验方法（液相色谱法）以及标志、标签、包装、贮运、安全及保证期。适用于由苯醚甲环唑原药、载体和助剂组成的苯醚甲环唑水分散粒剂
265	HG/T 4464—2012	虫酰肼原药 Tebufenozide technical material	规定了虫酰肼原药的技术要求［虫酰肼质量分数≥95.0%，N，N-二甲基甲酰胺不溶物≤0.2%，干燥减量≤1.0%，pH 5.0～8.0］、试验方法（液相色谱法）以及标志、标签、包装、贮运、安全和验收期。适用于由虫酰肼及其生产中产生的杂质组成的虫酰肼原药

（续）

序号	标准编号 (被替代标准号)	标准名称	应用范围和要求
266	HG/T 4465—2012	虫酰肼悬浮剂 Tebufenozide aqueous suspension concentrates	规定了虫酰肼悬浮剂的技术要求［虫酰肼质量分数：(10.0±1)%，(20.0±1.2)%，悬浮率≥90%，pH 5.0～8.0 等］、试验方法（液相色谱法）以及标志、标签、包装、贮运、安全和保证期。适用于由虫酰肼原药、助剂和填料配制成的虫酰肼悬浮剂
267	HG/T 4466—2012	辛酰溴苯腈原药 Bromoxynil octanoate technical material	规定了辛酰溴苯腈原药的技术要求［辛酰溴苯腈质量分数≥96.0%，水分≤0.5%，丙酮不溶物≤0.1%，酸度≤0.5%］、试验方法（气相色谱法）以及标志、标签、包装、贮运、安全和验收期。适用于由辛酰溴苯腈及其生产中产生的杂质组成的辛酰溴苯腈原药
268	HG/T 4467—2012	辛酰溴苯腈乳油 Bromoxynil octanoate emulsifiable concentrates	规定了辛酰溴苯腈乳油的技术要求［辛酰溴苯腈质量分数：(25.0±1.5)%，(30.0±1.5)%，水分≤0.5%，pH 4.5～7.5 等］、试验方法（气相色谱法）以及标志、标签、包装、贮运、安全及保证期要求。适用于由辛酰溴苯腈原药与乳化剂溶解在适宜的溶剂中配制成的辛酰溴苯腈乳油
269	HG/T 4468—2012	草除灵原药 Benazolin-ethyl technical material	规定了草除灵原药的技术要求［草除灵质量分数≥96.0%，水分≤0.5%，丙酮不溶物≤0.5%，酸度≤0.2%］、试验方法（液相色谱法、气相色谱法）以及标志、标签、包装、贮运、安全和验收期。适用于由草除灵及其生产中产生的杂质组成的草除灵原药

（续）

序号	标准编号（被替代标准号）	标准名称	应用范围和要求
270	HG/T 4469—2012	草除灵悬浮剂 Benazolin-ethyl aqueous suspension concentrates	规定了草除灵悬浮剂的技术要求［草除灵质量分数：(30.0±1.5)%，(42.0±2.1)%，(50.0±2.5)%，悬浮率≥90%，pH 5.0～8.0 等］、试验方法（液相色谱法、气相色谱法）以及标志、标签、包装、贮运、安全和保证期。适用于由草除灵原药、助剂和填料配制成的草除灵悬浮剂
271	HG/T 4575—2013	氯氟醚菊酯原药 Meperfluthrin technical material	规定了氯氟醚菊酯原药的要求［氯氟醚菊酯质量分数≥84.0%，水分≤0.4%，丙酮不溶物≤0.4%，酸度≤0.3%］、试验方法（气相色谱法）及标志、标签、包装、贮运。适用于由氯氟醚菊酯及其生产中产生的杂质所组成的氯氟醚菊酯原药
272	HG/T 4576—2013	农药乳油中有害溶剂限量 Limit of harmful solvents of emulsifiable concentrate pesticide	规定了农药乳油中有害溶剂容许限量的要求［苯质量分数≤1.0%，甲苯质量分数≤1.0%，二甲苯质量分数（邻、间、对三种异构体之和）≤10.0%，乙苯质量分数≤2.0%，甲醇质量分数≤5.0%，N，N-二甲基甲酰胺≤2.0%，萘质量分数≤1.0%］、试验方法［气相色谱法：GLC-FID，键合100%聚乙二醇-0.25μm，30m×0.32mm（id）毛细管柱；气体流速 mL/min：载气（N_2）0.5 保持 27min，以 0.2mL/min 升至 2.0mL/min 保持 7.5min，燃气（H_2）35、助燃气（Air）325，补偿气（N_2）25，分流比 20∶1；温度：柱温：初温 40℃保持 2min，以 4℃/min 升至 80℃保持 5min，以 20℃/min 升至 250℃保持 10min，气化：250℃、检测 260℃；Rt：甲醇 9.8min、苯 10.6min、甲苯 13.0min、乙苯 15.9min、对二甲苯 16.3min、间二甲苯 16.8min、邻二甲苯 18.6min、N，N-二甲基甲酰胺

（续）

序号	标准编号 (被替代标准号)	标准名称	应用范围和要求
272	HG/T 4576—2013	农药乳油中有害溶剂限量 Limit of harmful solvents of emulsifiable concentrate pesticide	21.6min、萘 25.7min、内标物：正葵烷 11.7。规范性附录苯甲苯、乙苯、二甲苯、萘的非极性 GLC 方法和 N，N-二甲基甲酰胺的 HPLC 方法]、检验规则。适用于在境内流通的农药乳油
273	HG/T 4489—2013	对二氯苯 *p*-Dcchlorobenzene	规定了对二氯苯的要求［对二氯苯质量分数≥99.90%，99.80%，99.50%，低沸物≤0.01%，0.05%，0.10%，间二氯苯≤0.03%，0.05%，0.10%，邻二氯苯≤0.05%，0.10%，0.30%，水分≤0.04%，0.10%，0.10%］、采样、试验方法（毛细管气相色谱面积归一化法）、检验规则以及标志、标签、包装、运输和贮存。适用于对二氯苯的产品质量扩展
274	HG/T 4810—2015	咪唑乙烟酸原药 Imazethapyr technical material	规定了咪唑乙烟酸原药的要求［咪唑乙烟酸质量分数≥97.0%，干燥减量≤0.5%，氢氧化钠不溶物≤0.3%，pH 2.5～4.5］、试验方法（液相色谱法）以及标志、标签、包装、贮运和验收期。适用于由咪唑乙烟酸及其生产中产生的杂质组成的咪唑乙烟酸原药
275	HG/T 4811—2015	咪唑乙烟酸可湿性粉剂 Imazethapyr wettable powders	规定了咪唑乙烟酸可湿性粉剂的要求［咪唑乙烟酸质量分数：(70.0±2.5)%，水分≤3.0%，悬浮率≥70%，pH 3.0～6.0 等］、试验方法（液相色谱法）以及标志、标签、包装、贮运和保证期。适用于由咪唑乙烟酸原药、适宜的助剂和填料加工制成的咪唑乙烟酸可湿性粉剂

（续）

序号	标准编号 (被替代标准号)	标准名称	应用范围和要求
276	HG/T 4812—2015	咪唑乙烟酸水剂 Imazethapyr aqueous solution	规定了咪唑乙烟酸水剂的要求［咪唑乙烟酸质量分数：(5.0±0.5)%，(10.0±1)%，(15.0±1)%，(20.0±1.2)%，水不溶物≤0.2%，pH 6.0～9.0 等］、试验方法（液相色谱法）、试验方法以及标志、标签、包装、贮运和保证期。适用于由咪唑乙烟酸原药和必要的助剂加工成的咪唑乙烟酸水剂
277	HG/T 4813—2015	氰氟草酯原药 Cyhalofop-butyl technical material	规定了氰氟草酯原药的要求［氰氟草酯质量分数≥97.5%，水分≤0.2，丙酮不溶物≤0.2%，酸度≤0.2%］、试验方法［正相液相色谱法（同时测定 R/S 比例）、反相液相色谱法］以及标志、标签、包装、贮运和验收期。适用于由氰氟草酯及其生产中产生的杂质组成的氰氟草酯原药
278	HG/T 4814—2015	氰氟草酯乳油 Cyhalofop-butyl emulsifiable concentrates	规定了氰氟草酯乳油的要求［氰氟草酯质量分数：(10.0±1)%（100g/L），(15.0±1)%，(20.0±1.2)%，pH 4.0～7.0 等］、试验方法［正相液相色谱法（同时测定 R/S 比例）、反相液相色谱法］以及标志、标签、包装、贮运和保证期。适用于由氰氟草酯原药与乳化剂溶解在适宜溶剂中配制成的氰氟草酯乳油
279	HG/T 4815—2015	氰氟草酯水乳剂 Cyhalofop-butyl emulsion，oil in water	规定了氰氟草酯水乳剂的要求［氰氟草酯质量分数：(10.0±1)%（100g/L），(15.0±1)%，(20.0±1.2)%，(25.0±1.5)%，pH 4.0～7.0 等］、试验方法［正相液相色谱法（同时测定 R/S 比例）、反相液相色谱法］以及标志、标签、包装、贮运和保证期。本标准适用于由氰氟草酯原药与乳化剂溶解在适宜的溶剂中配制而成的氰氟草酯水乳剂

（续）

序号	标准编号 (被替代标准号)	标准名称	应用范围和要求
280	HG/T 4922—2016	芸薹素乳油 Brassinosteroids emulsifiable concentrates	规定了芸薹素［包括：24-表芸薹素内酯（24-表 BR）、22，23，24-表芸薹素内酯（22，23，24-表 BR）、28-表高芸薹素内酯（28-表高 BR）、28-高芸薹素内酯（28-高 BR）、14-羟基芸薹素甾醇（14-羟基 BR）］乳油的要求（芸薹素质量分数（0.01±0.001 5）%，水分 0.5%，pH 4.0～7.0 等）、试验方法（液相色谱法）以及标志、标签、包装、贮运和保证期。适用于由芸薹素原药（或母药）与乳化剂溶解在适宜的溶剂中配制而成的芸薹素乳油
281	HG/T 4923—2016	芸薹素可溶粉剂 Brassinosteroids water soluble powders	规定了芸薹素［包括：24-表芸薹素内酯（24-表 BR）、22，23，24-表芸薹素内酯（22，23，24-表 BR）、28-表高芸薹素内酯（28-表高 BR）、28-高芸薹素内酯（28-高 BR）、14-羟基芸薹素甾醇（14-羟基 BR）］可溶粉剂的要求（芸薹素质量分数：（0.01±0.001 5），水不溶物质量分数≤3.0%、pH 3.0～7.0）、试验方法（液相色谱法）以及标志、标签、包装、贮运和保证期。适用于由芸薹素原药（或母药）、载体和适宜的助剂配制而成的芸薹素可溶粉剂
282	HG/T 4924—2016	芸薹素水剂 Brassinosteroids aqueous solution	规定了芸薹素［包括：24-表芸薹素内酯（24-表 BR）、22，23，24-表芸薹素内酯（22，23，24-表 BR）、28-表高芸薹素内酯（28-表高 BR）、28-高芸薹素内酯（28-高 BR）、14-羟基芸薹素甾醇（14-羟基 BR）］水剂的要求（芸薹素质量分数：0.04±0.006、0.01±0.001 5、0.007 5±0.001 1、0.004±0.000 6、0.001 6±0.000 24，水不溶物质量分数≤0.5%、pH 5.0～8.0 等）、试验方法（液相色谱法）以及标志、标签、包装、贮运和保证期。适用于由芸薹素原药（或母药）、水与助剂配制成的芸薹素水剂

（续）

序号	标准编号 (被替代标准号)	标准名称	应用范围和要求
283	HG/T 4925—2016	右旋胺菊酯原药 D-tetramethrin technical material	规定了右旋胺菊酯原药的要求［胺菊酯质量分数≥94.0%，右旋体比例≥95.0%，顺式体/反式体的比例（20±5）/（80±5），水分≤0.3%，丙酮不溶物≤0.2%，酸度（以 H_2SO_4 计）≤0.2%］、试验方法（胺菊酯质量分数及顺式体/反式体比例：毛细管气相色谱法，右旋体比例：正相高效液相色谱法）及标志、标签、包装、贮运。适用于由右旋胺菊酯及其生产中产生的杂质所组成的右旋胺菊酯原药
284	HG/T 4926—2016	氨基寡糖素原药 Oligosaccharins technical material	规定了氨基寡糖素原药的要求［氨基寡糖素质量分数（以氨基葡萄糖计 ≥85.0%，游离氨基葡萄糖质量分数≤1.0%，水分≤8.0%，灰分≤1.0%，水不溶物≤0.5，pH 3.0～6.0］、试验方法（离子色谱法）以及标志、标签、包装、贮运和验收期。适用于由氨基寡糖素及其生产中产生的杂质组成的氨基寡糖素原药
285	HG/T 4927—2016	氟氯氰菊酯原药 Cyfluthrin technical material	规定了氟氯氰菊酯原药的要求［氟氯氰菊酯质量分数≥92.0%，水分≤0.1%，丙酮不溶物≤0.2%，酸度（以 H_2SO_4 计）≤0.2%］、试验方法（正相液相色谱法）及标志、标签、包装、贮运。适用于由氟氯氰菊酯及其生产中产生的杂质所组成的氟氯氰菊酯原药

（续）

序号	标准编号 (被替代标准号)	标准名称	应用范围和要求
286	HG/T 4928—2016	高效氟氯氰菊酯原药 Beta-cyfluthrin technical material	规定了高效氟氯氰菊酯原药的要求［氟氯氰菊酯质量分数≥96.5%，四个非对映异构体的比例范围：≤2.0%、30.0～40.0、≤3.0%、57.0～67.0，水分≤0.1%，丙酮不溶物≤0.2%，酸度（以 H_2SO_4 计）≤0.2%］、试验方法（正相液相色谱法）及标志、标签、包装、贮运。适用于由高效氟氯氰菊酯及其生产中产生的杂质所组成的高效氟氯氰菊酯原药
287	HG/T 4929—2016	麦草畏原药 Dicamba technical material	规定了麦草畏原药的要求（麦草畏质量分数≥96.0%，丙酮不溶物≤0.3%，干燥减量≤0.8%）、试验方法（液相色谱法）麦草畏质量分数以及标志、标签、包装、贮运、验收期。适用于由麦草畏及其生产中产生的杂质组成的麦草畏原药
288	HG/T 4930—2016	麦草畏水剂 Dicamba aqueous solution	规定了麦草畏水剂的要求［麦草畏质量分数（41.5±0.2）%、质量浓度（20℃）（480±24）g/L，水不溶物≤0.3%，pH 6.0～9.0 等］、试验方法（液相色谱法）以及标志、标签、包装、贮运、保证期。适用于由麦草畏原药和水及适宜的助剂组成的麦草畏水剂
289	HG/T 4931—2016	嘧菌酯水分散粒剂 Azoxystrobin water dispersible granules	规定了嘧菌酯水分散粒剂的要求［嘧菌酯质量分数（20.0±1.2）%、（25.0±1.5）%、（50.0±2.5）%、（70.0±2.5）%、（80.0±2.5）%，水分≤3.0%，悬浮率≥70%，pH 6.0～9.0 等］、试验方法［毛细管气相色谱法和液相色谱法（附录）］以及标志、标签、包装、贮运和保证期。适用于由嘧菌酯原药、载体和助剂加工而成的嘧菌酯水分散粒剂

（续）

序号	标准编号 (被替代标准号)	标准名称	应用范围和要求
290	HG/T 4932—2016	嘧菌酯悬浮剂 Azoxystrobin suspension concentrates	规定了嘧菌酯悬浮剂的要求［30%：嘧菌酯质量分数（30.0±1.5）%、250g/L：（23.0±1.4）%，悬浮率≥90%，pH 6.0～8.0 等］、试验方法［毛细管气相色谱法和液相色谱法（附录）］以及标志、标签、包装、贮运和保证期。适用于由嘧菌酯原药、助剂和填料加工而成的嘧菌酯悬浮剂
291	HG/T 4933—2016	茚虫威原药 Indoxacarb technical material	规定了茚虫威原药的要求（茚虫威质量分数≥91.0%，水分≤0.5%，二甲基甲酰胺不溶物质量分数≤0.3%，pH 5.0～7.0）、试验方法［混合体质量分数（茚虫威与 R-对映体的总和）：液相色谱法，茚虫威质量分数：正相液相色谱法］以及标志、标签、包装、贮运和验收期。适用于由茚虫威及其生产中产生的杂质组成的茚虫威原药
292	HG/T 4934—2016	茚虫威母药 Indoxacarb technical concentrate	规定了茚虫威母药的要求［茚虫威质量分数≥71.0%，茚虫威异构体比例（S∶R）≥3.0%，水分≤0.5%，二甲基甲酰胺不溶物质量分数≤0.3%，pH 5.0～7.0）、试验方法［混合体质量分数（茚虫威与 R-对映体的总和）：液相色谱法，茚虫威质量分数：正相液相色谱法］以及标志、标签、包装、贮运和验收期。适用于由茚虫威及其生产中产生的杂质组成的茚虫威母药

序号	标准编号 (被替代标准号)	标准名称	应用范围和要求
293	HG/T 4935—2016	茚虫威水分散粒剂 Indoxacarb water dispersible granules	规定了茚虫威水分散粒剂的要求［茚虫威质量分数≥（30.0±1.5）%，茚虫威异构体比例（S：R）≥3.0%，水分≤3.0%，悬浮率≥70%，pH 5.0～8.0 等］、试验方法［混合体质量分数（茚虫威与 R -对映体的总和）：液相色谱法，茚虫威质量分数：正相液相色谱法］以及标志、标签、包装、贮运、保证期。适用于由茚虫威原药或母药、载体和助剂加工而成的茚虫威水分散粒剂
294	HG/T 4936—2016	茚虫威悬浮剂 Indoxacarb suspension concentrates	规定了 150g/L、300g/L 茚虫威悬浮剂的要求［150g/L：茚虫威质量分数：（14.0±0.9）%、质量浓度（20℃）：（150±9）g/L；300g/L：质量分数（30.0±1.5）%、质量浓度（20℃）：（300±15）g/L，茚虫威异构体比例（S：R）≥3.0%，悬浮率≥90%，pH 5.0～8.0 等］、试验方法［混合体质量分数（茚虫威与 R -对映体的总和）：液相色谱法，茚虫威质量分数：正相液相色谱法］以及标志、标签、包装、贮运。适用于茚虫威原药或母药与适宜的助剂和填料加工成 150g/L、300g/L 茚虫威悬浮剂
295	HG/T 4937—2016	2，4 -滴异辛酯原药 2. 4 - D-ethylhexyltechnical material	规定了 2，4 -滴异辛酯原药的要求［2，4 -滴异辛酯质量分数≥96.0%，游离酚（以 2，4 -二氯苯酚计）≤3.0g/kg，游离酸（以 2，4 -滴计）≤1.2%，水分≤0.5%，丙酮不溶物≤0.1%］、试验方法（毛细管气相色谱法）以及标志、标签、包装、贮运、验收期。适用于由 2，4 -滴异辛酯及生产中产生的杂质组成的 2，4 -滴异辛酯原药

（续）

序号	标准编号 (被替代标准号)	标准名称	应用范围和要求
296	HG/T 4938—2016	2，4-滴异辛酯乳油 2.4-D-ethylhexyl emulsifiable concentrates	规定了2，4-滴异辛酯乳油的要求［1 025g/L：质量分数(89.0±2.5)%、质量浓度（20℃）（1 025±25）g/L；850g/L：质量分数（77.0±2.5)%、质量浓度（20℃）（850±25）g/L；质量分数（50.0±2.5)%，游离酚（以2，4-二氯苯酚计）≤2.7g/kg、≤2.4g/kg、≤2.5g/kg，水分≤0.5%，pH 3.5～7.0等］、试验方法（毛细管气相色谱法）以及标志、标签、包装、贮运、保证期。适用于由2，4-滴异辛酯原药及其乳化剂溶解在适宜的溶剂中组成的2，4-滴异辛酯乳油
297	HG/T 4939—2016	2，4-滴二甲胺盐水剂 2，4-D dimethylamine salt aqueous solution	规定了2，4-滴二甲胺盐水剂的要求［2，4-滴二甲胺盐质量分数（42.5±2.1)%、(51.3±2.5)%、(55.0±2.5)%、(60.0±2.5)%、(70±2.5)%，质量浓度（20℃）（480±23）g/L、(600±25）g/L、—、(720±25）g/L、(860±25）g/L，游离酚质量分数（以2，4-二氯苯酚计）≤0.15%、≤0.15%、≤0.15%、≤0.2%、≤0.2%，水不溶物≤0.3%，pH 7.0～10.0等］、试验方法（液相色谱法）以及标志、标签、包装、贮运和保证期。适用于由符合标准的2，4-滴原药、二甲胺和适宜的助剂加工而成的2，4-滴二甲胺盐水剂
298	HG/T 4940—2016	双草醚原药 Bispyribac-sodium technical material	规定了双草醚原药的要求（双草醚质量分数≥95.0%，水分≤0.5%，水不溶物≤0.3%，pH 7.0～10.0)、试验方法（液相色谱法）以及标志、标签、包装、贮运和验收期。适用于由双草醚及其生产中产生的杂质组成的双草醚原药

（续）

序号	标准编号（被替代标准号）	标准名称	应用范围和要求
299	HG/T 4941—2016	双草醚可湿性粉剂 Bispyribac-sodium wettable powders	规定了双草醚可湿性粉剂的要求［双草醚质量分数（20.0±1.2）%、（80.0±2.5）%，水分≤3.0%，悬浮率≥85%，pH 6.5～9.5 等］、试验方法（液相色谱法）以及标志、标签、包装、贮运和保证期。适用于由双草醚原药、适宜的助剂和填料加工而成的双草醚可湿性粉剂
300	HG/T 4942—2016	双草醚悬浮剂 Bispyribac-sodium suspension concentrates	规定了双草醚悬浮剂的要求［双草醚质量分数（10.0±1.0）%、（15.0±1.0）%、（20.0±1.2）%、（40.0±2.0）%，悬浮率≥90%，pH 6.5～9.5 等］、试验方法（液相色谱法）以及标志、标签、包装、贮运和保证期。适用于由双草醚原药、助剂和填料加工而成的双草醚悬浮剂
301	HG/T 4943—2016	灭草松原药 Bentazone technical material	规定了灭草松原药的要求（灭草松质量分数≥96.0%，丙酮不溶物≤0.3%，pH 2.0～5.0）、试验方法（液相色谱法）以及标志、标签、包装、贮运、验收期。适用于由灭草松及其生产中产生的杂质组成的灭草松原药
302	HG/T 4944—2016	灭草松水剂 Bentazone aqueous solution	规定了灭草松水剂的要求［灭草松质量分数（25.0±1.5）%、（40.0±2.0）%、（48.0±2.4）%，质量浓度（20℃）—、（480±24）g/L、（560±25）g/L，水不溶物≤0.3%，pH 7.0～10.0 等］、试验方法（液相色谱法）以及标志、标签、包装、贮运、保证期。适用于由灭草松原药、水及适宜的助剂组成的灭草松水剂

（续）

序号	标准编号 (被替代标准号)	标准名称	应用范围和要求
303	HG/T 4945—2016	灭草松可溶液剂 Bentazone soluble cocentrate	规定了灭草松可溶液剂的要求［灭草松质量分数（40.0±2.0）%、质量浓度（20℃）（480±24）g/L，水分≤1.0%，pH 6.5～9.5 等］、试验方法（液相色谱法）以及标志、标签、包装、贮运、保证期。适用于由灭草松原药和助剂溶解在适宜的水溶性有机溶剂中加工成的灭草松可溶液剂
304	HG/T 4946—2016	甲霜·锰锌可湿性粉剂 Metalaxyl·mancozeb wettable powders	规定了甲霜·锰锌可湿性粉剂的要求［58%甲霜灵质量分数（10.0±1.0）%、代森锰锌质量分数（48.0±2.4）%，72%甲霜灵质量分数（8.0±0.8）%、代森锰锌质量分数（64.0±2.5）%，2，6-二甲基苯胺质量分数≤0.01%、≤0.008%，乙撑硫脲质量分数≤0.5%，水分≤3.0%，悬浮率：甲霜灵≥90%、代森锰锌≥70%，pH 5.0～9.0 等］、试验方法（甲霜灵：毛细管气相色谱法，代森锰锌：化学滴定法）以及标志、标签、包装、贮运和保证期。适用于由甲霜灵原药、代森锰锌原药、适宜的助剂和填料加工制成的甲霜·锰锌可湿性粉剂
305	LY/T 1645—2005	日用樟脑 Domesic camphor	规定了日用樟脑的外观、性状、嗅觉感、要求［樟脑质量分数≥92%，异龙脑≤2%，不挥发物≤1%，功能添加剂≤5%，密度 ρ^{23}：0.872～0.982g/cm³，气味：樟木或添加剂香料的香气］、试验方法（气相色谱法）、功能添加剂、形状、大小、包装、标志、贮运、安全及卫生（空气中樟脑蒸气量>3mg/cm³ 时，会刺激人体神经系统）。适用于以合成樟脑或天然樟脑为基本原料制得的各种不同形状的日用樟脑

（续）

序号	标准编号（被替代标准号）	标准名称	应用范围和要求
306	NY 618—2002	多·福悬浮种衣剂 Carbendazim and thiram suspension concentrates for seed dressing	规定了多·福悬浮种衣剂的技术要求［多菌灵质量分数≥标明值%，福美双质量分数≥标明值%，悬浮率≥90%，pH 5.0～7.0 等］、试验方法（液相色谱法）以及标志、标签、包装、贮运。适用于多·福悬浮种衣剂
307	NY 619—2002	福·克悬浮种衣剂 Thiram and carbofuran suspension concentrates for seed dressing	规定了福·克悬浮种衣剂的技术要求［福美双质量分数≥标明值%，克百威质量分数≥标明值%，悬浮率≥90%，pH 5.0～7.0 等］、试验方法（液相色谱法）以及标志、标签、包装、贮运。适用于福·克悬浮种衣剂
308	NY 620—2002	多·克悬浮种衣剂 Carbendazim and carbofuran suspension concentrates for seed dressing	规定了多·克悬浮种衣剂的技术要求［多菌灵质量分数≥标明值%，克百威质量分数≥标明值%，悬浮率≥90%，pH 5.0～7.0 等］、试验方法（液相色谱法）以及标志、标签、包装、贮运。适用于多·克悬浮种衣剂
309	NY 621—2002	多·福·克悬浮种衣剂 Carbendazim，thiram and carbofuran suspension concentrates for seed dressing	规定了多·福·克悬浮种衣剂的技术要求［多菌灵质量分数≥标明值%，福美双质量分数≥标明值%，克百威质量分数≥标明值%，悬浮率≥90%，pH 5.0～7.0 等］、试验方法（液相色谱法）以及标志、标签、包装、贮运。适用于多·福·克悬浮种衣剂
310	NY 622—2002	甲·克悬浮种衣剂 Phorate and carbofuran suspension concentrates for seed dressing	规定了甲·克悬浮种衣剂的技术要求［甲拌磷质量分数≥标明值%，克百威质量分数≥标明值%，悬浮率≥90%，pH 5.0～7.0 等］、试验方法（液相色谱法）以及标志、标签、包装、贮运。适用于甲·克悬浮种衣剂

（续）

序号	标准编号 （被替代标准号）	标准名称	应用范围和要求
311	NY/T 1157—2006	农药残留检测专用丁酰胆碱酯酶 Butylcholinesterase for the rapid bioassay of pesticide residues	规定了农药残留检测专用丁酰胆碱酯酶的要求［外观，比活力≥0.5U/mg 蛋白、$\triangle A_{412}$≥0.60，定性：SDS-聚丙烯酰胺凝胶电泳在 90kD 处有一明显条带、Km＝0.104、布比卡对酶活性抑制率＞70%，稳定性（－18℃保存一年，活力损失＜30%），敏感性（检测浓度 mg/L：克百威≤1.0、敌敌畏≤0.1、甲胺磷≤2.0、氧乐果≤2.0、灭多威≤1.0）］、实验方法、检验规则、标志、包装、运输和贮存。适用于蔬菜、水果类农产品中有机磷和氨基甲酸酯类农药的残留快速检测
312	NY/T 1166—2006	生物防治用赤眼蜂 Trichogramma for biological control	规定了赤眼蜂工厂化生产的定义、生产规程和产品检验方法。适用于以柞蚕卵为中间寄主卵的松毛虫赤眼蜂工厂化生产和产品检验。 松毛虫赤眼蜂产品的分级标准： 一级　二级　三级　四级 寄生率，%　80～100，70～90，60～69，＜60； 羽化出壳率，%　75～100，70～74，65～69，＜65； 性别：♀%　＞90，85～89，80～84，＜80； 感病卵率，%　0～1.9，2～4.9，5～10，＜10； 单卵蜂数，头　80～110，70～79，60～69，＜60/＞100； 雌蜂遗留蜂率，%　0～4.9，5～9.9，10～15，＞15； 绿卵率，%　0～1.9，2～2.9，3～5，＞5； 畸形蜂率，%　0～2.9，3～4.9，5～8，＞8。

序号	标准编号 (被替代标准号)	标准名称	应用范围和要求
313	NY/T 2293.1—2012	细菌微生物农药　枯草芽孢杆菌　第 1 部分枯草芽孢杆菌母药 Bacterial Pesticides-Bacillus subtilis Part 1：Bacillus subtilis Technical Concentrates（TK）	规定了枯草芽孢杆菌母药的要求（活孢数≥5.0×10^{11} CFU /g，杂菌率≤3%，干燥减量≤6%，pH 6.0～8.0 等）、试验方法（平板菌落计数法）、检验与验收以及标志、标签、包装、贮运。适用于以芽孢为主要成分的粉状枯草芽孢杆菌母药
314	NY/T 2293.2—2012	细菌微生物农药　枯草芽孢杆菌　第 1 部分枯草芽孢杆菌可湿性粉剂 Bacterial Pesticides-Bacillus subtilis Part 1：Bacillus subtilis wettable poders（WP）	规定了枯草芽孢杆菌母药的要求（活孢数≥1.0×10^{10} CFU /g，杂菌率≤3%，干燥减量≤6%，悬浮率≥75%，pH 6.0～8.0 等）、试验方法（平板菌落计数法）、检验与验收以及标志、标签、包装、贮运。适用于由芽孢为主要成分的枯草芽孢杆菌母药添加适宜的助剂和填料后加工而成的枯草芽孢杆菌可湿性粉剂
315	NY/T 2294.1—2012	细菌微生物农药　蜡质芽孢杆菌　第 1 部分：蜡质芽孢杆菌母药 Bacterial Pesticides-Bacillus cereus Part 1：Bacillus cereus Technical Concentrates（TK）	规定了细菌微生物农药蜡质芽孢杆菌母药的要求（活孢数≥1.0×10^{10} CFU /g，杂菌率≤3%，干燥减量≤6%，pH 6.0～8.0 等）、试验方法（平板菌落计数法）、检验与验收以及标志、标签、包装、贮运。适用于以芽孢为主要活性成分的粉状蜡质芽孢杆菌母药
316	NY/T 2294.2—2012	细菌微生物农药　蜡质芽孢杆菌　第 1 部分：蜡质芽孢杆菌可湿性粉剂 Bacterial Pesticides-Bacillus cereus Part 1：Bacillus cereus wettable poders（WP）	规定了细菌微生物农药蜡质芽孢杆菌母药的要求（活孢数≥1.0×10^{9} CFU /g，杂菌率≤5%，干燥减量≤6%，悬浮率≥80%，pH 6.0～8.0 等）、试验方法（平板菌落计数法）、检验与验收以及标志、标签、包装、贮运。适用于由芽孢为主要成分的枯草芽孢杆菌母药添加适宜的助剂和填料后加工而成的枯草芽孢杆菌可湿性粉剂

（续）

序号	标准编号 （被替代标准号）	标准名称	应用范围和要求
317	NY/T 2295.1—2012	真菌微生物农药　球孢白僵菌　第1部分：球孢白僵菌母药 Fungal pesticides-Beauveria bassiana—Part 1：Beauveria bassiana technical concentrates（TK）	规定了球孢白僵菌母药的要求（活孢数≥8.0×10^{10}孢子/g或CFU/g，杂菌率≤3%，干燥减量≤8%，pH 6.0～8.0等）、试验方法（活孢数＝含孢量×活孢率：显微计数法或平板菌落计数法）、检验与验收以及标志、标签、包装、贮运。适用于以分生孢子为主要成分的粉状球孢白僵菌母药
318	NY/T 2295.2—2012	真菌微生物农药　球孢白僵菌　第2部分：球孢白僵菌可湿性粉剂 Fungal pesticides-Beauveria bassiana—Part 2：Beauveria bassiana wettable poders（WP）	规定了球孢白僵菌母药的要求（活孢数≥1.0×10^{10}孢子/g或CFU/g，杂菌率≤3%，干燥减量≤8%，悬浮率≥80%，pH 6.0～8.0等）、试验方法（活孢数＝含孢量×活孢率：显微计数法或平板菌落计数法）、检验与验收以及标志、标签、包装、贮运。适用于由分生孢子为主要成分的球孢白僵菌母药添加适宜的助剂和填料后加工而成的球孢白僵菌可湿性粉剂
319	NY/T 2296.1—2012	细菌微生物农药　荧光假单胞杆菌　第1部分：荧光假单胞杆菌母药 Bacterial Pesticides-Pseudomonas fluorescens Part 1：Pseudomonas fluorescens technical concentrates（TK）	规定了细菌微生物农药荧光假单胞杆菌母药的要求（活孢数≥5.0×10^{11} CFU/g，杂菌率≤3%，干燥减量≤15%，pH 6.0～8.0等）、试验方法（平板菌落计数法）、检验与验收以及标志、标签、包装、贮运。适用于以活菌体为主要活性成分的粉状荧光假单胞杆菌母药
320	NY/T 2296.2—2012	细菌微生物农药　荧光假单胞杆菌　第2部分：荧光假单胞杆菌可湿性粉剂 Bacterial Pesticides-Pseudomonas fluorescens Part 2：Pseudomonas fluorescens wettable powders(WP)	规定了细菌微生物农药荧光假单胞杆菌可湿性粉剂的要求（活孢数≥1.0×10^{10} CFU/g，杂菌率≤3%，干燥减量≤15%，悬浮率≥80%，pH 6.0～8.0等）、试验方法（平板菌落计数法）、检验与验收以及标志、标签、包装、贮运。适用于由活菌体主要成分的荧光假单胞杆菌母药添加适宜的助剂和填料后加工而成的荧光假单胞杆菌可湿性粉剂

（续）

序号	标准编号 （被替代标准号）	标准名称	应用范围和要求
321	NY/T 2888.1—2016	真菌微生物农药　木霉菌　第1部分：木霉菌母药 Fungal Pesticides-Trichoderma spp. Part 1：Trichoderma spp. technical concentrates（TK）	规定了真菌微生物农药木霉菌母药的要求（含孢量≥20×10^8 CFU/g、杂菌率≤1.0%、干燥减量≤12.0、pH 6.0～8.0）、试验方法（平板菌落计数法）、标志、标签、包装、贮运及验收。适用以棘孢木霉 Trichoderma asperellum、哈茨木霉 Trichoderma harzianum、深绿木霉 Trichoderma atroviride 等木霉菌种为活性成分的粉状木霉菌母药
322	NY/T 2888.2—2016	真菌微生物农药　木霉菌　第2部分：木霉菌可湿性粉剂 Fungal Pesticides-Trichoderma spp. Part 2：Trichoderma spp. wettable powder（WP）	规定了真菌微生物农药木霉菌可湿性粉剂的要求（含孢量≥2×10^{8}CFU/g、≥1.0×10^{9}CFU/g，杂菌率≤5%、≤1%，干燥减量≤10，悬浮率≥80%，pH 6.0～8.0 等）、试验方法（平板菌落计数法）、标志、标签、包装、贮运及保证期。适用以棘孢木霉 Trichoderma asperellum、哈茨木霉 Trichoderma harzianum、深绿木霉 Trichoderma atroviride 等木霉菌种为活性成分添加适宜的助剂和填料后加工而成的木霉菌可湿性粉剂
323	NY/T 2889.1—2016	氨基寡糖素　第1部分：氨基寡糖素母药 Oligochitosan Part 1：Oligochitosan technical concentrates（TK）	规定了农药氨基寡糖素母药的要求［氨基寡糖素（80.0±2.5）%，氨基葡萄糖质量分数≤0.5，水分≤8.0%，灰分≤2.0%，水不溶物≤0.5，pH 3.0～6.0］、试验方法［分光光度法和离子色谱法（仲裁方法）］、标志、标签、包装、贮运及验收。适用于以壳聚糖为原料，采用生化技术生产的氨基寡糖素母药

（续）

序号	标准编号 （被替代标准号）	标准名称	应用范围和要求
324	NY/T 2889.2—2016	氨基寡糖素　第2部分：氨基寡糖素水剂 Oligochitosan Part 2：Oligochitosan aqueous solution（AS）	规定了农药氨基寡糖素水剂的要求［氨基寡糖素质量分数(2.0±0.2)%、(5.0±0.75)%，氨基葡萄糖质量分数≤0.1，pH 3.0～6.0等］、试验方法［分光光度法和离子色谱法（仲裁方法）］、标志、标签、包装、贮运及保证期。适用于氨基寡糖素母药和适宜的助剂溶解在水中配制而成的氨基寡糖素水剂
325	QB/T 4147—2010	驱蚊花露水 Repellentflora	规定了驱蚊花露水的要求［有效成分含量：包装上的标示，pH 5.0～7.0等］、试验方法［气相色谱法］、检验规则和标志、包装、运输、贮存、使用说明。适用于以驱蚊有效成分和乙醇、香精等助剂加工制成，对蚊子有驱避作用的液体制剂
326	QB/T 4367—2012	衣物防蛀剂 Clothing mothproofer	规定了衣物防蛀剂产品的分类、要求［对二氯苯质量分数≥99.0±2.5%，萘：未检出，邻、间二氯苯≤0.4%，水分≤0.1%，不挥发物≤0.05%等］、试验方法（GB/T 4367—2012，毛细管气相色谱面积归一化法）、检验规则及标志、包装、运输、贮存、使用说明。适用于以对二氯苯为有效成分的衣物防蛀剂

注1：农药增效剂；

注2：农药乳化剂；

注3：农药中间体。

（二）分析方法

序号	标准编号（被替代标准号）	标准名称	应用范围和要求
1	GB/T 1600—2001 (GB/T 1600—1989)	农药水分测定方法 Testing method of water in pesticides	规定了农药水分的测定方法。适用于农药原药及其加工制剂中水分的测定
2	GB/T 1601—1993 (GB 1601—83)	农药 pH 值的测定方法 Determination method of pH value for pesticides	规定了农药 pH 的测定方法。适用于农药原药、粉剂、可湿性粉剂、乳油等的水分散液（或水溶液）的 pH 的测定
3	GB/T 1602—2001 (GB/T 1602—1989)	农药熔点测定方法 Testing method of melting point for pesticides	规定了固体农药熔点的测定方法。适用于固体农药原药及固体农药标准样品熔点的测定
4	GB/T 1603—2001 (GB/T 1603—1989)	农药乳液稳定性测定方法 Determination method of emulsion stability for pesticide	规定了农药产品乳液稳定性的测定方法。适用于农药乳油、水乳剂和微乳剂等制剂乳液稳定性的测定
5	GB/T 5451—2001 (GB/T 5451—1985)	农药可湿性粉剂润湿性测定方法 Testing method for the wettability of dispersible powders of pesticides	规定了农药可湿性粉剂润湿性的测定方法。适用于农药可湿性粉剂润湿性的测定

（续）

序号	标准编号 （被替代标准号）	标准名称	应用范围和要求
6	GB/T 11146—2009 （GB/T 11146—1999，ISO10337：1997，MOD）	原油水含量测定　卡尔·费休库仑滴定法 Crude petroleum-determination of water—Coulometric Karl Fischer titration method	规定了用卡尔·费休库仑滴定法直接测定原油中水含量的方法。对于硫醇硫或二价硫离子硫的含量或二者的总量（质量分数）在0.005%～0.05%范围内的原油，该方法对水的测定范围（质量分数）是0.050%～5.00%；对于硫醇硫或二价硫离子硫的含量或二者（质量分数）的总量少于0.005%的原油，该方法对水的测定范围是0.020%～5.00%。其应用可能涉及危险物质、操作和设备，但没有说明与其使用有关的所有安全问题。其使用者有责任制定适当的安全和健康措施，并在使用之前确定出限制规章的适用范围
7	GB/T 14449—2008 （GB/T 14449—1993）	气雾剂产品测试方法 Test method for aerosol products	规定了气雾剂产品的基本测试方法（内压、喷出雾燃烧性、内容物稳定性、容器耐贮性、喷程、喷角、雾粒粒径及其分布、喷出速率、一次喷量、喷出率、净质量、净容量、泄漏量、充填率）。适用于容量小于1L的气雾剂产品的测试
8	GB/T 14825—2006	农药悬浮率测定方法 Determination method of suspensibility for pesticides	规定了5种测定农药悬浮率的方法。分别适用于可湿性粉剂、悬浮剂、水分散粒剂、可分散粒剂（常规和简易测定方法）及种衣剂悬浮率的测定
9	GB/T 16150—1995	农药粉剂、可湿性粉剂细度测定方法 Seive test for dustable and wettable powders of pesticides	规定了农药产品细度的测定方法。适用于农药粉剂、可湿性粉剂细度的测定

（续）

序号	标准编号 （被替代标准号）	标准名称	应用范围和要求
10	GB/T 19136—2003	农药热贮稳定性测定方法 Testing method for the storage stability at elevated temperature of pesticides	规定了农药热贮稳定性的测定方法。适用于农药热贮稳定性的测定
11	GB/T 19137—2003	农药低温稳定性测定方法 Testing method for the storage stability at low temperature of pesticides	规定了农药液体制剂低温稳定性测定方法。适用于农药液体制剂低温稳定性的测定
12	GB/T 19138—2003	农药丙酮不溶物测定方法 Testing method of in acetone material insoluble for pesticides	适用于农药原药产品中丙酮不溶物的测定
13	GB/T 23229—2009	水载型木材防腐剂分析方法 Methods for analysis of water borne wood preservatives	规定了水载型防腐剂铜铬砷（CCA）、季铵铜（ACQ）、铜唑（CuAz）、硼化物以及防腐木材中有效成分铜、二癸基二甲基氯化铵（DDAC）、十二烷基苄基二甲基氯化铵（BAC）、戊唑醇（TEB）、丙环唑（PPZ）和硼的测定方法以及防腐木材透入度的确定方法。适用于国内水载型防腐剂和防腐木材中有效成分的测定
14	GB/T 28135—2011	农药酸（碱）度测定方法指示剂法 Testing method of acidity（alkalinity）for pesticides-Indicator method	规定了农药酸（碱）度的测定方法，适用于农药原药及其加工制剂中酸度或碱度的测定（仅适用于在乙醇或丙酮中溶解的产品）

（续）

序号	标准编号 （被替代标准号）	标准名称	应用范围和要求
15	GB/T 28136—2011	农药水不溶物测定方法 Testing method of material insoluble in water for pesticides	规定了农药水不溶物的测定方法（热水和冷水不溶物质量分数的测定），适用于水溶性农药原药和制剂中不溶物的测定
16	GB/T 28137—2011	农药持久起泡性测定方法 Testing method of persistent foaming for pesticides	规定了农药持久起泡性的测定方法，适用于施药前需用水稀释的农药产品
17	GB/T 30360—2013	颗粒状农药粉尘测定方法 Testing method of dustiness for granular pesticide product	规定了颗粒状农药产品粉尘的测定方法，适用于颗粒状农药产品粉尘的测定。结果判断： 粉尘的测定（mg）　结果判断 ≤30　基本无粉尘 >30　有粉尘
18	GB/T 30361—2013	农药干燥减量的测定方法 Testing method of loss in weight for pesticides	规定了农药干燥减量的测定方法（加热 1h 的干燥减量测定；高于室温真空条件下的干燥减量测定），适用于农药原药和固体制剂中干燥减量的测定
19	GB/T 31746—2015	涕灭威有效成分含量的测定方法 液相色谱法 Method for the determination of active content of aldicarb—High performance liquid chromatography（HPLC）	规定了涕灭威有效成分含量的测定方法-液相色谱法：HPLC-UV-207nm，Adsorbosphere TMS 150 mm×4.6mm（id）不锈钢柱，流动相：φ（水+乙腈）=10：90（v/v），流速：1.5mL，柱温：室温；Rt：内标物：苯胺 5.1min（0.25mg/mL 乙腈），涕灭威 7.9min。适用于涕灭威颗粒剂中有效成分含量的测定

（续）

序号	标准编号 （被替代标准号）	标准名称	应用范围和要求
20	GB/T 31749—2015	禾草敌乳油有效成分含量的测定方法　气相色谱法 Method for the determination of active content of molinate emulsifiable concentrate—Gas chromatography（GC）	规定了禾草敌乳油有效成分含量的测定方法-气相色谱法：GLC-FID，OV-17/Gas-chrom Q2×2mm（id）色谱柱，气体流速 mL/min：载气（N_2）20，燃气（H_2）30，助燃气（Air）30；温度：柱温：170℃，气化：240℃，检测：250℃；Rt：内标物：禾草敌 3.9min，环草特 4.7min（4mg/mL 三氯甲烷）。适用于禾草敌乳油中有效成分含量的测定
21	GB/T 31750—2015	莎稗磷乳油有效成分含量的测定方法　液相色谱法 Method for the determination of active content of anilofos emulsifiable concentrate（EC）—High performance liquid chromatography（HPLC）	规定了莎稗磷乳油有效成分含量的测定方法-液相色谱法：HPLC-UV-241nm，Si 60-5μm 250×4.6mm（id）不锈钢柱，流动相：φ（异辛烷+0.15%1，4-二噁烷溶液）=90：10（v/v），流速：2.5mL，柱温：室温；Rt：内标物：莎稗磷 3.5min（20mg/100mL，加 0.5mL 甲苯+10mL1，4-二噁烷，用异辛烷定容）。适用于莎稗磷乳油中有效成分含量的测定
22	GB/T 31737—2015	农药倾倒性测定方法 Testing method of pourability for pesticides	规定了农药倾倒性的测定方法。适用于悬浮剂、微囊悬浮剂、油悬浮剂、悬乳剂和水乳剂农药倾倒性的测定
23	NY/T 1427—2007	农药常温贮存稳定性试验通则 Guidelines for testing stability of pesticides at ambient temprature	规定了农药常温贮存稳定性试验方法［连续 3 批产品，对贮存初始、第 3、6、12、24 个月五个时间点，测试外观、有效成分、相关杂质、分解产物（分解率>5%）和物理技术指标，还应观察包装物外观］、试验报告编写以及产品保质期的基本要求。适用于为申请农药制剂登记而进行的常温贮存稳定性试验

（续）

序号	标准编号 （被替代标准号）	标准名称	应用范围和要求
24	NY/T 1454—2007	生物农药中印楝素的测定 Determination of total azadirachtins in biopesticide	规定了生物农药中印楝素含量的分光光度测定方法（印楝素及其异构体在酸性二氯甲烷溶液中，加入香兰素乙醇显色剂成蓝绿色溶液，在 527nm 波长下测吸光值，通过印楝素标准曲线可到其含量）。适用于生物农药中印楝素及其异构体总量的测定。方法检出限：0.5μg/mL，线性范围：40～200μg
25	NY/T 1502—2007	生物农药中辣椒碱总量的测定 Determination of total capsaicinoid in the biopesticide	规定了生物农药中辣椒碱总量的分光光度测定方法（辣椒碱在碱性溶液下与磷钨酸-磷钼酸显色液作用下成蓝色杂多酸盐，在 660nm 波长下测吸光值，通过辣椒碱标准曲线可到其含量）。适用于生物农药中以辣椒为原料生产的生物农药和（不含其他酰胺类化合物）的复配农药中辣椒碱的测定。方法检出限：0.5mg/mL，线性范围：1～16mg/L
26	NY/T 1860.1—2016 （NY/T 1860.1—2010）	农药理化性质测定试验导则 第 1 部分：pH 值 Guidelines on the determination of physico-chemical properties of pesticides Part 1：pH value	规定了农药 pH 测定的试验方法和试验报告内容等基本要求。适用于农药登记中农药原药（含母药）和农药制剂 pH 值的测定
27	NY/T 1860.2—2016 （NY/T 1860.2—2010）	农药理化性质测定试验导则 第 2 部分：酸（碱）度 Guidance on the determination of physico-chemical properties of pesticides Part 2：Acidity and alkalinity	规定了测定农药酸（碱）度的试验方法、试验报告编写的基本要求，适用于为申请农药登记而进行的农药酸（碱）度的测定试验

（续）

序号	标准编号 (被替代标准号)	标准名称	应用范围和要求
28	NY/T 1860.3—2016 （NY/T 1860.3—2010）	农药理化性质测定试验导则 第 3 部分：外观 Guidance on the determination of physico-chemical properties of pesticides Part 3：Appearance	规定了农药外观的试验方法、试验报告编写的基本要求，适用农药登记中农药外观（包括颜色、物理状态和气味）的测定试验
29	NY/T 1860.4—2016 （NY/T 1860.4—2010）	农药理化性质测定试验导则 第 4 部分：热稳定性 Guidance on the determination of physico-chemical properties of pesticides Part 4：Thermal stability	规定了农药纯品和原药热稳定性测定的试验方法和试验报告内容等基本要求。适用于农药登记试验中农药纯品和原药热稳定性和空气中稳定性的筛选试验
30	NY/T 1860.5—2016 （NY/T 1860.5—2010）	农药理化性质测定试验导则　第 5 部分：紫外/可见光吸收 Guidance on the determination of physico-chemical properties of pesticides Part 5：Ultraviolet/visibility absorption	规定了农药紫外/可见光吸收测定的试验方法、试验报告编写的基本要求，适用于农药登记试验中农药紫外/可见光吸收的测定

（续）

序号	标准编号 (被替代标准号)	标准名称	应用范围和要求
31	NY/T 1860.6—2016 (NY/T 1860.6—2010)	农药理化性质测定试验导则 第6部分：爆炸性 Guidance on the determination of physical chemical properties for pesticides Part 6：Explodability	规定了化学农药爆炸性试验的试验材料、试验方法、评价标准、试验报告编写的基本要求，适用于为申请化学农药原药或制剂登记而进行的爆炸性试验
32	NY/T 1860.7—2016 (NY/T 1860.7—2010)	农药理化性质测定试验导则 第7部分：水中光解 Guidance on the determination of physico-chemical properties of pesticides Part 7：Photo-transformation in water	规定了水中光解测定的试验方法和试验报告内容等基本要求，适用于农药登记试验中农药纯品（有效成分≥98%）或农药原药水中光解性质的测定
33	NY/T 1860.8—2016 (NY/T 1860.8—2010)	农药理化性质测定试验导则 第8部分：正辛醇/水分配系数 Guidance on the determination of physico-chemical properties for pesticides Part 8：Partition coefficient (n-octanol/water)	规定了正辛醇/水分配系数测定的试验方法和试验报告内容等基本要求。适用于农药登记试验中农药纯品中正辛醇/水分配系数的测定

（续）

序号	标准编号 (被替代标准号)	标准名称	应用范围和要求
34	NY/T 1860.9—2016 (NY/T 1860.9—2010)	农药理化性质测定试验导则 第 9 部分：水解 Guidance on the determination of physico-chemical properties of pesticides Part 9：Hydrolysis	规定了水解测定的试验方法和试验报告内容等基本要求。适用于农药登记试验中农药纯品（有效成分≥98%）或农药原药水解性质的测定
35	NY/T 1860.10—2016 (NY/T 1860.10—2010)	农药理化性质测定试验导则 第 10 部分：氧化—还原/化学不相容性 Guidance on the determination of physico-chemical properties for pesticides Part 10：Oxidation/reduction：chemical incompatibility	规定了不同物质间化学不相容性测定的试验方法和试验报告内容等基本要求。适用于农药登记试验中农药原药或制剂产品的化学不相容性的测定
36	NY/T 1860.11—2016 (NY/T 1860.11—2010)	农药理化性质测定试验导则 第 11 部分：闪点 Guidance on the determination of physico-chemical properties for pesticides Part 11：Flash point	规定了液体农药产品闪点测定的试验方法和试验报告内容等基本要求。适用于农药登记试验中液体农药纯品、原药以及制剂闪点的测定

（续）

序号	标准编号 (被替代标准号)	标准名称	应用范围和要求
37	NY/T 1860.12—2016 (NY/T 1860.12—2010)	农药理化性质测定试验导则 第12部分：燃点 Guidance on the determination of physico-chemical properties for pesticides Part 12: Fire point	规定了液体农药产品燃点测定的试验方法和试验报告内容等基本要求。适用于农药登记试验中液体农药纯品、原药以及制剂燃点的测定
38	NY/T 1860.13—2016 (NY/T 1860.13—2010)	农药理化性质测定试验导则 第13部分：与非极性有机溶剂混溶性 Guidance on the determination of physico-chemical properties for pesticides Part 13: Miscibility with hydrocarbon oil	规定了农药产品与非极性有机溶剂混溶性测定的试验方法和试验报告等基本要求。适用于农药登记试验中，农药产品与非极性溶剂混溶性的测定
39	NY/T 1860.14—2016 (NY/T 1860.14—2010)	农药理化性质测定试验导则 第14部分：饱和蒸气压 Guidance on the determination of physico-chemical properties for pesticides Part 14: Saturated vapour pressure	规定了农药饱和蒸气压测定的试验方法和试验报告等基本要求。适用于农药登记试验中农药有效成分和原药蒸气压的测定

（续）

序号	标准编号 （被替代标准号）	标准名称	应用范围和要求
40	NY/T 1860.15—2016 （NY/T 1860.15—2010）	农药理化性质测定试验导则 第 15 部分：固体可燃性 Guidance on the determination of physico-chemical properties for pesticides Part 15：Flammability of solids	规定了固体农药可燃性测定的试验方法和试验报告等基本要求。适用于农药登记试验中固体农药有效成分、原药和制剂在不改变性状的条件下可燃性的测定
41	NY/T 1860.16—2016 （NY/T 1860.16—2010）	农药理化性质测定试验导则 第 16 部分：对包装材料腐蚀性 Guidance on the determination of physico-chemical properties for pesticides Part 16：Corrosion characteristics to packaging material	规定了农药产品对其包装材料腐蚀性测定的试验方法和试验报告内容等基本要求。适用于农药登记试验中农药原药以及制剂对包装材料腐蚀性的测定
42	NY/T 1860.17—2016 （NY/T 1860.17—2010）	农药理化性质测定试验导则 第 17 部分：密度 Guidance on the determination of physico-chemical properties of pesticides Part 17：Density	规定了农药密度测定的试验方法和试验报告内容等基本要求。适用于农药登记试验中农药纯品、原药及制剂密度的测定

（续）

序号	标准编号 （被替代标准号）	标准名称	应用范围和要求
43	NY/T 1860.18—2016 （NY/T 1860.18—2010）	农药理化性质测定试验导则 第 18 部分：比旋光度 Guidance on the determination of physico-chemical properties of pesticides Part 18：Specific optical rotation	规定了农药比旋光度测定的试验方法和试验报告内容等基本要求。适用于农药登记试验中具有光学活性的农药纯品和农药原药的测定
44	NY/T 1860.19—2016 （NY/T 1860.19—2010）	农药理化性质测定试验导则 第 19 部分：沸点 Guidance on the determination of physico-chemical properties of pesticides Part 19：Boiling point	规定了农药沸点测定的试验方法和试验报告内容等基本要求。适用于农药登记试验中农药纯品和农药原药沸点的测定
45	NY/T 1860.20—2016 （NY/T 1860.20—2010）	农药理化性质测定试验导则 第 20 部分：熔点/熔程 Guidance on the determination of physico-chemical properties of pesticides Part 20：Melting point/melting range	规定了农药熔点测定的试验方法和试验报告内容等基本要求。适用于农药登记试验中农药纯品和农药原药熔点/熔程的测定

（续）

序号	标准编号 (被替代标准号)	标准名称	应用范围和要求
46	NY/T 1860.21—2016 （NY/T 1860.21—2010）	农药理化性质测定试验导则 第 21 部分：黏度 Guidance on the determination of physico-chemical properties of pesticides Part 21：Viscosity	规定了农药黏度测定的试验方法和试验报告内容等基本要求。适用于农药登记试验中液体原药和液体制剂黏度的测定
47	NY/T 1860.22—2016 （NY/T 1860.22—2010）	农药理化性质测定试验导则 第 22 部分：有机溶剂中溶解度 Guidance on the determination of physico-chemical properties of pesticides Part 22：Solubility on organic solvents	规定了农药在有机溶剂中溶解度测定的试验方法和试验报告内容等基本要求。适用于农药登记试验中非挥发性农药纯品和原药在有机溶剂中溶解度的测定
48	NY/T 1860.23—2016	农药理化性质测定试验导则 第 23 部分：水中溶解度 Guidelines on the determination of physico-chemical properties of pesticedes Part 23：Water solubility	规定了农药在有水中溶解度测定的试验方法和试验报告内容等基本要求。适用于农药登记试验中非挥发性农药原药及纯品的测定

（续）

序号	标准编号 (被替代标准号)	标准名称	应用范围和要求
49	NY/T 1860.24—2016	农药理化性质测定试验导则 第 24 部分：固体的相对自燃温度 Guidlines on the determination of physico-chemical properties of pesticides Part 24：Relative self-ignition temperature for solids	规定了通过升温测定固体农药自燃性质的试验方法和试验报告等基本要求。适用于农药登记试验中固体农药纯品、原药和制剂相对自燃温度的测定，不适用于易爆产品、在常温下与空气发生自燃的产品以及在本方法试验条件下熔化的固体产品（例如表面活性剂等）
50	NY/T 1860.25—2016	农药理化性质测定试验导则 第 25 部分：气体可燃性 Guidelines on the determination of physico-chemical properties of pesticides Part 25：Flammability of gas	规定了气体农药可燃性测定的试验方法和试验报告内容等基本要求。适用于农药登记试验中气体农药可燃性的测定
51	NY/T 1860.26—2016	农药理化性质测定试验导则 第 26 部分：自燃温度（液体与气体） Guidelines on the determination of physico-chemical properties of pesticides Part 26：Auto-ignition temperature (liquids and gases)	规定了自燃温度（液体与气体）测定的试验方法和试验报告等基本要求。适用于农药登记试验中液体和气体的自燃温度测定

（续）

序号	标准编号 （被替代标准号）	标准名称	应用范围和要求
52	NY/T 1860.27—2016	农药理化性质测定试验导则 第 27 部分：气雾剂的可燃性 Guidelines on the determination of physico-chemical properties of pesticides Part 27：Flammability of aerosols	规定了气雾剂可燃性测定的试验方法和试验报告内容等基本要求。适用于农药登记试验中喷洒距离大于 15 cm 或以上的气雾剂产品可燃性的测定
53	NY/T 1860.28—2016	农药理化性质测定试验导则 第 28 部分：氧化性 Guidelines on the determination of physico-chemical properties of pesticides Part 28：Oxidation	规定了化学农药氧化性测定的试验方法和试验报告内容等基本要求。适用于农药登记试验中农药原药和制剂氧化性的测定
54	NY/T 1860.29—2016	农药理化性质测定试验导则 第 29 部分：遇水可燃性 Guidelines on the determination of physico-chemical properties of pesticedes Part 29：Flammability（contact with water）	规定了农药产品遇水可燃性测定的试验方法和试验报告内容等基本要求。适用于农药登记试验中对固体或液体农药产品是否会遇水或潮湿空气反应放出危险数量的、可燃烧的气体而进行的测定。不适用于下列物质： 1）发火物质（又称作自燃物质）； 2）生产或加工过程表明不与水反应的产品，如用水或在水介质中生产和加工的产品、经水洗处理的产品； 3）已知溶于水后形成稳定混合物（溶液、胶体、悬浮液等）的产品

（续）

序号	标准编号 (被替代标准号)	标准名称	应用范围和要求
55	NY/T 1860.30—2016	农药理化性质测定试验导则 第30部分：水中解离常数 Guidelines on the determination of physico-chemical properties of pesticides Part 30：Dissociation constant in water	规定了农药纯品水中解离常数测定的试验方法和试验报告内容等基本要求。适用于农药登记试验中农药纯品的水中解离常数测定
56	NY/T 1860.31—2016	农药理化性质测定试验导则 第31部分：水溶液表面张力 Guidelines on the determination of physico-chemical properties of pesticides Part 31：Surface tension of aqueous solutions	规定了农药水溶液表面张力测定的试验方法和试验报告内容等基本要求。适用于农药登记试验中农药纯品、原药及制剂的水溶液表面张力的测定
57	NY/T 1860.32—2016	农药理化性质测定试验导则 第32部分：粒径分布 Guidelines on the determination of physico-chemical properties of pesticides Part 32：Particle size distribution	规定了农药原药和农药制剂粒径分布测定的试验方法和试验报告等基本要求。适用于农药登记试验中农药原药和农药制剂粒径分布的测定

（续）

序号	标准编号 (被替代标准号)	标准名称	应用范围和要求
58	NY/T 1860.33—2016	农药理化性质测定试验导则 第 33 部分：吸附/解吸附 Guidelines on the determination of physico-chemical properties for pesticides Part 33：Adsorption-desorption	规定了农药土壤吸附/解吸附试验方法和试验报告内容等基本要求。适用于农药登记试验中不挥发或微挥发的农药纯品或原药的土壤吸附/解吸附试验
59	NY/T 1860.34—2016	农药理化性质测定试验导则 第 34 部分：水中形成络合物的能力 Guidelines on the determination of physico-chemical properties of pesticides Part 34：Complex formation ability in water	规定了农药在水中形成络合物能力测定的试验方法和试验报告内容等基本要求。适用于农药登记试验中农药纯品的水中形成络合物的能力试验
60	NY/T 1860.35—2016	农药理化性质测定试验导则 第 35 部分：聚合物分子量和分子量分布测定（凝胶渗透色谱法） Guidelines on the determination of physico-chemical properties of pesticides Part 35：Determination of the molecular weight and the molecular weight distribution of polymers using gel permeation chromatography	规定了聚合物分子量和分子量分布测定的试验方法和试验报告内容等基本要求。适用于农药登记试验中聚合物农药原药的分子量和分子量分布的测定

（续）

序号	标准编号 （被替代标准号）	标准名称	应用范围和要求
61	NY/T 1860.36—2016	农药理化性质测定试验导则 第36部分：聚合物低分子量组分含量测定（凝胶渗透色谱法） Guidelines on the determination of physic-chemical properties for pesticides Part 36：Determination of low molecular weight content of polymers using Gel permeation chromatography	规定了聚合物低分子量组分含量测定的试验方法和试验报告内容等基本要求。适用于农药登记试验中聚合物农药原药中低分子量组分含量的测定
62	NY/T 1860.37—2016	农药理化性质测定试验导则　第37部分：自热物质试验 Guidelines on the determination of physico-chemical properties of pesticides Part 37：Self-heating substance test	规定了农药产品自热物质试验的试验要求、试验方法、试验报告等基本要求。适用于农药登记试验中对固体农药产品在自然储存的条件下是否会自发热的危险性而进行的测定，不适用于爆炸性物质和发火物质（又称作自燃物质）
63	NY/T 1860.38—2016	农药理化性质测定试验导则 第38部分：对金属和金属离子的稳定性 Guidelines on the determination of physico-chemical properties of pesticides Part 38：Stability to metal and metal ions	规定了农药产品对金属和金属离子的稳定性测定的试验方法和试验报告内容等基本要求。适用于农药登记试验中农药产品对金属和金属离子的稳定性的测定

（续）

序号	标准编号 (被替代标准号)	标准名称	应用范围和要求
64	NY/T 2886—2016	农药登记原药全组分分析试验指南 Test Guidlines on batch analysis of technical material for pesticide registration	规定了农药登记原药全组分分析试验的基本内容、试验方法和试验报告等要求。适用于为申请农药登记所进行的原药全组分分析试验
65	NY/T 2887—2016	农药产品质量分析方法确认指南 Guidelines on validation of analytical methods for agrochemicals	规定了农药原药中有效成分、杂质、安全剂、稳定剂和制剂中有效成分、相关杂质、安全剂、稳定剂、增效剂等含量测定的方法确认要求。适用于为申请农药登记所进行的原药中有效成分、杂质、安全剂、稳定剂和制剂中有效成分、相关杂质、安全剂、稳定剂、增效剂等含量测定的方法确认试验
66	SN/T 0828—1999	出口扑草净可湿性粉剂中扑草净的测定方法 Method for the determination of prometryn in prometryn wettable powder for export	规定了出口扑草净可湿性粉剂中扑草净含量的气相色谱测定方法：气相色谱法：GLC - FID，5%聚乙二醇 20 000/Gas - chrom Q 2×2mm（id）色谱柱，气体流速 mL/min：载气（N_2）20，燃气（H_2）40，助燃气（Air）400；温度：柱温：215℃，气化：230℃，检测：230℃；Rt：内标物：邻苯二甲酸二丁酯 7.7min（5mg/mL 二甲基甲酰胺），扑草净 12.3min。适用于出口扑草净可湿性粉剂中扑草净含量的测定
67	SN/T 2420—2010	杀虫剂噻虫嗪颗粒剂（水分散粒剂）有效成分含量的测定　高效液相色谱法 Determination of active ingredient content in insecticide thiamethoxam water dispersible granules—High performance liquid chromatography	规定了杀虫剂噻虫嗪水分散粒剂中有效成分含量的液相色谱测定方法：HPLC - UV - 254nm，：C_{18}柱 250×4.6mm（id）不锈钢柱，5μm，流动相：φ（甲醇+1%磷酸溶液）=25/75（v/v），流速：1.0mL/min，柱温：40℃；Rt：噻虫嗪 8.7min。适用于杀虫剂噻虫嗪颗粒剂（WG）中有效成分含量的检测

（续）

序号	标准编号 (被替代标准号)	标准名称	应用范围和要求
68	SN/T 4108—2015	除草剂啶磺草胺水分散粒剂有效成分含量的检验方法　高效液相色谱法 Determination of active ingredient content in pyroxsulam water dispersible granules—High performance liquid chromatography	规定了除草剂啶磺草胺水分散粒剂中有效成分含量的液相色谱测定方法：HPLC-UV-280nm，C_8柱 250×4.6mm（id）不锈钢柱，5μm，流动相：φ（乙腈+0.1%磷酸溶液）=65/35（v/v），流速：0.7mL/min，柱温：25℃；Rt：啶磺草胺 5.6min。适用于除草剂啶磺草胺水分散粒剂中有效成分含量的检测

三、药效标准

（一）试验方法

序号	标准编号 （被替代标准号）	标准名称	应用范围和要求
1	GB/T 13917.1—2009 （GB 13917.1—1992， GB/T 17322.1—1998）	农药登记用卫生杀虫剂室内药效试验及评价　第1部分：喷射剂 Laboratory efficacy test methods and criterions of public health insecticides for pesticide registration—Part 1：Spray fluid	规定了喷射剂的室内药效测定方法及评价标准。适用于喷射剂和经用水或油稀释后使用的卫生杀虫剂产品在农药登记时对卫生害虫蚊、蝇、蜚蠊、蚂蚁、跳蚤进行喷雾或滞留喷洒的药效测定及评价。评价指标： 1. 喷雾用制剂（如有1项达不到B级属不合格产品，两者不属于同一级别时，根据死亡率定级） 1.1 由稀释剂型 KT$_{50}$/min A / B；死亡率% A / B 蚊 ≤2.0 ≤5.0 100 ≥95.0 蝇 ≤3.0 ≤6.0 100 ≥95.0 蜚蠊 ≤5.0 ≤10.0 100 ≥95.0 蚂蚁 — — 100 ≥95.0 跳蚤 — — 100 ≥95.0 1.2. 水稀释剂型 KT$_{50}$/min A / B；死亡率% A / B 蚊 ≤5.0 ≤10.0 100 ≥90.0 蝇 ≤5.0 ≤10.0 100 ≥90.0 蜚蠊 ≤8.0 ≤15.0 100 ≥90.0 蚂蚁 — — 100 ≥90.0 跳蚤 — — 100 ≥90.0

（续）

序号	标准编号 (被替代标准号)	标准名称	应用范围和要求
1	GB/T 13917.1—2009 (GB 13917.1—1992，GB/T 17322.1—1998)	农药登记用卫生杀虫剂室内药效试验及评价　第1部分：喷射剂 Laboratory efficacy test methods and criterions of public health insecticides for pesticide registration—Part 1：Spray fluid	2. 滞留喷洒用制剂（根据24h死亡率＞70%的持续时间评价，<B级属于不合格产品） 持续时间/d A　B 不吸收表面　≥90　≥60 半吸收表面　≥60　≥45 吸收表面　≥45　≥30
2	GB/T 13917.2—2009 (GB 13917.2—1992，GB/T 17322.2—1998)	农药登记用卫生杀虫剂室内药效试验及评价　第2部分：气雾剂 Laboratory efficacy test methods and criterions of public health insecticides for pesticide registration—Part 2：Aerosol	规定了气雾剂的室内药效测定方法及评价标准。适用于气雾剂在农药登记时对卫生害虫蚊、蝇、蜚蠊进行直接喷雾的药效测定及评价。评价指标（如有1项达不到B级属不合格产品，两者不属于同一级别时，根据死亡率定级；如某虫种达不到B级，应注明适用对象，否则视为不合格产品）： KT_{50}/min　死亡率% A　B　A　B 蚊　≤2.0　≤5.0　100　≥95.0 蝇　≤2.0　≤5.0　100　≥95.0 蜚蠊　≤4.0　≤9.0　100　≥95.0

（续）

序号	标准编号 (被替代标准号)	标准名称	应用范围和要求
3	GB/T 13917.3—2009 (GB 13917.3—1992， GB/T 17322.3—1998)	农药登记用卫生杀虫剂室内药效试验及评价　第3部分：烟剂及烟片 Laboratory efficacy test methods and criterions of public health insecticides for pesticide registration—Part 3: Smoke generator and smoke tablet	规定了烟剂及烟片的室内药效测定方法及评价标准。适用于烟剂及烟片在农药登记时对卫生害虫蚊、蝇、蜚蠊进行烟雾处理的药效测定及评价。评价指标（如有1项达不到B级属不合格产品，两者不属于同一级别时，根据死亡率定级）： 　　KT_{50}/min　　死亡率% 　　A　B　A　B 蚊　≤3.0　≤8.0　100　≥95.0 蝇　≤5.0　≤10.0　100　≥95.0 蜚蠊　—　—　100　≥95.0
4	GB/T 13917.4—2009 (GB 13917.4—1992， GB/T 17322.4—1998)	农药登记用卫生杀虫剂室内药效试验及评价　第4部分：蚊香 Laboratory efficacy test methods and criterions of public health insecticides for pesticide registration—Part 4: Mosquito coil	规定了蚊香的室内药效测定方法及评价标准。适用于蚊香在农药登记时对蚊进行熏杀处理的药效测定及评价。评价指标（达不到B级属不合格产品）： A：KT_{50}≤4.0min　B：KT_{50}≤8.0min
5	GB/T 13917.5—2009 (GB 13917.5—1992， GB/T 17322.5—1998)	农药登记用卫生杀虫剂室内药效试验及评价　第5部分：电热蚊香片 Laboratory efficacy test methods and criterions of public health insecticides for pesticide registration—Part 5: Vaporizing mat	规定了电热蚊香片的室内药效测定方法及评价。适用于电热蚊香片在农药登记时对蚊进行熏杀处理的药效测定及评价。评价指标（五个时段结果均为A，才可定为A级，一个时段结果不到B级属不合格产品；五个时段的原则为“留首定尾中插三”）： 　　KT_{50}/min 　　A　B 圆筒法　≤4.0　≤8.0 方箱法　≤6.0　≤10.0

（续）

序号	标准编号 （被替代标准号）	标准名称	应用范围和要求
6	GB/T 13917.6—2009 （GB 13917.6—1992， GB/T 17322.6—1998， GB/T 17322.7—1998）	农药登记用卫生杀虫剂室内药效试验及评价　第6部分：电热蚊香液 Laboratory efficacy test methods and criterions of public health insecticides for pesticide registration—Part 6：Liquid vaporizer	规定了电热蚊香液的室内药效测定方法及评价标准。适用于电热蚊香液在农药登记时对蚊进行熏杀处理的药效测定及评价。评价指标（五个时段结果均为A，才可定为A级，一个时段结果不到B级属不合格产品；五个时段的原则为“留首定尾中插三”）： KT_{50}/min 　　　A　　　B 圆筒法　≤4.0　≤8.0 方箱法　≤6.0　≤10.0
7	GB/T 13917.7—2009 （GB 13917.7—1992， GB/T 17322.8—1998）	农药登记用卫生杀虫剂室内药效试验及评价　第7部分：饵剂 Laboratory efficacy test methods and criterions of public health insecticides for pesticide registration—Part 7：Bait	规定了饵剂的室内药效测定方法及评价标准。适用于除昆虫生长调节剂类（IGR）的饵剂在农药登记时对卫生害虫蝇、蜚蠊和蚂蚁进行毒杀处理的药效测定及评价。评价指标（达不到B级属不合格产品）： 死亡率% 　　　A　　　B 蝇　100.0　≥90.0（投药后24h） 蜚蠊　100.0　≥90.0（投药后第12d） 蚂蚁　100.0　≥90.0（投药后第7d）

（续）

序号	标准编号 （被替代标准号）	标准名称	应用范围和要求
8	GB/T 13917.8—2009 （GB/T 17322.9—1998）	农药登记用卫生杀虫剂室内药效试验及评价　第8部分：粉剂、笔剂 Laboratory efficacy test methods and criterions of public health insecticides for pesticide registration—Part 8：Dutsable powder and chalk	规定了粉剂和笔剂的室内药效测定方法及评价标准。适用于粉剂和笔剂在农药登记时对卫生害虫蜚蠊、蚂蚁、跳蚤进行毒杀处理的药效测定及评价。评价指标（达不到B级属不合格产品）： 死亡率% A　B 蜚蠊　100.0　≥95.0（72h的） 蚂蚁　100.0　≥95.0（24h的） 跳蚤　100.0　≥95.0（24h的）
9	GB/T 13917.9—2009 （GB/T 17322.10—1998）	农药登记用卫生杀虫剂室内药效试验及评价　第9部分：驱避剂 Laboratory efficacy test methods and criterions of public health insecticides for pesticide registration—Part 9：Repellent	规定了驱避剂的室内药效测试方法及评价标准。适用于驱避剂在农药登记时对刺叮骚扰性卫生害虫蚊的驱避效果的药效测定及评价。评价指标（达不到B级为不合格产品）： 有效保护时间：A≥6.0h，B≥4.0h

（续）

序号	标准编号 （被替代标准号）	标准名称	应用范围和要求
10	GB/T 13917.10—2009 （GB 13917.8—1992， GB/T 17322.11—1998）	农药登记用卫生杀虫剂室内药效试验及评价　第10部分：模拟现场 Laboratory efficacy test methods and criterions of public health insecticides for pesticide registration—Part 10：Analogous site	规定了卫生用杀虫剂的模拟现场药效测定方法及评价标准。适用于卫生用杀虫剂在农药登记时对卫生害虫蚊、蝇、蜚蠊、蚂蚁进行模拟现场的药效测定及评价。评价指标： 蚊香类：击倒率% A/B；气雾剂：击倒率% A/B，死亡率% A/B；喷射剂：击倒率% A/B，死亡率% A/B 蚊　≥90　≥70　100　≥90　100　≥90　100　≥90　100　≥90 蝇　—　—　100　≥90　100　≥90　100　≥90　100　≥90 蜚蠊　—　—　—　—　100　≥90　—　—　100　≥90 （蚊、蝇为1h的击倒率，24h死亡率；蜚蠊为72h死亡率） 烟剂、烟片：蚊、蝇、蜚蠊：死亡率%：A：100，B：≥95.0、95.0、90.0（蚊、蝇为熏烟1h的24h死亡率，蜚蠊为熏烟2h的72h死亡率） 饵剂：蝇、蜚蠊、蚂蚁：死亡率%：A：100，B：≥90.0、90.0、95.0（工蚁）
11	GB/T 13942.1—2009	木材耐久性能　第1部分：天然耐腐性实验室试验方法 Durability of wood— Part 1：Method for laboratory test of natural decay resistance	规定了在实验室条件下，木腐菌对木材的侵染而引起的木材质量损失，以评定木材的天然耐腐等级的试验方法。适用于在实验室条件下评定木材的天然耐腐等级。以试验前后质量损失率为评定依据，需注明试验菌种。木材的天然耐腐等级评定分4级： Ⅰ　强耐腐　0%～10% Ⅱ　耐腐　11%～24% Ⅲ　稍耐腐　24%～44% Ⅳ　不耐腐　>45%

（续）

序号	标准编号 (被替代标准号)	标准名称	应用范围和要求
12	GB/T 17980.1—2000	农药　田间药效试验准则（一）杀虫剂防治水稻鳞翅目钻蛀性害虫 Pesticide-Guidelines for the field efficacy trials（Ⅰ）Insecticides against borer pests of Lepidoptera on rice	规定了杀虫剂防治水稻鳞翅目钻蛀性害虫田间药效试验的方法和基本要求。适用于杀虫剂防治水稻鳞翅目钻蛀性害虫（白螟、三化螟、二化螟、大螟）的登记用田间药效试验及药效评价
13	GB/T 17980.2—2000	农药　田间药效试验准则（一）杀虫剂防治稻纵卷叶螟 Pesticide-Guidelines for the field efficacy trials（Ⅰ）Insecticides against rice leafroller	规定了杀虫剂防治水稻稻纵卷叶螟虫田间药效试验的方法和基本要求。适用于杀虫剂防治水稻稻纵卷叶螟和其他水稻卷叶虫的登记用田间药效试验及药效评价
14	GB/T 17980.3—2000	农药　田间药效试验准则（一）杀虫剂防治水稻叶蝉 Pesticide-Guidelines for the field efficacy trials（Ⅰ）Insecticides against leafhopper on rice	规定了杀虫剂防治水稻叶蝉田间药效试验的方法和基本要求。适用于杀虫剂防治水稻二点黑尾叶蝉和黑尾叶蝉及其他叶蝉的登记用田间药效试验及药效评价
15	GB/T 17980.4—2000	农药　田间药效试验准则（一）杀虫剂防治水稻飞虱 Pesticide-Guidelines for the field efficacy trials（Ⅰ）Insecticides against planthopper on rice	规定了杀虫剂防治水稻稻飞虱田间药效试验的方法和基本要求。适用于杀虫剂防治水稻飞虱（褐飞虱、白背飞虱、灰飞虱及其他飞虱科害虫）的登记用田间药效试验及药效评价

（续）

序号	标准编号 (被替代标准号)	标准名称	应用范围和要求
16	GB/T 17980.5—2000	农药　田间药效试验准则（一）杀虫剂防治棉铃虫 Pesticide-Guidelines for the field efficacy trials（Ⅰ）Insecticides against cotton bollworm on cotton	规定了杀虫剂防治棉花棉铃虫田间药效试验的方法和基本要求。适用于杀虫剂防治棉花棉铃虫的登记用田间药效试验及药效评价
17	GB/T 17980.6—2000	农药　田间药效试验准则（一）杀虫剂防治玉米螟 Pesticide-Guidelines for the field efficacy trials（Ⅰ）Insecticides against corn borerworm	规定了杀虫剂防治玉米螟田间药效试验的方法和基本要求。适用于杀虫剂防治玉米的玉米螟幼虫的登记用田间药效试验及药效评价
18	GB/T 17980.7—2000	农药　田间药效试验准则（一）杀螨剂防治苹果叶螨 Pesticide-Guidelines for the field efficacy trials（Ⅰ）Acaricides against spidermites on apple	规定了杀虫剂防治苹果树叶螨田间药效试验的方法和基本要求。适用于杀虫剂防治苹果树全爪螨的卵、幼、若螨和成螨，及小红苔螨和山楂叶螨或其他种类的害螨的登记用田间药效试验及药效评价
19	GB/T 17980.8—2000	农药　田间药效试验准则（一）杀虫剂防治苹果小卷叶蛾 Pesticide-Guidelines for the field efficacy trials（Ⅰ）Insecticides against leaf minor on apple	规定了杀虫剂防治苹果树小卷叶蛾田间药效试验的方法和基本要求。适用于杀虫剂防治苹果树小卷叶蛾的登记用田间药效试验及药效评价

（续）

序号	标准编号 (被替代标准号)	标准名称	应用范围和要求
20	GB/T 17980.9—2000	农药　田间药效试验准则（一）杀虫剂防治果树蚜虫 Pesticide-Guidelines for the field efficacy trials（Ⅰ）Insecticides against aphids on orchard	规定了杀虫剂防治果树蚜虫田间药效试验的方法和基本要求。适用于杀虫剂防治乔木、灌木及藤本果树无翅蚜（苹果蚜、苹果瘤蚜、桃蚜、梨二叉蚜和锈线菊蚜等）的登记用田间药效试验及药效评价
21	GB/T 17980.10—2000	农药　田间药效试验准则（一）杀虫剂防治梨木虱 Pesticide-Guidelines for the field efficacy trials（Ⅰ）Insecticides against suckers on pear	规定了杀虫剂防治梨木虱田间药效小区试验的方法和基本要求。适用于杀虫剂防治梨木虱、梨黄木虱的登记用田间药效试验及药效评价
22	GB/T 17980.11—2000	农药　田间药效试验准则（一）杀螨剂防治橘全爪螨 Pesticide-Guidelines for the field efficacy trials（Ⅰ）Acaricides against spidermites on citrus	规定了杀虫剂防治橘全爪螨田间药效试验的方法和基本要求。适用于杀螨剂防治橘全爪螨的登记用田间药效试验及药效评价
23	GB/T 17980.12—2000	农药　田间药效试验准则（一）杀虫剂防治柑橘介壳虫 Pesticide-Guidelines for the field efficacy trials（Ⅰ）Insecticides against scale insectes on citrus	规定了杀虫剂防治柑橘介壳虫田间药效试验的方法和基本要求。适用于杀虫剂防治柑橘介壳虫（盾蚧科的矢尖蚧、褐圆蚧、紫牡蛎蚧等和蜡蚧科的红蜡蚧、龟蜡蚧等）的登记用田间药效试验及药效评价

（续）

序号	标准编号 (被替代标准号)	标准名称	应用范围和要求
24	GB/T 17980.13—2000	农药　田间药效试验准则（一）杀虫剂防治十字花科蔬菜的鳞翅目幼虫 Pesticide-Guidelines for the field efficacy trials（Ⅰ）Insecticides against larvae of Lepidoptera on crucifer vegetable	规定了杀虫剂防治十字花科蔬菜的鳞翅目幼虫田间药效小区试验的方法和基本要求。适用于杀虫剂防治甘蓝、菜花、球茎甘蓝、抱子甘蓝等十字花科蔬菜的柑橘介壳虫、柑橘介壳虫夜蛾、菜粉蝶、大菜粉蝶、菜蛾等鳞翅目幼虫的登记用田间药效试验及药效评价
25	GB/T 17980.14—2000	农药　田间药效试验准则（一）杀虫剂防治菜螟 Pesticide-Guidelines for the field efficacy trials（Ⅰ）Insecticides against cabbage webworm	规定了杀虫剂防治蔬菜菜螟田间药效试验的方法和基本要求。适用于杀虫剂防治甘蓝、大白菜、萝卜、花菜等蔬菜的菜螟幼虫的登记用田间药效试验及药效评价
26	GB/T 17980.15—2000	农药　田间药效试验准则（一）杀虫剂防治马铃薯等作物蚜虫 Pesticide-Guidelines for the field efficacy trials（Ⅰ）Insecticides against aphids on potato，sugar beet and other vegetable	规定了杀虫剂防治马铃薯等作物蚜虫田间药效试验的方法和基本要求。适用于杀虫剂防治马铃薯（种用马铃薯除外）、甜菜、豌豆、蚕豆和其他蔬菜蚜虫（豆蚜、桃蚜、长管蚜、茄无网蚜、甘蓝蚜、瓜蚜、豌豆蚜、莴苣蚜等无翅蚜等）的登记用田间药效试验及药效评价

（续）

序号	标准编号 （被替代标准号）	标准名称	应用范围和要求
27	GB/T 17980.16—2000	农药　田间药效试验准则（一）杀虫剂防治温室白粉虱 Pesticide-Guidelines for the field efficacy trials（Ⅰ）Insecticides against greenhouse whitefly	规定了杀虫剂防治温室蔬菜及观赏植物白粉虱田间药效试验的方法和基本要求。适用于杀虫剂防治温室蔬菜（黄瓜、番茄、青椒等）及观赏植物（藿午蓟属、锦紫苏属、大戟属、天竺葵属等）白粉虱的登记用田间药效试验及药效评价
28	GB/T 17980.17—2000	农药　田间药效试验准则（一）杀螨剂防治豆类、蔬菜叶螨 Pesticide-Guidelines for the field efficacy trials（Ⅰ）Acaricides against spidermites on beans and vegetable	规定了杀螨剂防治豆类、蔬菜叶螨田间药效试验的方法和基本要求。适用于杀螨剂防治豆类、黄瓜和其他阔叶蔬菜上叶螨的登记用田间药效试验及药效评价
29	GB/T 17980.18—2000	农药　田间药效试验准则（一）杀虫剂防治十字花科蔬菜黄条跳甲 Pesticide-Guidelines for the field efficacy trials（Ⅰ）Insecticides against striped flea beetle on crucifer vegetable	规定了杀虫剂防治十字花科蔬菜黄条跳甲田间药效试验的方法和基本要求。适用于杀虫剂防治十字花科蔬菜黄条跳甲的登记用田间药效试验及药效评价
30	GB/T 17980.19—2000	农药　田间药效试验准则（一）杀菌剂防治水稻叶部病害 Pesticide-Guidelines for the field efficacy trials（Ⅰ）Fungicides against leaf disease for rice	规定了杀菌剂防治水稻叶部病害田间药效试验的方法和基本要求。适用于杀菌剂防治水稻叶部稻瘟病、胡麻叶斑病、窄条叶斑病、白叶枯病的登记用田间药效试验及药效评价

（续）

序号	标准编号 (被替代标准号)	标准名称	应用范围和要求
31	GB/T 17980.20—2000	农药　田间药效试验准则（一）杀菌剂防治水稻纹枯病 Pesticide-Guidelines for the field efficacy trials（Ⅰ）Fungicides against striped blight of rice	规定了杀菌剂防治水稻纹枯病田间药效试验的方法和基本要求。适用于杀菌剂防治立枯丝核菌引起的水稻纹枯病的登记用田间药效试验及药效评价
32	GB/T 17980.21—2000	农药　田间药效试验准则（一）杀菌剂防治禾谷类种传病害 Pesticide-Guidelines for the field efficacy trials（Ⅰ）Fungicides agianst seed-bonecereal fungi	规定了杀菌剂防治禾谷类种传病害田间药效试验的方法和基本要求。适用于杀菌剂防治小麦、大麦、燕麦种传病害［腥（散、坚）黑穗病、杆黑粉病、根腐病、雪腐叶枯病、网斑病］的登记用田间药效试验及药效评价
33	GB/T 17980.22—2000	农药　田间药效试验准则（一）杀菌剂防治禾谷类白粉病 Pesticide-Guidelines for the field efficacy trials（Ⅰ）Fungicides against cereal powdery mildew	规定了杀菌剂防治禾谷类白粉病田间药效试验的方法和基本要求。适用于杀菌剂防治禾谷类（冬小麦、春小麦等）白粉病的登记用田间试验及药效评价
34	GB/T 17980.23—2000	农药　田间药效试验准则（一）杀菌剂防治禾谷类锈病（叶锈、条锈、秆锈） Pesticide-Guidelines for the field efficacy trials（Ⅰ）Fungicides against cereal rust	规定了杀菌剂防治禾谷类锈病田间药效试验的方法和基本要求。适用于杀菌剂防治禾谷类（小麦、大麦和燕麦）锈病（条锈、叶锈、大麦叶锈、秆锈、燕麦冠锈）的登记用田间试验及药效评价

（续）

序号	标准编号 (被替代标准号)	标准名称	应用范围和要求
35	GB/T 17980.24—2000	农药　田间药效试验准则（一）杀菌剂防治梨黑星病 Pesticide-Guidelines for the field efficacy trials（Ⅰ）Fungicides against scab of pear	规定了杀菌剂防治梨树黑星病田间药效试验的方法和基本要求。适用于杀菌剂防治梨树黑星病的登记用田间试验及药效评价
36	GB/T 17980.25—2000	农药　田间药效试验准则（一）杀菌剂防治苹果树梭疤病 Pesticide-Guidelines for the field efficacy trials（Ⅰ）Fungicides against apple tree eusopean canlcer	规定了杀菌剂防治苹果树梭疤病田间药效试验的方法和基本要求。适用于杀菌剂防治苹果树梭疤病的登记用田间试验及药效评价
37	GB/T 17980.26—2000	农药　田间药效试验准则（一）杀菌剂防治黄瓜霜霉病 Pesticide-Guidelines for the field efficacy trials（Ⅰ）Fungicides against downy mildew of cucumber	规定了杀菌剂防治黄瓜霜霉病田间药效试验的方法和基本要求。适用于杀菌剂防治黄瓜霜霉病的登记用田间试验及药效评价
38	GB/T 17980.27—2000	农药　田间药效试验准则（一）杀菌剂防治蔬菜叶斑病 Pesticide-Guidelines for the field efficacy trials（Ⅰ）Fungicides against leaf spot of vegetables	规定了杀菌剂防治蔬菜叶斑病田间药效试验的方法和基本要求。适用于杀菌剂防治蔬菜（芹菜、胡萝卜、甜菜、大葱、甘蓝、白菜、油菜）叶斑病（黑斑病、褐斑病、轮斑病、紫斑病、环斑病）的登记用田间试验及药效评价

（续）

序号	标准编号 （被替代标准号）	标准名称	应用范围和要求
39	GB/T 17980.28—2000	农药　田间药效试验准则（一）杀菌剂防治蔬菜灰霉病 Pesticide-Guidelines for the field efficacy trials（Ⅰ）Fungicides against grey mould of vegetables	规定了杀菌剂防治蔬菜灰霉病田间药效试验的方法和基本要求。适用于杀菌剂防治蔬菜（番茄、黄瓜、四季豆、豌豆及甜椒）灰霉病的登记用田间试验及药效评价
40	GB/T 17980.29—2000	农药　田间药效试验准则（一）杀菌剂防治蔬菜锈病 Pesticide-Guidelines for the field efficacy trials（Ⅰ）Fungicides against rust of vegetables	规定了杀菌剂防治蔬菜锈病田间药效试验的方法和基本要求。适用于杀菌剂防治蔬菜（菜豆、大蒜、葱、芦笋、蚕豆）锈病的登记用田间试验及药效评价
41	GB/T 17980.30—2000	农药　田间药效试验准则（一）杀菌剂防治黄瓜白粉病 Pesticide-Guidelines for the field efficacy trials（Ⅰ）Fungicides against cucumber powdery mildew	规定了杀菌剂防治黄瓜白粉病田间药效试验的方法和基本要求。适用于杀菌剂防治黄瓜白粉病的登记用田间试验及药效评价
42	GB/T 17980.31—2000	农药　田间药效试验准则（一）杀菌剂防治番茄早疫病和晚疫病 Pesticide-Guidelines for the field efficacy trials（Ⅰ）Fungicides against early and late blight of tomato	规定了杀菌剂防治番茄早疫病和晚疫病田间药效试验的方法和基本要求。适用于杀菌剂防治番茄早疫病和晚疫病的登记用田间试验及药效评价

（续）

序号	标准编号 （被替代标准号）	标准名称	应用范围和要求
43	GB/T 17980.32—2000	农药　田间药效试验准则（一）杀菌剂防治辣椒疫病 Pesticide-Guidelines for the field efficacy trials（Ⅰ）Fungicides against pepper phytophthora blight	规定了杀菌剂防治辣椒疫病田间药效试验的方法和基本要求。适用于杀菌剂防治辣椒疫病的登记用田间试验及药效评价
44	GB/T 17980.33—2000	农药　田间药效试验准则（一）杀菌剂防治辣椒炭疽病 Pesticide-Guidelines for the field efficacy trials（Ⅰ）Fungicides against pepper anthracnose	规定了杀菌剂防治辣椒（包括甜椒）炭疽病田间药效试验的方法和基本要求。适用于杀菌剂防治辣椒炭疽病的登记用田间试验及药效评价
45	GB/T 17980.34—2000	农药　田间药效试验准则（一）杀菌剂防治马铃薯晚疫病 Pesticide-Guidelines for the field efficacy trials（Ⅰ）Fungicides against late blight of potato	规定了杀菌剂防治马铃薯晚疫病田间药效试验的方法和基本要求。适用于杀菌剂防治马铃薯晚疫病的登记用田间试验及药效评价
46	GB/T 17980.35—2000	农药　田间药效试验准则（一）杀菌剂防治油菜菌核病 Pesticide-Guidelines for the field efficacy trials（Ⅰ）Fungicides against sclerotinia stem rot of rape	规定了杀菌剂防治油菜菌核病田间药效试验的方法和基本要求。适用于杀菌剂防治油菜菌核病的登记用田间试验及药效评价

（续）

序号	标准编号 （被替代标准号）	标准名称	应用范围和要求
47	GB/T 17980.36—2000	农药　田间药效试验准则（一）杀菌剂种子处理防治苗期病害 Pesticide-Guidelines for the field efficacy trials（Ⅰ）Fungicides seed treatment against seedling diseases	规定了杀菌剂种子处理防治大田作物以及蔬菜类苗期病害田间药效试验的方法和基本要求。适用于杀菌剂种子处理防治大田作物（水稻、棉花等）及蔬菜类（辣椒、黄瓜等）苗期病害（猝倒病和立枯病等）登记用田间试验及药效评价
48	GB/T 17980.37—2000	农药　田间药效试验准则（一）杀线虫剂防治胞囊线虫病 Pesticide-Guidelines for the field efficacy trials（Ⅰ）Nematocides against cyst nematode disease	规定了杀菌剂防治马铃薯等和禾谷类作物胞囊线虫田间药效试验的方法和基本要求。适用于杀菌剂防治马铃薯、大豆、甜菜和禾谷类作物的胞囊线虫病登记用田间试验及药效评价
49	GB/T 17980.38—2000	农药　田间药效试验准则（一）杀线虫剂防治根部线虫病 Pesticide-Guidelines for the field efficacy trials（Ⅰ）Nematocides against root-knot nematode diease	规定了杀线虫剂防治根部线虫田间药效试验的方法和基本要求。适用于杀线虫剂防治（花生、蔬菜、甘薯和果树）根部线虫病（根结线虫、茎线虫、短体线虫）登记用田间试验及药效评价
50	GB/T 17980.39—2000	农药　田间药效试验准则（一）杀菌剂防治柑橘贮藏病害 Pesticide-Guidelines for the field efficacy trials（Ⅰ）Fungicides against store disease of citrus	规定了杀菌剂防治柑橘贮藏病害田间药效试验的方法和基本要求。适用于杀菌剂防治仓库柑橘贮藏病害（青霉病、绿霉病、黑色蒂腐病、褐色蒂腐病）登记用田间试验及药效评价

（续）

序号	标准编号 （被替代标准号）	标准名称	应用范围和要求
51	GB/T 17980.40—2000	农药　田间药效试验准则（一）除草剂防治水稻田杂草 Pesticide-Guidelines for the field efficacy trials（Ⅰ）Herbicides against weeds in rice	规定了除草剂防治水稻田杂草田间药效试验的方法和基本要求。适用于除草剂防治陆稻（旱播）田、移栽稻（常规移栽和抛秧）田、直播稻（水直播、旱播水管）田和秧田（旱育秧、水育秧）杂草的登记用田间试验的药效和安全性评价
52	GB/T 17980.41—2000	农药　田间药效试验准则（一）除草剂防治麦类作物地杂草 Pesticide-Guidelines for the field efficacy trials（Ⅰ）Herbicides against weeds in cereals	规定了除草剂防治麦类作物田杂草田间药效试验的方法和基本要求。适用于除草剂防治麦类作物（冬/春小麦、冬/春大麦、冬/春黑麦、春燕麦、硬粒小麦等）田杂草的登记用田间试验的药效和安全性评价
53	GB/T 17980.42—2000	农药　田间药效试验准则（一）除草剂防治玉米地杂草 Pesticide-Guidelines for the field efficacy trials（Ⅰ）Herbicides against weeds in maize	规定了除草剂防治玉米田杂草田间药效试验的方法和基本要求。适用于除草剂防治夏玉米田和春玉米田杂草的登记用田间试验的药效和安全性评价
54	GB/T 17980.43—2000	农药　田间药效试验准则（一）除草剂防治叶菜类作物地杂草 Pesticide-Guidelines for the field efficacy trials（Ⅰ）Herbicides against weeds in leafy vegetables	规定了除草剂防治叶菜类作物地杂草田间药效试验的方法和基本要求。适用于除草剂防治叶菜类的甘蓝类（抱子甘蓝、卷心菜、大白菜、花椰菜和花茎甘蓝）、菠菜、莴苣、芹菜等蔬菜田杂草的登记用田间试验的药效和安全性评价

（续）

序号	标准编号（被替代标准号）	标准名称	应用范围和要求
55	GB/T 17980.44—2000	农药　田间药效试验准则（一）除草剂防治果园杂草 Pesticide-Guidelines for the field efficacy trials（Ⅰ）Herbicides against weeds in orchards	规定了除草剂防治果园杂草田间药效试验的方法和基本要求。适用于除草剂防治果园［苹果、梨、柑橘、桃、李、樱桃、杏、橄榄、扁桃、荔枝、龙眼及坚果（榛子、板栗）等］杂草的登记用田间试验的药效和安全性评价
56	GB/T 17980.45—2000	农药　田间药效试验准则（一）除草剂防治油菜类作物杂草 Pesticide-Guidelines for the field efficacy trials（Ⅰ）Herbicides against weeds in rapes	规定了除草剂防治油菜作物田杂草田间药效试验的方法和基本要求。适用于除草剂防治秋/春播、移栽/直播油菜类作物（包括芸薹、芜菁、黑芥、芥菜等）田杂草的登记用田间试验的药效和安全性评价
57	GB/T 17980.46—2000	农药　田间药效试验准则（一）除草剂防治露地果菜类作物地杂草 Pesticide-Guidelines for the field efficacy trials（Ⅰ）Herbicides against weeds outdoor fruit vegetables	规定了除草剂防治露地果菜类作物田杂草田间药效试验的方法和基本要求。适用于除草剂防治果菜类作物（西红柿、甜椒、茄子、黄瓜和其他葫芦科蔬菜等）田杂草的登记用田间试验的药效和安全性评价
58	GB/T 17980.47—2000	农药　田间药效试验准则（一）除草剂防治根菜类蔬菜田杂草 Pesticide-Guidelines for the field efficacy trials（Ⅰ）Herbicides against weeds in root vegetables	规定了除草剂防治根菜类蔬菜田杂草田间药效试验的方法和基本要求。适用于除草剂防治播种或移栽、温室或覆膜的根菜类蔬菜（胡萝卜、红甜菜、人参、红萝卜、辣根、根芹菜、芜菁等）田等地杂草的登记用田间试验的药效和安全性评价

（续）

序号	标准编号 (被替代标准号)	标准名称	应用范围和要求
59	GB/T 17980.48—2000	农药　田间药效试验准则（一）除草剂防治林地杂草 Pesticide-Guidelines for the field efficacy trials（Ⅰ）Herbicides against weeds in forest	规定了以移栽前的化学整地、幼林抚育、林分改良、防治非目的树桩的再生、间伐等五个目的的除草剂在林区防治杂草田间药效试验的方法和基本要求。适用于除草剂防治林业重要树种（槭树属、赤杨属、桦木属、鹅耳枥属、水青岗属、白蜡树属、栎属、柳属、及冷杉、落叶松、云杉、松、黄杉属等针叶树种）区杂草的登记用田间试验的药效和安全性评价
60	GB/T 17980.49—2000	农药　田间药效试验准则（一）除草剂防治甘蔗田杂草 Pesticide-Guidelines for the field efficacy trials（Ⅰ）Herbicides against weeds in sugarcane	规定了除草剂防治甘蔗田杂草田间药效试验的方法和基本要求。适用于除草剂防治春/秋植新蔗，及宿根甘蔗田及甘蔗间种覆盖作物（如豆科）田的杂草的登记用田间试验的药效和安全性评价
61	GB/T 17980.50—2000	农药　田间药效试验准则（一）除草剂防治甜菜地杂草 Pesticide-Guidelines for the field efficacy trials（Ⅰ）Herbicides against weeds in sugarbeet	规定了除草剂防治甜菜田杂草田间药效试验的方法和基本要求。适用于除草剂防治糖用或饲料用甜菜田杂草的登记用田间试验的药效和安全性评价
62	GB/T 17980.51—2000	农药　田间药效试验准则（一）除草剂防治非耕地杂草 Pesticide-Guidelines for the field efficacy trials（Ⅰ）Herbicides against weeds in no-crop field	规定了除草剂防治非耕地杂草田间药效试验的方法和基本要求。适用于除草剂防治非耕地（工业区、仓库、铁路、人行道及其他不希望生长杂草等地块）杂草的登记用田间试验的药效和安全性评价

（续）

序号	标准编号 (被替代标准号)	标准名称	应用范围和要求
63	GB/T 17980.52—2000	农药　田间药效试验准则（一）除草剂防治马铃薯地杂草 Pesticide-Guidelines for the field efficacy trials（Ⅰ）Herbicides against weeds in potato	规定了除草剂防治马铃薯田杂草田间药效试验的方法和基本要求。适用于除草剂防治用于马铃薯田杂草的登记用田间试验的药效和安全性评价
64	GB/T 17980.53—2000	农药　田间药效试验准则（一）除草剂防治轮作作物间杂草 Pesticide-Guidelines for the field efficacy trials（Ⅰ）Herbicides against weeds in rotational field	规定了除草剂防治轮作作物间杂草田间药效试验的方法和基本要求。适用于除草剂防治轮作地、可耕地和休闲地播前杂草的登记用田间试验的药效和安全性评价
65	GB/T 17980.54—2004	农药　田间药效试验准则（二）杀虫剂防治仓储害虫 Pesticide-Guidelines for the field efficacy trials（Ⅱ）Insecticides against storage pest	规定了杀虫剂防治仓储害虫田间药效试验的方法和基本要求。适用于熏蒸剂、保护剂防治存在于粮食、饲料、烟草、药材、竹木、皮革、布匹、图书、档案、干果、海味等储藏物及飞船、船舶、货柜、食品生产线和仓库等场所的仓储害虫（玉米象、米象、谷蠹、赤拟谷盗、杂拟谷盗、锯谷盗、米扁虫、长角扁谷盗、锈赤扁谷盗、土耳其扁谷盗、烟草甲、药材甲、绿豆象、豌豆象、蚕豆象、麦蛾、印度谷螟、烟草螟、毛衣鱼）的登记用田间药效试验及药效评价

（续）

序号	标准编号 （被替代标准号）	标准名称	应用范围和要求
66	GB/T 17980.55—2004	农药　田间药效试验准则（二）杀虫剂防治茶树茶尺蠖 Pesticide-Guidelines for the field efficacy trials（Ⅱ）Insecticides against tea geometrid and tea caterpillar	规定了杀虫剂防治茶树茶尺蠖、茶毛虫田间药效试验的方法和基本要求。适用于杀虫剂防治茶树茶尺蠖、茶毛虫和其他尺蠖虫的登记用田间药效试验及药效评价
67	GB/T 17980.56—2004	农药　田间药效试验准则（二）杀虫剂防治茶树叶蝉 Pesticide-Guidelines for the field efficacy trials（Ⅱ）Insecticides against tea lesser leafhopper	规定了杀虫剂防治茶树叶蝉田间药效试验的方法和基本要求。适用于杀虫剂防治茶树叶蝉（茶小绿叶蝉和假眼小绿叶蝉）的登记用田间药效试验及药效评价
68	GB/T 17980.57—2004	农药　田间药效试验准则（二）杀虫剂防治茶树害螨 Pesticide-Guidelines for the field efficacy trials（Ⅱ）Insecticides against pest mite on tea	规定了杀虫剂防治茶树害螨田间药效试验的方法和基本要求。适用于杀虫剂防治茶树害螨（茶橙瘿螨、茶跗线螨、茶短须螨等）登记用田间药效试验及药效评价
69	GB/T 17980.58—2004	农药　田间药效试验准则（二）杀虫剂防治柑橘潜叶蛾 Pesticide-Guidelines for the field efficacy trials（Ⅱ）Insecticides against leaf-miner on citrus	规定了杀虫剂防治柑橘树潜叶蛾田间药效试验的方法和基本要求。适用于杀虫剂防治柑橘树潜叶蛾的登记用田间药效试验及药效评价

（续）

序号	标准编号 （被替代标准号）	标准名称	应用范围和要求
70	GB/T 17980.59—2004	农药　田间药效试验准则（二）杀螨剂防治柑橘锈螨 Pesticide-Guidelines for the field efficacy trials (Ⅱ) Insecticides against rust mite on citrus	规定了杀螨剂防治柑橘树锈螨（锈壁虱）田间药效试验的方法和基本要求。适用于杀螨剂防治柑橘树锈螨（锈壁虱）的登记用田间药效试验及药效评价
71	GB/T 17980.60—2004	农药　田间药效试验准则（二）杀虫剂防治荔枝蝽 Pesticide-Guidelines for the field efficacy trials (Ⅱ) Insecticides against litchi stinkbug	规定了杀虫剂防治荔枝蝽田间药效试验的方法和基本要求。适用于杀虫剂防治荔枝、龙眼的荔枝蝽的登记用田间药效试验及药效评价
72	GB/T 17980.61—2004	农药　田间药效试验准则（二）杀虫剂防治甘蔗螟虫 Pesticide-Guidelines for the field efficacy trials (Ⅱ) Insecticides against sugarcane borer	规定了杀虫剂防治甘蔗螟虫田间药效试验的方法和基本要求。适用于杀虫剂防治甘蔗螟虫（二点螟、条螟、黄螟、白螟、大螟等蔗地鳞翅目钻蛀性害虫）的登记用田间药效试验及药效评价
73	GB/T 17980.62—2004	农药　田间药效试验准则（二）杀虫剂防治甘蔗蚜虫 Pesticide-Guidelines for the field efficacy trials (Ⅱ) Insecticides against sugarcane aphids	规定了杀虫剂防治甘蔗蚜虫田间药效试验的方法和基本要求。适用于杀虫剂防治甘蔗绵蚜等登记用田间药效试验及药效评价

（续）

序号	标准编号 (被替代标准号)	标准名称	应用范围和要求
74	GB/T 17980.63—2004	农药　田间药效试验准则（二）杀虫剂防治甘蔗蔗龟 Pesticide-Guidelines for the field efficacy trials（Ⅱ）Insecticides against sugarcane beetle	规定了杀虫剂防治甘蔗蔗龟田间药效试验的方法和基本要求。适用于杀虫剂防治甘蔗（陷纹黑金龟甲、乏点黑金龟甲点成虫和幼虫、齿缘鳃金龟、两点褐鳃金龟、红脚丽金龟、戴云鳃金龟的幼虫）的登记用田间药效试验及药效评价
75	GB/T 17980.64—2004	农药　田间药效试验准则（二）杀虫剂防治苹果金纹细蛾 Pesticide-Guidelines for the field efficacy trials（Ⅱ）Insecticides against leaf miner on apple	规定了杀虫剂防治苹果树金文细蛾田间药效试验的方法和基本要求。适用于杀虫剂防治苹果树金纹细蛾、银纹细蛾、旋纹叶蛾、桃潜叶蛾的登记用田间药效试验及药效评价
76	GB/T 17980.65—2004	农药　田间药效试验准则（二）杀虫剂防治苹果桃小食心虫 Pesticide-Guidelines for the field efficacy trials（Ⅱ）Insecticides against fruit borer on apple	规定了杀虫剂防治苹果树桃小食心虫类田间药效试验的方法和基本要求。适用于杀虫剂防治苹果树桃小食心虫、梨小食心虫和苹小食心虫等蛀果害虫的卵和初孵幼虫的登记用田间药效试验及药效评价
77	GB/T 17980.66—2004	农药　田间药效试验准则（二）杀虫剂防治蔬菜潜叶蝇 Pesticide-Guidelines for the field efficacy trials（Ⅱ）Insecticides against leaf miner on vegetable	规定了杀虫剂防治蔬菜潜叶蝇类田间药效试验的方法和基本要求。适用于杀虫剂防治蔬菜（葫芦科、茄科、豆科）、花卉（满天星、菊花等）烟草上的潜叶蝇类害虫（美洲斑潜蝇、南美斑潜蝇、三叶草斑潜蝇等）的登记用田间药效试验及药效评价

（续）

序号	标准编号 (被替代标准号)	标准名称	应用范围和要求
78	GB/T 17980.67—2004	农药　田间药效试验准则（二）杀虫剂防治韭菜韭蛆、根蛆 Pesticide-Guidelines for the field efficacy trials (Ⅱ) Insecticides against chinese chive maggot	规定了杀虫剂防治韭菜韭蛆及大蒜、大葱等作物根蛆类害虫田间药效试验的方法和基本要求。适用于杀虫剂防治韭菜韭蛆（迟眼蕈蚊）及大蒜、大葱等作物的根蛆（葱地种蝇、灰地种蝇、洋葱蝇等）的登记用田间药效试验及药效评价
79	GB/T 17980.68—2004	农药　田间药效试验准则（二）杀鼠剂防治农田害鼠 Pesticide-Guidelines for the field efficacy trials (Ⅱ) Insecticides against mice on field	规定了杀鼠剂防治农田害鼠田间药效试验的方法和基本要求。适用于急性或慢性杀鼠剂防治农田害鼠的登记用田间药效试验及药效评价
80	GB/T 17980.69—2004	农药　田间药效试验准则（二）杀虫剂防治旱地蜗牛及蛞蝓 Pesticide-Guidelines for the field efficacy trials (Ⅱ) Insecticides against snail and slug on non-irrigated land	规定了杀虫剂防治旱地蜗牛及蛞蝓田间药效试验的方法和基本要求。适用于杀虫剂防治灰巴蜗牛、同型巴蜗牛、野蛞蝓等的登记用田间药效试验及药效评价
81	GB/T 17980.70—2004	农药　田间药效试验准则（二）杀虫剂防治森林松毛虫 Pesticide-Guidelines for the field efficacy trials (Ⅱ) Insecticides against pine moth	规定了杀虫剂防治森林松毛虫田间试验的方法和基本要求。适用于杀虫剂防治松树、杨树的鳞翅目幼虫（油松毛虫、春尺蠖、杨扁舟蛾及舞毒蛾等）的登记用田间药效试验及药效评价

（续）

序号	标准编号 (被替代标准号)	标准名称	应用范围和要求
82	GB/T 17980.71—2004	农药　田间药效试验准则（二）杀虫剂防治大豆食心虫 Pesticide-Guidelines for the field efficacy trials （Ⅱ） Insecticides against soybean pod borer	规定了杀虫剂防治大豆食心虫田间试验的方法和基本要求。适用于杀虫剂防治大豆食心虫登记用田间药效试验及药效评价
83	GB/T 17980.72—2004	农药　田间药效试验准则（二）杀虫剂防治旱地地下害虫 Pesticide-Guidelines for the field efficacy trials （Ⅱ） Insecticides against soil insect on non-irrigated land	规定了杀虫剂防治旱地地下害虫田间试验的方法和基本要求。适用于杀虫剂防治多种旱地作物地下害虫（蛴螬、蝼蛄、金针虫、地老虎等在土中生活且在土中为害的昆虫）的登记用田间药效试验及药效评价
84	GB/T 17980.73—2004	农药　田间药效试验准则（二）杀虫剂防治棉红铃虫 Pesticide-Guidelines for the field efficacy trials （Ⅱ） Insecticides against pink bollworm on cotton	规定了杀虫剂防治棉红铃虫田间小区试验的方法和基本要求。适用于杀虫剂防治棉花棉红铃虫的登记用田间药效小区试验及药效评价
85	GB/T 17980.74—2004	农药　田间药效试验准则（二）杀虫剂防治棉花红蜘蛛 Pesticide-Guidelines for the field efficacy trials （Ⅱ） Insecticides against red spider on cotton	规定了杀虫剂防治棉花红蜘蛛田间试验的方法和基本要求。适用于杀虫剂防治棉花红蜘蛛（朱砂叶螨、截形叶螨、土耳其斯坦叶螨）的登记用田间药效试验及药效评价

（续）

序号	标准编号 （被替代标准号）	标准名称	应用范围和要求
86	GB/T 17980.75—2004	农药　田间药效试验准则（二）杀虫剂防治棉花蚜虫 Pesticide-Guidelines for the field efficacy trials（Ⅱ）Insecticides against cotton aphid	规定了杀虫剂防治棉花蚜虫田间试验的方法和基本要求。适用于杀虫剂防治棉花蚜虫的登记用田间药效试验及药效评价
87	GB/T 17980.76—2004	农药　田间药效试验准则（二）杀虫剂防治水稻稻瘿蚊 Pesticide-Guidelines for the field efficacy trials（Ⅱ）Insecticides against stem gall midge on rice	规定了杀虫剂防治水稻稻瘿蚊田间试验的方法和基本要求。适用于杀虫剂防治水稻稻瘿蚊登记用田间药效试验及药效评价
88	GB/T 17980.77—2004	农药　田间药效试验准则（二）杀虫剂防治水稻蓟马 Pesticide-Guidelines for the field efficacy trials（Ⅱ）Insecticides against thrips on rice	规定了杀虫剂防治水稻蓟马田间试验的方法和基本要求。适用于杀虫剂防治水稻稻蓟马、稻管蓟马及其他蓟马科害虫的登记用田间药效试验及药效评价
89	GB/T 17980.78—2004	农药　田间药效试验准则（二）杀虫剂防治小麦吸浆虫 Pesticide-Guidelines for the field efficacy trials（Ⅱ）Insecticides against blossom midge on wheat	规定了杀虫剂防治小麦吸浆虫田间试验的方法和基本要求。适用于杀虫剂防治小麦孕穗期红吸浆虫、黄吸浆虫的登记用田间药效试验及药效评价

（续）

序号	标准编号 (被替代标准号)	标准名称	应用范围和要求
90	GB/T 17980.79—2004	农药　田间药效试验准则（二）杀虫剂防治小麦蚜虫 Pesticide-Guidelines for the field efficacy trials（Ⅱ）Insecticides against aphids on wheat	规定了杀虫剂防治小麦蚜虫田间试验的方法和基本要求。适用于杀虫剂防治小麦的无翅蚜（麦长管蚜、麦二叉蚜、禾缢管蚜和麦无网长管蚜）的登记用田间药效试验及药效评价
91	GB/T 17980.80—2004	农药　田间药效试验准则（二）杀虫剂防治黏虫 Pesticide-Guidelines for the field efficacy trials（Ⅱ）Insecticides against armyworm	规定了杀虫剂防治黏虫田间试验的方法和基本要求。适用于杀虫剂防治禾谷类作物黏虫幼虫的登记用田间药效试验及药效评价
92	GB/T 17980.81—2004	农药　田间药效试验准则（二）杀螺剂防治水稻福寿螺 Pesticide-Guidelines for the field efficacy trials（Ⅱ）Insecticides against golden apple snail on rice	规定了杀螺剂防治水稻福寿螺田间药效试验的方法和基本要求，适用于杀螺剂防治水稻田福寿螺的登记用田间药效试验及药效评评价
93	GB/T 17980.82—2004	农药　田间药效试验准则（二）杀菌剂防治茶饼病 Pesticide-Guidelines for the field efficacy trials（Ⅱ）Fungicides against blister blight of tea	规定了杀菌剂防治茶饼病田间试验的方法和基本要求。适用于杀虫剂防治茶树茶饼病的登记用田间药效试验及药效评价

（续）

序号	标准编号 （被替代标准号）	标准名称	应用范围和要求
94	GB/T 17980.83—2004	农药　田间药效试验准则（二）杀菌剂防治茶云纹叶枯病 Pesticide-Guidelines for the field efficacy trials（Ⅱ）Fungicides against brown blight of tea	规定了杀菌剂防治茶云纹叶枯病田间试验的方法和基本要求。适用于杀虫剂防治茶树茶云纹叶枯病的登记用田间药效试验及药效评价
95	GB/T 17980.84—2004	农药　田间药效试验准则（二）杀菌剂防治花生锈病 Pesticide-Guidelines for the field efficacy trials（Ⅱ）Fungicides against rust of peanut	规定了杀菌剂防治花生锈病田间试验的方法和基本要求。适用于杀虫剂防治花生锈病的登记用田间药效试验及药效评价
96	GB/T 17980.85—2004	农药　田间药效试验准则（二）杀菌剂防治花生叶斑病 Pesticide-Guidelines for the field efficacy trials（Ⅱ）Fungicides against alternaria leaf spots of peanut	规定了杀菌剂防治花生叶斑病田间药效试验的方法和要求。适用于杀菌剂防治花生叶斑病（褐斑病、黑斑病）的登记用田间药效试验及评价
97	GB/T 17980.86—2004	农药　田间药效试验准则（二）杀菌剂防治甜菜褐斑病 Pesticide-Guidelines for the field efficacy trials（Ⅱ）Fungicides against cercospora leaf spot of sugarbeet	规定了杀菌剂防治甜菜褐斑病田间药效试验的方法和要求。适用于杀菌剂防治甜菜褐斑病的登记用田间药效试验及评价

（续）

序号	标准编号 （被替代标准号）	标准名称	应用范围和要求
98	GB/T 17980.87—2004	农药　田间药效试验准则（二）杀菌剂防治甜菜根腐病 Pesticide-Guidelines for the field efficacy trials（Ⅱ）Fungicides against cercospora leaf spot of sugarbeet	规定了杀菌剂防治甜菜根腐病田间药效试验的方法和要求。适用于杀菌剂防治甜菜根腐病的登记用田间药效试验及评价
99	GB/T 17980.88—2004	农药　田间药效试验准则（二）杀菌剂防治大豆根腐病 Pesticide-Guidelines for the field efficacy trials（Ⅱ）Fungicides against root rot of soybean	规定了杀菌剂防治大豆根腐病田间药效试验的方法和要求。适用于杀菌剂防治大豆根腐病的登记用田间药效试验及评价
100	GB/T 17980.89—2004	农药　田间药效试验准则（二）杀菌剂防治大豆锈病 Pesticide-Guidelines for the field efficacy trials（Ⅱ）Fungicides against rust of soybean	规定了杀菌剂防治大豆锈病田间药效试验的方法和要求。适用于杀菌剂防治大豆锈病的登记用田间药效试验及评价
101	GB/T 17980.90—2004	农药　田间药效试验准则（二）杀菌剂防治烟草黑胫病 Pesticide-Guidelines for the field efficacy trials（Ⅱ）Fungicides against black shank of tobacco	规定了杀菌剂防治烟草黑胫病田间药效试验的方法和要求。适用于杀菌剂防治烟草黑胫病的登记用田间药效试验及评价

（续）

序号	标准编号 (被替代标准号)	标准名称	应用范围和要求
102	GB/T 17980.91—004	农药　田间药效试验准则（二）杀菌剂防治烟草赤星病 Pesticide-Guidelines for the field efficacy trials（Ⅱ）Fungicides against brown leaf spot of tobacco	规定了杀菌剂防治烟草赤星病田间药效试验的方法和要求。适用于杀菌剂防治烟草赤星病的登记用田间药效试验及评价
103	GB/T 17980.93—2004	农药　田间药效试验准则（二）杀菌剂种子处理防治棉花苗期病害 Pesticide-Guidelines for the field efficacy trials（Ⅱ）Fungicides seed treatment against seedling diseases of cotton	规定了杀菌剂种子处理防治棉花苗期病害田间药效试验的方法和要求。适用于杀菌剂防治棉花苗期病害（立枯病、炭疽病和红腐病）的登记用田间药效试验及评价
104	GB/T 17980.94—2004	农药　田间药效试验准则（二）杀菌剂防治柑橘脚腐病 Pesticide-Guidelines for the field efficacy trials（Ⅱ）Fungicides against foot rot of citrus	规定了杀菌剂防治柑橘脚腐病田间药效试验的方法和要求。适用于杀菌剂防治柑橘脚腐病的登记用田间药效试验及评价
105	GB/T 17980.95—2004	农药　田间药效试验准则（二）杀菌剂防治香蕉叶斑病 Pesticide-Guidelines for the field efficacy trials（Ⅱ）Fungicides against cordana leaf spot of banana	规定了杀菌剂防治香蕉叶斑病田间药效试验的方法和要求。适用于杀菌剂防治香蕉叶斑病的登记用田间药效试验及评价

（续）

序号	标准编号 (被替代标准号)	标准名称	应用范围和要求
106	GB/T 17980.96—2004	农药　田间药效试验准则（二）杀菌剂防治香蕉贮藏病害 Pesticide-Guidelines for the field efficacy trials (Ⅱ) Fungicides against post-harvest diseases of banana	规定了杀菌剂防治香蕉贮藏期病害田间药效试验的方法和要求。适用于杀菌剂防治香蕉贮藏期病害（轴腐病和炭疽病）的登记用田间药效试验及评价
107	GB/T 17980.97—2004	农药　田间药效试验准则（二）杀菌剂防治杧果白粉病 Pesticide-Guidelines for the field efficacy trials (Ⅱ) Fungicides against powdery mildew of mango	规定了杀菌剂防治杧果白粉病田间药效试验的方法和要求。适用于杀菌剂防治杧果白粉病登记用田间药效试验及评价
108	GB/T 17980.98—2004	农药　田间药效试验准则（二）杀菌剂防治杧果炭疽病 Pesticide-Guidelines for the field efficacy trials (Ⅱ) Fungicides against anthracnose of mango	规定了杀菌剂防治杧果炭疽病田间药效试验的方法和要求。适用于杀菌剂防治杧果炭疽病登记用田间药效试验及评价
109	GB/T 17980.99—2004	农药　田间药效试验准则（二）杀菌剂防治杧果贮藏期炭疽病 Pesticide-Guidelines for the field efficacy trials (Ⅱ) Fungicides against post-harverst anthracnose of mango	规定了杀菌剂防治杧果贮藏期炭疽病田间药效试验的方法和要求。适用于杀菌剂防治杧果贮藏期炭疽病登记用田间药效试验及评价

（续）

序号	标准编号 (被替代标准号)	标准名称	应用范围和要求
110	GB/T 17980.100—2004	农药　田间药效试验准则（二）杀菌剂防治荔枝霜疫霉病 Pesticide-Guidelines for the field efficacy trials（Ⅱ）Fungicides against downy blight of litchi	规定了杀菌剂防治荔枝霜疫霉病田间药效试验的方法和要求。 适用于杀菌剂防治荔枝霜疫霉病登记用田间药效试验及评价
111	GB/T 17980.101—2004	农药　田间药效试验准则（二）杀菌剂防治甘蔗凤梨病 Pesticide-Guidelines for the field efficacy trials（Ⅱ）Fungicides against pineappleal disease of sugarcane	规定了杀菌剂防治甘蔗凤梨病田间药效试验的方法和要求。 适用于杀菌剂防治甘蔗凤梨病登记用田间药效试验及评价
112	GB/T 17980.102—2004	农药　田间药效试验准则（二）杀菌剂防治柑橘疮痂病 Pesticide-Guidelines for the field efficacy trials（Ⅱ）Fungicides against scab of citrus	规定了杀菌剂防治柑橘疮痂病田间药效试验的方法和要求。 适用于杀菌剂防治柑橘疮痂病登记用田间药效试验及评价
113	GB/T 17980.103—2004	农药　田间药效试验准则（二）杀菌剂防治柑橘溃疡病 Pesticide-Guidelines for the field efficacy trials（Ⅱ）Fungicides against canker of citrus	规定了杀菌剂防治柑橘疮痂病田间药效试验的方法和要求。 适用于杀菌剂防治柑橘疮痂病登记用田间药效试验及评价

（续）

序号	标准编号 (被替代标准号)	标准名称	应用范围和要求
114	GB/T 17980.104—2004	农药　田间药效试验准则（二）杀菌剂防治水稻恶苗病 Pesticide-Guidelines for the field efficacy trials（Ⅱ）Fungicides against bakanal disease of rice	规定了杀菌剂防治水稻恶苗病田间药效试验的方法和要求。适用于杀菌剂防治水稻恶苗病登记用田间药效试验及评价
115	GB/T 17980.105—2004	农药　田间药效试验准则（二）杀菌剂防治水稻细菌性条斑病 Pesticide-Guidelines for the field efficacy trials（Ⅱ）Fungicides against bacterial streak of rice	规定了杀菌剂防治水稻细菌性条斑病田间药效试验的方法和要求。适用于杀菌剂防治水稻细菌性条斑病登记用田间药效试验及评价
116	GB/T 17980.106—2004	农药　田间药效试验准则（二）杀菌剂防治玉米丝黑穗病 Pesticide-Guidelines for the field efficacy trials（Ⅱ）Fungicides against head smut of corn	规定了杀菌剂防治玉米丝黑穗病田间药效试验的方法和要求。适用于杀菌剂防治玉米丝黑穗病登记用田间药效试验及评价
117	GB/T 17980.107—2004	农药　田间药效试验准则（二）杀菌剂防治玉米大、小斑病 Pesticide-Guidelines for the field efficacy trials（Ⅱ）Fungicides against northern leaf blight and southern leaf blight spot of corn	规定了杀菌剂防治玉米大、小斑病田间药效试验的方法和要求。适用于杀菌剂防治玉米大、小斑病登记用田间药效试验及评价

（续）

序号	标准编号 (被替代标准号)	标准名称	应用范围和要求
118	GB/T 17980.108—2004	农药　田间药效试验准则（二）杀菌剂防治小麦纹枯病 Pesticide-Guidelines for the field efficacy trials（Ⅱ）Fungicides against sharp eyespot of wheat	规定了杀菌剂防治小麦纹枯病田间药效试验的方法和要求。适用于杀菌剂防治小麦纹枯病登记用田间药效试验及评价
119	GB/T 17980.109—2004	农药　田间药效试验准则（二）杀菌剂防治小麦全蚀病 Pesticide-Guidelines for the field efficacy trials（Ⅱ）Fungicides against take-all of wheat	规定了杀菌剂防治小麦全蚀病田间药效试验的方法和要求。适用于杀菌剂防治小麦全蚀病登记用田间药效试验及评价
120	GB/T 17980.110—2004	农药　田间药效试验准则（二）杀菌剂防治黄瓜细菌性角斑病 Pesticide-Guidelines for the field efficacy trials（Ⅱ）Fungicides against bacterial angular leaf spot of cucumber	规定了杀菌剂防治黄瓜细菌性角斑病田间药效试验的方法和要求。适用于杀菌剂防治黄瓜细菌性角斑病登记用田间药效试验及评价
121	GB/T 17980.111—2004	农药　田间药效试验准则（二）杀菌剂防治番茄叶霉病 Pesticide-Guidelines for the field efficacy trials（Ⅱ）Fungicides against leaf mold of tomato	规定了杀菌剂防治番茄叶霉病田间药效试验的方法和要求。适用于杀菌剂防治番茄叶霉病登记用田间药效试验及评价

（续）

序号	标准编号 (被替代标准号)	标准名称	应用范围和要求
122	GB/T 17980.112—2004	农药　田间药效试验准则（二）杀菌剂防治瓜类炭疽病 Pesticide-Guidelines for the field efficacy trials（Ⅱ）Fungicides against anthracnose of cucurbits	规定了杀菌剂防治瓜类炭疽病田间药效试验的方法和要求。 适用于杀菌剂防治瓜类炭疽病登记用田间药效试验及评价
123	GB/T 17980.113—2004	农药　田间药效试验准则（二）杀菌剂防治瓜类枯萎病 Pesticide-Guidelines for the field efficacy trials（Ⅱ）Fungicides against fusarium wilt of cucurbits	规定了杀菌剂防治瓜类枯萎病田间药效试验的方法和要求。 适用于杀菌剂防治瓜类瓜类枯萎病登记用田间药效试验及评价
124	GB/T 17980.114—2004	农药　田间药效试验准则（二）杀菌剂防治大白菜软腐病 Pesticide-Guidelines for the field efficacy trials（Ⅱ）Fungicides against soft rot of Chinese cabbage	规定了杀菌剂防治大白菜软腐病田间药效试验的方法和要求。 适用于杀菌剂防治大白菜软腐病登记用田间药效试验及评价
125	GB/T 17980.115—2004	农药　田间药效试验准则（二）杀菌剂防治大白菜霜霉病 Pesticide-Guidelines for the field efficacy trials（Ⅱ）Fungicides against downy mildew of Chinese cabbage	规定了杀菌剂防治大白菜霜霉病田间药效试验的方法和要求。 适用于杀菌剂防治大白菜霜霉病登记用田间药效试验及评价

（续）

序号	标准编号 (被替代标准号)	标准名称	应用范围和要求
126	GB/T 17980.116—2004	农药　田间药效试验准则（二）杀菌剂防治苹果和梨树腐烂病疤（斑）复发 Pesticide-Guidelines for the field efficacy trials（Ⅱ）Fungicides against recur canker of apple and pear	规定了杀菌剂防治苹果树和梨树腐烂病疤（斑）复发田间药效试验的方法和要求。适用于杀菌剂防治苹果树和梨树腐烂病疤（斑）复发登记用田间药效试验及评价
127	GB/T 17980.117—2004	农药　田间药效试验准则（二）杀菌剂防治苹果和梨树腐烂病 Pesticide-Guidelines for the field efficacy trials（Ⅱ）Fungicides against canker of apple and pear	规定了杀菌剂防治苹果树和梨树腐烂病田间药效试验的方法和要求。适用于杀菌剂防治苹果树和梨树腐烂病登记用田间药效试验及评价
128	GB/T 17980.118—2004	农药　田间药效试验准则（二）杀菌剂防治苹果轮纹病 Pesticide-Guidelines for the field efficacy trials（Ⅱ）Fungicides against ring spot of apple	规定了杀菌剂防治苹果树轮纹病田间药效试验的方法和要求。适用于杀菌剂防治苹果树轮纹病登记用田间药效试验及评价
129	GB/T 17980.119—2004	农药　田间药效试验准则（二）杀菌剂防治草莓白粉病 Pesticide-Guidelines for the field efficacy trials（Ⅱ）Fungicides against powdery mildew of strawberry	规定了杀菌剂防治草莓白粉病田间药效试验的方法和要求。适用于杀菌剂防治草莓白粉病登记用田间药效试验及评价

（续）

序号	标准编号 (被替代标准号)	标准名称	应用范围和要求
130	GB/T 17980.120—2004	农药　田间药效试验准则（二）杀菌剂防治草莓灰霉病 Pesticide-Guidelines for the field efficacy trials（Ⅱ）Fungicides against gray mold rot of strawberry	规定了杀菌剂防治草莓灰霉病田间药效试验的方法和要求。 适用于杀菌剂防治草莓灰霉病登记用田间药效试验及评价
131	GB/T 17980.121—2004	农药　田间药效试验准则（二）杀菌剂防治葡萄白腐病 Pesticide-Guidelines for the field efficacy trials（Ⅱ）Fungicides against white rot of grape	规定了杀菌剂防治葡萄白腐病田间药效试验的方法和要求。 适用于杀菌剂防治葡萄白腐病登记用田间药效试验及评价
132	GB/T 17980.122—2004	农药　田间药效试验准则（二）杀菌剂防治葡萄霜霉病 Pesticide-Guidelines for the field efficacy trials（Ⅱ）Fungicides against downy mildew of grape	规定了杀菌剂防治葡萄霜霉病田间药效试验的方法和要求。 适用于杀菌剂防治葡萄霜霉病登记用田间药效试验及评价
133	GB/T 17980.123—2004	农药　田间药效试验准则（二）杀菌剂防治葡萄黑豆病 Pesticide-Guidelines for the field efficacy trials（Ⅱ）Fungicides against bird's eye rot of grape	规定了杀菌剂防治葡萄黑豆病田间药效试验的方法和要求。 适用于杀菌剂防治葡萄黑豆病登记用田间药效试验及评价

（续）

序号	标准编号（被替代标准号）	标准名称	应用范围和要求
134	GB/T 17980.124—2004	农药　田间药效试验准则（二）杀菌剂防治苹果斑点落叶病 Pesticide-Guidelines for the field efficacy trials（Ⅱ）Fungicides against alternaria leaf spot of apple	规定了杀菌剂防治苹果树斑点落叶病田间药效试验的方法和要求。适用于杀菌剂防治苹果树斑点落叶病登记用田间药效试验及评价
135	GB/T 17980.125—2004	农药　田间药效试验准则（二）除草剂防除大豆田杂草 Pesticide-Guidelines for the field efficacy trials（Ⅱ）Herbicides against weeds in soybean	规定了除草剂防治大豆田杂草田间药效试验的方法和要求。适用于除草剂防治夏大豆田和春大豆田杂草的登记用田间药效试验及评价
136	GB/T 17980.126—2004	农药　田间药效试验准则（二）除草剂防治花生田杂草 Pesticide-Guidelines for the field efficacy trials（Ⅱ）Herbicides against weeds in peanut	规定了除草剂防治花生田杂草田间药效试验的方法和要求。适用于除草剂防治春花生田、夏花生田杂草的登记用田间药效试验及评价
137	GB/T 17980.127—2004	农药　田间药效试验准则（二）除草剂行间喷雾防除作物田杂草 Pesticide-Guidelines for the field efficacy trials（Ⅱ）Herbicides against weeds in crops with directional spray	规定了除草剂防治作物行间杂草田间药效试验的方法和要求。适用于除草剂防治作物行间杂草的登记用田间药效试验及评价

（续）

序号	标准编号 (被替代标准号)	标准名称	应用范围和要求
138	GB/T 17980.128—2004	农药　田间药效试验准则（二）除草剂防治棉花田杂草 Pesticide-Guidelines for the field efficacy trials（Ⅱ）Herbicides against weeds in cotton	规定了除草剂防治棉花田杂草田间药效试验的方法和要求。适用于除草剂防治春播棉花田和夏播棉花田杂草的登记用田间药效试验及评价
139	GB/T 17980.129—2004	农药　田间药效试验准则（二）除草剂防治烟草田杂草 Pesticide-Guidelines for the field efficacy trials（Ⅱ）Herbicides against weeds in tobacco	规定了除草剂防治烟草田杂草田间药效试验的方法和要求。适用于除草剂防治烟草田杂草的登记用田间药效试验及评价
140	GB/T 17980.130—2004	农药　田间药效试验准则（二）除草剂防治橡胶园杂草 Pesticide-Guidelines for the field efficacy trials（Ⅱ）Herbicides against weeds in latex	规定了除草剂防治橡胶园杂草田间药效试验的方法和要求。适用于除草剂防治橡胶园杂草的登记用田间药效试验及评价
141	GB/T 17980.131—2004	农药　田间药效试验准则（二）化学杀雄剂诱导小麦雄性不育试验 Pesticide-Guidelines for the field efficacy trials（Ⅱ）Chemical induction of male sterility induce male yeld in wheat	规定了利用化学杀雄剂诱导小麦雄性不育田间药效试验的方法和要求。适用于利用化学杀雄剂诱导小麦雄性不育的登记用田间药效试验及评价

（续）

序号	标准编号 （被替代标准号）	标准名称	应用范围和要求
142	GB/T 17980.132—2004	农药　田间药效试验准则（二）小麦生长调节剂试验 Pesticide-Guidelines for the field efficacy trials（Ⅱ）Plant growth regulator trials on wheat	规定了植物生长调节剂用于调节小麦生长的田间药效试验的方法和要求。适用于小麦生长调节剂的登记用田间药效试验及评价
143	GB/T 17980.133—2004	农药　田间药效试验准则（二）马铃薯脱叶干燥剂试验 Pesticide-Guidelines for the field efficacy trials（Ⅱ）Defolate desiccant trials on potato	规定了马铃薯脱叶干燥剂田间药效试验的方法和要求。适用于马铃薯脱叶干燥剂的登记用田间药效试验及评价
144	GB/T 17980.134—2004	农药　田间药效试验准则（二）棉花生长调节剂试验 Pesticide-Guidelines for the field efficacy trials（Ⅱ）Plant growth regulator trials on cotton	规定了棉花生长调节剂田间药效试验的方法和要求。适用于棉花生长调节剂的登记用田间药效试验及评价
145	GB/T 17980.135—2004	农药　田间药效试验准则（二）除草剂防治草莓地杂草 Pesticide-Guidelines for the field efficacy trials（Ⅱ）Herbicides against weeds in strawberry	规定了除草剂防治草莓地杂草田间药效试验的方法和要求。适用于除草剂防治草莓地杂草的登记用田间药效试验及评价

（续）

序号	标准编号 (被替代标准号)	标准名称	应用范围和要求
146	GB/T 17980.136—2004	农药　田间药效试验准则（二）烟草抑芽剂试验 Pesticide-Guidelines for the field efficacy trials（Ⅱ）Restrian shoot medicament trials on tobacoo	规定了烟草抑芽剂田间药效试验的方法和要求。适用于烟草抑芽剂的登记用田间药效试验及评价
147	GB/T 17980.137—2004	农药　田间药效试验准则（二）马铃薯抑芽剂试验 Pesticide-Guidelines for the field efficacy trials（Ⅱ）Restrian shoot medicament trials on potato	规定了马铃薯抑芽剂田间药效试验的方法和要求。适用于马铃薯抑芽剂的登记用田间药效试验及评价
148	GB/T 17980.138—2004	农药　田间药效试验准则（二）除草剂防治水生杂草 Pesticide-Guidelines for the field efficacy trials（Ⅱ）Herbicides against weeds in hydrophily	规定了除草剂防治水生作物田杂草田间药效试验的方法和要求。适用于除草剂防治水生作物（莲藕、茭白、荸荠、蒲菜、莼菜、慈姑、芡实、水芹、水蕹菜）田杂草的登记用田间药效试验及评价
149	GB/T 17980.139—2004	农药　田间药效试验准则（二）玉米生长调节剂试验 Pesticide-Guidelines for the field efficacy trials（Ⅱ）Plant growth regulator trials on corn	规定了玉米生长调节剂田间药效试验的方法和要求。适用于玉米（夏玉米、春玉米、地膜栽培玉米）生长调节剂的登记用田间药效试验及评价

（续）

序号	标准编号 （被替代标准号）	标准名称	应用范围和要求
150	GB/T 17980.140—2004	农药 田间药效试验准则（二）水稻生长调节剂试验 Pesticide-Guidelines for the field efficacy trials（Ⅱ）Plant growth regulator trials on rice	规定了水稻生长调节剂田间药效试验的方法和要求。适用于水稻（早稻、中稻、晚稻）生长调节剂的登记用田间药效试验及评价
151	GB/T 17980.141—2004	农药 田间药效试验准则（二）黄瓜生长调节剂试验 Pesticide-Guidelines for the field efficacy trials（Ⅱ）Plant growth regulator trials on cucumber	规定了黄瓜生长调节剂田间药效试验的方法和要求。适用于黄瓜（露地和保护地）生长调节剂的登记用田间药效试验及评价
152	GB/T 17980.142—2004	农药 田间药效试验准则（二）番茄生长调节剂试验 Pesticide-Guidelines for the field efficacy trials（Ⅱ）Plant growth regulator trials on tomato	规定了番茄生长调节剂田间药效试验的方法和要求。适用于调节露地或保护地番茄生长或防止落花落果的植物生长调节剂登记用田间药效试验及评价
153	GB/T 17980.143—2004	农药 田间药效试验准则（二）葡萄生长调节剂试验 Pesticide-Guidelines for the field efficacy trials（Ⅱ）Plant growth regulator trials on grape	规定了葡萄生长调节剂田间药效试验的方法和要求。适用于调节葡萄（抑制新梢生长、提高产量和改进品质等）的植物生长调节剂登记用田间药效试验及评价

（续）

序号	标准编号 (被替代标准号)	标准名称	应用范围和要求
154	GB/T 17980.144—2004	农药　田间药效试验准则（二）植物生长调节剂促进苹果着色试验 Pesticide-Guidelines for the field efficacy trials（Ⅱ）Plant growth regulator trials on pigmentation of apple	规定了植物生长调节剂促进苹果着色田间药效试验的方法和要求。适用于植物生长调节剂促进苹果着色的登记用田间药效试验及评价
155	GB/T 17980.145—2004	农药　田间药效试验准则（二）植物生长调节剂促进果树成花与坐果试验 Pesticide-Guidelines for the field efficacy trials（Ⅱ）Plant growth regulator trials on bloom and furit set of fruiter	规定了植物生长调节剂促进果树成花与坐果田间药效试验的方法和要求。适用于植物生长调节剂促进果树成花与坐果的登记用田间药效试验及评价
156	GB/T 17980.146—2004	农药　田间药效试验准则（二）植物生长调节剂提高苹果果形指数试验 Pesticide-Guidelines for the field efficacy trials（Ⅱ）Plant growth regulator trials on the figure index of apple	规定了植物生长调节剂提高苹果果形指数田间药效试验的方法和要求。适用于植物生长调节剂提高苹果果形指数的登记用田间药效试验及评价

（续）

序号	标准编号 （被替代标准号）	标准名称	应用范围和要求
157	GB/T 17980.147—2004	农药　田间药效试验准则（二）大豆生长调节剂试验 Pesticide-Guidelines for the field efficacy trials（Ⅱ）Plant growth regulator trials on soybean	规定了大豆生长调节剂田间药效试验的方法和要求。适用于调节夏大豆和春大豆生长的植物生长调节剂的登记用田间药效试验及评价
158	GB/T 17980.148—2004	农药　田间药效试验准则（二）除草剂防治草坪杂草 Pesticide-Guidelines for the field efficacy trials（Ⅱ）Herbicides against weeds in lawn	规定了除草剂防治草坪杂草田间药效试验的方法和要求。适用于除草剂防治草坪杂草的登记用田间药效试验及评价
159	GB/T 17980.149—2009	农药　田间药效试验准则（二）杀虫剂防治红火蚁 Pesticide - Guidelines for the field efficacy trials（Ⅱ）Insecticides against solenopsis invicta buren	规定了杀虫剂，包括作用方式为触杀、胃毒、生长调节的固体制剂、液体制剂、乳液制剂、悬浮制剂等，防治红火蚁（*Solenopsis invicta* Buren）田间（农田、非耕地、绿化地、苗木花卉圃等）药效小区试验的方法和基本要求。适用于杀虫剂防治红火蚁的田间药效小区试验。其他剂型杀虫剂对红火蚁田间药效试验参照执行

（续）

序号	标准编号 （被替代标准号）	标准名称	应用范围和要求
160	GB/T 18260—2015 （GB/T 18260—2000）	木材防腐剂对白蚁毒效实验室试验方法 Method of laboratory test for toxicity of wood preservatives against termites	规定了实验室条件下木材防腐剂防治台湾乳白蚁毒性极限值的测试方法。适用于评价防腐剂处理材的抗白蚁蛀蚀性能。改性处理材的白蚁蛀蚀试验可参照使用。 1. 木材抗试样被蛀后完好等级分级值标准： 10　完好 9.5　微痕蛀蚀，仅有1～2个蚁路或蛀痕 9　轻微蛀蚀，截面有<3%明显蛀蚀 8　中等蛀蚀，3%～10%蛀蚀 7　中等蛀蚀，10%～30%蛀蚀 6　严重蛀蚀，30%～50%蛀蚀 4　非常严重蛀蚀，50%～75%蛀蚀 0　试样几乎完全被蛀毁。 2. 防腐剂毒性极限值的确定： ——木材得到保护的最低载药量为该防腐剂毒性的极限值，在该载药量下的5个试验蛀完好等级均≥9级； ——在载药量系列中相邻下一个较低载药量的5个试样至少有1个被蛀后完好等级≤8级； 防腐剂毒性极限值用其载药量表示，kg/m^3

（续）

序号	标准编号 （被替代标准号）	标准名称	应用范围和要求
161	GB/T 18261—2013 （GB/T 18261—2000）	防霉剂对木材霉菌及变色菌防治效力的试验方法 Test method for anti-mildew agents in controlling wood mould and stain fungi	规定了防霉剂对木材霉菌及变色菌防治效力的实验室及户外试验方法。适用于实验室条件下确定防霉剂对木材霉菌及变色菌的毒性极限及户外试验评估防霉剂防治木材霉菌及变色菌的效果。木制品、人造板、竹材及藤类的防霉和防变色试验亦可参照使用。 1. 试样受霉菌和变色菌表面感染值分级： 0　试样表面无菌丝、霉点 1　感染面积 <1/4 2　感染面积 1/4～1/2 3　感染面积 1/2～3/4 4　感染面积>3/4 2. 试样受变色菌侵染后变色分级： 0　试样表面、内部颜色正常 1　仅少数变色斑点，最大变色斑点直径<2mm，内部颜色正常 2　明显变色，连续面积达 1/3，或非连续或条带状面积达 1/2，内部颜色正常 3　连续变色面积>1/3，非连续或条带状面积>1/2，内部变色面积<1/10 4　变色面积>3/4，内部变色面积>1/10

（续）

序号	标准编号 （被替代标准号）	标准名称	应用范围和要求
162	GB/T 21157—2007	颗粒杀虫剂或除草剂撒布机试验方法 Equipment for distributing granulated pesticides or herbicides-test method	规定了颗粒杀虫剂或除草剂撒布机试验方法，包括挂接在主机上撒布机的试验室试验方法
163	GB/T 27655—2011	木材防腐剂性能评估的野外埋地试验方法 Method of evaluating wood preservatives by field tests with stakes	规定了根据木材试样在野外埋地条件时经菌虫侵害后的完好指数确定木材防腐剂处理的木制品的耐久性能的方法。适用于评估户外与土壤接触时的木制品处理的木材防腐剂的防腐朽及抗白蚁蛀蚀性能。 1. 木材防腐分级值（按 GB/T 13942.2—2009 中 5.3.1 方法，腐朽程度按已腐朽部分的平均面积分级，试材拔起若折断以 0 级计算）： 10　材质完好，肉眼观察无腐朽症状 9.5　表面因微生物入侵变软或表面部分变软 9　截面有 3%轻微腐朽 8　3%～10%腐朽 7　10%～30%腐朽 6　30%～50%腐朽 4　50%～75%腐朽 0　腐朽到极限程度，能轻易折断 2. 木材抗白蚁蛀蚀的分级值（蚁蛀状态和程度因白蚁种类而不同，为检测方便，按 GB/T13942.2—2009 中 5.3.1 方法）：

（续）

序号	标准编号 （被替代标准号）	标准名称	应用范围和要求
163	GB/T 27655—2011	木材防腐剂性能评估的野外埋地试验方法 Method of evaluating wood preservatives by field tests with stakes	10　完好 9.5　表面仅有1～2个蚁路或蛀痕 9　截面有<3%明显蛀蚀 8　3%～10%蛀蚀 7　10%～30%蛀蚀 6　30%～50%蛀蚀 4　50%～75%蛀蚀 0　试材蛀断
164	GB/T 27778—2011	杀鼠剂现场药效测定及评价　毒饵 Field efficacy test methods and criterions of rodenticides—Rodenticides bait	规定了杀鼠毒饵现场杀灭鼠类效果测试和评价方法。适用于急、慢性杀鼠毒饵的现场杀灭鼠类效果试验及效果评价。 鼠密度/校正鼠密度下降率≥80%，效果显著
165	GB/T 27780—2011	杀鼠器械实验室效果测定及评价　粘鼠板 Laboratory efficacy test methods and criterions of public health equipment—Rodent sticky trap	规定了粘鼠板实验室粘捕鼠类效果试验方法及评价。适用于粘鼠板实验室粘捕鼠类效果评价。评价指标：逃脱率≤10%，且粘捕率≥90%为效果显著

（续）

序号	标准编号 （被替代标准号）	标准名称	应用范围和要求
166	GB/T 27781—2011	卫生杀虫剂现场药效测定及评价 喷射剂 Field efficacy test methods and criterions of public health insecticides—Spray fluid	规定了喷射剂对蚊虫、蝇类和蜚蠊空间喷雾和滞留喷洒效果的现场评价方法。适用于喷射剂对蚊虫、蝇类和蜚蠊空间喷雾和滞留喷洒效果的现场评价。评价指标： 空间喷雾：死亡率>80%，为效果显著； 滞留喷洒：蝇/蜚蠊：不吸收表面施药后 90d，相对密度下降率、死亡率>80%，为效果显著；吸收表面施药后 60d，相对密度下降率、死亡率>80%，为效果显著； 蚊虫：施药后 60d，相对密度下降率、死亡率>80%，为效果显著
167	GB/T 27782—2011	卫生杀虫剂现场药效测定及评价 气雾剂 Field efficacy test methods and criterions of public health insecticides—Aerosol	规定了气雾剂对蚊、蝇、蜚蠊等病媒生物现场药效测试方法和评价。适用于气雾剂对蚊、蝇、蜚蠊等病媒生物现场的药效评价。现场药效评价指标： 蚊/蝇：0.5h 击倒率≥80.0%，死亡率≥90.0%，两项均到达为效果显著； 蜚蠊：相对密度下降率≥80.0%，为效果显著
168	GB/T 27783—2011	卫生杀虫剂现场药效测定及评价 杀蟑毒（胶）饵 Field efficacy test methods and criterions of public health insecticides—Cockroach bait	规定了杀蟑毒（胶）饵现场试验方法及效果评价。适用于杀蟑毒（胶）饵在现场条件下的杀灭效果评价。 评价指标：施药 30d 内相对密度下降率 ≥80%为效果显著

（续）

序号	标准编号 （被替代标准号）	标准名称	应用范围和要求
169	GB/T 27784—2011	卫生杀虫剂现场药效测定及评价总则 Field efficacy test methods and criterions of public health insecticides—General principles	规定了卫生杀虫剂对蚊、蝇、蜚蠊等病媒生物现场药效试验的通用要求及评价。适用于卫生杀虫剂现场药效测定及评价
170	GB/T 27785—2011	卫生杀虫器械实验室效果测定及评价　电子灭蚊蝇器 Laboratory efficacy test methods and criterions of public health equipment—Electronic trap for mosquitoes and flies	规定了电子灭蚊蝇器的实验室捕杀效果测定方法及评价标准。适用于电子灭蚊蝇器对蚊、蝇进行捕杀效果的测定和评价。 评价指标：对蚊虫的捕杀率≥70%效果显著，对蝇的捕杀率≥80%效果显著
171	GB/T 27786—2011	卫生杀虫器械实验室效果测定及评价　粘蝇带（纸） Laboratory efficacy test methods and criterions of public health equipment—Sticky tape or paper for flies	规定了粘蝇带（纸）室内粘捕效果试验方法和评价。适用于检测粘蝇带（纸）的粘捕效果。 评价指标：24h 粘捕率≥70%为效果显著
172	GB/T 27787—2011	卫生杀虫器械实验室效果测定及评价　粘蟑纸 Laboratory efficacy test methods and criterions of public health equipment—Cockroach stricky trap	规定了粘蟑纸实验室粘捕效果的测试方法及评价。适用于在实验室内粘蟑纸对蜚蠊粘捕效果的测试和评价。 评价指标：24h 粘捕率≥70%，且逃脱率≤10%为效果显著

（续）

序号	标准编号 (被替代标准号)	标准名称	应用范围和要求
173	GB/T 29900—2013	木材防腐剂性能评估的野外近地面试验方法 Field test method for evaluation of wood preservatives by ground proximity decay	规定了各种木材防腐剂野外近地面试验评价方法。测试条件为GB/T 27651—2011规定的C3.2类防腐木材。适用于各种木材防腐剂
174	GB/T 29902—2013	木材防腐剂性能评估的土床试验方法 Standard method of evaluating wood preservatives in a soil bed	规定了快速评价木材防腐剂的抗微生物降解性能的室内土床试验方法。适用于各种木材防腐剂。木材耐腐朽分级值： 10　材质完好，肉眼观察无腐朽症状 9.5　表面因微生物入侵变软或表面部分变软 9　截面有3%轻微腐朽 8　3%～10%腐朽 7　10%～30%腐朽 6　30%～50%腐朽 4　50%～75%腐朽 0　腐朽到极限程度，能轻易折断
175	GB/T 29905—2013	木材防腐剂流失率试验方法 Laboratory method of determining the leachability of wood preservatives	规定了木材防腐剂流失率实验室试验方法。适用于各种木材防腐剂流失率的分析

（续）

序号	标准编号 （被替代标准号）	标准名称	应用范围和要求
176	GB/T 31711—2015	卫生杀虫剂现场药效测定与评价　杀蚊幼剂 Field efficacy test methods and criterions of public health insecticides—Mosquito larvicides	规定了杀蚊幼剂模拟现场、现场实验的方法和条件的基本要求及评价标准。适用于杀灭蚊幼虫制剂的模拟现场和现场实验及评价。 对化学和微生物杀蚊幼剂的相对杀灭率≥90%为有效，昆虫生长调节剂相对羽化抑制率≥90%为有效
177	GB/T 31760—2015	铜铬砷（CCA）防腐剂加压处理木材 Chromated copper arsenate (CCA) preservative pressure-treated wood	规定了铜铬砷（CCA）防腐剂加压处理木材的技术要求、检测方法和检验规则及标识要求。适用于用 CCA 防腐剂加压处理的防腐、防虫（蚁）、防海洋钻孔动物木材
178	GB/T 31761—2015	铜氨（胺）季铵盐（ACQ）防腐剂加压处理木材 Hygienic requirement for safety of antibacterial textiles	规定了铜氨（胺）季铵盐防腐剂加压处理木材的技术要求、检测方法和检验规则及标识要求。适用于用 ACQ 防腐剂加压处理的防腐、防虫木材
179	GB/T 32241—2015	植物保护机械　喷雾飘移的实验室测量方法　风洞试验 Equipment for crop protection—Methods for the laboratory measurement of spray drift—Wind tunnels	规定了实验室控制条件下在风洞中测量喷雾飘移率的一般原理。适用于对与雾化装置（如喷嘴）或喷雾液体（如有必要）相关的喷雾飘移率进行比较评估或分级

（续）

序号	标准编号 （被替代标准号）	标准名称	应用范围和要求
180	LY/T 1283—2011 （LY/T 1283—1998）	木材防腐剂对腐朽菌毒性实验室试验方法 Method of laboratory test for toxicity of wood preservatives to decay fungi	规定了在最适宜的实验室条件下，通过测定经防腐剂处理的木材受腐朽菌侵染后造成的木材质量损失，确定所试验的防腐剂能有效防止所选定的腐朽菌对所处理木材腐朽的最小用量（即毒性极限值）的方法。用这方法测得的这种防腐剂的毒性极限值可视为该防腐剂在地面以上（包括与地接触）野外试验时所应达到的最小载药量
181	LY/T 1284—2012 （LY/T 1284—1998）	木材防腐剂对软腐菌毒性实验室试验方法 Method of laboratory test for toxicity of wood preservatives to soft-rot fungi	规定了在实验室条件下，通过测定经防腐剂处理的木材受软腐菌侵染后造成木材重量损失，确定该防腐剂毒效的试验方法。适用于测定木材防腐剂对软腐菌毒性极限
182	NY/T 1151.1—2015	农药登记用卫生杀虫剂室内药效试验及评价　第1部分　防蛀剂 Laboratory efficacy test methods and criterions of public health insecticides for pesticide registration Part 1：Mothproofing agent	规定了农药登记用卫生防蛀剂室内药效试验方法和评价指标。适用于挥发性防蛀剂的室内药效测定和评价

（续）

序号	标准编号 （被替代标准号）	标准名称	应用范围和要求
183	NY/T 1151.2—2006	农药登记卫生用杀虫剂室内药效试验方法及评价　第2部分：灭螨和驱螨剂 Efficacy test methods and criteria of public health insecticides for pesticide registration Part 2：Miticides and mite repllents	规定了农药登记卫生用杀螨和驱螨剂室内药效试验方法和评价指标。适用于农药登记卫生用杀螨和驱螨剂对螨虫（粉尘螨）室内药效的测定和评价
184	NY/T 1151.3—2010	农药登记卫生用杀虫剂室内药效试验及评价　第3部分：蝇香 Laboratory efficacy test methods and criteria of public health insecticides for pesticide registration Part 3：Flies coil	规定了蝇香的室内药效测定及评价方法。适用于蝇香对家蝇进行熏杀处理的室内药效测定及评价。评价指标： 圆筒法：KT_{50}/min≤3.5、24h死亡率%≥95 模拟现场：1h击倒率%≥95、24h死亡率%≥90
185	NY/T 1151.4—2012	农药登记卫生用杀虫剂室内药效试验及评价　第4部分：驱蚊帐 Laboratory efficacy test methods and criteria of public health insecticides for pesticide registration Part 4：Long-lasting insecticide treated mosquito net	规定了驱蚊帐的室内药效试验方法及评价标准。适用于驱蚊帐在农药登记时对蚊虫进行药效测定及评价。 接触试验评价指标：洗涤次数：A≥20，B≥20（24h死亡率≥80%或1h击倒率≥90%） 模拟现场试验评价指标：1h击倒率%：合格≥90，不合格<90，24h死亡率%：合格≥80，不合格<80（有1项不合格，判定不合格）

（续）

序号	标准编号 （被替代标准号）	标准名称	应用范围和要求
186	NY/T 1151.5—2014	农药登记卫生用杀虫剂室内药效试验及评价　第5部分：蚊幼防治剂 Laboratory efficacy test methods and criterions of public health insecticides for pesticide registration Part 5：Mosquito larvae control agent	规定了农药登记用蚊幼防治剂模拟现场和香肠药效试验的方法和评价指标。适用于蚊幼防治剂的模拟现场和现场药效试验及评价。评价：以模拟现场试验结果作为评价依据，化学和微生物类蚊幼虫防治杀灭率（或对杀灭率）≥80%为合格，昆虫生长调节剂类蚊幼虫防治剂羽化抑制率（或相对羽化抑制率）≥90%为合格
187	NY/T 1151.6—2016	农药登记用卫生杀虫剂室内药效试验及评价　第6部分：服装面料用驱避剂 Laboratory efficacy test methods and criterions of public health insecticides for pesticide registration Part 6：Repellent for clothing fabric	规定了服装面料用驱避剂的室内药效试验与评价方法。适用于驱避剂处理过的成品服装面料的驱避效果评价，也可用于驱避剂即时处理服装面料的驱避效果评价。效果评价用完全保护来判定。所有试验人员测试结果均达到完全保护，测试样品视为合格
188	NY/T 1152—2006	农药登记用杀鼠剂防治家栖鼠类药效试验方法及评价 Test methods and efficacy determination of rodenticide for control of commensal rodents for pesticide registration	规定了杀鼠剂防治家栖鼠类的实验室及现场试验的方法、基本要求和评价指标。适用于饵剂防治家栖鼠类登记用药效试验及效果评价

（续）

序号	标准编号 (被替代标准号)	标准名称	应用范围和要求
189	NY/T 1153.1—2013 (NY/T 1153.1—2006)	农药登记用白蚁防治剂药效试验方法及评价　第1部分：农药对白蚁的毒力与实验室药效 Efficacy test method and evaluation of insecticides for termite control for pesticide registration—Part 1: Method of test for toxicity and laboratory efficacy of pesticides against termites	规定了白蚁防治剂原药和制剂对白蚁的毒力与实验室药效测定的试验方法及评价标准。适用于农药登记用白蚁防治剂对白蚁有效性的测定及评价
190	NY/T 1153.2—2013 (NY/T 1153.2—2006)	农药登记用白蚁防治剂药效试验方法及评价　第2部分：农药对白蚁毒效传递的室内测定 Efficacy test method and evaluation of insecticides for termite control for pesticide registration—Part 2: Method of laboratory efficacy test for pesticide toxicity transmission between termites	规定了白蚁防治剂对白蚁毒效传递的室内药效测定的试验方法及评价标准。适用于农药登记白蚁防治剂对白蚁毒效传递的室内药效的测定和评价。评价指标： 合格　不合格 接触传递：处理组工蚁的平均死亡率≥95%，<95% 胃毒传递：处理组工蚁的平均死亡率≥95%，<95%

（续）

序号	标准编号 (被替代标准号)	标准名称	应用范围和要求
191	NY/T 1153.3—2013 (NY/T 1153.3—2006)	农药登记用白蚁防治剂药效试验方法及评价　第3部分：农药土壤处理预防白蚁 Efficacy test method and evaluation of insecticides for termite control for pesticide registration—Part 3: Method of efficacy test of termiticides for treatment	规定了喷洒用白蚁防治剂处理土壤预防白蚁的药效试验方法及评价标准。适用于农药登记喷洒用白蚁防治剂处理土壤预防白蚁的药效测定和评价。评价指标： 1. 室内土壤处理预防白蚁效果及代表值： 驱避性　　非驱避性 A: 对风化/未风化土壤无进入或进入≤10mm，>10mm，但死亡率P≥95%； B: 对风化/未风化土壤进入>10mm，　>10mm，且死亡率P<95%。 2. 野外土壤处理预防白蚁效果： Ⅰ：试验木块未被蛀食，处理土壤表面无泥线、泥被； Ⅱ：试验木块被蛀食，处理土壤表面有泥线、泥被。 药效评价： 合格：室内试验为A，且野外试验为Ⅰ， 不合格：室内试验为B，或野外试验为Ⅱ
192	NY/T 1153.4—2013 (NY/T 1153.4—2006)	农药登记用白蚁防治剂药效试验方法及评价　第4部分：农药木材处理预防白蚁 Efficacy test method and evaluation of insecticides for termite control for pesticide registration—Part 4: Method of efficacy test of termiticides for wood treatment	规定了涂刷或喷洒、浸渍用白蚁防治剂处理木材预防白蚁的药效试验方法及评价标准。适用于农药登记涂刷或喷洒、浸渍用白蚁防治剂处理木材预防白蚁药效的测定和评价。 1. 完好值标准表： 供试木块受白蚁危害情况　　完好值Y 完好：无蛀食痕迹 100 表面轻微受蛀：室内：深度≤1mm，野外：深度≤5mm　90 轻度受蛀：1mm>深度≤3mm，5mm>深度≤15mm　70 中度受蛀：3mm>深度≤5mm，15mm>深度≤25mm　50

（续）

序号	标准编号 （被替代标准号）	标准名称	应用范围和要求
192	NY/T 1153.4—2013 （NY/T 1153.4—2006）	农药登记用白蚁防治剂药效试验方法及评价　第4部分：农药木材处理预防白蚁 Efficacy test method and evaluation of insecticides for termite control for pesticide registration—Part 4：Method of efficacy test of termiticides for wood treatment	严重受蛀：5mm＞深度≤10mm，25mm＞深度≤50mm　30 被蛀穿：深度≥10mm，深度≥50mm　0 2. 室内抗蛀性效果及代表值： 触杀性　　非触杀性 A：死亡率P≥95%且老化/未老化处理木块完好值Y均为100，P≥95%且Y均≥90； B：P＜95%或老化/未老化处理木块Y只要有一个＜100，　P＜95%或Y只要有一个＜90。 3. 评价指标： 合格：室内试验A、野外试验Y≥90； 不合格：室内试验B、野外试验Y＜90。
193	NY/T 1153.5—2013 （NY/T 1153.5—2006）	农药登记用白蚁防治剂药效试验方法及评价　第5部分：饵剂防治白蚁 Efficacy test method and evaluation of insecticides for termite control for pesticide registration—Part 5：Method of efficacy test of baits for termite control	规定了白蚁防治饵剂防治白蚁的药效试验方法及评价标准。适用于农药登记白蚁防治饵剂防治白蚁的药效测定和评价。评价指标： 合格：白蚁：室内试验P≥95%，野外试验：3巢台湾乳白蚁和3巢黑翅土白蚁全部杀灭； 不合格：白蚁（不包括土白蚁、大白蚁）：室内试验P≥95%；野外试验：3巢乳白蚁全部杀灭而3巢土白蚁未全部杀灭

（续）

序号	标准编号 (被替代标准号)	标准名称	应用范围和要求
194	NY/T 1153.6—2013 (NY/T 1153.6—2006)	农药登记用白蚁防治剂药效试验方法及评价　第6部分：农药滞留喷洒防治白蚁 Efficacy test method and evaluation of insecticides for termite control for pesticide registration—Part 6：Method of efficacy test of termiticides for residual spray treatment	规定了滞留喷洒处理用白蚁防治剂防治房屋、林木白蚁的现场应用试验方法及评价标准。适用于农药登记滞留喷洒处理用白蚁防治剂防治房屋、林木白蚁现场应用药效的测定和评价。 1. 滞留效果及代表值： Ⅰ：野外试验用箱内木块未被白蚁蛀食，处理土壤表面无泥线、泥被； Ⅱ：木块被白蚁蛀食或处理土壤表面有泥线、泥被。 2. 评价指标： 房屋白蚁防治剂：滞留效果观察试验，防治白蚁效果为Ⅰ；现场试验，防治效果 Ph≥90%；则定为合格。 林木白蚁防治剂：滞留效果观察试验，防治白蚁效果为Ⅰ；现场试验，防治效果 Pf≥90%；则定为合格
195	NY/T 1153.7—2016	农药登记用白蚁防治剂药效试验方法及评价　第7部分：农药喷粉处理防治白蚁 Efficacy test method and evaluation of insecticides for termite control for pesticide registration Part 7：Method of efficacy test of termiticides for dusting treatment	规定了喷粉处理用的白蚁防治剂防治白蚁的药效试验方法及评价标准。适用于农药登记喷粉处理用的白蚁防治剂防治白蚁的药效测定和评价。 1. 巢群控制效果及代表值： 代表值（T）　白蚁活动活动情况 A　有染色白蚁的监测站内均无白蚁活动 B　至少有1个有染色白蚁的监测站内发现白蚁活动 2. 药效评价指标： 合格　　不合格 巢群控制效果观察试验：T为A；　　巢群控制效果观察试验：T为B， 且现场应用试验：Ph≥90%或Pf≥90%；或现场应用试验：Ph<90%或Pf<90%

（续）

序号	标准编号 (被替代标准号)	标准名称	应用范围和要求
196	NY/T 1154.1—2006	农药室内生物测定试验准则　杀虫剂　第1部分：触杀活性试验　点滴法 Pesticides guidelines for laboratory bioactivity tests Part 1: The topical application test for insecticide contact activity	规定了点滴法测定杀虫剂触杀活性试验的基本要求和方法。适用于杀虫剂触杀活性测定的农药登记室内试验
197	NY/T 1154.2—2006	农药室内生物测定试验准则　杀虫剂　第2部分：胃毒活性试验　夹毒叶片法 Pesticides guidelines for laboratory bioactivity tests Part 2: The leaf sandwich test for insecticide stomach poisoning activity	规定了夹毒叶片法测定杀虫剂胃毒活性试验的基本要求和方法。适用于杀虫剂胃毒活性测定的农药登记室内试验
198	NY/T 1154.3—2006	农药室内生物测定试验准则　杀虫剂　第3部分：熏蒸活性试验　锥形瓶法 Pesticides guidelines for laboratory bioactivity tests Part 3: Erlenmeyer flask test for insecticide fumigant activity	规定了锥形瓶法测定杀虫剂熏蒸活性试验的基本要求和方法。适用于杀虫剂熏蒸活性测定的农药登记室内试验

（续）

序号	标准编号 (被替代标准号)	标准名称	应用范围和要求
199	NY/T 1154.4—2006	农药室内生物测定试验准则　杀虫剂　第4部分：内吸活性试验　连续浸液法 Pesticides guidelines for laboratory bioactivity tests Part 4：Continuous immersion test for insecticide systemic activity	规定了连续浸液法测定杀虫剂内吸活性试验的基本要求和方法。适用于杀虫剂内吸活性测定的农药登记室内试验
200	NY/T 1154.5—2006	农药室内生物测定试验准则　杀虫剂　第5部分：杀卵活性试验　浸渍法 Pesticides guidelines for laboratory bioactivity tests Part 5：The dipping test for insecticide ovicidal activity	规定了杀虫剂杀卵活性测定试验的基本要求和方法。适用于杀虫剂杀卵活性测定的农药登记室内试验
201	NY/T 1154.6—2006	农药室内生物测定试验准则　杀虫剂　第6部分：杀虫活性试验　浸虫法 Pesticides guidelines for laboratory bioactivity tests Part 6：The immersion test for insecticide activity	规定了浸虫法测定杀虫剂活性试验的基本要求和方法。适用于杀虫剂活性测定的农药登记室内试验

（续）

序号	标准编号 （被替代标准号）	标准名称	应用范围和要求
202	NY/T 1154.7—2006	农药室内生物测定试验准则　杀虫剂　第7部分：混配的联合作用测定 Pesticides guidelines for laboratory bioactivity tests Part 7: Synergism evaluation of insecticide mixtures	规定了杀虫剂混配联合作用测定试验的基本要求和方法。适用于杀虫剂联合作用测定的农药登记室内试验
203	NY/T 1154.8—2007	农药室内生物测定试验准则　杀虫剂　第8部分：滤纸药膜法 Guideline for laboratory bioassay of pesticides Part 8: Insecticide-impregnated filter method	规定了滤纸药膜法测定杀虫剂生物活性的试验方法。适用于农药登记用杀虫剂触杀活性室内生物测定试验
204	NY/T 1154.9—2008	农药室内生物测定试验准则　杀虫剂　第9部分：喷雾法 Guideline for laboratory bioassay of pesticides Part 9 : Spraying method	规定了喷雾法测定杀虫剂生物活性的试验方法。适用于农药登记用杀虫剂触杀活性室内生物测定试验
205	NY/T 1154.10—2008	农药室内生物测定试验准则　杀虫剂　第10部分：人工饲料混药法 Guideline for laboratory bioassay of pesticides Part 10 : Diet incorporation method	规定了人工饲料混药法测定杀虫剂生物活性的试验方法。适用于农药登记用杀虫剂室内生物测定试验

（续）

序号	标准编号 (被替代标准号)	标准名称	应用范围和要求
206	NY/T 1154.11—2008	农药室内生物测定试验准则　杀虫剂　第 11 部分：稻茎浸渍法 Guideline for laboratory bioassay of pesticides Part 11：Rice stemdipping method	规定了稻茎浸渍法测定杀虫剂生物活性的试验方法。适用于农药登记用杀虫剂防治刺吸式口器昆虫室内生物测定试验
207	NY/T 1154.12—2008	农药室内生物测定试验准则　杀虫剂　第 12 部分：叶螨玻片浸渍法 Guideline for laboratory bioassay of pesticides Part 12：Slide-dip method immersion	规定了叶螨玻片浸渍法测定杀螨剂活性的试验方法。适用于农药登记用杀螨剂室内生物测定试验
208	NY/T 1154.13—2008	农药室内生物测定试验准则　杀虫剂　第 13 部分：叶碟喷雾法 Guideline for laboratory bioassay of pesticides Part 13：Leaf-disc spraying method	规定了叶碟喷雾法测定杀螨剂活性的试验方法。适用于农药登记用杀螨剂室内生物测定试验
209	NY/T 1154.14—2008	农药室内生物测定试验准则　杀虫剂　第 14 部分：浸叶法 Guideline for laboratory bioassay of pesticides Part 14：Leaf-dipping method	规定了浸叶法测定杀螨剂活性的试验方法。适用于农药登记用杀虫剂室内生物测定试验

（续）

序号	标准编号（被替代标准号）	标准名称	应用范围和要求
210	NY/T 1154.15—2009	农药室内生物测定试验准则　杀虫剂　第15部分：地下害虫浸虫法 Guideline for laboratory bioassay of pesticides Part 15：The immersion test for soil pests	规定了浸虫法测定杀虫剂对地下害虫生物活性试验的基本要求和方法。适用于蛴螬类（大黑鳃金龟 *Holotrichia oblita* F.、暗黑鳃金龟 *Holotrichia parallela* M.、铜绿丽金龟 *Anomala corpulenta* M. 等）、蝼蛄类（华北蝼蛄 *Gryllotalap saussure*、非洲蝼蛄 *G. africana* Palisot de Beauvois）、小地老虎 *Agrotis ypsilon*（Rottemberg）、金针虫类［沟金针虫 *Pleonomus canalicuatus*（Faldermann）、细胸金针虫 *Agriotes fuscicollis* Miwa 等］等地下害虫的室内生物活性测定试验
211	NY/T 1154.16—2013	农药室内生物测定试验准则　杀虫剂　第16部分：对粉虱类害虫活性试验　琼脂保湿浸叶法 Guideline for laboratory bioassay of pesticides Part 16：Leaf-dipping method for insecticide activity to whitefly	规定了琼脂保湿浸叶法测定杀虫剂生物活性的基本要求和方法。适用于杀虫剂对粉虱类害虫成虫的触杀和（或）胃毒活性测定，适用于农药登记用杀虫剂室内生物测定
212	NY/T 1155.1—2006	农药室内生物测定试验准则　除草剂　第1部分：活性试验　平皿法 Pesticides guidelines for laboratory bioactivity tests Part 1：Petri dish test for herbicide bioactivity	规定了平皿法测定除草剂活性试验的基本方法和要求。适用于除草剂的生物活性和残留活性测定的农药登记室内试验

（续）

序号	标准编号 (被替代标准号)	标准名称	应用范围和要求
213	NY/T 1155.2—2006	农药室内生物测定试验准则　除草剂　第2部分：活性测定试验　玉米根长法 Pesticides guidelines for laboratory bioactivity tests Part 2：Corn root length test for herbicide bioactivity	规定了玉米根长法测定除草剂活性试验的基本方法和要求。 适用于磺酰脲类、咪唑啉酮类、酰胺类等除草剂的生物活性和残留活性测定的农药登记室内试验
214	NY/T 1155.3—2006	农药室内生物测定试验准则　除草剂　第3部分：活性测定试验　土壤喷雾法 Pesticides guidelines for laboratory bioactivity tests Part 3：Soil spray application test for herbicide bioactivity	规定了土壤喷雾法测定除草剂活性试验的基本方法和要求。 适用于除草剂土壤处理活性测定的农药登记室内试验
215	NY/T 1155.4—2006	农药室内生物测定试验准则　除草剂　第4部分：活性测定试验　茎叶喷雾法 Pesticides guidelines for laboratory bioactivity tests Part 4：Foliar spray application test for herbicide activity	规定了茎叶喷雾法测定除草剂活性试验的基本方法和要求。 适用于茎叶处理除草剂活性测定的农药登记室内试验

（续）

序号	标准编号 （被替代标准号）	标准名称	应用范围和要求
216	NY/T 1155.5—2006	农药室内生物测定试验准则　除草剂　第5部分：水田除草剂土壤活性测定试验　浇灌法 Pesticides guidelines for laboratory bioactivity tests Part 5: Hydroponics test for paddy herbicide soil bioactivity	规定了浇灌法测定水田除草剂土壤处理活性试验的基本方法和要求。适用于水田除草剂土壤处理活性测定的农药登记室内试验
217	NY/T 1155.6—2006	农药室内生物测定试验准则　除草剂　第6部分：对作物的安全性试验　土壤喷雾法 Pesticides guidelines for laboratory bioactivity tests Part 6: Soil application test for crop safety of herbicide	规定了土壤喷雾法测定除草剂对作物安全性试验的基本方法和要求。适用于除草剂土壤处理对作物安全性测定的农药登记室内试验
218	NY/T 1155.7—2006	农药室内生物测定试验准则　除草剂　第7部分：混配的联合作用测定 Pesticides guidelines for laboratory bioactivity tests Part 7: Synergism evaluation of herbicide mixtures	规定了除草剂混配联合作用测定试验的基本方法和要求。适用于混配除草剂联合作用效果评价的农药登记室内试验

（续）

序号	标准编号 （被替代标准号）	标准名称	应用范围和要求
219	NY/T 1155.8—2007	农药室内生物测定试验准则　除草剂　第 8 部分：作物的安全性试验　茎叶喷雾法 Guideline for laboratory bioassay of pesticides Part 8：Foliar application test for herbicide crop safety evaluation	规定了茎叶喷雾处理法测定除草剂对作物安全性试验的基本方法和要求。适用于农药登记用除草剂茎叶喷雾处理对作物安全性测定的室内试验
220	NY/T 1155.9—2008	农药室内生物测定试验准则　除草剂　第 9 部分：水田除草剂活性测定试验　茎叶喷雾法 Guideline for laboratory bioassay of pesticides Part 9：Foliar application test for paddy phytocidal activity	规定了喷雾法测定水田除草剂茎叶处理活性的基本方法和要求。适用于农药登记用水田除草剂茎叶活性测定的室内试验
221	NY/T 1155.10—2011	农药室内生物测定试验准则　除草剂　第 10 部分：光合抑制型除草剂活性测定试验　小球藻法 Pesticide guidelines for laboratory bioactivity tests Part 10：Chlorella vulgaris test for activity of photosynthesis. Inhibiting	规定了取代脲类、联吡啶类、三氮苯类等光合抑制型除草剂活性测定试验的基本要求和方法。适用于农药登记用取代脲类、联吡啶类、三氮苯类等光合抑制型除草剂活性测定的室内试验和评价

（续）

序号	标准编号 （被替代标准号）	标准名称	应用范围和要求
222	NY/T 1155.11—2011	农药室内生物测定试验准则　除草剂　第11部分：除草剂对水绵活性测定试验方法 Pesticide guidelines for laboratory bioactivity tests Part 11: Herbicide activity on Spirogyra crassa	规定了除草剂对水绵活性测定试验的基本方法和要求。适用于农药登记用除草剂对水绵活性测定的室内试验和评价
223	NY/T 1156.1—2006	农药室内生物测定试验准则　杀菌剂　第1部分：抑制病原真菌孢子萌发试验　凹玻片法 Pesticides guidelines for laboratory bioactivity tests Part 1: Determining fungicide inhibition of pathogen spore germination on concave slides	规定了杀菌剂抑制病原真菌孢子萌发试验的基本要求和方法。适用于杀菌剂对病原真菌孢子萌发抑制作用测定的农药登记室内试验
224	NY/T 1156.2—2006	农药室内生物测定试验准则　杀菌剂　第2部分：抑制病原真菌菌丝生长试验　平皿法 Pesticides guidelines for laboratory bioactivity tests Part 2: Petri plate test for determining fungicide inhibition of mycelial growth	规定了平皿法测定杀菌剂抑制病原真菌菌丝生长试验的基本要求和方法。适用于杀菌剂对病原真菌菌丝在平板表面生长抑制作用测定的农药登记室内试验

（续）

序号	标准编号 (被替代标准号)	标准名称	应用范围和要求
225	NY/T 1156.3—2006	农药室内生物测定试验准则　杀菌剂　第3部分：抑制黄瓜霜霉菌病菌试验　平皿叶片法 Pesticides guidelines for laboratory bioactivity tests Part 3：Petri plate test for fungicide inhibition of *Pseudoperonospora cubensis* growth on detached leaves	规定了平皿叶片法测定杀菌剂对黄瓜霜霉病菌生物活性的基本要求和方法。适用于杀菌剂对黄瓜霜霉病菌生物活性测定的农药登记室内试验
226	NY/T 1156.4—2006	农药室内生物测定试验准则　杀菌剂　第4部分：防治小麦白粉病试验　盆栽法 Pesticides guidelines for laboratory bioactivity tests Part 4：Potted plant test for fungicide control of powdery mildew on wheat	规定了采用盆栽法测定杀菌剂防治小麦白粉病试验的基本要求和方法。适用于杀菌剂对小麦白粉病菌活性测定的农药登记室内试验
227	NY/T 1156.5—2006	农药室内生物测定试验准则　杀菌剂　第5部分：抑制水稻纹枯病菌试验　蚕豆叶片法 Pesticides guidelines for laboratory bioactivity tests Part 5：Detached leaf test for fungicide inhibition of Rhizoctonia solani on faba bean	规定了蚕豆叶片法测定杀菌剂对水稻纹枯病菌生物活性试验的基本要求和方法。适用于杀菌剂对水稻纹枯病菌生物活性测定的农药登记室内试验

（续）

序号	标准编号 （被替代标准号）	标准名称	应用范围和要求
228	NY/T 1156.6—2006	农药室内生物测定试验准则　杀菌剂　第 6 部分：混配的联合作用测定 Pesticides guidelines for laboratory bioactivity tests Part 6：Determining combined action of fungicide mixtures	规定了杀菌剂混配联合作用测定试验的基本要求和方法。适用于混配杀菌剂联合作用效果评价的农药登记室内试验
229	NY/T 1156.7—2006	农药室内生物测定试验准则　杀菌剂　第 7 部分：防治黄瓜霜霉病试验　盆栽法 Pesticides guidelines for laboratory bioactivity tests Part 7：Potted plant test for fungicide control of downy mildew on cucumber	规定了盆栽法测定杀菌剂防治黄瓜霜霉病试验的基本要求和方法。适用于杀菌剂对黄瓜霜霉病菌生物活性测定的农药登记室内试验
230	NY/T 1156.8—2007	农药室内生物测定试验准则　杀菌剂　第 8 部分：防治水稻稻瘟病试验　盆栽法 Guideline for laboratory bioassay of pesticides Part 8：Potted plant test for fungicide control *Pyricularia oryzae* Cav. on rice	规定了盆栽法测定杀菌剂防治水稻稻瘟病的试验方法。适用于农药登记用杀菌剂防治水稻稻瘟病菌的室内生物活性测定试验

（续）

序号	标准编号 (被替代标准号)	标准名称	应用范围和要求
231	NY/T 1156.9—2008	农药室内生物测定试验准则　杀菌剂　第9部分：抑制灰霉病菌试验　叶片法 Guideline for laboratory bioassay of pesticides Part 9：Detached leaf test for fungicide control *Botrytis cinerea* Pers.	规定了叶片法测定杀菌剂抑制灰霉病菌的试验方法。适用于农药登记用杀菌剂对黄瓜、番茄、草莓、葡萄等作物的灰霉病菌的室内生物活性测定试验
232	NY/T 1156.10—2008	农药室内生物测定试验准则　杀菌剂　第10部分：防治灰霉病试验　盆栽法 Guideline for laboratory bioassay of pesticides Part 10：Potted plant test for fungicide control *Botrytis cinerea* Pers.	规定了盆栽法测定杀菌剂防治灰霉病的试验方法。适用于农药登记用杀菌剂防治黄瓜、番茄、草莓、葡萄等作物灰霉病的室内生物活性测定试验
233	NY/T 1156.11—2008	农药室内生物测定试验准则　杀菌剂　第11部分：防治瓜类白粉病试验　盆栽法 Guideline for laboratory bioassay of pesticides Part 11：Potted plant test for fungicide control of powdery mildew [*Sphaerotheca fuliginea* (Sch.) Poll.、*Erysiphe cichoracearum* DC.] on cucurbits	规定了盆栽法测定杀菌剂防治瓜类白粉病的试验方法。适用于农药登记用杀菌剂对瓜类作物白粉病菌的室内生物活性测定试验

（续）

序号	标准编号 （被替代标准号）	标准名称	应用范围和要求
234	NY/T 1156.12—2008	农药室内生物测定试验准则　杀菌剂　第12部分：防治晚疫病试验　盆栽法 Guideline for laboratory bioassay of pesticides Part 12: Potted plant test for fungicide control late blight [*Phytophthora infestans* (Mont.) de Bary] on potato and tomato	规定了盆栽法测定杀菌剂防治晚疫病试验的方法。适用于农药登记用杀菌剂防治番茄和马铃薯晚疫病的室内生物活性测定试验
235	NY/T 1156.13—2008	农药室内生物测定试验准则　杀菌剂　第13部分：抑制晚疫病菌试验　叶片法 Guideline for laboratory bioassay of pesticides Part 13: Detached leaf test for fungicide control late blight [*Phytophthora infestans* (Mont.) de Bary] on potato and tomato	规定了叶片法测定杀菌剂抑制晚疫病菌生物活性的试验方法。适用于农药登记用杀菌剂对番茄和马铃薯晚疫病菌的室内生物活性测定试验

（续）

序号	标准编号（被替代标准号）	标准名称	应用范围和要求
236	NY/T 1156.14—2008	农药室内生物测定试验准则　杀菌剂　第14部分：防治瓜类炭疽病试验　盆栽法 Guideline for laboratory bioassay of pesticides Part 14：Potted plant test for fungicide control anthracnose [*Colletotrichum orbiculare* （Berk. & Mont.） Arx] on cucurbits	规定了盆栽法测定杀菌剂防治炭疽病的试验方法。适用于农药登记用杀菌剂对瓜类作物炭疽病菌的室内生物活性测定试验
237	NY/T 1156.15—2008	农药室内生物测定试验准则　杀菌剂　第15部分：防治麦类叶锈病试验　盆栽法 Guideline for laboratory bioassay of pesticides Part 15：Potted plant test for fungicide control leaf rust on cereals	规定了盆栽法测定杀菌剂防治麦类叶锈病的试验方法。适用于农药登记用杀菌剂防治小麦、大麦等麦类叶锈病病菌的室内生物活性测定试验
238	NY/T 1156.16—2008	农药室内生物测定试验准则　杀菌剂　第16部分：抑制细菌生长量试验　浑浊度法 Guideline for laboratory bioassay of pesticides Part 16：The turbidimeter test for bactericide inhibit bacteria reproduction	规定了浑浊度法测定杀菌剂抑制细菌生长量的试验方法。适用于农药登记用杀菌剂抑制植物病原细菌生长的室内生物活性测定试验

（续）

序号	标准编号 (被替代标准号)	标准名称	应用范围和要求
239	NY/T 1156.17—2009	农药室内生物测定试验准则　杀菌剂　第17部分：抑制玉米丝黑穗病菌活性试验　浑浊度—酶联板法 Guideline for laboratory bioassay of pesticides Part 17：Turbidity-multiScreen filter plates test for fungicides inhibiting Sporisorium holci-sorghi	规定了浑浊度—酶联板法测定杀菌剂对抑制玉米丝黑穗病菌活性试验的仪器设备、试剂与材料、试验步骤、试验方法、数据统计及分析。适用于测定杀菌剂对玉米丝黑穗病菌孢子萌发和先菌丝生长抑制作用的农药登记室内试验
240	NY/T 1156.18—2013	农药室内生物测定试验准则　杀菌剂　第18部分：井冈霉素抑制水稻纹枯病菌试验　E培养基法 Pesticides guidelines for laboratory bloacdvity tests Part 18：E-medium test for determining jinggangmycin inhibition of Rhizoctonia solani Kuhn growth on rice	规定了E培养基法测定井冈霉素对水稻纹枯病菌生物活性的基本要求和方法。适用于井冈霉素对水稻纹枯病菌生物活性测定的农药登记试验
241	NY/T 1156.19—2013	农药室内生物测定试验准则　杀菌剂　第19部分：抑制水稻稻曲病菌试验　菌丝干重法 Pesticides guidelines for laboratory bioactivity tests Part 19：Mycelium dry weight test for determining fungicide inhibition of Ustilaginoidea virens on rice	规定了菌丝干重法测定杀菌剂对水稻稻曲病菌生物话性的基本要求和方法。适用于抑制菌体生长的杀菌剂对水稻稻曲病菌生物活性测定的农药登记试验

（续）

序号	标准编号 （被替代标准号）	标准名称	应用范围和要求
242	NY/T 1464.1—2007	农药田间药效试验准则　第1部分：杀虫剂防治飞蝗 Guidelines on efficacy evaluation of pesticides Part 1：Insecticides against migratory locust	规定了杀虫剂防治草地飞蝗田间药效试验的方法和基本要求。适用于杀虫剂防治草地（农田、非耕地）飞蝗（东亚飞蝗、亚洲飞蝗、西藏飞蝗）的登记用田间药效试验及药效评价
243	NY/T 1464.2—2007	农药田间药效试验准则　第2部分：杀虫剂防治水稻稻水象甲 Guidelines on efficacy evaluation of pesticides Part 2：Insecticides against rice water weevil	规定了杀虫剂防治水稻稻水象甲登记用田间药效试验的方法和基本要求。适用于杀虫剂防治水稻稻水象甲登记用田间药效试验及药效评价
244	NY/T 1464.3—2007	农药田间药效试验准则　第3部分：杀虫剂防治棉盲蝽 Guidelines on efficacy evaluation of pesticides Part 3：Insecticides against cotton plant bug	规定了杀虫剂防治棉盲蝽登记用田间药效试验的方法和基本要求。适用于杀虫剂防治棉花棉盲蝽（绿盲蝽、中黑盲蝽、苜蓿盲蝽、三点苜蓿盲蝽和牧草盲蝽）的登记用田间药效试验及药效评价
245	NY/T 1464.4—2007	农药田间药效试验准则　第4部分：杀虫剂防治梨黄粉蚜 Guidelines on efficacy evaluation of pesticides Part 4：Insecticides against pear phylloxera	规定了杀虫剂防治梨黄粉蚜田间药效试验的方法和基本要求。适用于杀虫剂防治梨树梨黄粉蚜的登记用田间药效试验及药效评价

（续）

序号	标准编号 （被替代标准号）	标准名称	应用范围和要求
246	NY/T 1464.5—2007	农药田间药效试验准则　第5部分：杀虫剂防治苹果绵蚜 Guidelines on efficacy evaluation of pesticides Part 5：Insectides against apple woolly aphid	规定了杀虫剂防治苹果绵蚜田间药效试验的方法和基本要求。 适用于杀虫剂防治苹果树苹果绵蚜的登记用田间药效试验及药效评价
247	NY/T 1464.6—2007	农药田间药效试验准则　第6部分：杀虫剂防治蔬菜蓟马 Guidelines on efficacy evaluation of pesticides Part 6：Insectides against Thrips on vegetables	规定了杀虫剂防治蔬菜蓟马田间药效试验的方法和基本要求。 适用于杀虫剂防治茄果类、瓜类、十字花科类、葱蒜类蔬菜上棕榈蓟马、黄蓟马、烟蓟马、花蓟马等的登记用田间药效试验及药效评价
248	NY/T 1464.7—2007	农药田间药效试验准则　第7部分：杀菌剂防治烟草炭疽病 Guidelines on efficacy evaluation of pesticides Part 7：Fungicides against anthracnose of tobacco	规定了杀菌剂防治烟草炭疽病田间药效试验的方法和要求。 适用于杀菌剂防治烟草炭疽病的登记用田间药效试验及评价
249	NY/T 1464.8—2007	农药田间药效试验准则　第8部分：杀菌剂防治番茄病毒病 Guidelines on efficacy evaluation of pesticides Part 8：Fungicides against virus disease of tomato	规定了杀菌剂防治番茄病毒病田间药效试验的方法和要求。 适用于杀菌剂防治番茄病毒病（烟草花叶病毒、黄瓜花叶病毒）的登记用田间药效小区试验及评价

（续）

序号	标准编号 (被替代标准号)	标准名称	应用范围和要求
250	NY/T 1464.9—2007	农药田间药效试验准则　第 9 部分：杀菌剂防治辣椒病毒病 Guidelines on efficacy evaluation of pesticides Part 9：Fungicides against virus disease of pepper	规定了杀菌剂防治辣椒病毒病田间药效试验的方法和要求。适用于杀菌剂防治辣椒病毒病［黄瓜花叶病毒（CMV）、烟草花叶病毒（TMV）、马铃薯 Y 病毒（PVY）、苜蓿花叶病毒（AMV）、辣椒斑驳病毒（PeMV）等］的登记用田间药效小区试验及评价
251	NY/T 1464.10—2007	农药田间药效试验准则　第 10 部分：杀菌剂防治蘑菇湿泡病 Guidelines on efficacy evaluation of pesticides Part 10：Fungicides against wet bubble disease of mushrooms	规定了杀菌剂防治蘑菇湿泡病（又称白腐病、疣孢霉病）田间药效试验的方法和要求。适用于杀菌剂防治蘑菇湿泡病的登记用田间药效试验及评价
252	NY/T 1464.11—2007	农药田间药效试验准则　第 11 部分：杀菌剂防治香蕉黑星病 Guidelines on efficacy evaluation of pesticides Part 11：Fungicides against black spot of banana	规定了杀菌剂防治香蕉黑星病田间药效试验的方法和要求。适用于杀菌剂防治香蕉黑星病的登记用田间药效试验及评价
253	NY/T 1464.12—2007	农药田间药效试验准则　第 12 部分：杀菌剂防治葡萄白粉病 Guidelines on efficacy evaluation of pesticides Part 12：Fungicides against powdery mildew of grape	规定了杀菌剂防治葡萄白粉病田间药效试验的方法和要求。适用于杀菌剂防治葡萄白粉病的登记用田间药效试验及评价

（续）

序号	标准编号 (被替代标准号)	标准名称	应用范围和要求
254	NY/T 1464.13—2007	农药田间药效试验准则　第13部分：杀菌剂防治葡萄炭疽病 Guidelines on efficacy evaluation of pesticides Part 13: Fungicides against anthracnose of grape	规定了杀菌剂防治葡萄炭疽病田间药效试验的方法和要求。 适用于杀菌剂防治葡萄炭疽病的登记用田间药效试验及评价
255	NY/T 1464.14—2007	农药田间药效试验准则　第14部分：杀菌剂防治水稻立枯病 Guidelines on efficacy evaluation of pesticides Part 14: Fungicides against damping-off of rice	规定了杀菌剂防治水稻立枯病田间药效试验的方法和要求。 适用于杀菌剂防治水稻立枯病的登记用田间药效试验及评价
256	NY/T 1464.15—2007	农药田间药效试验准则　第15部分：杀菌剂防治小麦赤霉病 Guidelines on efficacy evaluation of pesticides Part 15: Fungicides against fusarium head blight of wheat	规定了杀菌剂防治小麦赤霉病田间药效试验的方法和要求。 适用于杀菌剂防治小麦赤霉病的登记用田间药效试验及评价
257	NY/T 1464.16—2007	农药田间药效试验准则　第16部分：杀菌剂防治小麦根腐病 Guidelines on efficacy evaluation of pesticides Part 16: Fungicides against root rot of wheat	规定了杀菌剂防治小麦根腐病田间药效试验的方法和要求。 适用于杀菌剂防治小麦根腐病的登记用田间药效试验及评价

（续）

序号	标准编号 （被替代标准号）	标准名称	应用范围和要求
258	NY/T 1464.17—2007	农药田间药效试验准则　第17部分：除草剂防治绿豆田杂草 Guidelines on efficacy evaluation of pesticides Part 17：Herbicide control weed in mung bean field	规定了除草剂防治绿豆田杂草田间药效试验的方法和基本要求。适用于除草剂防治绿豆田杂草的登记用田间药效试验及药效评价
259	NY/T 1464.18—2007	农药田间药效试验准则　第18部分：除草剂防治芝麻田杂草 Guidelines on efficacy evaluation of pesticides Part 18：Herbicide control weed in gingeli field	规定了除草剂防治芝麻田杂草田间药效试验的方法和基本要求。适用于除草剂防治芝麻田杂草的登记用田间药效试验及药效评价
260	NY/T 1464.19—2007	农药田间药效试验准则　第19部分：除草剂防治枸杞地杂草 Guidelines on efficacy evaluation of pesticides Part 19：Herbicide control weed in medlar field	规定了除草剂防治枸杞田杂草田间药效试验的方法和基本要求。适用于除草剂防治枸杞田杂草的登记用田间药效试验及药效评价
261	NY/T 1464.20—2007	农药田间药效试验准则　第20部分：除草剂防治番茄田杂草 Guidelines on efficacy evaluation of pesticides Part 20：Herbicide control weed in tomato field	规定了除草剂防治番茄田杂草田间药效试验的方法和基本要求。适用于除草剂防治露地和保护地栽培番茄田杂草的登记用田间药效试验及药效评价

（续）

序号	标准编号 （被替代标准号）	标准名称	应用范围和要求
262	NY/T 1464.21—2007	农药田间药效试验准则　第21部分：除草剂防治黄瓜田杂草 Guidelines on efficacy evaluation of pesticides Part 21：Herbicide control weed in cucumber field	规定了除草剂防治黄瓜田杂草田间药效试验的方法和基本要求。适用于除草剂防治露地和保护地栽培黄瓜田杂草的登记用田间药效试验及药效评价
263	NY/T 1464.22—2007	农药田间药效试验准则　第22部分：除草剂防治大蒜田杂草 Guidelines on efficacy evaluation of pesticides Part 22：Herbicide control weed in garlic field	规定了除草剂防治大蒜田杂草田间药效试验的方法和基本要求。适用于除草剂防治大蒜田杂草的登记用田间药效试验及药效评价
264	NY/T 1464.23—2007	农药田间药效试验准则　第23部分：除草剂防治苜蓿田杂草 Guidelines on efficacy evaluation of pesticides Part 23：Herbicide control weed in clover field	规定了除草剂防治苜蓿田杂草田间药效试验的方法和基本要求。适用于除草剂防治苜蓿（春、夏、秋播，菜、饲用，紫、黄花等）田杂草的登记用田间试验的药效和安全性评价
265	NY/T 1464.24—2007	农药田间药效试验准则　第24部分：除草剂防治红小豆田杂草 Guidelines on efficacy evaluation of pesticides Part 24：Herbicide control weed in red bean field	规定了除草剂防除红小豆田杂草田间药效试验的方法和基本要求。适用于除草剂防除红小豆田杂草的登记用田间药效试验及药效评价

（续）

序号	标准编号 （被替代标准号）	标准名称	应用范围和要求
266	NY/T 1464.25—2007	农药田间药效试验准则　第25部分：除草剂防治烟草苗床杂草 Guidelines on efficacy evaluation of pesticides Part 25：Herbicide control weed in tobacco seedbed	规定了除草剂防治烟草苗床杂草田间药效试验的方法和基本要求。适用于除草剂防治烟草苗床杂草的登记用田间药效试验及药效评价
267	NY/T 1464.26—2007	农药田间药效试验准则　第26部分：棉花催枯剂试验 Guidelines on efficacy evaluation of pesticides Part 26：Defoliant trial on cotton	规定了棉花催枯剂田间药效试验的方法和基本要求。适用于棉花催枯剂在春、夏播棉田催枯、脱叶登记用田间药效试验及药效评价
268	NY/T 1464.27—2010	农药田间药效试验准则　第27部分：杀虫剂防治十字花科蔬菜蚜虫 Pesticide guidelines for the field efficacy trials Part 27：Insectides against aphids on brassicaceous vegetable	规定了杀虫剂防治十字花科蔬菜蚜虫［包括桃蚜（*Myzus persicae*）、萝卜蚜（*Lipaphis erysimi*）、甘蓝蚜（*Brevicoryne brassicae*）等］田间药效小区试验的方法和基本要求。适用于杀虫剂喷雾防治十字花科蔬菜蚜虫的登记用田间药效小区试验及效果评价。其他防治蚜虫的田间药效试验可参照使用
269	NY/T 1464.28—2010	农药田间药效试验准则　第28部分：杀虫剂防治阔叶树天牛 Pesticide guidelines for the field efficacy trials Part 28：Insectides against broad-leaved tree longicorn beetle	规定了杀虫剂防治阔叶树天牛［包括天牛科桑天牛（*Apriona germari*）、光肩星天牛（*Anolophora glabripennis*）、云斑天牛（*Batocera hors fieldi*）、锈色粒肩大牛（*Aprion swinsoni*）等］田间药效小区试验的方法和基本要求。适用于杀虫剂防治阔叶树天牛的登记用田间药效小区试验及药效评价。防治天牛科其他害虫的田间药效试验可参照使用

（续）

序号	标准编号 （被替代标准号）	标准名称	应用范围和要求
270	NY/T 1464.29—2010	农药田间药效试验准则　第29部分：杀虫剂防治松褐天牛 Pesticide guidelines for the field efficacy trials Part 29：Insectides against pine sawyer	规定了杀虫剂防治松褐天牛（*Monochamus alternatus*）（又称松墨天牛、松天牛）田间药效小区试验的方法和基本要求。适用于杀虫剂防治松褐天牛的登记用田间药效小区试验及药效评价。松树其他蛀干害虫的田间药效试验可参照使用
271	NY/T 1464.30—2010	农药田间药效试验准则　第30部分：杀菌剂防治烟草角斑病 Pesticide guidelines for the field efficacy trials Part 30：Fungicides against bacterial angular leaf spot of tobacco	规定了杀菌剂防治烟草角斑病（*Pseudornonas syringae*）田间药效小区试验的方法和要求。适用于杀菌剂防治烟草角斑病登记用田间药效小区试验及评价，其他田间药效试验可参照使用
272	NY/T 1464.31—2010	农药田间药效试验准则　第31部分：杀菌剂防治生姜姜瘟病 Pesticide guidelines for the field efficacy trials Part 31：Fungicides against ginger blast of ginger	规定了杀菌剂防治生姜姜瘟病田间药效小区试验的方法和要求。适用于杀菌剂防治生姜姜瘟病登记用田间药效小区试验及药效评价。其他田间药效试验可参照使用
273	NY/T 1464.32—2010	农药田间药效试验准则　第32部分：杀菌剂防治番茄青枯病 Pesticide guidelines for the field efficacy trials Part 32：Fungicides against southern bacterial wilt of tomato	规定了杀菌剂防治番茄青枯病（*Psedomonas solanacearum* ）田间药效小区试验的方法和要求。适用于杀菌剂防治番茄青枯病登记用田间药效小区试验及药效评价。其他田间药效试验可参照使用

（续）

序号	标准编号 (被替代标准号)	标准名称	应用范围和要求
274	NY/T 1464.33—2010	农药田间药效试验准则　第33部分：杀菌剂防治豇豆锈病 Pesticide guidelines for the field efficacy trials Part 33：Fungicides against rust of cowpea	规定了杀菌剂防治豇豆锈病（*Uromyces vignae*）田间药效小区试验的方法和要求。适用于杀菌剂防治豇豆锈病登记用田间药效小区试验及药效评价。其他田间药效试验可参照使用
275	NY/T 1464.34—2010	农药田间药效试验准则　第34部分：杀菌剂防治茄子黄萎病 Pesticide guidelines for the field efficacy trials Part 34：Fungicides against verticillium wilt of eggplant	规定了杀菌剂防治茄子黄萎病（*Verticillium dahliae* Kleb）田间药效小区试验的方法和要求。适用于杀菌剂防治茄子黄萎病登记用田间药效小区试验及药效评价。其他田间药效试验可参照使用
276	NY/T 1464.35—2010	农药田间药效试验准则　第35部分：除草剂防治直播蔬菜田杂草 Pesticide guidelines for the field efficacy trials Part 35：Weed control of herbicides in direct seeding vegetable fields	规定了除草剂防除直播蔬菜田杂草田间药效小区试验的方法和基本要求。适用于除草剂防除直播蔬菜田杂草的登记用田间药效小区试验及药效评价。其他直播蔬菜田间药效试验可参照使用
277	NY/T 1464.36—2010	农药田间药效试验准则　第36部分：除草剂防治菠萝地杂草 Pesticide guidelines for the field efficacy trials Part 36：Weed control of herbicides in pineapple fields	规定了除草剂防治菠萝地杂草田间药效小区试验的方法和基本要求。适用于除草剂防治菠萝地杂草的登记用田间药效小区试验及药效评价。其他田间药效试验可参照使用

（续）

序号	标准编号 (被替代标准号)	标准名称	应用范围和要求
278	NY/T 1464.37—2011	农药田间药效试验准则　第37部分：杀虫剂防治蘑菇菌蛆和害螨 Pesticide guidelines for the field efficacy trials Part 37：Insecticides against edible mushroom maggots and mites	规定了杀虫剂防治蘑菇菌蛆和害螨小区药效试验的方法和基本要求。适用于杀虫剂防治蘑菇菌蛆［眼蕈蚊（*Bradysia* sp.）、瘿蚊（*Mycophila* sp.）等］和害螨的登记用小区药效试验及效果评价，其他类似药效试验可参照本部分执行
279	NY/T 1464.38—2011	农药田间药效试验准则　第38部分：杀菌剂防治黄瓜黑星病 Pesticide guidelines for the field efficacy trials Part 38：Fungicides against scab of cucumber	规定了杀菌剂防治黄瓜黑星病田间药效小区试验的方法和要求。适用于杀菌剂防治黄瓜黑星病登记用田间药效小区试验及药效评价。其他田间药效试验可参照使用
280	NY/T 1464.39—2011	农药田间药效试验准则　第39部分：杀菌剂防治莴苣霜霉病 Pesticide guidelines for the field efficacy trials Part 39：Fungicides against downy mildew of botany	规定了杀菌剂防治莴苣霜霉病田间药效小区试验的方法和要求。适用于杀菌剂防治莴苣霜霉病登记用田间药效小区试验及药效评价。其他田间药效试验可参照使用
281	NY/T 1464.40—2011	农药田间药效试验准则　第40部分：除草剂防治免耕小麦田杂草 Pesticide guidelines for the field efficacy trials Part 40：Weed control of herbicides in non-tillage wheat field	规定了除草剂防治免耕小麦田杂草田间药效小区试验的方法和基本要求。适用于除草剂防治免耕冬小麦田、免耕春小麦田杂草的登记用田间药效小区试验及药效评价。其他田间药效试验可参照使用

（续）

序号	标准编号 (被替代标准号)	标准名称	应用范围和要求
282	NY/T 1464.41—2011	农药田间药效试验准则　第 41 部分：除草剂防治免耕油菜田杂草 Pesticide guidelines for the field efficacy trials Part 41：Weed control of herbicides in non-tillage rape field	规定了除草剂防治免耕油菜田杂草田间药效小区试验的方法和基本要求。适用于除草剂防治免耕油菜（包括白菜型、甘蓝型、芥菜型）田杂草的登记用田间药效小区试验及药效评价。其他田间药效试验可参照使用
283	NY/T 1464.42—2012	农药田间药效试验准则　第 42 部分：杀虫剂防治马铃薯二十八星瓢虫 Pesticide guidelines for the field efficacy trials Part 42：Insecticides against potato twenty eight spot ladybird	规定了杀虫剂防治马铃薯二十八星瓢虫（*Henosepilachna vigintioctomaculata*）田间药效小区试验的方法和要求。适用于杀虫剂防治马铃薯二十八星瓢虫的登记用田间药效小区试验及药效评价。其他为害农作物的瓢虫田间药效试验可参照使用
284	NY/T 1464.43—2012	农药田间药效试验准则　第 43 部分：杀虫剂防治蔬菜烟粉虱 Pesticide guidelines for the field efficacy trials Part 43：Insecticides against sweetpotato whitefly on vegetable	规定了杀虫剂防治蔬菜烟粉虱（*Bemisia tabaci*）田间药效小区试验的方法和要求。适用于杀虫剂防治蔬菜烟粉虱的登记用田间药效小区试验及效果评价，其他作物上防治烟粉虱的田间药效试验可参照使用

（续）

序号	标准编号 （被替代标准号）	标准名称	应用范围和要求
285	NY/T 1464.44—2012	农药田间药效试验准则　第 44 部分：杀菌剂防治烟草野火病 Pesticide guidelines for the field efficacy trials Part 44：Fungicides against tobacco wildfire disease	规定了杀菌剂防治烟草野火病（*Pseudomonas syringae* pv. *tabacina*）田间药效小区试验的方法和要求。适用于杀菌剂防治烟草野火病登记用田间药效小区试验及药效评价
286	NY/T 1464.45—2012	农药田间药效试验准则　第 45 部分：杀菌剂防治三七圆斑病 Pesticide guidelines for the field efficacy trials Part 45：Fungicides against Panax pseudo-ginseng round spot	规定了杀菌剂防治三七圆斑病（*Mycocentrospora acerina*）田间药效小区试验的方法和要求。适用于杀菌剂防治三七圆斑病登记用田间药效小区试验及药效评价
287	NY/T 1464.46—2012	农药田间药效试验准则　第 46 部分：杀菌剂防治草坪草叶斑病 Fungicide guidelines for the field efficacy trials Part 46：Fungicides against leaf spot of lawn grass	规定了杀菌剂防治草坪草叶斑病（弯孢霉 *Curvularia luneta*）小区药效试验的方法和要求。适用于杀菌剂防治草坪草叶斑病登记用小区药效试验及评价

（续）

序号	标准编号 (被替代标准号)	标准名称	应用范围和要求
288	NY/T 1464.47—2012	农药田间药效试验准则　第47部分：除草剂防治林业防火道杂草 Pesticide guidelines for the field efficacy trials Part 47：Weed control of herbicides in forest firebreak	规定了除草剂防治林业防火道杂草田间药效小区试验的方法和要求。适用于除草剂防治林业防火道杂草的登记用田间药效小区试验及药效评价
289	NY/T 1464.48—2012	农药田间药效试验准则　第48部分：植物生长调节剂调控月季生长 Pesticide guidelines for the field efficacy trials Part 48：Plant growth regulator trials on Chinese rose	规定了植物生长调节剂化学调控月季生长田间药效小区试验的方法和要求。适用于植物生长调节剂化学调控切花、盆栽、地栽月季类型生长的登记用田间药效小区试验及药效评价。适用于采用不同繁殖方式（嫁接、扦插、组培等）栽培的月季
290	NY/T 1464.49—2013	农药田间药效试验准则　第49部分：杀菌剂防治烟草青枯病 Pesticide guidelines for the field efficacy trials Part 49：Bactericides against tobacoo bacterial wilt	规定了杀菌剂防治烟草青枯病（*Ralstonia solanacearum*）田间药效小区试验的方法和基本要求。适用于杀菌剂防治烟草青枯病登记用田间药效小区试验及药效评价

（续）

序号	标准编号 （被替代标准号）	标准名称	应用范围和要求
291	NY/T 1464.50—2013	农药田间药效试验准则　第50部分：植物生长调节剂调控菊花生长 Pesticide guidelines for the field efficacy trials Part 50: Plant growth regulator trials on chrysanthemum	规定了植物生长调节剂化学调控菊花生长田间药效小区试验的方法和基本要求。适用于植物生长调节剂化学调控鲜切、盆栽、园栽菊花生长的登记用田间药效小区试验及药效评价。适用于采用不同繁殖方式（直播、扦插、组培、分株、压条、嫁接等）栽培的菊花
292	NY/T 1464.51—2014	农药田间药效试验准则　第51部分：杀虫剂防治柑橘树蚜虫 Pesticide guidelines for the field efficacy trials Part 51: Insecticides against citrus aphids	规定了杀虫剂防治柑橘树蚜虫田间药效小区试验的方法和基本要求。适用于杀虫剂防治柑橘蚜虫，如橘蚜（*Toxoptera citricidus*）、橘二叉蚜（*Toxoptera aurantii*）、锈线菊蚜（*Aphis citricola*）、棉蚜（*Aphis gossypii*）等的登记用田间药效小区试验及药效评价
293	NY/T 1464.52—2014	农药田间药效试验准则　第52部分：杀虫剂防治柑枣树盲蝽 Pesticide guidelines for the field efficacy trials Part 52: Insecticides against jujube leaf bug	规定了杀虫剂防治枣树盲蝽田间药效小区试验的方法和基本要求。规定了杀虫剂防治枣树盲蝽，如绿盲蝽（*Lygus lucorum*）、中黑盲蝽（*Adelphocoris suturalis*）、三点苜蓿盲蝽（*Adelphocoris fasciaticollis*）、苜蓿盲蝽（*Adelpocoris lineda*）和牧草盲蝽（*Lygus pratensis*）等的登记用田间药效小区试验及药效评价
294	NY/T 1464.53—2014	农药田间药效试验准则　第53部分：杀菌剂防治十字花科蔬菜根肿病 Pesticide guidelines for the field efficacy trials Part 53: Fungicides against the clubroot of cuciferous vegetables	规定了杀菌剂防治十字花科蔬菜根肿病（*Plasmodiophora brassicae* Woron.）田间药效小区试验的方法和基本要求。适用于杀菌防治十字花科蔬菜根肿病登记用田间药效小区试验及药效评价。其他田间药效试验可以参照使用

（续）

序号	标准编号 (被替代标准号)	标准名称	应用范围和要求
295	NY/T 1464.54—2014	农药田间药效试验准则　第54部分：杀菌剂防治水稻稻曲病 Pesticide guidelines for the field efficacy trials Part 54：Fungicides against false smut of rice	规定了杀菌剂防治水稻稻曲病（*Ustilaginoidea virens*）田间药效小区试验的方法和基本要求。适用于杀菌剂防治水稻稻曲病的登记用的田间药效小区试验及药效评价，其他田间药效试验参照本部分执行
296	NY/T 1464.55—2014	农药田间药效试验准则　第55部分：除草剂防治姜田杂草 Pesticide guidelines for the field efficacy trials Part 55：Weed control of herbicides in ginger fields	规定了除草剂防治姜田杂草田间药效小区试验的方法和要求。适用于除草剂防治姜田杂草的登记用田间药效小区试验及药效评价
297	NY/T 1464.59—2016	农药田间药效试验准则　第59部分：杀虫剂防治茭白螟虫 Pesticide guidelines forthe field efficacy trials Part 59：Insecticides against Zizania latifolia in borders	规定了杀虫剂防治茭白螟虫田间药效小区试验的方法和基本要求。适用于杀虫剂防治茭白二化螟（*Chilo suppressalis*）、大螟（*Sesamia inferens*）的登记用田间药效小区试验及药效评价
298	NY/T 1464.60—2016	农药田间药效试验准则　第60部分：杀虫剂防治姜（储藏期）异型眼蕈蚊幼虫 Pesticide guidelines for the field efficacy trials Part 60：Insecticides against Pnyxia scabiei of post-harvest ginger	规定了杀虫剂防治姜贮藏期异型眼蕈蚊（*Pnyxia scabiei*）幼虫的试验方法和基本要求。适用于杀虫剂防治姜贮藏期异型眼蕈蚊幼虫登记用药效试验及评价，其他防治异型眼蕈蚊幼虫的药效试验可参照本标准执行

（续）

序号	标准编号 （被替代标准号）	标准名称	应用范围和要求
299	NY/T 1464.61—2016	农药田间药效试验准则　第61部分：除草剂防治高粱田杂草 Pesticide guidelines for the field efficacy trials Part 61：Weed control of herbicides in Sorghum fields	规定了除草剂防治高粱田杂草田间药效小区试验的方法和基本要求。适用于除草剂防治高粱田杂草的登记用田间药效小区试验及药效评价
300	NY/T 1464.62—2016	农药田间药效试验准则　第62部分：植物生长调节剂促进西瓜生长 Pesticide guidelines for the field efficacy trials Part 62：Plant growth regulator trials on watermelon	规定了植物生长调节剂促进西瓜生长田间药效小区试验的方法和要求。适用于植物生长调节剂促进西瓜生长的登记用田间药效小区试验及药效评价。适用于露地栽培和设施栽培的西瓜
301	NY/T 1617—2008	农药登记用杀钉螺剂药效试验方法和评价 Efficacy test methods and evaluation of molluscicide for pesticide registration	规定了杀钉螺剂室内和现场浸杀、喷洒药效试验方法和药效评价指标。适用于农药登记用卫生杀钉螺剂（包括天然源和化学合成杀螺剂）
302	NY/T 1833.1—2009	农药室内生物测定试验准则　杀线虫剂　第1部分：抑制植物病原线虫试验　浸虫法 Guideline for laboratory bioassay of pesticides. Part 1：Immersion test for nematocides inhibiting nematode	规定了浸虫法测定杀线虫剂抑制植物病原线虫活性试验的基本要求和方法。适用于测定杀线虫剂对植物病原线虫活性的农药登记室内试验

（续）

序号	标准编号 （被替代标准号）	标准名称	应用范围和要求
303	NY/T 1853—2010	除草剂对后茬作物影响试验方法 Guideline for effects of herbicide on the succeeding crops	规定了除草剂对后茬作物影响的室内试验方法和田间试验的方法。适用于除草剂对后茬作物（包括套种作物）的药害评价
304	NY/T 1964.1—2010	农药登记用卫生杀虫剂室内试验试虫养殖方法　第1部分：家蝇 Rearing methods of vector insects used for laboratory efficacy test of public health insecticides for pesticide registration—Part 1:Musca domestica	规定了农药登记用卫生杀虫剂室内药效试验用家蝇的养殖方法和控制指标。用于农药登记用卫生杀虫剂室内药效试验用家蝇的养殖
305	NY/T 1964.2—2010	农药登记用卫生杀虫剂室内试验试虫养殖方法　第2部分：淡色库蚊和致倦库蚊 Rearing methods of vector insects used for laboratory efficacy test of public health insecticides for pesticide registration—Part 2: Culex pipiens and Culex pipiens quinquefasciatus	规定了农药登记用卫生杀虫剂室内药效试验用淡色库蚊和致倦库蚊的养殖方法和控制指标。适用于农药登记用卫生杀虫剂室内药效试验用淡色库蚊和致倦库蚊的养殖
306	NY/T 1964.3—2010	农药登记用卫生杀虫剂室内试验试虫养殖方法　第3部分：白纹伊蚊 Rearing methods of vector insects used for laboratory efficacy test of public health insecticides for pesticide registration—Part 3: Aedes albopictus	规定了农药登记用卫生杀虫剂室内药效试验用白纹伊蚊的养殖方法和控制指标。适用于农药登记用卫生杀虫剂室内药效试验用白纹伊蚊的养殖

（续）

序号	标准编号 （被替代标准号）	标准名称	应用范围和要求
307	NY/T 1964.4—2010	农药登记用卫生杀虫剂室内药效试验及评价　第4部分：德国小蠊 Rearing methods of vector insects used for laboratory efficacy test of public health insecticides for pesticide registration—Part 4: Blattella germanica	规定了农药登记用卫生杀虫剂室内药效试验用德国小蠊的养殖方法和控制指标。适用于农药登记用卫生杀虫剂室内药效试验用德国小蠊的养殖
308	NY/T 1965.1—2010	农药对作物安全性评价准则　第1部分：杀菌剂和杀虫剂对作物安全性评价室内试验方法 Guidelines for crop safety evaluation of pesticides. Part 1: Laboratory test for crop safety evaluation of fungicides and insecticides	规定了杀菌剂和杀虫剂对作物产生药害风险的室内试验及安全性评价的基本要求和方法。适用于登记用杀菌剂和杀虫剂作物安全性评价。适用靶标作物包括水稻、小麦、大麦、燕麦、黑麦、玉米、高粱、谷子、甘薯、马铃薯、大白菜、小白菜、甘蓝、菠菜、茼蒿、生菜、萝卜、胡萝卜、芋头、豇豆、扁豆、豌豆、荷兰豆、蚕豆、芹菜、芦笋、黄瓜、南瓜、冬瓜、西葫芦、丝瓜、西瓜、甜瓜、香瓜、哈密瓜、番茄、辣椒、茄子、韭菜、葱、蒜、姜、洋葱、棉花、花生、大豆、茶叶、烟草、甘蔗、甜菜（糖用）、油菜、向日葵、芝麻、可可等以及梨、苹果、桃、李子、葡萄、杨梅、柑橘、橙、柚、柠檬、香蕉、枇杷、枣等果树的种苗和组培苗。对果树成株生长期及其他特殊作物的安全性评价，可以参考本部分在田间进行试验

（续）

序号	标准编号 (被替代标准号)	标准名称	应用范围和要求
309	NY/T 1965.2—2010	农药对作物安全性评价准则　第2部分：光合抑制型除草剂对作物安全性测定试验方法 Guidelines for crop safety evaluation of pesticides. Part 2：Laboratory test for crop safety of photosynthesis-inhibiting herbicides	规定了光合抑制型除草剂对作物安全性测定试验的基本要求和方法。适用于农药登记用光合抑制型除草剂作物安全性测定的室内试验和评价
310	NY/T 1965.3—2013	农药对作物安全性评价准则　第3部分：种子处理剂对作物安全性评价室内试验方法 Grades for crop safety evaluation of products. Part 3：Lonicerae test for crop safety evaluation of seed treatment agents	规定了种子处理剂使用后对作物产生药害风险的室内试验及安全性评价的基本要求和方法。适用于评价拟申请登记的种子处理剂对作物的直接药害风险。适用靶标作物包括粮食作物、瓜菜类作物、经济作物等作物的种子或秧苗（含组培苗）
311	NY/T 2061.1—2011	农药室内生物测定试验准则　植物生长调节剂　第1部分：促进/抑制种子萌发试验　浸种法 Pesticide guidelines for laboratory bioactivity tests. Part 1：Seed soaldng test for promotion or inhibition activities of plant growth regulators	规定了浸种法测定植物生长调节剂促进或抑制种子萌发试验的基本方法和要求。适用于农药登记用植物生长调节剂活性测定的室内试验和评价

（续）

序号	标准编号 (被替代标准号)	标准名称	应用范围和要求
312	NY/T 2061.2—2011	农药室内生物测定试验准则　植物生长调节剂　第2部分：促进/抑制植株生长试验　茎叶喷雾法 Pesticide guidelines for laboratory bioactivity tests. Part 2: Foliar spray application test for promotion or inhibition activities of plant growth regulators	规定了茎叶喷雾法测定植物生长调节剂促进或抑制植株生长试验的基本方法和要求。适用于农药登记用植物生长调节剂活性测定的室内试验和评价，其他试验参照本部分执行
313	NY/T 2061.3—2012	农药室内生物测定试验准则　植物生长调节剂　第3部分：促进/抑制生长试验　黄瓜子叶扩张法 Pesticide guidelines for laboratory bioactivity tests. Part 3: Cucumber cotyledon expansion test for promotion or inhibition activities of plant growth regulators	规定了黄瓜子叶扩张法测定细胞分裂素类植物生长调节剂促进离体组织细胞分裂和扩张能力试验的基本方法和要求。适用于农药登记用细胞分裂素类植物生长调节剂活性测定得室内试验和评价
314	NY/T 2061.4—2012	农药室内生物测定试验准则　植物生长调节剂　第4部分：促进/抑制生根试验　黄瓜子叶生根法 Pesticide guidelines for laboratory bioactivity tests. Part 4: Cucumber cotyledon root generation test for promotion or inhibition activities of plant growth regulators	规定了黄瓜子叶生根法测定植物生长调节剂促进或抑制生根试验的基本方法和要求。适用于农药登记用植物生长调节剂促进或抑制生根的室内试验和评价

（续）

序号	标准编号 （被替代标准号）	标准名称	应用范围和要求
315	NY/T 2061.5—2016	农药室内生物测定试验准则　植物生长调节剂　第5部分：混配的联合作用测定 Pesticide guidelines for laboratory bioactivity tests. Part 5: Synergism evaluation of plant growth regulators mixture	规定了植物生长调节剂联合作用测定试验的基本方法和要求。适用于混配植物生长调节剂联合作用效果评价的农药登记室内试验
316	NY/T 2062.1—2011	天敌防治靶标生物田间药效试验准则　第1部分：赤眼蜂防治玉米田玉米螟 Guideline for field control-trail of pest by nature enemy—Part 1: Trichogramma against corn borer on corn	规定了赤眼蜂防治玉米田玉米螟（亚洲玉米螟 *Ostrinia furnacalis* Guenee）田间药效试验的方法和基本要求。适用于应用赤眼蜂防治玉米田玉米螟的登记用田间药效试验及效果评价
317	NY/T 2062.2—2012	天敌防治靶标生物田间药效试验准则　第2部分：平腹小蜂防治荔枝、龙眼树荔枝蝽 Guideline for field control-trail of pest by nature enemy—Part 2: Anastatus japonicus ashmead against Tessaratoma papillosa	规定了平腹小蜂（*Anastatus japonicus*）防治荔枝、龙眼树荔枝蝽（*Tessaratoma popillosa*）的田间药效试验的方法和基本要求。适用于平腹小蜂防治荔枝、龙眼树荔枝蝽登记用田间药效试验及效果评价

（续）

序号	标准编号 (被替代标准号)	标准名称	应用范围和要求
318	NY/T 2062.3—2012	天敌防治靶标生物田间药效试验准则 第3部分：丽蚜小蜂防治烟粉虱和温室粉虱 Guideline for field control-trial of pest by nature enemy. Part 3: Encarsia formosa against Bemisia tabaci and Trialeurodes vapoariorum	规定了丽蚜小蜂（*Encarsia formosa*）防治烟粉虱（*Bncarsia formosa*）、温室粉虱（*Trialeurodes uaporariorum*）田间药效试验的方法和基本要求。适用于丽蚜小蜂防治保护地烟粉虱、温室粉虱登记用田间药效试验及效果评价
319	NY/T 2062.4—2016	天敌防治靶标生物田间药效试验准则 第4部分：七星瓢虫防治保护地蔬菜蚜虫 Guidelines for field efficacy trials of nature enemies against pests Part 4 : Coccinella septempunctata Linnaeus against aphids on vegetables in greenhouse	规定了七星瓢虫（*Coccinella septempunctata* Linnaeus）防治保护地蔬菜蚜虫（Aphids）田间药效试验的方法和基本要求。适用于农药登记用七星瓢虫防治保护地蔬菜蚜虫田间药效试验及效果评价。七星瓢虫防治其他保护地作物蚜虫可参照执行
320	NY/T 2063.1—2011	天敌昆虫室内饲养方法准则 第1部分：赤眼蜂室内饲养方法 Guideline for laboratory culture method of nature enemy insects—Part 1: Laboratory culture method for Trichogramma	规定了采用柞蚕卵室内饲养赤眼蜂的基本方法和要求。适用于以柞蚕卵为中间寄主繁殖松毛虫赤眼（*Trichogramma dendrolimi* Matsumura），螟黄赤眼蜂（*Trichogramma chilonis* Ishii）的室内饲养方法

（续）

序号	标准编号 (被替代标准号)	标准名称	应用范围和要求
321	NY/T 2063.2—2012	天敌昆虫室内饲养方法准则　第 2 部分：平腹小蜂室内饲养方法 Guideline for laboratory culture method of nature enemy insects—Part 2: Laboratory culture method for AnasWus japonicus	规定了采用柞蚕（*Antherea pernyi*）卵室内饲养平腹小蜂（*Anastatus japonicas*）的基本方法和要求。适用于以柞蚕卵为中间寄主繁殖平腹小蜂的室内饲养方法
322	NY/T 2063.3—2014	天敌昆虫室内饲养方法准则　第 3 部分：丽蚜小蜂室内饲养方法 Guideline for laboratory culture method of nature enemy insects—Part 3: Laboratory culture method for Encarsia formosa	规定了采用烟粉虱若虫和温室粉虱若虫室内饲养丽蚜小蜂的基本方法和要求。适用于以番茄植株上烟粉虱若虫和温室粉虱若虫为活体寄主繁殖丽蚜小蜂的室内饲养方法。其他植物作为寄主植物时可参照执行。产品质量分级方法 项目　等级：一级　二级　三级 寄生率，%　≥80　70～79　60～69 羽化率，%　≥90　80～89　70～79 可育率，%　≥90　80～89　70～79 5d 单蜂寄生若虫数，头　≥30　25～29　20～24
323	NY/T 2063.4—2016	天敌昆虫室内饲养方法准则　第 4 部分：七星瓢虫室内饲养方法 Guideline for laboratory culture method of nature enemy insects—Part 4 : Coccinella septempunctata Linnaeus against aphids on vegetables in greenhouse	规定了七星瓢虫（*Coccinella septempunctata* Linnaeus）防治保护地蔬菜蚜虫（Aphids）田间药效试验的方法和基本要求。适用于农药登记用七星瓢虫防治保护地蔬菜蚜虫田间药效试验及效果评价。七星瓢虫防治其他保护地作物蚜虫可参照执行

（续）

序号	标准编号 （被替代标准号）	标准名称	应用范围和要求
324	NY/T 2339—2013	农药登记用杀蚴剂药效试验方法及评价 Efficacy test method and evaluation of cercaria-killing for pesticide registration	规定了日本血吸虫尾蚴杀蚴剂室内和模拟现场药效试验方法和药效评价指标。评价指标： 杀蚴感染试验：推荐应用剂量感染率下降≥85%，推荐应用剂量虫负荷率下降≥95%； 模拟现场药效试验（0.5h/2h）：推荐应用剂量感染率下降≥80%，推荐应用剂量虫负荷率下降≥90%
325	NY/T 2677—2015	农药沉积率测定方法 Test methods of pesticide deposition rate	规定了喷雾机喷洒农药时，在靶标（作物）上农药沉积率的测定方法。适用于喷杆式、风送式等大型喷雾机在大田作物（如水稻、小麦、棉花等）作业农药沉积率的测定；其他喷雾机（器）作业时农药沉积率的测定可参照执行
326	NY/T 2883—2016	农药登记用日本血吸虫尾蚴防护剂药效试验方法及评价 Efficacy test methods and evaluation of protective agent against schistosoma japonicum cerariae for pesticide registration	规定了日本血吸虫（*Schistisoma japonicum*）尾蚴防护剂（以下简称防护剂）室内和模拟现场药效试验方法和药效评价指标。适用于农药登记用尾蚴防护剂的效果评价。药效评价指标 方法　　合格判定指标 室内防蚴感染试验　　感染下降率≥85% 　　虫负荷下降率≥95% 模拟现场防蚴感染试验　　4h 感染下降率≥85% 　　4h 虫负荷下降率≥95%

（续）

序号	标准编号 (被替代标准号)	标准名称	应用范围和要求
327	NY/T 2884.1—2016	农药登记用仓储害虫防治剂药效试验方法和评价　第1部分：防护剂 Efficacy test methods and evaluation of insecticides for stored product pest control for pesticide registration Part 1: Protectant	规定了防护剂防治仓储害虫的实验室及现场试验的方法、基本要求和评价指标。适用于防护剂防治仓储害虫（玉米象、谷蠹、印度谷螟等）的农药登记用药效试验及效果评价。结果与评价： 化学药剂按每种试虫校正死亡率不低于90%，或抑制率≥80%判定为合格；天然产物或生物源药剂按每种试虫校正死亡率不低于70%，或抑制率≥70%判定为合格
328	SN/T 1836—2013 (SN/T 1836—2006)	国境口岸杀虫效果评价方法 Evaluating methods for disinsection result at frontier port	规定了在国境口岸范围内杀灭蜚蠊、蚊、蝇等医学节肢动物的效果评价方法。适用于对包括入出境交通工具、集装箱等检疫对象以及国境口岸经营单位和口岸公共场所等国境口岸范围内杀灭医学节肢动物后的效果评价。结果判断： 1. 没有项目被判断为不适合的判断为合格，否则为不合格。 2. 现场评价结果判定：满足以下条件之一的判断为合格，否则为不合格。 a）相对杀灭率和绝对杀灭率≥99%； b）绝对杀灭率≥99%，且杀虫后的靶标密度符合以下控制标准要求： ——国境口岸经营单位和口岸公共场所应符合SN/T 1415的要求； ——入出境航空器应符合SN/T 1422的要求； ——入出境船舶应符合SN/T 1423的要求； ——入出境列车应符合SN/T 1434的要求； ——入出境车辆应符合SN/T 1597的要求； ——入出境集装箱应符合SN/T 1281的要求

（续）

序号	标准编号（被替代标准号）	标准名称	应用范围和要求
329	SN/T 3955.1—2014	国境口岸重要医学媒介生物实验室养殖方法　第1部分：中华按蚊（嗜人按蚊）实验室养殖方法 Breeding method of important vectors at frontier ports—Part 1: Breeding method of Anopheles sinensis (An. anthropophagus)	规定了国境口岸中华按蚊和嗜人按蚊的养殖器具、养殖饲料、养殖条件、卵期管理、幼虫期管理、蛹期管理、成虫期管理和卵采集方法。适用于国境口岸中华按蚊和嗜人按蚊的实验室养殖
330	SN/T 3955.2—2014	国境口岸重要医学媒介生物实验室养殖方法　第2部分：白纹伊蚊（埃及伊蚊）实验室养殖方法 Breeding method of important vectors at frontier ports—Part 2: Breeding method of Culex pipiens pallens (Cx. pipiens quinque fasciatus)	规定了国境口岸淡色库蚊和致倦库蚊的养殖器具、养殖饲料、养殖条件、卵期管理、幼虫期管理、蛹期管理、成虫期管理和卵收集方法。适用于国境口岸淡色库蚊和致倦库蚊的实验室养殖
331	SN/T 3955.3—2014	国境口岸重要医学媒介生物实验室养殖方法　第3部分：淡色库蚊（致倦库蚊）实验室养殖方法 Breeding method of important vectors at frontier ports—Part 3: Breeding method of Culex pipiens pallens (Cx. pipiens quinque fasciatus)	规定了国境口岸淡色库蚊和致倦库蚊的养殖器具、养殖饲料、养殖条件、卵期管理、幼虫期管理、蛹期管理、成虫期管理和卵收集方法。适用于国境口岸淡色库蚊和致倦库蚊的实验室养殖

（续）

序号	标准编号 （被替代标准号）	标准名称	应用范围和要求
332	SN/T 3955.4—2014	国境口岸重要医学媒介生物实验室养殖方法　第 4 部分：家蝇（厩腐蝇）实验室养殖方法 Breeding method of important vectors at frontier poets—Part 4: Breeing method of *Musca domestica*（*Muscina Stabulans*）	规定了国境口岸家蝇和厩腐蝇的养殖器具、养殖饲料、养殖条件、卵期管理、幼虫期管理、蛹期管理、成虫期管理和卵采集方法。适用于国境口岸家蝇和厩腐蝇的实验室养殖
333	SN/T 3955.5—2014	国境口岸重要医学媒介生物实验室养殖方法　第 5 部分：德国小蠊（美洲大蠊、澳洲大蠊、褐斑大蠊）实验室养殖方法 Breeding method of important vectors at frontier poets—Part 5: Breeing method of *Blattella germanica*（*Periplaneta americana*, *Periplaneta australasiae*, *Periplaneta brunnea*）	规定了国境口岸家德国小蠊、美洲大蠊、澳洲大蠊、褐斑大蠊的养殖器具、养殖饲料、养殖条件、卵期管理、幼虫期管理、蛹期管理、若虫期管理和卵采集方法。适用于国境口岸德国小蠊、美洲大蠊、澳洲大蠊、褐斑大蠊的实验室养殖
334	SN/T 3955.6—2014	国境口岸重要医学媒介生物实验室养殖方法　第 6 部分：印鼠客蚤（人蚤、方形黄鼠蚤）实验室养殖方法 Breeding method of important vectors at frontier poets—Part 6: Breeing method of *Xenopsylla cheopis*（*Pulex irritans*, *Citellophilus tesquorum*）	规定了国境口岸家印鼠客蚤、人蚤和方形黄鼠蚤的养殖器具、养殖饲料、养殖条件、卵期管理、幼虫期管理、蛹期管理、若虫期管理和卵采集方法。适用于国境口岸印鼠客蚤、人蚤和方形黄鼠蚤的实验室养殖

（二）应用规范

序号	标准编号（被替代标准号）	标准名称	应用范围和要求
1	GB 4285—1989	农药安全使用标准 Standards for safety application of pesticides	为安全合理使用农药，防止和控制农药对农产品和环境的污染，保障人体健康，促进农业生产而制订。适用于为防治农作物（包括粮食、棉花、蔬菜、果树、烟草、茶叶和牧草等作物）的病虫草害而使用的农药
2	GB/T 8321.1—2000（GB/T 8321.1—1987）	农药合理使用准则（一）Guideline for safety application of pesticides（Ⅰ）	规定了18种农药在11种农作物上32项合理使用准则。适用于农作物病、虫、草害的防治
3	GB/T 8321.2—2000（GB/T 8321.2—1987）	农药合理使用准则（二）Guideline for safety application of pesticides（Ⅱ）	规定了35种农药在14种农作物上51项合理使用准则。适用于农作物病、虫、草害的防治
4	GB/T 8321.3—2000（GB/T 8321.3—1987）	农药合理使用准则（三）Cuideline for safety application of pesticides（Ⅲ）	规定了53种农药在13种农作物上83项合理使用准则。适用于农作物病、虫、草害的防治
5	GB/T 8321.4—2006（GB/T 8321.4—1993）	农药合理使用准则（四）Guideline for safety application of pesticides（Ⅳ）	规定了50种农药在17种农作物上合理使用准则。适用于农作物病、虫、草害的防治
6	GB/T 8321.5—2006（GB/T 8321.5—1997）	农药合理使用准则（五）Guideline for safety application of pesticides（Ⅴ）	规定了43种农药在14种农作物及蘑菇上61项合理使用准则。适用于农作物病、虫、草害的防治

（续）

序号	标准编号（被替代标准号）	标准名称	应用范围和要求
7	GB/T 8321.6—2000	农药合理使用准则（六）Cuideline for safety application of pesticides（Ⅵ）	规定了 39 种农药在 15 种农作物上 52 项合理使用准则。适用于农作物病、虫、草害的防治
8	GB/T 8321.7—2002	农药合理使用准则（七）Guideline for safety application of pesticides（Ⅶ）	规定了 32 种农药在 17 种作物上 42 项合理使用准则。适用于农作物病、虫、草害的防治
9	GB/T 8321.8—2007	农药合理使用准则（八）Guideline for safety application of pesticides（Ⅷ）	规定了 37 种农药在 21 种作物上的 55 项合理使用准则。适用于农作物病、虫、草害的防治和植物生长调节剂的使用
10	GB/T 8321.9—2009	农药合理使用准则（九）Guideline for safety application of pesticides（Ⅸ）	规定了 56 种农药在 23 种作物上 69 项合理使用准则。适用于农作物病、虫、草害的防治
11	GB/T 17913—2008（GB/T 17913—1999）	粮油储藏　磷化氢环流熏蒸装备 Phosphine recirculation equipment for grain storages	规定了磷化氢环流熏蒸装备的术语和定义、技术要求、试验方法、检验规则、标志以及包装、运输和储存要求。适用于粮食仓库中采用的磷化氢环流熏蒸装备
12	GB/T 17997—2008（GB/T 17997—1999）	农药喷雾机（器）田间操作规程及喷洒质量评定 Evaluating requlations for the operation and spraying quality of sprayings in the field	规定了农药喷雾机（器）田间操作规程、喷洒质量要求、喷洒质量测定方法及喷洒质量评定。适用于风送式喷雾机、喷杆式喷雾机、担架式机动喷雾机、背负式机动喷雾机、手动喷雾机

（续）

序号	标准编号 (被替代标准号)	标准名称	应用范围和要求
13	GB/T 22498—2008	粮油储藏　防护剂使用准则 Grain and oil storage-Protectants application guideline	规定了储粮防护剂的相关术语和定义、防护剂的使用、残留限量和检测方法及安全使用的防护原则。适用于储藏的粮食和油料虫害防治。喷雾安全间隔期： 马拉硫磷：使用剂量：10～15mg/kg，不得少于 3 个月，15～20mg/kg，不得少于 8 个月，20～30mg/kg，不得少于 10 个月； 杀螟硫磷：使用剂量：＜10mg/kg，不得少于 8 个月，10～15mg/kg，不得少于 15 个月，15～20mg/kg，不得少于 18 个月； 甲基嘧啶磷：使用剂量：＜8mg/kg，不得少于 8 个月，10～15mg/kg，不得少于 12 个月； 溴氰菊酯（含增效磷 1：10）：＜0.75mg/kg，不得少于 4 个月，0.75～1mg/kg，不得少于 10 个月
14	GB/T 23795—2009	病媒生物密度监测方法　蜚蠊 Surveillance methods for vector density-Cockroach	规定了蜚蠊密度监测方法，包括粘捕法、药激法及目测法。适用于室内蜚蠊密度监测，可根据监测目的选择适宜的监测方法
15	GB/T 23796—2009	病媒生物密度监测方法　蝇类 Surveillance methods for vector density—Fly	规定了蝇类密度监测方法，包括笼诱法、粘捕法、目测法、格栅法。适用于蝇类密度和种类的监测，其中笼诱法、粘捕法和格栅法用于成蝇密度的监测，目测法用于成蝇密度和蝇类孳生率的监测

（续）

序号	标准编号 （被替代标准号）	标准名称	应用范围和要求
16	GB/T 23797—2009	病媒生物密度监测方法　蚊虫 Surveillance methods for vector density—Mosquito	规定了蚊虫密度监测方法，包括诱蚊灯法、二氧化碳诱蚊灯法、产卵雌蚊诱集法、人诱停落法、动物诱集法、栖息蚊虫捕捉法、挥网法、帐诱法、黑箱法、幼虫吸管法、幼虫勺捕法、路径法、诱卵器法。适用于蚊虫密度监测，其中诱蚊灯法、二氧化碳诱蚊灯法、产卵雌蚊诱集法、人诱停落法、动物诱集法、栖息蚊虫捕捉法、挥网法、帐诱法、黑箱法适用于成蚊的监测，幼虫吸管法、幼虫勺捕法、路径指数法适用于幼虫或蛹的监测，诱卵器法适用于成蚊与卵的监测；应根据监测目的选择相应的监测方法
17	GB/T 23798—2009	病媒生物密度监测方法　鼠类 Surveillance methods for vector density—Rodent	规定了鼠类密度监测方法，包括粘鼠板法、夹夜法、粉迹法、盗食法、鼠迹法、堵洞查盗法、目测法。适用于鼠种和鼠密度的监测，其中粘鼠板法、粉迹法适用于室内鼠密度的监测；堵洞查盗法适用于室外鼠密度的监测；夹夜法和鼠迹法适用于室内外环境的鼠密度监测；盗食法适用于下水道鼠密度的监测；目测法适用于旱獭密度的监测
18	GB/T 26347—2010	蚊虫抗药性检测方法　生物测定法 Test methods of mosquito resistance to insecticides—Bioassay methods	规定了测定蚊虫对有机磷类、氨基甲酸酯类、拟除虫菊酯类等杀虫药剂抗药性的诊断剂量法和敏感基线法。适用于淡色库蚊（*Culex pipiens* pallens）、致倦库蚊（*Cx. pipiens quinquefasciatus*）、白纹伊蚊（*Aedes albopictus*）、中华按蚊（*Anopheles sinensis*）等蚊虫抗药性的生物测定。 敏感基线法判别标准：敏感体系和所测样本之间 95%置信限不重叠，且抗性倍数≥5 倍为抗性种群。 诊断剂量法判别标准：在诊断剂量下蚊虫的死亡率在 98%～100%表明为敏感种群，死亡率在 80%～97%表明为可能抗性种群，死亡率<80%表明为抗性种群

（续）

序号	标准编号 (被替代标准号)	标准名称	应用范围和要求
19	GB/T 26348—2010	蚊虫抗药性检测方法　不敏感乙酰胆碱酯酶法 Test methods of mosquito resistance to insecticides—Test methods of insensitive acetylcholinesterase for the mosquito	规定了蚊虫体内不敏感的乙酰胆碱酯酶（AChE）的检测方法。适用于淡色库蚊（*Culex pipiens pallens*）、致倦库蚊（*Cx. pipiens quinquefasciatus*）、白纹伊蚊（*Aedes albopictus*）、中华按蚊（*Anopheles sinensis*）等对有机磷类、氨基甲酸酯类杀虫剂抗性的生物化学检测。判别标准：AChE 残存活性>40%为不敏感 AChE，具有不敏感 AChE 蚊虫对有机磷或氨基甲酸酯类药剂为抗性个体，在检测种群比例达到 10%时为抗性种群
20	GB/T 26349—2010	蝇类抗药性检测方法　家蝇不敏感乙酰胆碱酯酶法 Test methods of fly resistance to insecticides—Test methods of insensitive acetylcholinesterase for musca domestica	规定了家蝇（*Musca domestica*）不敏感乙酰胆碱酯酶（AChE）的检测方法。适用于家蝇对有机磷、氨基甲酸酯类药剂抗药性的生物化学检测。判别标准：AChE 残存活性>20%为不敏感 AChE，具有不敏感 AChE 对有机磷或氨基甲酸酯类药剂为抗性个体，在检测种群比例达到 20%时为抗性种群
21	GB/T 26350—2010	蝇类抗药性检测方法　家蝇生物测定法 Test methods of fly resistance to insecticides—The bioassay methods for musca domestica	规定了家蝇（*Musca domestica*）对有机磷、氨基甲酸酯、拟除虫菊酯等杀虫药剂抗药性的生物检测方法。适用于家蝇抗药性的实验室生物检测。 敏感基线法判别标准：敏感体系和所测样本 95%置信限不重叠，且抗性倍数≥5 倍为抗性种群。 诊断剂量法判别标准：校正死亡率<80%为抗性种群

（续）

序号	标准编号 （被替代标准号）	标准名称	应用范围和要求
22	GB/T 26351—2010	蜚蠊抗药性检测方法　德国小蠊不敏感乙酰胆碱酯酶法 Test methods of cockroach resistance to insecticides—Test methods of insensitive acetylcholinesterase for Blattella germanica	规定了德国小蠊（*Blattella germanica*）体内不敏感乙酰胆碱酯酶（AChE）的检测方法。适用于德国小蠊对有机磷、氨基甲酸酯类药剂抗药性的生物化学检测。判别标准：AChE 残存活性＞20％为不敏感 AChE，具有不敏感 AChE 对有机磷或氨基甲酸酯类药剂为抗性个体，在检测种群比例达到 10％时为抗性种群
23	GB/T 26352—2010	蜚蠊抗药性检测方法　德国小蠊生物测定法 Test methods of cockroach resistance to insecticides—The bioassay methods for Blattella germanica	规定了德国小蠊（*Blattella germanica*）对有机磷类、氨基甲酸酯类、拟除虫菊酯类等杀虫药剂抗药性的诊断剂量法和敏感基线法。适用于德国小蠊抗药性的生物测定。判别指标：校正死亡率＜80％为抗性种群
24	GB/T 27651—2011	防腐木材的使用分类和要求 Use category and specification for preservative-treated wood	规定了防腐木材在不同使用环境及菌虫侵害危险程度时的使用分类，以及处理后应达到载药量及透入度的要求。适用于经水载型防腐剂及有机溶剂型防腐剂处理的木材及其制品
25	GB/T 27770—2011	病媒生物密度控制水平　鼠类 Criteria for vector density control—Rodent	规定了城镇鼠密度的控制水平以及相应的评价方法。适用于城镇鼠类控制效果评价。 鼠密度控制水平为 A、B、C 三级，C 级为容许水平
26	GB/T 27771—2011	病媒生物密度控制水平　蚊虫 Criteria for vector density control—Mosquito	规定了城镇蚊虫的密度控制水平，包括小型积水、大型水体、人诱蚊的密度控制水平。适用于城镇蚊虫控制的效果评价。 蚊虫密度控制水平为 A、B、C 三级，C 级为容许水平

（续）

序号	标准编号 （被替代标准号）	标准名称	应用范围和要求
27	GB/T 27772—2011	病媒生物密度控制水平　蝇类 Criteria for vector density control—Fly	规定了城镇蝇类控制中应达到的室内成蝇阳性率及密度、室内外蝇类孳生率、防蝇设施合格率的城镇蝇类控制水平。适用于城镇范围内蝇类密度控制评价 蝇类密度控制水平为A、B、C三级，C级为容许水平
28	GB/T 27773—2011	病媒生物密度控制水平　蜚蠊 Criteria for vector density control—Cockroach	规定了城镇的蜚蠊成若虫侵害率、卵鞘查获率及蟑迹应达到的控制水平。适用于城镇的蜚蠊密度控制水平效果评价。 蜚蠊密度控制水平为A、B、C三级，C级为容许水平
29	GB/T 27774—2011	病媒生物应急监测与控制　通则 Vector surveillance and control in emergencies—General rules	规定了在应急状态下病媒生物监测与控制的通用原则。适用于病媒生物应急监测与控制协调机构和疾病预防控制专业技术部门，在突发事件发生、媒介生物性传染病暴发流行、新发传入性媒介生物性传染病及我国尚未发现的重要病媒生物传入或某些紧急状态时，对病媒生物应急监测和控制
30	GB/T 27777—2011	杀鼠剂安全使用准则　抗凝血类 Standards for safety application of rodenticides—Anticoagulant	规定了抗凝血类杀鼠剂及其毒饵的安全使用准则。适用于抗凝血类杀鼠剂及其毒饵的使用、配制、运输、包装、贮存、清除和销毁
31	GB/T 27779—2011	卫生杀虫剂安全使用准则　拟除虫菊酯类 Standards for safety application of public health insecticides—Pyrethroid insecticides	规定了卫生杀虫剂中拟除虫菊酯类杀虫剂的安全使用准则。适用于拟除虫菊酯类杀虫剂的配制、使用、运输、包装、保管和清除

（续）

序号	标准编号 (被替代标准号)	标准名称	应用范围和要求
32	GB/T 29566—2013	蚊类对杀虫剂抗药性的生物学测定方法 The bioassay methods for mosquitoesresistance to insecticides	规定了蚊类对杀虫剂抗药性的成蚊接触法、幼虫浸液法和区分剂量法三种生物学测定方法。适用于蚊类对杀虫剂的抗药性监测和群体抗药性程度的测定
33	GB/T 29567—2013	蝇类对杀虫剂抗药性的生物学测定方法　微量点滴法 The bioassay method for flies' resistance to insecticides—Topical application method	规定了蝇类成虫对杀虫剂抗药性的微量点滴测定方法。适用于蝇类成虫对触杀型杀虫剂的抗药性监测和群体抗药性程度的测定
34	GB/T 28940—2012	病媒生物感染病原体采样规程鼠类 Sampling procedure of vector infected by pathogens—Rodent	规定了鼠及鼠血样和脏器取样方法、样本的保存方法以及整个过程的安全防护。适用于感染或可能感染病原体的鼠类现场采样和保存
35	GB/T 28941—2012	病媒生物感染病原体采样规程蚊虫 Sampling procedure of vector infected by pathogens—Mosquito	规定了现场蚊虫感染病原体的采样规程。适用于多种可传播疾病的蚊虫感染或可能感染病原体的采样
36	GB/T 28942—2012	病媒生物感染病原体采样规程蚤 Sampling procedure of vector infected by pathogens—Flea	规定了现场蚤感染病原体的采样规程。适用于多种可传播疾病的蚤感染或可能感染病原体的采样

（续）

序号	标准编号 (被替代标准号)	标准名称	应用范围和要求
37	GB/T 28943—2012	病媒生物危害风险评估原则与指南 鼠类 Principle and guideline of risk assessment of vectors—Rodent	规定了鼠类危害风险评估原则、评估步骤、风险等级划分、判定指标的要求。适用于鼠类危害风险评估
38	GB/T 28944—2012	病媒生物应急监测与控制水灾 Vector surveillance and control in emergencies flood disaster	规定了在水灾发生时，病媒生物应急监测和控制的原则、方法与技术。适用于病媒生物应急监测与控制协调机构和疾病预防控制专业技术部门，在水灾发生前的应急能力储备，以及在水灾发生时，专业人员对病媒生物应急监测和控制
39	GB/T 29399—2012	木材防虫（蚁）技术规范 Technology specification for wood resistance to termites and beetles	规定了木材的害虫分类、危害级别划分，防虫（蚁）木材的使用环境，木材防虫（蚁）剂，木材防虫（蚁）剂处理，设计与施工，木材防虫（蚁）效果确认的要求等。适用于防虫（蚁）处理木材及药剂的生产、销售、使用及管理
40	GB/T 29890—2013	粮油储藏技术规范 Technical criterion for grain and oil—seeds storage	规定了粮油储藏的术语和定义、粮食与油料储藏的总体要求、仓储设施与设备的基本要求、粮食与油料进出仓、粮食与油料储藏期间的粮情与品质质量检测、粮食与油料储藏技术、储粮有害生物控制技术。适用于粮食、油料的储藏
41	GB/T 30231—2013	鼠类防制操作规程　村庄 Rules for rodent control—Village	规定了村庄人居生活环境中鼠类防制的防制原则、毒饵与捕鼠器械使用要求、操作规程和操作安全措施。适用于村庄室外环境、室内环境和储粮间的鼠类及鼩鼱类小型有害哺乳动物的防制

（续）

序号	标准编号 (被替代标准号)	标准名称	应用范围和要求
42	GB/T 31712—2015	病媒生物综合管理技术规范　环境治理　鼠类 Guidelines for integrated vector management—Environmental management—Rodent	规定了环境治理鼠类的技术要求和方法。适用于鼠类的环境治理，鼠类仅为家栖鼠类，包括褐家鼠（Rattusnorvegicus）、黄胸鼠（Rattusflavipectus）和小家鼠（Musmusculus）等
43	GB/T 31714—2015	病媒生物化学防治技术指南　空间喷雾 Technique guide of chemical control for vector—Space spray	规定了病媒生物化学防治空间喷雾适用的杀虫剂、器械、技术参数和操作规程。适用于病媒生物防治的室内和室外空间喷雾。 密度下降率评价界点为70%，但<70%说明处理不明显
44	GB/T 31715—2015	病媒生物化学防治技术指南　滞留喷洒 Technique guide of chemical control for vector—Residual spray	规定了病媒生物化学控制的器械和药剂选择原则、品类，喷洒操作方法与技术，防治效果指标与评价方法。适用于室内病媒生物化学防治 密度下降率评价界点为70%，<70%说明处理效果不明显
45	GB/T 31716—2015	病媒生物危害风险评估应用准则与指南　大型活动 Principles and guidelines for the risk analysis of vector—Large-scale activity	规定了各类大型活动中病媒生物危害风险评估的原则和方法。适用于我国各类大型活动中病媒生物危害的风险评估

（续）

序号	标准编号 (被替代标准号)	标准名称	应用范围和要求
46	GB/T 31717—2015	病媒生物综合管理技术规范　环境治理　蚊虫 Guidelines for integrated vector management—Environmental management—Mosquito	规定了环境治理蚊虫的技术要求和方法。适用于蚊虫的环境治理
47	GB/T 31718—2015	病媒生物综合管理技术规范　化学防治　蝇类 Guidelines for integrated vector management—Chemical control—Fly	规定了病媒生物综合管理中蝇类化学防治的技术规范。适用于各类场所蝇类的预防和控制
48	GB/T 31719—2015	病媒生物综合管理技术规范　化学防治　蜚蠊 Guidelines for integrated vector management—Chemical control—Cockroach	规定了病媒生物综合管理中蜚蠊化学防治的技术规范。适用于室内场所蜚蠊的预防和控制
49	GB/T 31752—2015	溴甲烷检疫熏蒸库技术规范 Technical requirements for methyl bromide quarantine fumigation Chamber	规定了溴甲烷检疫熏蒸库的设计原则、设备配备和熏蒸操作。适用于使用熏蒸剂溴甲烷进行常压检疫熏蒸处理所需的熏蒸库设计、设备配备和熏蒸处理技术规范

（续）

序号	标准编号 （被替代标准号）	标准名称	应用范围和要求
50	GB/T 31763—2015	铜铬砷（CCA）防腐木材的处理及使用规范 Code for treatment and use of CCA-treated wood	规定了铜络砷防腐木材及其制品的处理规程、标识、使用范围、施工、废弃木材的回收及集中处理。适用于 CCA 处理木材的生产、销售、运输、施工、使用，DDZ 防腐处理的竹材可参照使用
51	LS/T 1201—2002	磷化氢环流熏蒸技术规程 Fumigation regulation of phosphine recirculation	规定了磷化氢环流熏蒸的技术要求和作业程序。适用于达到气密性要求的粮食仓库或粮堆的磷化氢环流熏蒸杀虫
52	JGJ/T 245—2011	房屋白蚁预防技术规程 Technical specification for termite prevention in buildings	规定了主要技术内容：总则、术语、基本规定、监测-控制、药物屏障、砂粒屏障、复查。用于房屋白蚁预防工程从业人员
53	NY/T 393—2013 （NY/T 393—2000）	绿色食品　农药使用准则 Green food—Guideline for application of pesticide	规定了绿色食品生产和仓储中有害生物防治原则、农药选用、农药使用规范和绿色食品农药残留要求。适用于绿色食品的生产和仓储
54	NY 686—2003	磺酰脲类除草剂合理使用准则 Guideline for safety application of sulfonylurea herbicides	规定了 21 种磺酰脲类除草剂［氯磺隆、甲磺隆、单嘧磺隆、噻吩磺隆、苯磺隆、酰嘧磺隆、甲基二磺隆、甲基碘磺隆钠盐、胺苯磺隆、氯嘧磺隆、烟嘧磺隆、砜嘧磺隆、甲酰氨基嘧磺隆、苄嘧磺隆、吡嘧磺隆、乙氧嘧磺隆、环丙嘧磺隆、四唑嘧磺隆、醚磺隆、啶嘧磺隆、甲嘧磺隆］防治田间杂草的使用剂量、使用时期、方法、作物品种敏感性、轮作后茬作物安全间隔期。适用于指导上述磺酰脲类除草剂在水稻、小麦、玉米、大豆、油菜等作物田防治杂草安全、有效、合理使用

（续）

序号	标准编号 (被替代标准号)	标准名称	应用范围和要求
55	NY/T 1006—2006	动力喷雾机质量评价技术规范 Technical requirements for power sprayer	规定了动力喷雾机质量评价指标、检测方法和检验规则。适用于由动力驱动的农用液力喷雾机（也适用电动液力喷雾机）
56	NY/T 1027—2006	桑园用药技术规程 The technical rules for chemical application in mulberry field	规定了桑园使用的基本原则、桑园病虫害预测预报、桑药药效的生物技术检测、桑药使用的技术方法及中毒事故的预防和相关的综合防治技术。适用于栽桑地区的桑树病虫害防治
57	NY/T 1225—2006	喷雾器安全施药技术规范 Technical specification of safety application for operated sprayers	规定了喷雾器安全施药的一般要求、施药前准备、施药操作或施药后处理。适用于喷雾器进行作物病虫草害、仓储病虫害防治及卫生防疫的安全施药（也适用喷洒叶面肥、植物生长剂或杀菌消毒剂）
58	NY/T 1232—2006	植保机械运行安全技术条件 Technical requirements of operating safety for plant protection machinery	规定了植保机械作业安全的基本技术要求。适用于机动植保机械的安全技术检验（也适用手动植保机械）
59	NY/T 1643—2006	在用手动喷雾器质量评价技术规范 Technical specification of quality evaluation for operated sprayers in use	规定了在用手动喷雾器检验条件、质量要求、检验方法以及质量评价规则。适用于在农业、园林病虫草害防治以及卫生防疫中在用的压缩喷雾器、背负式手动喷雾器的质量评定
60	NY/T 1859.1—2010	农药抗性风险评估　第1部分：总则 Guidelines on the risk assessment for pesticide resistance. Part 1: Principle	规定了农药登记用抗性风险评估的原则和要求。适用于病、虫、草、鼠等有害生物对农药的抗药性风险评估

（续）

序号	标准编号 (被替代标准号)	标准名称	应用范围和要求
61	NY/T 1859.2—2012	农药抗性风险评估　第2部分：卵菌对杀菌剂抗药性风险评估 Guidelines on the risk assessment for pesticide resistance. Part 2: The risk assessment for Oomycete resistance to fungicides	规定了植物病原卵菌对杀菌剂抗药性风险评估的原则和要求。适用于卵菌门霜霉目腐霉科疫霉属、腐霉属、霜疫霉属等兼性寄生性病原菌对具有直接作用方式的杀菌剂抗药性风险评估
62	NY/T 1859.3—2012	农药抗性风险评估　第3部分：蚜虫对拟除虫菊酯类杀虫剂抗药性风险评估 Guidelines on the risk assessment for pesticide resistance. Part 3: The risk assessment for aphid resistance to pyrethroids	规定了农药登记用蚜虫对拟除虫菊酯类杀虫剂抗药性风险评估的原则和要求。适用于蚜虫类对拟除虫菊酯类杀虫剂抗药性风险评估
63	NY/T 1859.4—2012	农药抗性风险评估　第4部分：乙酰乳酸合成酶抑制剂类除草剂抗性风险评估 Guidelines on the risk assessment for pesticide resistance. Part 4: The risk assessment of weed resistance to acetolactate synthase (ALS) -inhibiting herbicides	规定了农药登记用乙酰乳酸合成酶抑制剂类除草剂抗性风险评估的原则和要求。适用于杂草对乙酰乳酸合成酶抑制剂类除草剂抗性风险评估。杂草抗药性监测、抗药性鉴定及抗药性治理等可参照本部分执行

（续）

序号	标准编号 (被替代标准号)	标准名称	应用范围和要求
64	NY/T 1859.5—2014	农药抗性风险评估　第5部分：十字花科蔬菜小菜蛾抗药性风险评估 Guidelines on the risk assessment for pesticide resistance. Part 5: The risk assessment of Plutella xylostella resistance to insecticides	规定了农药登记用小菜蛾对杀虫药剂抗性风险评估的原则和要求。适用于小菜蛾对杀虫药剂抗性风险评估
65	NY/T 1859.6—2014	农药抗性风险评估　第6部分：灰霉病菌抗药性风险评估 Guidelines on the risk assessment for pesticide resistance. Part 6: The risk assessment for Botrytis spp. resistance to fungicides	规定了灰霉病菌对登记用杀菌剂抗药性风险评估的基本要求和方法。适用于可引起灰霉病的葡萄孢属病原真菌对具有直接作用方式的杀菌剂抗药性风险评估。该葡萄孢属病原真菌包括灰葡萄孢菌、葱鳞葡萄孢菌、葱腐葡萄孢菌等多种
66	NY/T 1859.7—2014	农药抗性风险评估　第7部分：抑制乙酰辅酶A羧化酶除草剂抗性风险评估 Guidelines on the risk assessment for pesticide resistance. Part 7: The risk assessment of weed resistance to acetyl-coenzyme A carboxylase (ACCase) inhibiting herbicides	规定了农药登记用抑制乙酰辅酶羧化酶除草剂抗性风险评估的原则和要求。适用于杂草对抑制乙酰辅酶A羧化酶除草剂抗性风险评估。杂草对抑制乙酰辅酶A羧化酶除草剂的抗药性监测、抗药性鉴定及抗药性治理可参照本部分执行

（续）

序号	标准编号 （被替代标准号）	标准名称	应用范围和要求
67	NY/T 1859.8—2016	农药抗性风险评估　第8部分：霜霉病菌对杀菌剂抗药性风险评估 Guidelines on the risk assessment for pesticide resistance. Part 8: The risk assessment for several downy mildew genera（Peronosporaceae）resistance to fungicides	规定了霜霉病菌对杀菌剂抗药性风险评估的基本要求、方法及抗药性风险的管理。适用于卵菌门霜霉目霜霉科霜霉属、假霜霉属、盘梗霉属、单轴霉属、指梗霉属等专性寄生病原菌对具有直接作用方式的杀菌剂抗药性风险评估的农药登记试验。其他试验可参照本部分执行
68	NY/T 1923—2010	背负式喷雾机安全施药技术规范 Technical regulation for safety application of power-operated knapsack sprayers	规定了机插水稻育秧技术的术语和定义、基本要求、操作流程、种子处理、床土、秧床、材料准备、播种、秧田管理、秧苗要求、起运秧。适用于机插水稻干基质盘育秧和双膜育秧
69	NY/T 1925—2010	在用喷杆喷雾机质量评价技术规范 Technical specifications of quality evaluation for boom sprayers in use	规定了在用喷杆喷雾机的检验要求、质量要求、检测方法和检验规则。适用于拖拉机配套的在用悬挂式、牵引式喷杆喷雾机以及推车式喷杆喷雾机（以下简称喷雾机）的质量评定
70	NY/T 1905—2010	草原鼠害安全防治技术规程 Specification for safety in grassland rodent damage control	规定了防治草原鼠害中保证人、畜及草原环境安全的原则和技术措施。适用于防治草原鼠害，其他环境鼠害防治可参考使用
71	NY/T 1997—2011	除草剂安全使用技术规范　通则 Guidelines for good herbicide application	规定了除草剂安全使用技术的基本要求。适用于农业生产中使用除草剂的人员

（续）

序号	标准编号 (被替代标准号)	标准名称	应用范围和要求
72	NY/T 2037—2011	橡胶园化学除草技术规范 Technical specification for chemical weed control in rubber plantation	规定了橡胶树（*Hevea brasiliensis* Muell. -Arg.）种植园杂草和橡胶树更新后残桩化学防除的术语、定义和要求。适用于橡胶苗圃、幼龄橡胶园和成龄橡胶园杂草，以及橡胶树更新后残桩的化学防除
73	NY/T 2058—2014 (NY/T 2058—2011)	水稻二化螟抗药性监测技术规程 Guideline for insecticide resistance monitoring of the striped stem borer	规定了毛细管点滴法和稻苗浸渍法监测水稻二化螟［*Chilo suppressalis*（Walker)］抗药性方法。适用于水稻二化螟对杀虫剂的抗药性监测。抗药性水平的分级标准 抗药性水平分级　抗性倍数，倍 低水平抗性　5.0<RR≤10.0 中等水平抗性　10.0<RR≤100.0 高水平抗性　RR>100.0
74	NY/T 2193—2012	常温烟雾机安全施药技术规范 Technical specifications of safety application for cold aerosol sprayers	规定了常温烟雾机喷洒农药时对操作人员的要求、施药前准备、施药作业以及施药后处理的安全技术规范。适用于在温室或大棚内进行病虫害防治作业的常温烟雾机（以下简称烟雾机）
75	NY/T 2360—2013	十字花科小菜蛾抗药性监测技术规程 Guideline for insecticide resistance monitoring of *Plutella xylostella* (L.) on cruciferous vegetables	规定了浸叶法监测小菜蛾抗药性的方法。适用于小菜蛾对杀虫剂抗药性监测。抗药性水平的分级标准 抗药性水平分级　抗性倍数，倍 低水平抗性　5.0<RR≤10.0 中等水平抗性　10.0<RR≤100.0 高水平抗性　RR>100.0

（续）

序号	标准编号 （被替代标准号）	标准名称	应用范围和要求
76	NY/T 2361—2013	蔬菜夜蛾类害虫抗药性监测技术规程 Guideline for insecticide resistance monitoring of noctuid larvae on vegetables	规定了蔬菜夜蛾类害虫抗药性监测的基本方法。适用于危害蔬菜和甜菜夜蛾、斜纹夜蛾等夜蛾类害虫对具有触杀、胃毒作用杀虫剂抗药性监测
77	NY/T 2415—2013	红火蚁化学防控技术规程 Guidelines for chemical prevention and control of Solenopsis invicta Buren	规定了农业植物检疫中红火蚁（*Solenupsis invirta* Buren）化学防控策略、防控适期、防控技术和注意事项等。适用于红火蚁的化学防控
78	NY/T 2454—2013	机动喷雾机禁用技术条件 Technical specifications of prohibition for motor sprayers	规定了机动喷雾机禁用的技术条件与试验方法。适用于以拖拉机为动力的喷杆及风送式喷雾机
79	NY/T 2622—2014	灰飞虱抗药性监测技术规程 Guideline for insecticide resistance monitoring of the small brown planthopper	规定了稻苗浸渍法监测灰飞虱抗药性的方法。适用于灰飞虱对杀虫剂的抗药性监测。抗药性水平的分级标准为： 抗药性水平分级　　抗性倍数，倍 低水平抗性　　5.0<RR≤10.0 中等水平抗性　　10.0<RR≤100.0 高水平抗性　　RR>100.0

（续）

序号	标准编号 （被替代标准号）	标准名称	应用范围和要求
80	NY/T 2630—2014	黄瓜绿斑驳花叶病毒病防控技术规程 Code of Practice for prevention control of *Cucumber green mottle mosaic virus*（CCMMV）	规定了农业植物检疫中黄瓜绿斑驳花叶病毒病（*Cucumber green mottle mosaic virus*，CCMMV）的防控技术规程。适用于由黄瓜绿斑驳花叶病毒病引起葫芦科作物病毒病的防控
81	NY/T 2646—2014	水稻品种试验稻瘟病抗性鉴定与评价技术规程 Technical specification for identification and evaluation of blast resistance in rice variety regional test	规定了水稻品种试验稻瘟病抗性鉴定的有关定义、鉴定方法、调查报告、数据计算、抗性评价及汇总报告格式。适用于国家级和省级水稻品种试验。品种抗病性比较试验、主导品种的抗病性监测可参考
82	NY/T 2725—2015	氯化苦土壤消毒技术规程 Guideline for diloropicrin soil disinfestation	规定了氯化苦土壤消毒相关术语和定义、基本原则和技术方法。适用于为控制草莓、番茄、黄瓜、茄子、辣椒、姜、东方百合、烟草等作物连作障碍而进行的土壤消毒处理
83	NY/T 2726—2015	小麦蚜虫抗药性监测技术规程 Guideline for insecticide resistace monitoring of wheat aphids	规定了小麦蚜虫抗药性监测的基本方法。适用于麦长管蚜 *Sitobion avenae*（Fabricius）、禾谷缢管蚜 *Rhopalosiphum padi*（Linnaeus）等蚜虫对常用杀虫药剂的抗性监测。抗药性水平的分级标准： 抗药性水平分级　　抗性倍数，倍 低水平抗性　　5.0<RR≤10.0 中等水平抗性　　10.0<RR≤100.0 高水平抗性　　RR>100.0

（续）

序号	标准编号 （被替代标准号）	标准名称	应用范围和要求
84	NY/T 2727—2015	蔬菜烟粉虱抗药性监测技术规程 Guideline for insecticide resistace monitoring of *Bemisia tabaci* (Gennadium) on vegetables	规定了琼脂保湿浸叶法对烟粉虱［*Bemisia tabaci*（Gennadium）］成虫、浸茎系统测定法和叶片浸渍法对烟粉虱若虫和卵对杀虫剂的抗药性监测。抗药性水平的分级标准 抗药性水平分级　抗性倍数，倍 低水平抗性　5.0<RR≤10.0 中等水平抗性　10.0<RR≤100.0 高水平抗性　RR>100.0
85	NY/T 2728—2015	稻田稗属杂草抗药性监测技术规程 Guideline for heebicide resistace monitoring of *Echinchloa* spp. in the rice field	规定了稻田稗属杂草（*Echinchloa* spp.）抗药性监测的基本方法。适用于稻田稗属杂草对除草剂抗药性监测。抗药性水平的分级标准 抗药性水平分级　抗性倍数，倍 低水平抗性　5.0<RR≤10.0 中等水平抗性　10.0<RR≤100.0 高水平抗性　RR>100.0
86	NY/T 2849—2015	风送式喷雾机施药技术规范 Technical specifications of application for air-assisted sprayers	规定了风送式喷雾机施药的条件、准备、作业和施药后处理的要求。适用于风送式喷雾机在大面积农田、果园和林区的病虫害防治作业
87	SN/T 1123—2010 （SN/T 1442—2004，SN/T 1123—2002）	帐幕熏蒸处理操作规程 Rules for sheet fumigation	规定了用帐幕覆盖的出入境植物、植物产品的熏蒸处理操作程序。适用于覆盖在帐幕中的出入境植物、植物产品的熏蒸处理

（续）

序号	标准编号 （被替代标准号）	标准名称	应用范围和要求
88	SN/T 1143—2013	熏蒸库中植物有害生物熏蒸处理操作规程 Rules for fumigation of plant pests in fumigation chamber	规定了出入境植物及植物产品中有害生物熏蒸库熏蒸处理的操作程序。适用于出入境植物及植物产品中有害生物在熏蒸库内的熏蒸处理
89	SN/T 2526—2010	鲜切花溴甲烷库房熏蒸除害处理规程 Rules for methyl bromide chamber fumigation of fresh cut-flower	规定了鲜切花溴甲烷库房熏蒸处理的操作程序。适用于可用溴甲烷熏蒸的鲜切花溴甲烷库房熏蒸处理
90	SN/T 3070—2011	蔬菜类种子溴甲烷熏蒸处理技术标准 Technical standard of methyl bromide fumigation treatment for vegetable seeds	规定了对贸易或其他方式进出境的蔬菜类种子所携带有害生物进行溴甲烷熏蒸处理的技术措施。适用子进出境蔬菜类种子所携带有害生物的检疫除害处理
91	YC/T 371—2010	烟草田间农药合理使用规程 Code of practice for rational field application of pesticides on tobacco	规定了在烟草大田种植使用的杀虫剂、杀菌剂、除草剂、植物生长调节剂等的种类、使用方法及安全间隔期。适用于各类烟草田间农药
92	YC/T 372—2010	烟草农药田间对比试验规程 Code of practice for the field test and demonstration of pesticides on tobacco	规定了在烟草大田种植使用的杀虫剂、杀菌剂、除草剂及植物生长调节剂等对比试验申请受理与安排。适用于各类烟草农药的田间对比试验

四、残留标准

（一）检测方法

序号	标准编号 （被替代标准号）	标准名称	应用范围和要求
1	GB/T 5009.20—2003 （GB/T 5009.20—1996）	食品中有机磷农药残留量的测定 Determination of organophosphorus pesticide residues in foods 第一法：水果、蔬菜、谷类中有机磷农药的多残留测定	规定了水果、蔬菜、谷类中 16 种有机磷农药的残留量测定方法［气相色谱法］。适用于使用过敌敌畏等 16 种有机磷农药的水果、蔬菜、谷类等作物的残留量分析，方法检出限（mg/kg）：敌敌畏 0.005，速灭磷 0.004，久效磷 0.014，甲拌磷 0.004，巴胺磷 0.011，二嗪磷 0.003，乙嘧硫磷 0.003，甲基嘧啶磷 0.004，甲基对硫磷 0.004，稻瘟净 0.004，水胺硫磷 0.005，氧化喹硫磷 0.025，稻丰散 0.017，甲喹硫磷 0.014，克线磷 0.009，乙硫磷 0.014
		第二法：粮、菜、油中有机磷农药残留的测定	规定了粮食、蔬菜、食用油中敌敌畏等 9 种有机磷农药的残留量测定方法［气相色谱法］。适用于粮食、蔬菜、食用油使用过敌敌畏、乐果、对硫磷、甲拌磷、杀螟硫磷、倍硫磷、虫螨磷、马拉硫磷、稻瘟净等农药的残留量分析，方法检出限：0.1～0.3ng，线性范围：0.01～0.03mg/kg
		第三法：肉类、鱼类中有机磷农药残留的测定	规定了肉类、鱼类中 4 种有机磷农药的残留量测定方法［气相色谱法］。适用于肉类、鱼类中使用过敌敌畏等 4 种有机磷农药的残留量分析，方法检出限（mg/kg）：敌敌畏 0.03，马拉硫磷 0.015，乐果 0.015，对硫磷 0.008

（续）

序号	标准编号 (被替代标准号)	标准名称	应用范围和要求
2	GB/T 5009.21—2003	粮、油、菜中甲萘威残留量的测定 Determination of carbaryl residues in cereals, oils and vegetables	规定了粮食、油、油料及蔬菜中甲萘威残留量的测定方法［液相色谱法］。适用于粮食、油、油料及蔬菜中甲萘威农药的残留测定。方法检出限：［液相色谱法］0.5mg/kg，［比色法］10μg，检测浓度：5mg/kg
3	GB/T 5009.73—2003	粮食中二溴乙烷残留量的测定 Determination of ethylene dibromide residues in grains	规定了用二溴乙烷熏蒸粮食中二溴乙烷残留量的测定方法［浸渍法、蒸馏法处理的气相色谱法］。适用于用二溴乙烷熏蒸粮食中二溴乙烷的残留测定
4	GB/T 5009.102—2003 (GB 14875—1994)	植物性食品中辛硫磷农药残留量的测定 Determination of phoxim pesticide residues in vegetable foods	规定了谷类、蔬菜、水果中辛硫磷残留量的测定方法［气相色谱法］。适用于谷类、蔬菜、水果中辛硫磷农药的残留测定，方法检出限：0.01mg/kg
5	GB/T 5009.103—2003 (GB 14876—1994)	植物性食品中甲胺磷和乙酰甲胺磷农药残留量的测定 Determination of methamidophos and acephate pesticide residues in vegetable foods	规定了谷物、蔬菜和植物油中甲胺磷和乙酰甲胺磷杀虫剂残留量的测定方法［气相色谱法］。适用于谷物、蔬菜和植物油中甲胺磷和乙酰甲胺磷的残留量测定，方法检出限（ng）：甲胺磷 0.007 79，乙酰甲胺磷 0.017 9
6	GB/T 5009.104—2003 (GB 14877—1994)	植物性食品中氨基甲酸酯类农药残留量的测定 Determination of carbamate pesticide residues in vegetable foods	规定了粮食、蔬菜中 6 种氨基甲酸酯杀虫剂残留量的测定方法［气相色谱法］。适用于粮食、蔬菜中 6 种氨基甲酸酯杀虫剂的残留分析，方法检出限（mg/kg）：速灭威 0.02，异丙威 0.02，残杀威 0.03，克百威 0.05，抗蚜威 0.02，甲萘威 0.10

（续）

序号	标准编号 （被替代标准号）	标准名称	应用范围和要求
7	GB/T 5009.105—2003 （GB 14878—1994）	黄瓜中百菌清残留量的测定 Determination of chlorothalonil residues in cucumber	规定了黄瓜中百菌清残留量的测定方法［气相色谱法］。适用于使用过百菌清农药的黄瓜的残留量的测定，方法检出限：0.12×10^{-11}g，检出浓度：0.048mg/kg
8	GB/T 5009.106—2003 （GB 14878—1994）	植物性食品中二氯苯醚菊酯（氯菊酯）残留量的测定 Determination of permethrin residues in vegetable foods	规定了植物性食品中氯菊酯残留量的测定方法［气相色谱法］。适用于粮食、蔬菜、水果中氯菊酯残留量的测定，方法检出限：0.005ng，线性范围：0.005～2.0ng
9	GB/T 5009.107—2003 （GB/T 14879—1994）	植物性食品中二嗪磷残留量的测定 Determination of diazinon residues in vegetable foods	规定了谷物、蔬菜、水果中二嗪磷残留量的测定［气相色谱法］。适用于使用过二嗪磷农药制剂的谷物、蔬菜、水果等植物性食品的残留量测定，方法检出限：0.01mg/kg
10	GB/T 5009.109—2003 （GB/T 14929.3—1994）	柑橘中水胺硫磷残留量的测定 Determination of isocarbophos residues in orange	规定了柑橘中水胺硫磷残留量的测定方法［气相色谱法］。适用于柑橘中水胺硫磷农药的残留量分析，方法检出限：0.02mg/kg
11	GB/T 5009.110—2003 （GB/T 14929.4—1994）	植物性食品中氯氰菊酯、氰戊菊酯和溴氰菊酯残留量的测定 Determination of cypermethrin, fenvalerate and deltamethrin residues in vegetable foods	规定了谷类和蔬菜中氯氰菊酯等3种菊酯的测定方法［气相色谱法］。适用于谷类和蔬菜中氯氰菊酯等3种菊酯的多残留分析，方法检出限（μg/kg）：氯氰菊酯2.1，氰戊菊酯3.1，溴氰菊酯0.88
12	GB/T 5009.112—2003 （GB/T 14929.6—1994）	大米和柑橘中喹硫磷残留量的测定 Determination of quinalphos residues in rice and orange	规定了大米和柑橘中喹硫磷的测定方法［气相色谱法］。适用于大米、柑橘中喹硫磷的残留量测定，方法检出限（ng）：喹硫磷5，喹氧磷2.5，检出浓度：0.03mg/kg

（续）

序号	标准编号 (被替代标准号)	标准名称	应用范围和要求
13	GB/T 5009.113—2003 (GB/T 14929.7—1994)	大米中杀虫环残留量的测定 Determination of thiocyclam residues in rice	规定了大米中杀虫环的测定方法［气相色谱法］。适用于大米中杀虫环的残留量测定，方法检出限：4.7ng
14	GB/T 5009.114—2003 (GB/T 14929.8—1994)	大米中杀虫双残留量的测定 Determination of bisultap residues in rice	规定了大米中杀虫双和沙蚕毒素的测定方法［气相色谱法］。适用于大米中杀虫双、沙蚕毒素残留量的测定。方法检出限：0.1ng，检出浓度：0.002mg/kg
15	GB/T 5009.115—2003 (GB/T 14929.9—1994)	稻谷中三环唑残留量的测定 Determination of tricyclazole residues in rice	规定了稻谷中三环唑的残留量测定方法［气相色谱法］。适用于稻谷中三环唑的残留量测定，方法检出限：10ng
16	GB/T 5009.126—2003 (GB/T 14973—1994)	植物性食品中三唑酮残留量的测定 Determination of triadimefon residues in vegetable foods	规定了粮食、蔬菜和水果中三唑酮残留量的测定方法［气相色谱法］。适用于使用过三唑酮的粮食、蔬菜和水果的残留量的测定，方法检出限：0.28ng
17	GB/T 5009.129—2003 (GB/T 15518—1995)	水果中乙氧基喹（乙氧喹啉）残留量的测定 Determination of ethoxyquin residues in fruits	规定了水果中乙氧喹啉残留量检验的抽样、试样的制备和测定方法［气相色谱法］。适用于苹果等水果中乙氧喹啉残留量的测定，方法检出限：0.05mg/kg
18	GB/T 5009.130—2003 (GB/T 16337—1996)	大豆及谷物中氟磺胺草醚残留量的测定 Determination of fomesafen residues in soybeans and cereals	规定了大豆及谷物中氟磺胺草醚残留量的测定方法［液相色谱法］。适用于大豆及谷物中氟磺胺草醚残留量的测定，方法检出限：0.02 mg/kg，线性范围：5～320ng

（续）

序号	标准编号 (被替代标准号)	标准名称	应用范围和要求
19	GB/T 5009.131—2003 (GB/T 16337—1996)	植物性食品中亚胺硫磷残留量的测定 Determination of phosmet residues in vegetable foods	规定了稻谷、小麦、蔬菜中亚胺硫磷残留量的测定方法［气相色谱法］。适用于稻谷、小麦、蔬菜中亚胺硫磷残留量的测定，方法检出限：0.015ng
20	GB/T 5009.132—2003 (GB/T 16336—1996)	食品中莠去津残留量的测定 Determination of atrazine residues in foods	规定了食品中莠去津残留量的测定方法［气相色谱法］。适用于使用过该除草剂的甘蔗和玉米中莠去津残留量的测定。方法检出限：0.03mg/kg，线性范围：0.40～2.00ng
21	GB/T 5009.133—2003 (GB/T 16338—1996)	粮食中绿麦隆残留量的测定 Determination of chlorotoluron residues in grains	规定了粮食中绿麦隆残留量的检验方法［气相色谱法］。适用于使用过该除草剂的小麦、玉米和大豆中绿麦隆残留量的测定，方法检出限：0.01mg/kg，线性范围：0.04～2.00mg
22	GB/T 5009.134—2003 (GB/T 16339—1996)	大米中禾草敌残留量的测定 Determination of molinate residues in rice	规定了大米中禾草敌残留量的测定方法［气相色谱法］。适用于使用过禾草敌作为除草剂的大米中禾草敌残留量的测定，方法检出限：0.1ng，检出浓度：0.01mg/kg，线性范围：0.10～1.0μg/mL
23	GB/T 5009.135—2003 (GB/T 16340—1996)	植物性食品中灭幼脲残留量的测定 Determination of chlorbenzuron residues in vegetable foods	规定了植物性食品中灭幼脲残留量的测定方法［液相色谱法］。适用于粮食、蔬菜、水果中灭幼脲的测定，方法检出限：0.3ng，检出浓度：0.03mg/kg，线性范围：1～10ng
24	GB/T 5009.136—2003 (GB/T 16340—1996)	植物性食品中五氯硝基苯残留量的测定 Determination of quintozene residues in vegetable foods	规定了食品中五氯硝基苯残留量的测定方法［气相色谱法］。适用于粮食、蔬菜中五氯硝基苯残留量的测定，方法检出限：0.05μg，检出浓度（mg/kg）：粮食 0.005、蔬菜 0.01，线性范围：0.005～0.150μg/mL

（续）

序号	标准编号 (被替代标准号)	标准名称	应用范围和要求
25	GB/T 5009.142—2003 (GB/T 17328—1998)	植物性食品中吡氟禾草灵、精吡氟禾草灵残留量的测定 Determination of fluazifop-butyl and its acid residues in vegetable food	规定了植物性食品中吡氟禾草灵和精吡氟禾草灵残留量的测定方法［气相色谱法］。适用于甜菜田、大豆田一次喷洒化学除草剂吡氟禾草灵和精吡氟禾草灵收获后的甜菜、大豆。也适用于吡氟禾草灵酸的测定，方法检出限：0.001ng，线性范围：0.001～0.4ng
26	GB/T 5009.143—2003 (GB/T 17329—1998)	蔬菜、水果、食用油中双甲脒残留量的测定 Determination of amitraz residues in vegetables, fruits, edible oil	规定了蔬菜、水果、食用油中双甲脒残留量的测定方法［气相色谱法］。适用于蔬菜、水果、食用油中双甲脒（及代谢物）残留量的测定，方法检出限：0.02mg/kg，线性范围：0.0～1.0ng
27	GB/T 5009.144—2003 (GB/T 17330—1998)	植物性食品中甲基异柳磷残留量的测定 Determination of isofenphos-methyl residues in vegetable foods	规定了粮食、蔬菜、油料作物中甲基异柳磷残留量的测定方法［气相色谱法］。适用于粮食、蔬菜、油料作物中甲基异柳磷残留量的测定，方法检出限：0.004mg/kg，线性范围：0～5.0μg/mL
28	GB/T 5009.145—2003 (GB/T 17331—1998)	植物性食品中有机磷和氨基甲酸酯类农药多种残留的测定 Determination of organophosphorus and carbamate pesticide multi-residues in vegetable foods	规定了粮食、蔬菜中16种有机磷和氨基甲酸酯农药残留量的测定方法［气相色谱法］。适用于使用过敌敌畏等20种有机磷及氨基甲酸酯类农药的粮食、蔬菜等作物的残留量分析，方法检出限（μg/kg）：敌敌畏4，乙酰甲胺磷2，甲基内吸磷4，甲拌磷2，久效磷10，乐果2，甲基对硫磷2，马拉氧磷8，毒死蜱8，甲基嘧啶磷8，倍硫磷6，马拉硫磷6，对硫磷8，杀扑磷10，克线磷10，乙硫磷14，速灭威8，异丙威4，仲丁威15，甲萘威4

（续）

序号	标准编号（被替代标准号）	标准名称	应用范围和要求
29	GB/T 5009.147—2003（GB/T 17333—1998）	植物性食品中除虫脲残留量的测定 Determination of diflubenzuron residues in vegetable foods	规定了植物性食品中除虫脲残留量的测定方法［液相色谱法］。适用于粮食、蔬菜、水果中除虫脲的测定，方法检出限：0.40ng，检出浓度：0.04mg/kg，线性范围：1～10ng
30	GB/T 5009.155—2003（GB/T 17408—1998）	大米中稻瘟灵残留量的测定 Determination of isoprothiolane residues in rice	规定了大米中稻瘟灵残留量的测定方法［气相色谱法］。适用于大米中稻瘟灵的残留量分析，方法检出限：0.26ng，检出浓度：0.013mg/kg，线性范围：0～15ng
31	GB/T 5009.160—2003	水果中单甲脒残留量的测定 Determination of semiamitraz residues in fruits	规定了单甲脒在水果中的残留量测定方法［液相色谱法］。适用于水果中单甲脒残留量的测定，方法检出限：0.025mg/kg，线性范围：0.2～1 000μg/mL
32	GB/T 5009.161—2003	动物性食品中有机磷农药多组分残留量的测定 Determination of organophosphorus pesticide multiresidues in animal foods	规定了动物性食品中13种常用有机磷农药多组分残留测定方法［气相色谱法］。适用于畜禽肉及其制品、乳与乳制品、蛋与蛋制品中13种常用有机磷农药多组分残留测定方法，方法检出限（μg/kg）：甲胺磷5.7，敌敌畏3.5，乙酰甲胺磷10.0，久效磷12.0，乐果2.6，乙拌磷1.2，甲基对硫磷2.6，杀螟硫磷2.9，甲基嘧啶磷2.5，马拉硫磷2.8，倍硫磷2.1，对硫磷2.6，乙硫磷1.7
33	GB/T 5009.163—2003	动物性食品中氨基甲酸酯类农药多组分残留高效液相色谱测定 Determination of carbamate pesticides multiresidues in animal foods（HPLC）	规定了动物性食品中5种氨基甲酸酯类农药残留量的测定方法［液相色谱法］。适用于肉类、蛋类及乳类食品中氨基甲酸酯类农药残留量测定，方法检出限（μg/kg）：涕灭威9.8，速灭威7.8，呋喃丹7.3，甲萘威3.2，异丙威13.3

（续）

序号	标准编号 (被替代标准号)	标准名称	应用范围和要求
34	GB/T 5009.164—2003	大米中丁草胺残留量的测定 Determination of butachlor residues in rice	规定了大米中丁草胺残留量的测定方法［气相色谱法］。适用于大米中丁草胺残留量的测定，方法检出限：0.03ng，线性范围：1.5～15ng
35	GB/T 5009.165—2003	粮食中2，4-滴丁酯残留量的测定 Determination of 2，4-D butylate residues in grains	规定了粮食中2，4-滴丁酯残留量的测定方法［气相色谱法］。适用于粮食中2，4-滴丁酯残留量的测定，方法检出量：0.01ng，线性范围：0.01～10ng
36	GB/T 5009.172—2003	大豆、花生、豆油、花生油中的氟乐灵残留量的测定 Determination of trifluralin residues in soybean，peanut，soybean oil，peanut oil	规定了大豆、花生、豆油、花生油中氟乐灵残留量的测定方法［气相色谱法］。适用于大豆、花生、豆油、花生油中氟乐灵残留量的测定。方法检出限：0.001ng，线性范围：0.01～0.10μg/mL
37	GB/T 5009.173—2003	梨果类、柑橘类水果中噻螨酮残留量的测定 Determination of hexythiazox residues in pome and citrous fruits	规定了梨果类、柑橘类水果中噻螨酮的测定方法［液相色谱法］。适用于梨果类、柑橘类水果中噻螨酮的测定。方法检出量：0.126ng，线性范围：1～40ng
38	GB/T 5009.174—2003	花生、大豆中异丙甲草胺残留量的测定 Determination of metolachlor residues in peanut and soybean	规定了花生、大豆中异丙甲草胺残留量的测定方法［气相色谱法］。适用于花生、大豆中异丙甲草胺残留量的测定，方法检出限：0.016ng，线性范围：0.05～5.0ng

（续）

序号	标准编号 (被替代标准号)	标准名称	应用范围和要求
39	GB/T 5009.175—2003	粮食和蔬菜中2，4-滴残留量的测定 Determination of 2，4-D in grains and vegetables	规定了粮食和蔬菜中2，4-滴残留量的测定方法［气相色谱法］。适用于粮食和蔬菜中2，4-滴残留量的测定，方法检出限：蔬菜0.008mg/kg、原粮0.013mg/kg，线性范围：0.01～10ng
40	GB/T 5009.176—2003	茶叶、水果、食用植物油中三氯杀螨醇残留量的测定 Determination of dicofol residues in tea，fruits，edible vegetable oils	规定了茶叶、水果、食用植物油中三氯杀螨醇残留量的测定方法［气相色谱法］。适用于茶叶、水果、食用植物油中三氯杀螨醇残留量的测定，方法检出限：0.008ng，检测浓度：0.016mg/kg，线性范围：0.008～1.0ng
41	GB/T 5009.177—2003	大米中敌稗残留量的测定 Determination of propanil residues in rice	规定了大米中敌稗残留量的测定方法［气相色谱法］。适用于大米中敌稗残留量的测定，方法检出限：0.002ng，检测浓度：0.4μg/kg，线性范围：0.01～8.0ng
42	GB/T 5009.180—2003	稻谷、花生仁中噁草酮残留量的测定 Determination of oxadiazon residues in cereals and peanuts	规定了稻谷、花生仁中噁草酮残留量的测定方法［气相色谱法］。适用于稻谷、花生仁中恶草酮残留量的测定，方法检出限：0.001ng，线性范围：0.01～0.1μg/mL
43	GB/T 5009.184—2003 (GB 14970—1994)	粮食、蔬菜中噻嗪酮残留量的测定 Determination of buprofezin in cereals and vegetables	规定了食品中噻嗪酮残留量的测定方法［气相色谱法］。适用于喷洒噻嗪酮后的粮食和蔬菜中噻嗪酮残留量的测定，方法检出限：0.005ng，线性范围：0.005～2.0ng
44	GB/T 5009.188—2003 (GB/T 5009.38—1996)	蔬菜、水果中甲基托布津（*甲基硫菌灵*）、多菌灵的测定 Determination of thiophanate-methyl，carbendazim in vegetables and fruits	规定了蔬菜、水果中甲基硫菌灵、多菌灵的测定方法［紫外分光光度法］。适用于蔬菜、水果中甲基硫菌灵、多菌灵的测定，方法检出限：0.1μg，线性范围：1.0～400ng

（续）

序号	标准编号 （被替代标准号）	标准名称	应用范围和要求
45	GB/T 5009.199—2003	蔬菜中有机磷和氨基甲酸酯类农药残留量的快速检测 Rapid determination for organophosphate and carbamate pesticide residues in vegetables	规定了由酶抑制法测定蔬菜中有机磷和氨基甲酸酯类农药残留量的快速检验方法。适用于蔬菜中有机磷和氨基甲酸酯类农药残留量的快速筛选测定，方法检出限（mg/kg）： ［速测卡法（纸片法）］：甲胺磷 1.7，对硫磷 1.7，水胺硫磷 3.1，马拉硫磷 2.0，氧化乐果 2.3，乙酰甲胺磷 3.5，敌敌畏 0.3，敌百虫 0.3，乐果 1.3，久效磷 2.5，甲萘威 2.5，克百威 0.5，丁硫克百威 1.0； ［霉抑制率法（分光光度法）］：甲胺磷 2.0，对硫磷 1.0，辛硫磷 0.3，马拉硫磷 4.0，氧化乐果 0.8，甲基异柳磷 5.0，敌敌畏 0.1，敌百虫 0.2，乐果 3.0，灭多威 0.1，丁硫克百威 0.05，克百威 0.05
46	GB/T 5009.200—2003	小麦中野燕枯残留量的测定 Determination of difenzoquat residues in wheat	规定了小麦中野燕枯残留量的测定方法［气相色谱法］。适用于小麦中野燕枯残留量的测定，方法检出限：4.0ng，线性范围：0.5～5.0μg/mL
47	GB/T 5009.201—2003	梨中烯唑醇残留量的测定 Determination of diniconazole residues in pear	规定了梨中烯唑醇残留量的测定方法［气相色谱法］。适用于梨中烯唑醇农药残留的分析，方法检出限：1.0ng，线性范围：0.1～5.0μg/mL
48	GB/T 5009.207—2008	糙米中 50 种有机磷农药残留量的测定 Determination of 50 organophosphorus pesticides residues in unpolished rice	规定了糙米中 50 种有机磷农药残留量的测定方法。适用于糙米中 50 种有机磷农药残留量的测定。50 种有机磷农药在糙米中除氧化乐果、甲基乙拌磷、砜吸磷、溴硫磷、甲基吡恶磷的检出限为 0.01mg/kg 外，其余有机磷农药的检出限均为 0.005mg/kg

（续）

序号	标准编号 （被替代标准号）	标准名称	应用范围和要求
49	GB/T 5009.219—2008	粮谷中矮壮素残留量的测定 Determination of the residues of chlorcholine chloride in cereals	规定了粮谷中矮壮素残留量的测定方法［气相色谱-质谱法］。适用于玉米、荞麦中矮壮素残留量的测定，此方法对玉米、荞麦中矮壮素残留的检出限为 0.01mg/kg，线性范围为 0.005～1.00mg/L
50	GB/T 5009.220—2008	粮谷中敌菌灵残留量的测定 Determination of the residues of anilazine in cereals	规定了粮谷中敌菌灵残留量的测定方法［气相色谱法（GC-TCD)］。适用于玉米、大米中矮壮素残留量的测定，该方法对玉米、大米中检出限：0.002mg/kg，线性范围：0.010～0.200mg/L
51	GB/T 5009.221—2008	粮谷中敌草快残留量的测定 Determination of the residues of diquat in cereals	规定了粮谷中敌草快残留量的测定方法［气相色谱-质谱法］。适用于玉米、大麦中敌草快残留量的测定，该方法的检出限：0.005mg/kg，线性范围：0.001～0.100mg/L
52	GB/T 9695.10—2008 （GB/T 9695.10—1988）	肉与肉制品　六六六、滴滴涕残留量测定 Meat and meat products-Determination of BHC and DDT	规定了肉和肉制品中六六六、滴滴涕残留量的测定方法［气相色谱法］。适用于肉和肉制品中六六六、滴滴涕残留量的测定，方法检出限（$\mu g/kg$）：α-HCH 1，β-HCH 1，γ-HCH 1，δ-HCH 1，p，p′-DDE 1，o，p′-DDT 2，p，p′-DDD 1，p，p′-DDT 3
53	GB/T 13090—2006 （GB 15193.18—1994）	饲料中六六六、滴滴涕的测定	规定了饲料中六六六和滴滴涕残留量的测定方法［气相色谱法］。适用于配合饲料、植物性原料及鱼粉中六六六、滴滴涕异构体及衍生物的残留量的测定。不适用于检测含有机氯农药七氯的产品，方法检出限（$\mu g/kg$）：α-HCH 0.8，β-HCH 2.4，γ-HCH 1.6，δ-HCH 1.6，p，p′-DDE 2，o，p′-DDT 2，p，p′-DDD 5，p，p′-DDT 8

（续）

序号	标准编号（被替代标准号）	标准名称	应用范围和要求
54	GB/T 13595—2004（GB/T13595—1992，GB/T13597—2004，GB/T13598—2004）	烟草及烟草制品　拟除虫菊酯杀虫剂、有机磷杀虫剂、含氮农药残留量的测定 Tobacco and tobacco products-Determination of pyrethroids，organophosphorus and nitrogen-containing pesticides residues	规定了烟草及烟草制品中 23 种拟除虫菊酯、有机磷和含氮类农药残留量的测定方法［气相色谱法］。适用于烟草及烟草制品中 23 中农药残留的测定，方法检出限（μg/g）：高效氯氟氰菊酯 0.02，氟氯氰菊酯 0.03，氯氰菊酯 0.03，氰戊菊酯 0.02，溴氰菊酯 0.02，克百威 0.01，甲萘威 0.02，二嗪磷 0.02，甲基对硫磷 0.06，毒死蜱 0.04，马拉硫磷 0.04，杀螟硫磷 0.05，对硫磷 0.05，倍硫磷 0.04，甲胺磷 0.01，速灭磷 0.01，久效磷 0.02，甲霜灵 0.03，磷胺 0.03，氟节胺 0.01，仲丁灵 0.01，异丙乐灵 0.02，二甲戊灵 0.02
55	GB/T 13596—2004（GB/T 13596—1992）	烟草及烟草制品　有机氯农药残留量的测定　气相色谱法 Tobacco and tobacco products—Determination of organochlorine pesticide residues—Gas chromatographic method	规定了烟草及烟草制品中 17 种有机氯农药残留量的测定方法［气相色谱法］。适用于烟草及烟草制品中有机氯农药残留的测定，方法检出限（μg/g）：艾氏剂 0.02，反式氯丹 0.02，α-BHC 0.02，β- BHC 0.02，γ-BHC 0.01，δ-BHC 0.02，o，p′-DDT 0.04，p，p′-DDT 0.06，p，p′-DDD 0.02，o，p′-DDD 0.03，p，p′-DDE 0.02，o，p′-DDE 0.03，狄氏剂 0.02，α-硫丹 0.03，六氯苯 0.02，七氯 0.02，环氧七氯 0.02
56	GB/T 14551—2003（GB/T 14551—1993）	动、植物中六六六和滴滴涕测定的气相色谱法 Method of gas chromatographic for determination of BHC and DDT in plants and animals	规定了动、植物中六六六、滴滴涕残留量的测定方法［气相色谱法］。适用于动物样品（禽、畜、鱼、蚯蚓）、植物样品（粮食、蔬菜、水果、茶、藕）中有机氯农药残留量的测定，方法检出限：35～3.30μg/kg［粮食、蔬菜水果、禽畜鱼中分别为：α-HCH　0.049、0.035、0.11，β-HCH　0.08、0.023、1.20，γ-HCH　0.074、0.035、0.14，δ-HCH　0.18、0.045、0.20，p，p′-DDE　0.17、0.041、0.16，o，p′-DDT　1.90、0.59、1.26，p，p′-DDD　0.48、0.14、0.71，p，p′-DDT　4.87、1.36、3.3］

（续）

序号	标准编号 （被替代标准号）	标准名称	应用范围和要求
57	GB/T 14553—2003 （GB/T 14553—1993）	粮食、水果和蔬菜中有机磷农药测定的气相色谱法 Method of gas chromatographic for determination of organophosphorus pesticides in cereals，fruits and vegetables	规定了粮食（大米、小麦、玉米）、水果（苹果、梨、桃等）、蔬菜（黄瓜、大白菜、番茄等）中 10 种有机磷残留量的测定［气相色谱法］。适用于粮食、水果、蔬菜等作物中 10 种有机磷农药的残留量的测定，水果、蔬菜、粮食的方法检出限（μg/kg）分别为：速灭磷 0.017、0.43，甲拌磷 0.19、0.48，二嗪磷 0.28、0.71，异稻瘟净 0.50、1.2，甲基对硫磷 0.38、0.95，杀螟硫磷 0.47、1.19，溴硫磷 0.57、1.4，水胺硫磷 0.11、2.8，稻丰散 3.8、0.22，杀扑磷 0.84、2.11
58	GB/T 14929.2—1994	花生仁、棉籽油、花生油中涕灭威残留量测定方法 Method for determination of aldicarb residues in peanut，cottonseed oil and peanut oil	规定了涕灭威残留量的测定方法［气相色谱法］。适用于花生仁、棉籽油、花生油中涕灭威及代谢物残留量的测定，方法检出限：1.47μg，检出浓度：0.005 9mg/kg
59	GB/T 18412.1—2006	纺织品　农药残留量的测定　第 1 部分：77 种农药 Textiles—Determination of the pesticide residues Part 1：77 pesticides	规定了纺织品种 77 种农药残留量的测定方法［气相色谱法和气相色谱-质谱法］。适用于纺织材料及其产品中本标准所列 77 种农药残留的测定，部分适用于纺织品及其产品。方法测定低限为：0.05～0.20μg/g
60	GB/T 18412.2—2006 （GB/T 18412—2001）	纺织品　农药残留量的测定　第 2 部分：有机氯农药 Textiles—Determination of the pesticide residues Part 2：Organochlorine pesticides	规定了纺织品中 26 种有机氯农药残留量的测定方法［气相色谱法和气相色谱-质谱法］。适用于纺织材料及其产品中本标准所列 26 种有机氯农药残留的测定，部分适用于纺织品及其产品。方法测定低限：GC-ECD：0.01～0.05μg/g、GC-MSD：0.05～0.10μg/g

（续）

序号	标准编号 (被替代标准号)	标准名称	应用范围和要求
61	GB/T 18412.3—2006	纺织品　农药残留量的测定　第3部分：有机磷农药 Textiles—Determination of the pesticide residues Part 3：Organophosphrous pesticides	规定了纺织品中30种有机磷农药残留量的测定方法［气相色谱法和气相色谱-质谱法］。适用于纺织材料及其产品中所列30种有机磷农药残留的测定，部分适用于纺织品及其产品。方法测定低限：GC-FPD：0.05～0.20μg/g、GC-MSD：0.05～0.20μg/g
62	GB/T 18412.4—2006	纺织品　农药残留量的测定　第4部分：拟除虫菊酯农药 Textiles—Determination of the pesticide residues Part 4：Pyrethroid pesticides	规定了纺织品中12种拟除虫菊酯农药残留量的测定方法［气相色谱法和气相色谱-质谱法］。适用于纺织材料及其产品中所列12种拟除虫菊酯农药残留的测定，部分适用于纺织品及其产品。方法测定低限：GC-ECD：0.02～0.10μg/g、GC-MSD：0.02～0.20μg/g
63	GB/T 18412.6—2006	纺织品　农药残留量的测定　第6部分：苯氧羧酸类农药 Textiles—Determination of the pesticide residues Part 6：Phenoloxy hydroxyl acids pesticides	规定了纺织品中6种苯氧羧酸类农药残留量的测定方法［气相色谱法和气相色谱-质谱法］。适用于纺织材料及其产品中所列6种苯氧羧酸类农药残留的测定
64	GB/T 18412.7—2006	纺织品　农药残留量的测定　第7部分：毒杀芬农药 Textiles—Determination of the pesticide residues Part 7：Toxaphene	规定了纺织品中毒杀芬残留量的测定方法［气相色谱法和气相色谱-质谱法］。适用于纺织材料及其产品中毒杀芬残留的测定，部分适用于纺织品及其产品。方法测定低限：GC-ECD：0.20μg/g、GC-MSD：0.50μg/g

（续）

序号	标准编号 (被替代标准号)	标准名称	应用范围和要求
65	GB/T 18625—2002	茶中有机磷及氨基甲酸酯农药残留量的简易检验方法　酶抑制法 Method for simple determination of organophosphorus and carbamate pesticide residues in tea-Enzyme inhibition method	规定了用酶抑制法测定茶中 15 种有机磷农药及氨基甲酸酯农药残留的简易检验方法［分光光度法］。适用于茶中有机磷农药及氨基甲酸酯农药残留的测定，方法检出限（mg/kg）：敌敌畏 2.0，甲基对硫磷 3.0，乐果 3.0，辛硫磷 3.0，内吸磷 1.0，乙酰甲胺磷 2.0，克百威 4.0，抗蚜威 1.2，对硫磷 10.0，敌百虫 2.0，氧乐果 1.0，伏杀硫磷 1.5，甲胺磷 20，二嗪磷 5.0，甲萘威 2.0
66	GB/T 18626—2002	肉中有机磷及氨基甲酸酯农药残留量的简易检验方法　酶抑制法 Method for simple determination of organophosphorus and carbamate pesticide residues in meat-Enzyme inhibition method	规定了用酶抑制法测定肉中 16 种有机磷农药及氨基甲酸酯农药残留的简易检验方法［分光光度法］。适用于肉中有机磷农药及氨基甲酸酯农药残留的测定，方法检出限（mg/kg）：敌敌畏 2.0，甲基对硫磷 3.0，敌百虫 2.0，乐果 3.0，辛硫磷 3.0，内吸磷 3.0，乙酰甲胺磷 2.0，克百威 4.0，抗蚜威 1.0，对硫磷 8.0，氧乐果 1.0，伏杀硫磷 2.0，甲胺磷 20，二嗪磷 5.0，甲萘威 2.0，甲拌磷 3.0
67	GB/T 18627—2002	食品中八甲磷残留量的测定方法 Method for determination of schradan residues in food	规定了蔬菜、水果及粮食中八甲磷残留量的测定方法［气相色谱法］。适用于蔬菜、水果及粮食中八甲磷残留量的测定，方法检出限：0.1mg/kg
68	GB/T 18628—2002	食品中乙滴涕残留量的测定方法 Method for determination of perthane residues in food	规定了蔬菜、水果及粮食中乙滴涕残留量的测定方法［气相色谱法］。适用于蔬菜、水果及粮食中乙滴涕残留量的测定，方法检出限：0.1mg/kg
69	GB/T 18629—2002	食品中扑草净残留量的测定方法 Method for determination of prometryne residues in food	规定了用蔬菜、水果及粮食中扑草净残留量的测定方法［气相色谱法］。适用于蔬菜、水果及粮食中扑草净残留量的测定，方法检出限：0.02mg/kg

（续）

序号	标准编号 (被替代标准号)	标准名称	应用范围和要求
70	GB/T 18630—2002	蔬菜中有机磷及氨基甲酸酯农药残留量的简易检验方法（酶抑制法） Method for simpled determination of organophosphorus and carbamate pesticide residues in vegetables (Enzyme inhibition method)	规定了用酶抑制法测定蔬菜中16种有机磷农药及氨基甲酸酯农药残留的简易检验方法［分光光度法］。适用于蔬菜中有机磷农药及氨基甲酸酯农药残留的测定。番茄、黄瓜、莴苣、生菜、甘蓝的方法检出限（mg/kg）分别为：敌敌畏1.0、0.8、0.8、1.0、1.3，甲基对硫磷0.5、0.3、0.3、0.1、0.1，敌百虫0.3、0.8、0.3、0.4、1.0，乐果0.5、0.5、0.4、0.4、1.5，辛硫磷0.5、0.4、0.4、0.5、1.0，内吸磷0.5、1.0、0.5、1.0、1.0，乙酰甲胺磷0.5、1.0、0.2、0.1、0.5，克百威3.0、3.0、2.0、2.0、3.0，抗蚜威0.1、0.2、0.1、0.1、0.3，对硫磷2.1、1.0、5.0、4.5、4.5，氧乐果0.1、0.3、0.1、0.1、0.1，伏杀硫磷0.3、0.6、0.2、0.5、0.5，甲胺磷10、15、12、15、15，二嗪磷1.0、3.5、3.0、2.0、3.0，甲萘威1.0、1.0、0.5、0.5、0.5，甲拌磷1.0、1.0、0.5、0.2、0.5
71	GB/T 18932.10—2002	蜂蜜中溴螨酯、4，4′-二溴二苯甲酮残留量的测定方法　气相色谱/质谱法 Method for the determination of bromopropylate and 4，4′- dibromobenzophenone residues in honey-Gas chromatography/mass spectrometrometry	规定了蜂蜜中溴螨酯、4，4-二溴二苯甲酮残留量测定及质谱确证方法［气相色谱-质谱法］。适用于蜂蜜中溴螨酯、4，4′-二溴二苯甲酮残留量的测定。方法检出限（mg/kg）：溴螨酯0.012，4，4′-二溴二苯甲酮0.040

（续）

序号	标准编号（被替代标准号）	标准名称	应用范围和要求
72	GB/T 18969—2003	饲料中有机磷农药残留量的测定 气相色谱法 Determination of residues of organapho-sphorus in feeds—Gas chromatographic method	规定了利用气相色谱检测动物饲料中 7 种有机磷农药残留量的方法。适用于动物饲料中有机磷农药残留量的检测，方法检测限（mg/kg）：谷硫磷 0.01，乐果 0.01，乙硫磷 0.01，马拉硫磷 0.05，甲基对硫磷 0.01，伏杀磷 0.01，蝇毒磷 0.02
73	GB/T 19372—2003	饲料中除虫菊酯类农药残留量测定 气相色谱法 Determination of pyrethroids residues in feeds—Gas chromatography	规定了饲料中 8 种除虫菊酯农药残留量的测定方法［气相色谱法］。适用于配合饲料和浓缩饲料中 8 种除虫菊酯类农药残留量的测定，方法检出限（mg/kg）：联苯菊酯 0.005，甲氰菊酯 0.005，三氟氯氰菊酯 0.005，氯菊酯 0.02，氯氰菊酯 0.02，氰戊菊酯 0.02，氟胺氰菊酯 0.02，溴氰菊酯 0.02g
74	GB/T 19373—2003	饲料中氨基甲酸酯类农药残留量测定 气相色谱法 Determination of carbamate pesticide residues in feeds—Gas chromatography	规定了饲料中 7 种氨基甲酸酯类农药残留量的测定方法［气相色谱法］。适用于配合饲料和浓缩饲料中 7 种氨基甲酸酯类农药残留量的测定，方法检测浓度（mg/kg）：抗蚜威 0.2，速灭威 0.04，叶蝉散 0.04，仲丁威 0.04，恶虫威 0.04，克百威 0.04，甲萘威 0.04
75	GB/T 19426—2006 （GB/T 19426—2003）	蜂蜜、果汁和果酒中 497 种农药及相关化学品残留量的测定 气相色谱-质谱法 Method for the determination of 497 pesticides and related chemicals residues in honey, fruit juice and wine—GC-MS method	规定了蜂蜜、果汁和果酒中 497 种农药及相关化学品残留量测定方法［气相色谱-质谱法］。适用于蜂蜜、果汁和果酒中 497 种农药及相关化学品残留量的测定，方法检出限：0.001～0.300mg/kg

（续）

序号	标准编号 (被替代标准号)	标准名称	应用范围和要求
76	GB/T 19611—2004	烟草及烟草制品 抑芽丹残留量的测定　紫外分光光度法 Tobacco and tobacco products—Determination of maleic hydrazide residues—UV spectrophotometer method	规定了烟草及烟草制品中抑芽丹残留量的测定方法［紫外分光光度法］。适用于烟草及烟草制品中抑芽丹残留量的测定
77	GB/T 19648—2006 (GB/T 19648—2005)	11 水果和蔬菜中 500 种农药及相关化学品残留量的测定　气相色谱-质谱法 Method for determination of 500 pesticides and related chemicals residues in fruits and vegetables—GC-MS method	规定了苹果、柑橘、葡萄、甘蓝、番茄、芹菜中 500 种农药及相关化学品残留量测定法［气相色谱-质谱法］。适用于苹果、柑橘、葡萄、甘蓝、番茄、芹菜中 500 种农药及相关化学品残留量测定，方法检出限：0.006 3～0.800 0mg/kg
78	GB/T 19649—2006 (GB/T 19649—2005)	粮谷中 475 种农药及相关化学品残留量的测定　气相色谱-质谱法 Method for determination of 475 pesticides and related chemicals residues in grains—GC-MS method	规定了大麦、小麦、燕麦、大米、玉米中 475 种农药及相关化学品残留量测定方法［气相色谱-质谱法］。适用于大麦、小麦、燕麦、大米、玉米中 475 种农药及相关化学品残留量的测定，方法检出限：0.002 5～0.800mg/kg
79	GB/T 19650—2006 (GB/T 19650—2005)	动物肌肉中 478 种农药及相关化学品残留量的测定　气相色谱-质谱法 Method for determination of 478 pesticides and related chemicals residues in animal muscles—GC-MS method	规定了猪肉、牛肉、羊肉、兔肉、鸡肉中 478 种农药及相关化学品残留量测定方法［气相色谱-质谱法］。适用于猪肉、牛肉、羊肉、兔肉、鸡肉中 478 种农药及相关化学品残留量的测定，方法检出限：0.002 5～0.800mg/kg

（续）

序号	标准编号 (被替代标准号)	标准名称	应用范围和要求
80	GB/T 20769—2008 （GB/T 19648—2006）	水果和蔬菜中 450 种农药及相关化学品残留量的测定　液相色谱-串联质谱法 Determination of 450 pesticides and related chemicals residues in fruits and vegetables—LC-MS-MS method	规定了苹果、橙子、圆白菜、芹菜、番茄中 450 种农药及相关化学品残留量测定方法（液相色谱串联质谱法）。适用于苹果、橙子、圆白菜、芹菜、番茄中 450 种农药及相关化学品残留的定性鉴别，381 种农药及相关化学品残留量的定量测定。本方法定量测定的 381 种农药及相关化学品方法检出限为 0.01μg/kg～0.606 mg/kg
81	GB/T 20796—2006	肉与肉制品中甲萘威残留量的测定 Determination of carbaryl in meat and meat products	规定了肉与肉制品中的甲萘威残留量的抽样和测定方法［液相色谱法］。适用于肉与肉制品中的甲萘威残留量的测定，方法检出限：0.03mg/kg
82	GB/T 20798—2006	肉与肉制品中 2，4 -滴残留量的测定 Determination of 2，4 - D in meat and meat products	规定了肉与肉制品中 2，4 -滴残留量的抽样和测定方法［液相色谱法］。适用于肉与肉制品中 2，4 -滴残留量的测定，方法检出限：0.03mg/kg
83	GB/T 21132—2007	烟草及烟草制品　二硫代氨基甲酸酯农药残留量的测定　分子吸收光度法 Tobacco and tobacco products-Determination of dithiocarbamate pesticides residues—Molecular absorption spectrometric method	规定了烟草中二硫代氨基甲酸酯农药残留量的测定方法［分子吸收光谱法］。适用于烟草和烟草制品中二硫代氨基甲酸酯农药残留量的测定，以 SC_2 换算二硫代氨基甲酸酯农药系数：代森锰 1.74、代森锌 1.81、丙森锰 1.90

（续）

序号	标准编号（被替代标准号）	标准名称	应用范围和要求
84	GB/T 21169—2007	蜜蜂中双甲脒及其代谢物残留量的测定　液相色谱法 Determination of amitraz and metabolite residues in honey—Liquid chromatography	规定了蜜蜂中双甲脒及其代谢物残留量的测定方法［液相色谱法］。适用于蜜蜂中双甲脒及其代谢物残留量的残留测定。方法检出限（mg/kg）：双甲脒 0.01，其代谢物（2，4-二甲基苯胺）0.02
85	GB/T 23208—2008	河豚鱼、鳗鱼和对虾中 450 种农药及相关化学品残留量的测定　液相色谱-串联质谱法 Determination of 450 pesticides and related chemicals residues in fugu eel and prawn—LC-MS-MS method	规定了河豚鱼、鳗鱼和对虾中 450 种农药及相关化学品残留量液相色谱-串联质谱测定方法。适用于河豚鱼、鳗鱼和对虾中 450 种农药及相关化学品的定性鉴别，也适用于其中 380 种农药及相关化学品的定量测定。其定量测定的 380 种农药及相关化学品方法检出限为 0.02μg/kg～0.195mg/kg
86	GB/T 23376—2009	茶叶中农药多残留测定　气相色谱/质谱法 Determination of pesticides residues in tea—GC/MS method	规定了茶叶中有机磷、有机氯、拟除虫菊酯等三类 36 种农药残留量的测定方法［气相色谱-质谱法］。适用于茶叶中有机磷、有机氯、拟除虫菊酯等三类 36 种农药残留量的测定，方法检出限为 0.005～0.05mg/kg
87	GB/T 23379—2009	水果、蔬菜及茶叶中吡虫啉残留的测定　高效液相色谱法 Determination of imidacloprid residues in fruits, vegetables and teas—High performance liquid chromatographic method	规定了水果、蔬菜及茶叶中吡虫啉农药残留的测定方法。适用于苹果、梨、香蕉、番茄、黄瓜、萝卜等水果和蔬菜及茶叶中吡虫啉农药残留的测定，方法检出限（mg/kg）：水果 0.02，蔬菜和茶叶 0.05

（续）

序号	标准编号 (被替代标准号)	标准名称	应用范围和要求
88	GB/T 23380—2009	水果、蔬菜中多菌灵残留的测定 高效液相色谱法 Determination of carbendazim residues in fruits and vegetables—HPLC method	规定了水果、蔬菜中多菌灵残留量的测定方法［高效液相色谱］。适用于水果、蔬菜中多菌灵残留量的测定，方法检出限为 0.02mg/kg
89	GB/T 23584—2009	水果、蔬菜中啶虫脒残留量的测定 液相色谱-串联质谱法 Determination of acetamiprid residue in fruits and vegetables—Liquid chromatography-tandem mass spectrometry	规定了水果、蔬菜中啶虫脒残留量的测定方法［液相色谱-串联质谱法］。适用于水果、蔬菜中啶虫脒残留量的测定，方法定量限为 0.01mg/kg
90	GB/T 23744—2009	饲料中 36 种农药多残留测定 气相色谱-质谱法 Determination of 36 pesticide residues in feedstuffs—GC-MS	规定了饲料中 36 种农药残留量的测定方法［气相色谱-质谱法］。适用于配合饲料、浓缩饲料、单一饲料中 36 种农药残留的测定。方法的检出限为 0.012 5～0.1mg/kg，方法定量限为 0.037 5～0.5mg/kg
91	GB/T 23750—2009	植物性产品中草甘膦残留量的测定 气相色谱-质谱法 Determination of Glyphosate residues in plant products—GC-MS method	规定了植物性产品中草甘膦（PMG）及其降解产物氨甲基膦酸（AMPA）残留量的测定方法［气相色谱-质谱法］。适用于粮谷（大豆、小麦）、水果（甘蔗、柑橙）等植物产品中草甘膦及其降解产物氨甲基膦酸残留量的检测和确证，方法的定量限（LOQ）0.05mg/kg

（续）

序号	标准编号 （被替代标准号）	标准名称	应用范围和要求
92	GB/T 23816—2009	大豆中三嗪类除草剂残留量的测定 Method for determination of triazine herbicide residues in soybean	规定了大豆中西玛通、西玛津、氰草津、阿特拉通、嗪草酮、西草净、莠去津、扑灭通、特丁通、莠灭净、特丁津、扑草净、异丙净残留量的测定方法［高效液相色谱和液相色谱-质谱/质谱法］。适用于大豆中西玛通、西玛津、氰草津、阿特拉通、嗪草酮、西草净、莠去津、扑灭通、特丁通、莠灭净、特丁津、扑草净、异丙净残留量的检测及确证，两种方法的检出限为（mg/kg）分别为 0.02 和 0.005
93	GB/T 23817—2009	大豆中磺酰脲类除草剂残留量的测定 Method for determination of sulfonylurea herbicide residues in soybean	规定了大豆产品中环氧嘧磺隆、噻吩磺隆、甲磺隆、醚苯磺隆、氯磺隆、苄嘧磺隆、氟磺隆、吡嘧磺隆、氯嘧磺隆、氟嘧磺隆残留量的测定方法［高效液相色谱和液相色谱-质谱/质谱法］。适用于大豆中环氧嘧磺隆、噻吩磺隆、甲磺隆、醚苯磺隆、氯磺隆、苄嘧磺隆、氟磺隆、吡嘧磺隆、氯嘧磺隆、氟嘧磺隆残留量的检测及确证，这两种方法的检出限为（mg/kg）分别为 0.02 和 0.005
94	GB/T 23818—2009	大豆中咪唑啉酮类除草剂残留量的测定 Determination of imidazolinone herbicide residues in soybean	规定了大豆籽粒中咪唑烟酸、甲基咪草烟、咪草酸甲酯、咪唑乙烟酸、咪唑喹啉酸残留量的测定方法［液相色谱和液相色谱-质谱/质谱］。适用于大豆籽粒中咪唑烟酸、甲基咪草烟、咪草酸甲酯、咪唑乙烟酸、咪唑喹啉酸残留量的测定，方法测定低限分别为 0.05mg/kg 和 0.02mg/kg

（续）

序号	标准编号 (被替代标准号)	标准名称	应用范围和要求
95	GB/T 25222—2010	粮油检验　粮食中磷化物残留量的测定　分光光度法 Inspection of grain and oils—Determination of phosphide residues in grain—Spectrophotometric method	规定了粮食中磷化物残留量的术语和定义、原理、试剂与材料、仪器和设备、扦样、试样制备、操作步骤、结果计算与表述。适用于粮食中磷化物熏蒸剂残留量的测定［分光光度法测定］，方法的检出限为0.01mg/kg
96	GB/T 28971—2012	卷烟　侧流烟气中烟草特有N-亚硝胺的测定　气相色谱-热能分析仪法 Cigarettes—Determination of tobacco specific N-nitrosamines in sidestream smoke—GC-TEA method	规定了卷烟侧流烟气中N-亚硝基降烟碱（NNN）、N-亚硝基新烟碱（NAT）、N-亚硝基假木贼碱（NAB）和4-（甲基亚硝胺基）-1-（3-吡啶基）-1-丁酮（NNK）4种烟草特有亚硝胺的测定方法［气相色谱-热能分析仪］。适用于卷烟侧流烟气中NNN、NAT、NAB、NNK等4种烟草特有亚硝胺的测定，方法检出限/定量限（ng/cig）分别为：NNN：3.3；NAT：0.9，2.9；NAB：1.0，3.5；NNK：1.0，3.5
97	NY/T 447—2001	韭菜中甲胺磷等七种农药残留检测方法 Method for the determination of pesticide residues in leek	规定了韭菜中7种农药的残留量测定方法。适用于韭菜中甲胺磷7种农药的残留分析，方法检出限（mg/kg）：甲胺磷0.01，甲拌磷0.01，久效磷0.03，对硫磷0.02，甲基异硫磷0.01，毒死蜱0.02，克百威0.04

（续）

序号	标准编号（被替代标准号）	标准名称	应用范围和要求
98	NY/T 448—2001	蔬菜上有机磷和氨基甲酸酯类农药残毒快速检测方法 Rapid bioassay of organophosphate and carbamate pesticide residues in vegetables	规定了甲胺磷等有机磷和克百威等氨基甲酸酯类农药在蔬菜中的残毒快速检测方法［分光光度法］。适用于叶菜类（除韭菜）、果菜类、豆菜类、瓜菜类、根菜类（除萝卜、茭白等）中甲胺磷等有机磷和克百威等氨基甲酸酯类农药残毒快速检测，方法检出限（mg/kg）：甲胺磷 3～5，氧化乐果 2～5，对硫磷 2～4，甲拌磷 1～2，久效磷 1～2，倍硫磷 6～7，杀扑磷 6～7，敌敌畏 0.3，克百威 1～2，涕灭威 1～2，灭多威 1～2，抗蚜威 1.5～3，丁硫克百威 2～3，甲萘威 1～2，丙硫克百威 1～2，速灭威 1.5～2.5，残杀威 1.5～2.5，异丙威 1.5～2.5；甲基对硫磷、乐果、毒死蜱、二嗪磷等农药>10mg/kg
99	NY/T 761—2008 （NY/T 761—2004）	蔬菜和水果中有机磷、有机氯、拟除虫菊酯和氨基甲酸酯类农药多残留的测定 Pesticide multiresidue screen methods for determination of organophosphorus pesticides, organochlorine pesticides, pyrethroid pesticides and carbamate pesticedes in vegetables and fruits 第 1 部分：蔬菜和水果中有机磷类农药多残留的测定	规定了蔬菜和水果中 54 种有机磷类农药多残留的测定［气相色谱法］，方法检出限：0.01～0.3mg/kg［敌敌畏 0.1，乙酰甲胺磷 0.03，百治磷 0.03，乙拌磷 0.02，乐果 0.02，甲基对硫磷 0.02，毒死蜱 0.02，嘧啶磷 0.02，倍硫磷 0.02，辛硫磷 0.3，灭菌磷 0.02，三唑磷 0.01，亚胺硫磷 0.06，敌百虫 0.06，灭线磷 0.02，甲拌磷 0.02，氧乐果 0.02，二嗪磷 0.02，地虫硫磷 0.02，甲基毒死蜱 0.03，对氧磷 0.03，杀螟硫磷 0.02，溴硫磷 0.03，乙基溴硫磷 0.03，丙溴磷 0.04，乙硫磷 0.02，吡菌磷 0.08，蝇毒磷 0.09，甲胺磷 0.01，治螟磷 0.01，特丁硫磷 0.02，久效磷 0.03，除线磷 0.02，皮蝇磷 0.03，甲基嘧啶硫磷 0.02，对硫磷 0.02，异柳磷 0.02，杀扑磷 0.03，甲基硫环磷 0.03，伐灭磷 0.03，伏杀硫磷 0.05，益棉磷 0.06，二溴磷 0.02，乙基溴硫磷 0.03，速灭磷 0.02，胺丙畏 0.02，磷胺-Ⅰ 0.04，磷胺-Ⅱ 0.04，地毒磷 0.03，马拉硫磷 0.03，水胺硫磷 0.03，喹硫磷 0.03，杀虫畏 0.04，硫环磷 0.03，苯硫磷 0.04，保棉磷 0.09］

（续）

序号	标准编号（被替代标准号）	标准名称	应用范围和要求
99	NY/T 761—2008（NY/T 761—2004）	第 2 部分：蔬菜和水果中有机氯类、拟除虫菊酯类农药多残留的测定	规定了蔬菜和水果中 41 种有机氯和拟除虫菊酯类农药多残留的测定［气相色谱法（ECD）］，方法检出限：0.000 1～0.01mg/kg［α-666 0.000 1，西玛津 0.01，莠去津 0.01，δ-666 0.000 1，七氯 0.02，毒死蜱 0.02，艾氏剂 0.000 1，o，p′-DDE 0.000 2，p，p′-DDE 0.000 1，o，p′-DDD 0.000 4，p，p′-DDT 0.000 9，异菌脲 0.001，联苯菊酯 0.000 6，顺式氯菊酯 0.001，氟氯氰菊酯-Ⅰ 0.002，氟氯氰菊酯-Ⅱ 0.002、氟氯氰菊酯-Ⅲ 0.002、氟氯氰菊酯-Ⅳ 0.002，氟胺氰菊酯-Ⅰ 0.002，氟胺氰菊酯-Ⅱ 0.002，β-666 0.000 4，林丹 0.000 2，五氯硝基苯 0.000 2，敌稗 0.002，乙烯菌核利 0.000 4，硫丹-Ⅰ 0.000 3，硫丹-Ⅱ 0.000 3，p，p′-DDD 0.000 3，三氯杀螨醇 0.000 8，高效氯氟氰菊酯 0.000 5，氯菊酯 0.001，氟氰戊菊酯-Ⅰ 0.001，氟氰戊菊酯-Ⅱ 0.001，氯硝胺 0.000 3，六氯苯 0.000 2，百菌清 0.000 3，三唑酮 0.001、腐霉利 0.002、乙草胺 0.003、狄氏剂 0.000 4、异狄氏剂 0.000 5、乙酯杀螨醇 0.003，o，p′-DDT 0.001，胺菊酯-Ⅰ 0.003，胺菊酯-Ⅱ 0.003，甲氰菊酯 0.002，氯氰菊酯-Ⅰ 0.003，氯氰菊酯-Ⅱ 0.003，氯氰菊酯-Ⅲ 0.003，氯氰菊酯-Ⅳ 0.003，氰戊菊酯-Ⅰ 0.002，氰戊菊酯-Ⅱ 0.002，溴氰菊酯-Ⅰ 0.001，溴氰菊酯-Ⅱ 0.001］
		第 3 部分：蔬菜和水果中氨基甲酸酯类农药多残留的测定	规定了蔬菜和水果中 10 种氨基甲酸酯类农药及其代谢物多残留的测定［高效液相色谱法］。方法检出限：0.008～0.02mg/kg［涕灭威亚砜 0.02，涕灭威砜 0.02，灭多威 0.01，三羟基克百威 0.01，涕灭威 0.009，速灭威 0.01，克百威 0.01，甲萘威 0.008，异丙威 0.01，仲丁威 0.01］

（续）

序号	标准编号 (被替代标准号)	标准名称	应用范围和要求
100	NY/T 946—2006	蒜薹、青椒、柑橘、葡萄中仲丁胺残留量的测定 Determination of sec-butylamine residues in garlic sprout green pepper orange and grape	规定了蒜薹、青椒、柑橘、葡萄中仲丁胺残留量的测定方法[薄层-紫外分光光度法]。适用于蒜薹、青椒、柑橘、葡萄中仲丁胺残留量的测定（也适合其他果品蔬菜），方法检出限：0.672mg/kg，浓度范围：0.672～20.000mg/kg
101	NY/T 1016—2006	水果、蔬菜中乙烯利残留量的测定　气相色谱法 Determination of ethephon residues in fruits and vegetables gas chromatogram method	规定了水果和蔬菜中乙烯利残留量的测定方法[气相色谱法]。适用于水果、蔬菜中乙烯利残留量的测定，方法检出限：0.01mg/kg
102	NY/T 1096—2006	食品中草甘膦残留量测定 Determination of glyphosate residues in food	规定了食品中草甘膦及其代谢物残留量的测定方法[气谱-质谱]。适用于蔬菜、水果和粮食类产品中草甘膦及其代谢物残留量的测定，方法检出限：0.02mg/kg
103	NY/T 1275—2007	蔬菜、水果中吡虫啉残留量的测定 Determination of imidacloprid residual in vegetables and fruits	规定了蔬菜和水果中吡虫啉残留量的测定方法[液相色谱法]。适用于蔬菜和水果中吡虫啉残留量的测定，方法检出限：0.01mg/kg
104	NY/T 1277—2007	蔬菜中异菌脲残留量的测定　高效液相色谱法 Determination of iprodione residues in vegetables by HPLC	规定了蔬菜中吡虫啉残留量的测定方法[液相色谱法]。适用于番茄、大白菜、菜豆、结球甘蓝、黄瓜等蔬菜中吡虫啉残留量的测定，方法检出限：0.35mg/kg，线性范围：1～40mg/L

（续）

序号	标准编号（被替代标准号）	标准名称	应用范围和要求
105	NY/T 1379—2007	蔬菜中 334 种农药多残留的测定 气相色谱质谱法和液相色谱质谱法 Multi-residue determination of 334 pesticides in vegetable by GC/MS and LC/MS	规定了蔬菜中 305 种农药的多残留测定方法［气相色谱-质谱法］和 29 种农药的多残留测定方法［液相色谱-质谱法］。适用于 334 种农药的残留量的测定，方法检出限：0.000 1～0.05mg/kg
106	NY/T 1380—2007	蔬菜、水果中 51 种农药多残留的测定 气相色谱-质谱法 Determination of 51 pesticides residues in fruits and vegetables by GC-MS	规定了蔬菜和水果中 51 种有机氯和拟除虫菊酯类农药多残留的测定［气相色谱法］。方法检出限：0.1～63.7μg/kg［敌敌畏 14.4，甲胺磷 10.4，速灭威 2.9，乙酰甲胺磷 6.1，氧乐果 5.3，甲拌磷 15.8，α-BHC 2.5，二嗪磷 5.1，巴胺磷 2.4，久效磷 3.3，五氯硝基苯 4.5，氯硝胺 4.9，林丹 4.5，克百威 5.0，乐果 11.4，磷胺-Ⅰ 18.8，β-BHC 3.1，乙烯菌核利 1.4，磷胺-Ⅱ 1.2，甲基毒死蜱 0.5，δ-BHC 2.9，甲基嘧啶磷 0.6，甲霜灵 2.3，甲基对硫磷 3.0，对氧磷 9.3，马拉硫磷 3.3，毒死蜱 4.0，三唑酮 7.5，杀螟硫磷 3.0，对硫磷 1.6，倍硫磷 0.5，三氯杀螨醇 4.1，异柳磷 2.0，喹硫磷 2.4，o，p′-DDE 0.2，p，p′-DDE 0.3，杀扑磷 1.7，o，p′-DDD 0.2，o，p′-DDE 1.8，乙硫磷 1.5，p，p′-DDD 0.4，p，p′-DDT 3.2，异菌脲 24.2，甲氰菊酯 7.8，高效氯氟氰菊酯 6.5，亚胺硫磷 1.9，伏杀硫磷 1.5，氯菊酯-Ⅰ 1.2，氯菊酯-Ⅱ 2.9，蝇毒磷 8.7，氯氰菊酯-Ⅰ 12.2，氯氰菊酯-Ⅱ 12.5，氯氰菊酯-Ⅲ 16.3，氰戊菊酯-Ⅰ 6.6，氰戊菊酯-Ⅱ 5.0，溴氰菊酯-Ⅰ 16.2，溴氰菊酯-Ⅱ 45.3］，检测范围：0.008～3.2mg/L

（续）

序号	标准编号 （被替代标准号）	标准名称	应用范围和要求
107	NY/T 1434—2007	蔬菜中2，4-D等13种除草剂多残留的测定　液相色谱质谱法 Multi-residue determination of 2，4-D and other 12 herbicides in vegetable by LC/MS	规定了蔬菜中2，4-D等13种除草剂多残留的测定方法［液相色谱-质谱法］。适用于蔬菜中2，4-D等13种除草剂残留量的测定。方法检出限：0.000 4～0.01mg/kg［二氯吡啶酸0.01，麦草威0.009，氟草烟0.008，4-氯苯氧乙酸0.004，2，4-D 0.003，2甲4氯0.004，三氯吡氧乙酸0.01，2甲4氯丙酸0.001，2，4-D丙酸0.001，2，4，5-涕0.002，2，4-D丁酸0.002，2甲4氯丁酸0.001，氯吡甲禾灵0.000 4］
108	NY/T 1453—2007	蔬菜及水果中多菌灵等16种农药残留测定　液相色谱-质谱-质谱联用法 Determination of 16 pesticide residues in fruits and vegetables by LC-MS/MS	规定了蔬菜及水果中多菌灵等16种残留的测定方法［液相色谱-质谱-质法］。适用于蔬菜及水果中多菌灵等16种残留量的测定。方法检出限：0.01～0.10mg/kg［伐虫脒0.05，霜霉威0.01，多菌灵0.02，杀线威0.10，噻菌灵0.05，灭多威0.10，吡虫啉0.10，啶虫脒0.05，嘧菌酯0.01，多杀霉素0.01，咪鲜胺0.02，氟菌唑0.04，氟铃脲0.02，氟苯脲0.02，虱螨脲0.02，氟虫脲0.02］
109	NY/T 1455—2007	水果中腈菌唑残留量的测定　气相色谱法 Determination of myclobutanil residue in fruits gas chromatography	规定了水果中腈菌唑残留量的测定方法［气相色谱法］。适用于水果中腈菌唑的残留量测定，方法检出（mg/kg）：［ECD检测器］0.005，［FPD检测器］：0.008，线性范围：0.05～2mg/kg
110	NY/T 1456—2007	水果中咪鲜胺残留量的测定　气相色谱法 Determination of prochloraz residue in fruits gas chromatography	规定了水果中咪鲜胺及其代谢物残留量的测定方法［气相色谱法］。适用于水果中咪鲜胺及其代谢物的残留量测定，方法检出限：0.005mg/kg，线性范围：0.05～1mg/kg

（续）

序号	标准编号 （被替代标准号）	标准名称	应用范围和要求
111	NY/T 1601—2008	水果中辛硫磷残留量的测定　气相色谱法 Determination of phoxim residues in fruit gas chromatography	规定了水果中辛硫磷残留量的测定方法［气相色谱法］。适用于水果中辛硫磷的残留量测定，方法检出限：0.02mg/kg
112	NY/T 1603—2008	蔬菜中溴氰菊酯残留量的测定　气相色谱法 Determination of deltamethrin residues in vegetables gas chromatograph	规定了蔬菜中溴氰菊酯残留量的测定方法［气相色谱法］。适用于蔬菜中溴氰菊酯的残留量测定，方法检出限：0.005mg/kg
113	NY/T 1616—2008	土壤中9种磺酰脲类除草剂残留量的测定　液相色谱法-质谱法 Determination of 9 sulfonylurea herbicides residues in soil by LC-MS	规定了土壤中9种磺酰脲类除草剂残留量的测定方法［液相色谱-质谱法］。适用于土壤中烟嘧磺隆、噻吩磺隆、甲磺隆、甲嘧磺隆、氯磺隆、胺苯磺隆、苄嘧磺隆、吡嘧磺隆、氯嘧磺隆9种磺酰脲类除草剂的残留量测定，方法检出限：0.6～3.8μg/kg，线性范围：0.1～10mg/L
114	NY/T 1649—2008	水果、蔬菜中噻苯咪唑（噻菌灵）残留量的测定　高效液相色谱法 Determination of thiabendazol residue in fruits and vegetables by HPLC	规定了水果、蔬菜中噻菌灵残留量的测定方法［液相色谱法］。适用于水果、蔬菜中噻菌灵的残留量测定，方法检出限：0.01mg/kg

（续）

序号	标准编号（被替代标准号）	标准名称	应用范围和要求
115	NY/T 1652—2008	蔬菜、水果中克螨特残留量的测定　气相色谱法 Determination of propargite residues in vegetables and fruits—GC	规定了蔬菜、水果中克螨特残留量的测定方法［气相色谱法］。适用于菜豆、黄瓜、番茄、甘蓝、白菜、萝卜、芹菜、柑橘、苹果等蔬菜、水果中克螨特的残留量测定，方法检出限：0.08mg/kg，线性范围：0.05～0.2mg/L
116	NY/T 1679—2009	植物性食品中氨基甲酸酯类农药残留的测定　液相色谱-串联质谱法 Determination of carbamate pesticide residues in vegetable foods by LC-MS/MS	规定了植物性食品中抗蚜威、硫双威、灭多威、克百威、甲萘威、异丙威、仲丁威和甲硫威残留量的测定方法［液相色谱-质谱法］。适用于蔬菜、水果中上述8种氨基甲酸酯类农药残留量的测定，方法检出限（mg/kg）：抗蚜威0.001、硫双威为0.003、灭多威0.20、克百威0.001、甲萘威0.010、异丙威0.005、仲丁威0.005、甲硫威0.003
117	NY/T 1680—2009	蔬菜水果中多菌灵等4种苯并咪唑类农药残留量的测定　高效液相色谱法 Determination of carbendazim and other 3 benzimidazoles in vegetable and fruit by HPLC	规定了测定蔬菜、水果中多菌灵、噻菌灵、甲基硫菌灵和2-氨基苯并咪唑残留量的方法［反相离子对高效液相色谱法］。适用于蔬菜、水果中多菌灵、噻菌灵、甲基硫菌灵和2-氨基苯并咪唑等四种苯并咪唑类农药残留量的测定，方法检出限为多菌灵0.07 mg/kg，甲基硫菌灵为0.09 mg/kg，噻菌灵为0.05 mg/kg，2-氨基苯并咪唑为0.10 mg/kg
118	NY/T 1720—2009	水果、蔬菜中杀铃脲等七种苯甲酰脲类农药残留量的测定　高效液相色谱法 Determination of seven benzoylurea pesticides residues in fruits and vegetables by HPLC	规定了测定蔬菜、水果中除虫脲、灭幼脲、杀铃脲、氟虫脲、氟铃脲、氟啶脲和氟苯脲等七种苯甲酰脲类农药残留的方法［高效色谱法］。适用于番茄、甘蓝、黄瓜、大白菜、梨、桃、柑橘、苹果等蔬菜、水果中上述七种农药残留量的测定，方法检出限均为0.05 mg/kg

（续）

序号	标准编号 （被替代标准号）	标准名称	应用范围和要求
119	NY/T 1721—2009	茶叶中炔螨特残留量的测定　气相色谱法 Determination of propargite residues in tea by GC	规定了茶叶中炔螨特（克螨特）残留量的测定方法［气相色谱法］。适用于茶叶中炔螨特残留量的测定，方法检出限为 0.5 mg/kg
120	NY/T 1722—2009	蔬菜中敌菌灵残留量的测定　高效液相色谱法 Determination of anilazine residue in vegetables by HPLC	规定了新鲜蔬菜中敌菌灵残留量的测定方法［高效液相色谱法］。适用于番茄、菜豆、黄瓜、甘蓝、白菜、芹菜、胡萝卜等蔬菜中敌菌灵残留量的测定，方法检出限为 0.01 mg/kg
121	NY/T 1724—2009	茶叶中吡虫啉残留量的测定　高效液相色谱法 Determination of imidacloprid residue in tea by HPLC	规定了茶叶中吡虫啉农药残留量的测定方法［高效液相色谱法］。适用于茶叶中吡虫啉农药残留量的测定，方法检出限为 0.05 mg/kg
122	NY/T 1725—2009	蔬菜中灭蝇胺残留量的测定　高效液相色谱法 Determination of cyromazine residue in vegetables by HPLC	规定了新鲜蔬菜中灭蝇胺残留量的测定方法［高效液相色谱法］。适用于黄瓜、番茄、菜豆、甘蓝、大白菜、芹菜、萝卜等蔬菜中灭蝇胺残留量的测定，方法检出限为 0.02 mg/kg
123	NY/T 1726—2009	蔬菜中非草隆等 15 种取代脲类除草剂残留量的测定　液相色谱法 Determination of fenuron and other 14 substituted urea herbicides in vegetable by HPLC	规定了液相色谱法测定蔬菜中非草隆、丁噻隆、甲氧隆、灭草隆、绿麦隆、伏草隆、异丙隆、敌草隆、绿谷隆、溴谷隆、炔草隆、环草隆、利谷隆、氯溴隆、草不隆等 15 种取代脲类除草剂残留量的方法。适用于蔬菜中上述 15 种取代脲类除草剂残留量的测定，方法检出限为 0.005～0.05 mg/kg

（续）

序号	标准编号 （被替代标准号）	标准名称	应用范围和要求
124	NY/T 1727—2009	稻米中吡虫啉残留量的测定　高效液相色谱法 Determination of imidacloprid residues in rice by HPLC	规定了测定精米、糙米、稻谷中吡虫啉残留量的方法［高效液相色谱法］。适用于稻米中吡虫啉残留量的测定，方法检出限为 0.005 mg/kg
125	NY/T 2819—2015	植物性食品中腈苯唑残留量的测定　气相色谱-质谱法 Determination of fenbuconazole residues in vegetable foods—GC-MS method	规定了植物性食品中腈苯唑残留量的气相色谱-质谱测定方法。适用于植物性食品中腈苯唑残留的测定，方法的定量限为 0.02mg/kg
126	NY/T 2820—2015	植物性食品中抑食肼、虫酰肼、甲氧虫酰肼、呋喃虫酰肼和环虫酰肼 5 种双酰肼类农药残留量的同时测定　液相色谱-质谱联用法 Determination of yishijing, tebufenozide, methoxyfenozide, furan tebufenozide and chromafenozide residues in plant foods—LC-MS-MS method	规定了植物性食品中抑食肼、虫酰肼、甲氧虫酰肼、呋喃虫酰肼和环虫酰肼 5 种双酰肼类农药残留量的同时测定 液相色谱-质谱联用法。适用于植物性食品中抑食肼、虫酰肼、甲氧虫酰肼、呋喃虫酰肼和环虫酰肼 5 种双酰肼类农药残留量的测定，方法定量限均为 0.01mg/kg
127	SC/T 3034—2006	水产品中三唑磷残留量的测定　气相色谱法 Determination of triazophos in fishery product—Gas Chromatography	规定了水产品中三唑磷残留量的测定方法［气相色谱法］。适用于水产品可食部分中三唑磷残留量的测定，方法检出限：10μg/kg，线性范围：0.1～10μg/mL

（续）

序号	标准编号 （被替代标准号）	标准名称	应用范围和要求
128	SC/T 3039—2008	水产品中硫丹残留量的测定　气相色谱法 Determination of endosulfan in aquatic product by gas chromatography	规定了水产品中硫丹残留量的测定方法［气相色谱法］。适用于水产品中硫丹残留量的测定，方法检出限（mg/kg）：α-硫丹0.000 3、β-硫丹 0.000 3
129	SC/T 3040—2008	水产品中三氯杀螨醇残留量的测定　气相色谱法 Determination of dicofol in aquatic product by gas chromatography	规定了水产品中三氯杀螨醇残留量的测定方法［气相色谱法］。适用于水产品中三氯杀螨醇残留量的测定，方法最低的检出限：0.003mg/kg，定量限 0.01mg/kg
130	SN/T 0122—2011 （SN 0122—92）	进出口肉及肉制品中甲萘威残留量检验方法　液相色谱-柱后衍生荧光检测法 Determination of carbaryl residues in meat and meat products for import and export. HPLC-fluoresce detector with post column derivation	规定了进出口肉及肉制品中甲萘威残留量的液相色谱-柱后衍生荧光检测法。适用于进出口牛肉、鸡肉、虾肉、鱼肉及火腿罐头中甲萘威残留量的测定，方法测定低限为：0.005mg/kg
131	SN/T 0123—2010 （SN/T 0123—1992，SN/T 0214—1993）	进出口动物源食品中有机磷农药残留量检测方法　气相色谱-质谱法 Determination of organophosphorus multiresidues in foodstuffs of animal origin for import and export. GC-MS method	规定了进出口动物源食品中 9 种有机磷农药残留量（敌敌畏、二嗪磷、皮蝇磷、杀螟硫磷、马拉硫磷、毒死蜱、倍硫磷、对硫磷、乙硫磷）的检测方法［气相色谱-质谱法］。适用于清蒸猪肉罐头、猪肉、鸡肉、牛肉、鱼肉中有机磷农药残留量的测定和确证，对进出口动物源食品中 9 种有机磷测定低限（mg/kg）：除毒死蜱为 0.01，其余都是 0.02

（续）

序号	标准编号 （被替代标准号）	标准名称	应用范围和要求
132	SN/T 0125—2010 （SN/T 0125—92）	进出口食品中敌百虫残留量检测方法　液相色谱-质谱/质谱法 Determination of trichlorfon residus in meat and meat products for import and export. LC-MS method	规定了出口农产品中敌百虫残留量的液相色谱-质谱/质谱检测和确证方法。适用于出口清蒸猪肉罐头、猪肉、鸡肉、牛肉、鱼肉、香肠、糙米、玉米、洋葱、核桃中敌百虫残留量的测定。本方法对出口清蒸猪肉罐头、猪肉、鸡肉、牛肉、鱼肉、香肠中敌百虫残留量的测定低限均为 0.002mg/kg（LOQ）；糙米、玉米、洋葱、核桃中敌百虫残留量的测定低限均为 0.004mg/kg（LOQ）
133	SN/T 0127—2011 （SN 0127—92， SN 0128—92， SN 0129—92， SN 0130—92）	进出口动物源性食品中六六六、滴滴涕和六氯苯残留量的检测方法　气相色谱-质谱法 Determination of BHCs DDTs and HCB residues in foods of animal origin for import and export. GC-MS method	规定了鸡蛋、牛奶、芝士粉、鸡肝、鸡腿肉、牛肉、鮰鱼、河虾、蜂王浆和蜂蜜等动物源性食品中六六六、滴滴涕和六氯苯残留量的气相色谱-质谱检测方法。适用于鸡蛋、牛奶、芝士粉、鸡肝、鸡腿肉、牛肉、鮰鱼、河虾、蜂王浆和蜂蜜等食品中六六六、滴滴涕和六氯苯残留量的测定和确证，方法检测限为：0.002mg/mg，定量限 0.010mg/kg
134	SN/T 0131—2010 （SN/T 0131—92）	进出口粮谷中马拉硫磷残留量检测方法 Determination of malathion residues in grain for import and export	规定了进出口粮谷中马拉硫磷残留量的检测方法。适用于进出口粮谷中大米、小麦、高粱、玉米中马拉硫磷残留量的测定和确证。气相色谱检测方法和气相色谱-质谱检测方法马拉硫磷残留量的测定低限均为 0.005mg/kg
135	SN/T 0134—2010 （SN/T 0134—1992， SN/T 0490—1995， SN/T 0534—1996， SN/T 0582—1996）	进出口食品中杀线威等 12 种氨基甲酸酯类农药残留量的检测方法　液相色谱-质谱/质谱法 Determination for pesticide residues of 12 kinds of carbamates including oxamyl in foods for import and export. LC-MS/MS method	规定了食品中杀线威、灭多威、抗蚜威、涕灭威、速灭威、噁虫威、克百威、甲萘威、乙硫甲威、异丙威、乙霉威和仲丁威等 12 种氨基甲酸酯类农药残留量的检测方法［液相色谱-质谱/质谱法］。适用于玉米、糙米、大麦、白菜、大葱、小麦、大豆、花生、苹果、柑橘、牛肝、鸡肾和蜂蜜中杀线威、灭多威、抗蚜威、涕灭威、速灭威、恶虫威、克百威、甲萘威、乙硫甲威、异丙威、乙霉威、仲丁威残留量的检测和确证，方法测定低限为 0.01mg/kg

（续）

序号	标准编号 （被替代标准号）	标准名称	应用范围和要求
136	SN 0139—1992 （ZB B31 015—88）	出口粮谷中二硫代氨基甲酸酯残留量检验方法 Method for determination of dithiocarbamate residues in grain for export	规定了出口玉米中二硫代氨基甲酸酯残留量的抽样和测定方法［气相色谱法］。适用于出口玉米中二硫代氨基甲酸酯（包括代森锌、福美双等）残留量的检验。不适用于二硫化碳熏蒸过的玉米
137	SN/T 0145—2010 （SN/T 0145—92， SN/T 0164—92）	进出口植物产品中六六六、滴滴涕残留量测定方法　磺化法 Determination of BHC and DDT residues in plant products for import and export. Sulfonane method	规定了植物产品中六六六、滴滴涕残留检验的制样和测定方法［磺化法＋气相色谱-质谱法］。适用于茶叶、柑橘、生姜、青刀豆等植物产品中六六六、滴滴涕残留量的检测，方法的测定低限均为0.005mg/kg，如有必要对可疑干性样品净化液进行浓缩用气相色谱-质谱联用仪器测定，确保测定低限达到0.01mg/kg
138	SN 0146—1992 （ZB X87 001—84）	出口烟叶及烟叶制品中 六六六、滴滴涕残留量检验方法 Method for determination of BHC and DDT residues in tobacco and tobacco products for export	规定了出口烟叶和烟叶制品中六六六、滴滴涕残留量的抽样和测定［气相色谱法］。适用于出口烟叶和烟叶制品中六六六、滴滴涕残留量的检验
139	SN 0147—1992 （ZB X50 015—86， ZB X50 016—86）	出口茶叶中六六六、滴滴涕残留量检验方法 Method for determination of BHC, DDT residues in tea for export	规定了出口茶叶和茶汤中六六六、滴滴涕残留量的抽样和测定方法［气相色谱法］。适用于出口茶叶和茶汤中六六六、滴滴涕残留量检验

（续）

序号	标准编号（被替代标准号）	标准名称	应用范围和要求
140	SN/T 0148—2011（SN0148—92，SN0153—92，SN0154—92，SN0155—92，SN0161—92，SN0189—93，SN0196—93，SN0278—93，SN0288—93，SN0291—93，SN0334—95，SN0342—95，SN0344—95，SN0354—95，SN0599—1996）	进出口水果蔬菜中有机磷农药残留量检测方法　气相色谱和气相色谱-质谱法 Determination of organophosphorus residues in fruits and vegetables for import and export. GC-FPD and GC-MS methods	规定了水果蔬菜中敌敌畏、乐果、敌百虫、氧化乐果、杀虫畏、碘硫磷等 70 种有机磷农药残留量检测方法［气相色谱及气相色谱-质谱法］。适用于菠萝、苹果、荔枝、胡萝卜、马铃薯、茄子、菠菜、荷兰豆、鲜木耳、鲜蘑菇、鲜牛蒡、鲜香菇、大葱中上述 70 种有机磷农药残留量的检测，对菠萝、苹果、荔枝、胡萝卜、马铃薯、茄子、菠菜、荷兰豆、鲜木耳、鲜蘑菇、鲜牛蒡、鲜香菇、大葱中上述 70 种有农药气相色谱法测定低限（mg/kg）：除乙拌磷、灭线磷为 0.005 外，其余为 0.01，气相色谱-质谱法低限均为 0.01
141	SN 0150—1992（ZB B31 024—88）	出口水果中三唑锡残留量检验方法 Method for determination of azocyclotin residue in fruit for export	规定了出口苹果中三唑锡残留量的抽样和测定方法［气相色谱法］。适用于出口苹果中三唑锡残留量检验，也适用于柑橘、香蕉中三唑锡残留量的检验
142	SN 0151—1992（ZB B31 013—86）	出口水果中乙硫磷残留量检验方法 Method for determination of ethion residue in fruit for export	规定了出口苹果中乙硫磷残留量的抽样和测定方法［气相色谱法］。适用于出口苹果中乙硫磷残留量的检验，也适用于出口柑橘等水果中乙硫磷残留量的检验

（续）

序号	标准编号 (被替代标准号)	标准名称	应用范围和要求
143	SN/T 0152—2014 (SN/T 0152—1992)	出口水果中2，4-滴残留量检验方法 Method for inspection of 2，4-D residues infruit for export	规定了苹果、梨、香蕉、菠萝和柑橘中2，4-滴残留量的气相色谱测定方法。适合苹果、梨、香蕉、菠萝和柑橘中2，4-滴残留量的测定，方法测定低限为0.01mg/kg
144	SN 0156—1992 (ZB B31 010—88)	出口水果中抗蚜威残留量检验方法 Method for determination of pirimicarb residue in fruit for export	规定了出口柑橘中抗蚜威残留量的抽样和测定方法［气相色谱法］。适用于出口柑橘中抗蚜威残留量的检验
145	SN 0157—1992 (ZB B31 015—88)	出口水果中二硫代氨基甲酸酯残留量检验方法 Method for determination of dithiocarbamate residue in fruit for export	规定了出口苹果中二硫代氨基甲酸酯残留量的抽样和测定方法［气相色谱法］。适用于出口苹果中二硫代氨基甲酸酯（包括代森锌、福美双等）残留量的检验
146	SN 0158—1992 (ZB B31 023—88)	出口水果中螨完锡（苯丁锡）残留量检验方法 Method for determination of fenbutatin residue in fruit for export	规定了出口苹果中苯丁锡残留量的抽样和测定方法［气相色谱法］。适用于出口苹果中苯丁锡残留量检验，也适用于柑橘、菠萝、黄瓜中苯丁锡残留量的检验
147	SN/T 0159—2012 (SN 0159—1992)	出口水果中六六六、滴滴涕、艾氏剂、狄氏剂、七氯残留量测定 气相色谱法 Determination of BHC，DDT，aldrin，dieldrin and heptachlor residues in fruits for export. Gas chromatography method	规定了出口水果中六六六、滴滴涕、艾氏剂、狄氏剂和七氯残留量的测定方法［气相色谱法］。适用于柑橘、脐橙、苹果中六六六、滴滴涕、艾氏剂、狄氏剂和七氯残留量的测定，方法检出限：α-HCH、γ-HCH、七氯、艾氏剂、δ-HCH、p，p′-DDE、狄氏剂、β-HCH、o，p′-DDT、p，p′-DDD、p，p′-DDT均为5μg/kg

（续）

序号	标准编号 （被替代标准号）	标准名称	应用范围和要求
148	SN 0160—1992 （ZB B31 014—88）	出口水果中硫丹残留量检验方法 Method for determination of endosulfan residue in fruit for export	规定了出口柑橘中硫丹残留量的抽样和测定方法［气相色谱法］。适用于出口柑橘中硫丹残留量的检验
149	SN/T 0162—2011 （SN 0162—1992）	出口水果中甲基硫菌灵、硫菌灵、多菌灵、苯菌灵、噻菌灵残留量的检测方法　高效液相色谱法 Determination of thiophanate-methyl, thiophanate, carbendazim, benomyl and thiabendazole residues in fruits for export. HPLC method	规定了出口水果中甲基硫菌灵、硫菌灵、多菌灵、苯菌灵、噻菌灵残留量的高效液相色谱检测方法和液相色谱-质谱/质谱确证方法。适用于出口柑橘、苹果、梨、桃和葡萄中甲基硫菌灵、硫菌灵、多菌灵、苯菌灵、噻菌灵残留量的测定和确证。该方法中甲基硫菌灵、硫菌灵、多菌灵、苯菌灵、噻菌灵的测定低限均为 0.05mg/kg
150	SN 0163—2011 （SN 0163—1992）	出口水果及水果罐头中二溴乙烷残留量检验方法 Test method for ethylene dibromide residues in fruits and canned fruits for export	规定了柑橘类、大浆果类水果及罐头中二溴乙烷残留检验的制样及检测方法。适用于柑橘、菠萝、香蕉及柑橘、菠萝罐头中二溴乙烷残留量的气相色谱和气质联用方法测定。本方法新鲜水果和水果罐头中二溴乙烷的残留量的气相色谱法测定低限均为 0.000 5mg/kg，气质联用方法测定低限均为 0.001mg/kg
151	SN 0167—1992 （ZB 7—83）	出口酒中六六六、滴滴涕残留量检验方法 Method for determination of BHC, DDT residues in wines for export	规定了出口酒中六六六、滴滴涕残留量的抽样和测定方法［气相色谱法］。适用于出口酒及饮料中六六六、滴滴涕残留量检验

（续）

序号	标准编号 (被替代标准号)	标准名称	应用范围和要求
152	SN 0181—1992 （ZB C23 001—84， ZB C23 002—84， ZB C23 003—84， ZB X66 001—84）	出口中药材中六六六、滴滴涕残留量检验方法 Method for determination of BHC and DDT residues in Chinese medicinal material for export	规定了出口田七、杜仲、罗汉果、桂皮中六六六、滴滴涕残留量的抽样和测定方法［气相色谱法］。适用于出口田七、杜仲、罗汉果、桂皮中六六六、滴滴涕残留量的检验
153	SN/T 0190—2012 （SN/T 0190—1993）	出口水果和蔬菜中乙撑硫脲残留量测定方法　气相色谱质谱法 Determination of ethylenethiourea residues in fruit and vegetable for export. GC-MS method	规定了出口水果和蔬菜中乙撑硫脲残留量的测定方法［气相色谱质谱法］。适用于鲜桔、马蹄、苹果、西兰花、菠菜等水果和蔬菜中乙撑硫脲残留量的测定，方法低限为 0.05mg/kg
154	SN 0192—1993	出口水果中溴螨酯残留量检验方法 Method for determination of bromopropylate residues in fruits for export	规定了出口水果中溴螨酯残留量检验的抽样、制样和测定法［气相色谱法］。适用于出口苹果中溴螨酯残留量的检验，方法检出限：0.04mg/kg
155	SN/T 0193.1—2015 （SN/T 0193.1—1993）	出口皮革及皮革制品中五氯酚残留量检测方法　第 1 部分：液相色谱-质谱/质谱法 Determination of pentachlorophenol residues in leather and leather products for export Part 1：HPLC-MS/MS method	规定了出口鞣质猪皮、牛皮、羊皮及其制品中五氯酚残留量的液相色谱-质谱/质谱法测定方法。适用于出口鞣质猪皮、牛皮、羊皮及其制品中五氯酚残留量定性确证和定量检测。本方法中五氯酚的测定低限为 50μg/kg

（续）

序号	标准编号 (被替代标准号)	标准名称	应用范围和要求
156	SN/T 0193.2—2015 (SN/T 0193.2—1993)	进出口皮革及皮革制品中五氯酚残留量检测方法　第2部分：气相色谱法 Determination of pentachlorophenol residues in leather and leather products for export Part 2: Gas chromatography method	规定了出口鞣质皮革及其制品中五氯酚残留量的气相色谱测定方法。适用于各种皮革及其制品。本方法中五氯酚的测定低限为0.5mg/kg
157	SN/T 0195—2011 (SN 0195—1993)	出口肉及肉制品中2，4-滴残留量检测方法　液相色谱-质谱/质谱法 Determination of 2，4-D residues in meat and meat products for export. LC-MS/MS	规定了出口肉及肉制品2，4-滴残留量的制样和液相色谱-质谱/质谱法测定及确证方法。适用于出口肉及肉制品中2，4-滴残留量的检测。本方法中2，4-滴的测定低限为0.005mg/kg
158	SN/T 0213.1—2011 (SN/T0213.1—1993)	出口蜂蜜中杀虫脒及其代谢产物残留量的测定　第1部分：液相色谱-质谱/质谱法 Determination of chlordimeform and its metabolite residues in honey for export Part 1: LC-MS/MS method	规定了出口蜂蜜中杀虫脒及其代谢物（4-氯邻甲苯胺）残留量的测定方法［液相色谱-质谱/质谱法］。适用于出口蜂蜜（洋槐蜜、荆条蜜、蜂巢蜜、杂花蜜、野蜂蜜等）中杀虫脒及其代谢物（4-氯邻甲苯胺）残留量的测定和确证，方法对出口荆条蜜、蜂巢蜜、杂花蜜、洋槐蜜、野蜂蜜中杀虫脒和4-氯邻甲苯胺残留量测定低限均为5μg/kg

（续）

序号	标准编号（被替代标准号）	标准名称	应用范围和要求
159	SN/T 0213.5—2002	出口蜂蜜中氟胺氰菊酯残留量检验方法　液相色谱法 Determination of fluvalinate residue in honey for export-Liquid chromatography method	规定了出口蜂蜜中氟胺氰菊酯残留量检验的抽样、制样和测定方法［液相色谱法］。适用于出口蜂蜜中氟胺氰菊酯残留量的检验，方法检出限：0.01mg/kg
160	SN/T 0217—2014（SN 0217—1993，SN 0219—1993，SN/T 0932—2000）	出口植物源性食品中多种菊酯残留量的检测方法　气相色谱-质谱法 Determination of multiple pyrethroid residues in plant food for export. GC-MS method	规定了食品中联苯菊酯、甲氰菊酯、氯氟氰菊酯、氯菊酯、氯氟氰菊酯、氯氰菊酯、醚菊酯、氟硅菊酯、氰戊菊酯和溴氰菊酯残留量的方法［气相色谱-质谱检测法］。适用于茶叶、玉米、大米、花菜、菠萝、香菇中联苯菊酯、甲氰菊酯、氯氟氰菊酯、氯菊酯、氯氟氰菊酯、氯氰菊酯、醚菊酯、氟硅菊酯、氰戊菊酯和溴氰菊酯残留量的检测和确证。本方法对测定农药的测定低限均为0.01mg/kg，其中茶叶的检测低限为0.05mg/kg
161	SN/T 0218—2014（SN 0218—1993）	出口粮谷中天然除虫菊素残留总量的检测方法　气相色谱—质谱法 Determination of pyrethrins residues in cereals for export. GC-MS method	规定了粮谷中天然除虫菊素残留量的检测方法［气相色谱-质谱法］。适用于大麦、小麦、玉米、大米、糙米和高粱中天然除虫菊素（除虫菊素Ⅰ、除虫菊素Ⅱ、瓜叶菊素Ⅰ、瓜叶菊素Ⅱ、茉莉菊素Ⅰ、茉莉菊素Ⅱ）残留总量的检测和确证。方法测定低限为0.05mg/kg（除虫菊素残留总量）
162	SN 0220—2016（SN 0220—1993）	出口水果中多菌灵残留量的检测方法 Method for the determination of carbendazim residues in fruits for export	规定了出口水果中多菌灵残留量检验的抽样、制样和测定方法［液相色谱法］。适用于出口柑橘中多菌灵残留量的检验，方法检出限：0.7mg/kg

（续）

序号	标准编号 (被替代标准号)	标准名称	应用范围和要求
163	SN/T 0278—2009 (SN 0278—1993)	进出口食品中甲胺磷残留量检测方法 Determination of methamidophos residues in foods for import and export	规定了进出口食品中甲胺磷残留量检测的气相色谱测定和液相色谱-质谱/质谱确证方法。适用于进出口大米、绿豆、菠菜、荷兰豆、柑橘、葡萄、甘蓝、板栗、茶叶、猪肉、鸡肉、猪肝、罗非鱼、蜂蜜中甲胺磷残留量的测定和确证。茶叶的测定低限为 50μg/kg，大米、绿豆、菠菜、荷兰豆、柑橘、葡萄、橄榄、板栗、猪肉、肌肉、猪肝、罗非鱼、蜂蜜中甲胺磷的测定低限均为 10μg/kg
164	SN/T 0280—2012	进出口水果中氯硝胺残留量的检测方法 Determination of dicloran residues in fruits for export	规定了出口水果中氯硝胺残留量的检测方法［气相色谱-质谱法］。适用于出口柑橘、桃、苹果中氯硝胺残留量的测定和确证，本法的测定低限为 0.001mg/kg
165	SN/T 0285—2012	出口酒中氨基甲酸乙酯残留量检测方法　气相色谱-质谱法 Determination of ethyl carbamate residues in alcohol for export. GC-MS	规定了蒸馏酒、发酵酒、配制酒中氨基甲酸乙酯残留量的检测方法［气相色谱-质谱法］。适用于蒸馏酒、黄酒、红葡萄酒、啤酒、白兰地酒中氨基甲酸乙酯残留量检定和确证，方法检测低限为 0.01mg/kg
166	SN 0287—1993	出口水果中乙氧喹（乙氧喹啉）残留量检验方法　液相色谱法 Method for the determination of ethoxyquin residues in fruits for export-Liquid chromatography	规定了出口水果中乙氧喹啉残留量检验的抽样、制样和测定方法［液相色谱法］。适用于出口苹果、梨中乙氧喹啉残留量的检验，方法检出限：0.3mg/kg

（续）

序号	标准编号 (被替代标准号)	标准名称	应用范围和要求
167	SN 0290—1993	出口肉类中稻瘟净残留量检验方法 Method for the determination of kitazin residues in meat for export	规定了出口肉类中稻瘟净残留量检验的抽样、制样和气相色谱测定方法。适用于出口分割猪肉中稻瘟净残留量的检验，方法检出限：0.01mg/kg
168	SN/T 0292—2010 (SN/T 0292—1993)	进出口粮谷中灭草松残留量检测方法　气相色谱法 Determination of bentazon residues in cereals for import and export. GC method	规定了大米中灭草松残留量的检测方法［气相色谱法］。适用于大米中灭草松残留量的检测，方法测定低限为0.04mg/kg
169	SN/T 0293—2014 (SN/T 0293—1993)	出口植物源性食品中百草枯和敌草快残留量的测定　液相色谱-质谱/质谱法 Determination of paraqual and diuron residues in footstuffs of plant origin for export-LC-MS/MS method	规定了出口植物源性食品中百草枯和敌草快制样和测定方法［液相色谱-质谱/质谱法］。适用于大米、大豆、玉米、小麦、棉籽、干木耳、甘蓝、苹果、香蕉、草莓中百草枯和敌草快残留量的测定和确证。本方法中对水果、蔬菜类、粮谷和豆类中百草枯和敌草快残留量的测定低限为0.01mg/kg
170	SN 0337—1995	出口水果和蔬菜中克百威残留量检验方法 Method for the determination of carbofuran residues in fruits and vegetables for export	规定了出口水果和蔬菜中克百威残留量的抽样、制样和测定方法［气相色谱法］。适用于出口柑橘、荷兰豆中克百威残留量的检验，方法检出限：0.02mg/kg

（续）

序号	标准编号（被替代标准号）	标准名称	应用范围和要求
171	SN 0338—1995	出口水果中敌菌丹残留量检验方法 Method for the determination of captafol residues in fruits for export	规定了出口水果中敌菌丹残留量检验的抽样、制样和测定方法［气相色谱法］。适用于出口苹果、菠萝中敌菌丹残留量的检验，方法检出限：0.02mg/kg
172	SN 0346—1995	出口蔬菜中 α-萘乙酸残留量检验方法 Method for the determination of α-naphthylacetic acid residues in vegetables for export	规定了出口蔬菜中 α-萘乙酸残留量检验的抽样、制样和测定方法［气相色谱法］。适用于出口速冻荷兰豆中 α-萘乙酸残留量的检验。方法检出限：0.02mg/kg
173	SN/T 0348.1—2010（SN/T 0348.1—95）	进出口茶叶中三氯杀螨醇残留量检测方法 Determination of dicofol residues in tea for import and export	规定了进出口茶叶中三氯杀螨醇残留量的检测方法［气相色谱和气相色谱-质谱法］。适用于进出口茶叶中三氯杀螨醇残留量的测定和确证。方法测定低限均为 0.05mg/kg
174	SN/T 0348.2—1995	出口茶叶中三氯杀螨醇残留量检验方法　液相色谱法 Method for the determination of dicofol residues in tea for export-Liquid chromatography	规定了出口茶叶中三氯杀螨醇残留量检验的抽样、制样和测定方法［液相色谱法］。适用于出口茶叶中三氯杀螨醇残留量的检验，方法检出限：0.1mg/kg
175	SN/T 0350—2012	出口水果中赤霉素（赤霉酸）残留量的测定　液相色谱-质谱/质谱法 Determination of gibberellic acid residues in fruit for export. LC-MS/MS	规定了出口水果中赤霉酸残留量的制样和测定方法［液相色谱-质谱/质谱法］。适用于出口苹果、橘子、桃子和葡萄中赤霉酸残留量的测定，方法测定低限为 10μg/kg

（续）

序号	标准编号 (被替代标准号)	标准名称	应用范围和要求
176	SN/T 0351—2009 (SN 0351—1995)	进出口食品中丙线磷（灭线磷）残留量检测方法 Determination of ethoprophos residues in foods for import and export	规定了进出口食品中灭线磷残留量检测的确证方法［气相色谱和液相色谱-质谱/质谱法］。适用于大米、绿豆、菠菜、荷兰豆、柑橘、葡萄、板栗、茶叶、猪肉、鸡肉、猪肝、罗非鱼、蜂蜜中丙线磷残留量的测定和确证。灭线磷在大米、绿豆、菠菜、荷兰豆、柑橘、葡萄、板栗和茶叶中测定低限均为5μg/kg，在猪肉、鸡肉、猪肝、罗非鱼和蜂蜜中测定低限均为10μg/kg
177	SN 0488—1995	出口粮谷中完灭硫磷（蚜灭磷）残留量检验方法 Method for determination of vamidothion residues in cereals for export	规定了出口粮谷中蚜灭磷残留量检验的抽样、制样和气相色谱测定方法。适用于出口糙米中蚜灭磷残留量的检验，方法检出限：0.04mg/kg
178	SN 0491—1995	出口粮谷中抑菌灵残留量检验方法 Method for the determination of dichlofluanid residues in cereals for export	规定了出口粮谷中抑菌灵残留量检验的抽样、制样和测定方法［气相色谱法］。适用于出口糙米中抑菌灵残留量的检验，方法检出限：0.02mg/kg
179	SN 0494—1995	出口粮谷中克瘟散残留量检验方法 Method for the determination of edifenphos residues in cereals for export	规定了出口粮谷中克瘟散残留量检验的抽样、制样和测定方法［气相色谱法］。适用于出口糙米中克瘟散残留量的检验，方法检出限：0.04mg/kg

（续）

序号	标准编号 (被替代标准号)	标准名称	应用范围和要求
180	SN/T 0496—2013 (SN/T 0496—1995)	出口粮谷中杀草强残留量检验方法 Method for the determination of amitrole residues in cereal for export	规定了粮谷中杀草强残留量检验的定性、定量检测方法（液相色谱，液相色谱-质谱法）。适用于大米、大麦、玉米、小麦中杀草强残留量得的检测。第一法：HPLC 的定量测定低限为 0.01mg/kg；第二法：LC-MS/MS 的定量测定低限为 0.005mg/kg
181	SN 0497—1995	出口茶叶中多种有机氯农药残留量检验方法 Method for the determination of the multiple residues of organochlorine pesticides in tea for export	规定了出口茶叶中六六六及异构体、滴滴涕及异构体和同型物等 14 种有机氯农药残留量检验的抽样、制祥和测定方法［气相色谱法］。适用于出口茶叶中 14 种有机氯农药残留量的检验。方法检出限（mg/kg）：α-BHC 0.004，β- BHC 0.010，HCB 0.002，γ- BHC 0.002，δ-BHC 0.002，o，p′-DDT 0.020，p，p′-DDT 0.020，p，p′-DDD 0.010，p，p′-DDE 0.10，七氯 0.004，环氧七氯 0.004，艾氏剂 0.004，狄氏剂 0.005，异狄氏剂 0.005
182	SN 0500—1995	出口水果中多果定残留量检验方法 Method for the determination of dodine residues in fruits for export	规定了出口水果中多果定残留量检验的抽样和制样及测定方法［分光光度法］。适用于出口苹果中多果定残留量的检验，方法检出限：0.2mg/kg
183	SN/T 0502—2013 (SN 0502—1995)	出口水产品中毒杀芬残留量的测定 气相色谱法 Determination of toxaphene residues in aquatic products for export—GC method	规定了出口水产品中毒杀芬残留量检验的制样和测定方法［气相色谱法］。适用于出口鳕鱼、扇贝、虾、蟹中毒杀芬残留量的检测，本方法测定低限为 0.02mg/kg

（续）

序号	标准编号 (被替代标准号)	标准名称	应用范围和要求
184	SN/T 0519—2010 (SN/T 0519—1996)	进出口食品中丙环唑残留量的检测方法 Determination of propiconazole residue in food for import and export	规定了食品中丙环唑残留量的检测与确证方法［气相色谱和气相色谱-质谱法］。适用于大米、荞麦、绿豆、苹果、草莓、香蕉、柑橘、韭菜、西兰花、蘑菇、枸杞子、茶叶、板栗、蜂蜜、猪肾、牛肉、鸡肉、鱼肉等食品中丙环唑残留量的测定和确证，方法中测定低限均为 0.01mg/kg
185	SN/T 0520—2012 (SN 0520—1996)	出口粮谷中烯菌灵残留量测定方法 液相色谱—质谱/质谱法 Determination of imazalil in cereals for export. HPLC-MS/MS method	规定了出口粮谷中烯菌灵残留量的测定方法［液相色谱-质谱/质谱法］。适用于小麦、大麦、大米、高粱、玉米、糙米中烯菌灵残留量的检测，方法对出口小麦、大麦、大米、高粱、玉米、糙米中烯菌灵的测定低限均为 5.00μg/kg
186	SN 0523—1996	出口水果中乐杀螨残留量检验方法 Method for the determination of binapacryl residues in fruits for export	规定了出口水果中乐杀螨残留量检验的抽样、制样和测定方法［气相色谱法］。适用于出口苹果中乐杀螨残留量的检验，方法检出限：0.05mg/kg
187	SN/T 0525—2012	出口水果、蔬菜中福美双残留量检测方法 Determination of thiram residue in fruit and vegetable for export	规定了出口水果、蔬菜中福美双残留量的检测方法［液相色谱和液相色谱-质谱/质谱法］。适用于苹果、梨、香蕉、西瓜、芹菜、茄子和白菜中福美双残留量检测，方法的低限：梨、香蕉、芹菜为 0.5mg/kg，苹果、西瓜、茄子和白菜为 1.0mg/kg

（续）

序号	标准编号 （被替代标准号）	标准名称	应用范围和要求
188	SN/T 0527—2012	出口粮谷中甲硫威（灭虫威）（磺菌威）及代谢物残留量的检测方法 液相色谱-质谱/质谱法 Determination of methiocarb and its metabolite residues in cereals for export. LC-MS/MS method	规定了磺菌威及代谢物（磺菌威亚砜和磺菌威砜）残留量的检测方法［液相色谱-质谱/质谱法］。适用于出口玉米，大米、糙米和小麦中甲硫威（磺菌威）及代谢物定性定量的测定，方法定量限：磺菌威、磺菌威亚砜、磺菌威砜均为 10.0μg/kg
189	SN/T 0528—2012	出口食品中除虫脲残留量检测方法 高效液相色谱—质谱/质谱法 Determination of diflubenzuron residue in food for export. HPLC-MS/MS method	规定了除虫脲残留量检测方法［高效液相色谱-质谱/质谱法］。适用于大米、玉米、大豆、小麦、花生仁、橙子、苹果、西芹、洋葱、香菇、蜜蜂、蘑菇、鸡肉、牛肉、猪肉、猪肝中除虫脲的测定和确证，方法中除虫脲在大米、玉米、大豆、小麦、花生仁、橙子苹果、西芹、洋葱、蜜蜂、蘑菇（鲜）的测定低限为 10μg/kg，鸡肉、牛肉、猪肉、猪肝、蘑菇（干）为 20μg/kg
190	SN/T 0529—2013 （SN 0529—996）	出口肉品中甲氧滴滴涕残留量检验方法 气相色谱/质谱法 Determination of methoxychlor residues in meat for export—GC/MS method	规定了出口肉品中甲氧滴滴涕残留量的测定方法［气相色谱/质谱法］。适用出口鸡肉、鸭肉、猪肉中甲氧滴滴涕的残留测定，本方法对鸡肉、鸭肉、猪肉中甲氧滴滴涕的残留进行测定，方法测定低限为 0.005mg/kg
191	SN 0533—1996	出口水果中乙氧三甲喹啉残留量检验方法（乙氧喹啉） Method for the determination of ethoxyquin residues in fruits for export	规定了出口水果中乙氧喹啉残留量检验的抽样、制样和测定方法［荧光分光光度］。适用于出口苹果中乙氧喹啉残留量的检验，方法检出限：0.3mg/kg

（续）

序号	标准编号 （被替代标准号）	标准名称	应用范围和要求
192	SN 0583—1996	出口粮谷及油籽中氯苯胺灵残留量检验方法 Method for the determination of chlorpropham residues in cereals and oil seeds for export	规定了出口粮谷及油籽中氯苯胺灵残留量检验的抽样、制样和测定方法［气相色谱法］。适用于出口糙米、玉米、大豆、花生仁中氯苯胺灵残留量的检验，方法检出限：0.05mg/kg
193	SN/T 0586—2012	出口粮谷及油籽中特普残留量检测方法 Determination of tetraethyl pyrophosphate residues in cereals and oil seeds for export	规定了出口粮谷及油籽中特普残留量的检测方法［气相色谱法］。适于出口大米、玉米、花生和大豆中特普残留量的检测，方法的测定低限 0.01mg/kg
194	SN/T 0590—2013 （SN/T 0590—1996）	出口肉及肉制品中 2，4-滴丁酯残留量测定　气相色谱法和气相色谱-质谱法 Determination of 2，4-D butyl ester residues in meat and meat products for export GC and GC-MS method	规定了出口肉及肉制品中 2，4-滴丁酯残留量检测的制样和测定方法［气相色谱法和气相色谱-质谱法］和确证方法。适用于出口鸡肉、猪肉、牛肉和猪肉香肠中 2，4-滴丁酯残留量的检测和确证。本方法的检测低限为 0.005mg/kg
195	SN 0592—1996	出口粮谷及油籽中苯丁锡残留量检验方法 Method for the determination of fenbutatin oxide residues in cereals and oil seeds for export	规定了出口粮谷及油籽中苯丁锡残留量检验的抽样、制样和测定方法［气相色谱法］。适用于出口豌豆和花生仁中苯丁锡残留量的检验。方法检出限：0.1mg/kg

（续）

序号	标准编号 （被替代标准号）	标准名称	应用范围和要求
196	SN/T 0593—2013 （SN/T 0593-1996）	出口肉及肉制品中辟哒酮（杀草敏）残留量的测定　气相色谱法 Determination of pyrazon residues in meat and meat products for export GC method	规定了出口肉及肉制品中杀草敏残留量检测的制样和气相色谱测定方法。适用于出口猪肉、猪肝、猪肾、猪肉香肠、牛肉和牛肝中杀草敏残留量的检测。方法的检测低限为 0.01mg/kg
197	SN 0594—1996	出口肉及肉制品中西玛津残留量检验方法 Method for the determination of simazine residues in meat and meat products for export	规定了出口肉及肉制品中西玛津残留量的抽样、制样和测定方法［气相色谱法］。适用于出口牛肉中西玛津残留量的检验，方法检出限：0.02mg/kg
198	SN/T 0596—2012	出口粮谷及油籽中稀禾定（稀禾啶）残留量检测方法　气相色谱-质谱法 Determination of sethoxydim residue in cereals and oilbean for exports. GC/MS	规定了出口粮谷中稀禾啶残留量的测定和确证方法［气相色谱-质谱法］。适于出口大米、玉米、花生、大豆和芥麦中稀禾定残留量的测定，方法测定低限为 0.01mg/kg
199	SN 0598—1996	出口水产品中多种有机氯农药残留量检验方法 Method for the determination of the multiple residues of organochlorine pesticides in aquatic products for export	规定了出口水产品中的多种有机氯农药残留量检验的抽样、制样和测定方法［气相色谱法］。适用于出口鳕鱼中 14 种有机氯农药残留量的检验。方法检出限（mg/kg）：α-BHC 0.005，β- BHC 0.005，γ- BHC 0.005，δ-BHC 0.005，六氯苯（HCB）0.005，七氯 0.01，环氧七氯 0.02，艾氏剂 0.01，狄氏剂 0.01，异狄氏剂 0.02，o，p′-DDT 0.025，p，p′-DDT 0.025，p，p′-DDD 0.025，p，p′-DDE 0.02

（续）

序号	标准编号 (被替代标准号)	标准名称	应用范围和要求
200	SN 0600—1996	出口粮谷中氟乐灵残留量检验方法 Method for the determination of trifluralin residues in cereals for export	规定了出口粮谷中氟乐灵残留量检验的抽样、制样和测定方法［气相色谱法］。适用于出口玉米中氟乐灵残留量的检验，方法检出限：0.005mg/kg
201	SN/T 0605—2012	出口粮谷中双苯唑菌醇（联苯三唑醇）残留量检测方法　液相色谱-质谱/质谱法 Determination of bitertanol residues in cereals for export. LC-MS/MS method	规定了出口粮谷中双联苯三唑醇残留量的规定方法［液相色谱-质谱/质谱法］。适用于糙米、玉米、大麦、小麦、荞麦、大米、高粱、燕麦中双苯唑菌醇残留量检测方法，方法测定低限均为 0.025mg/kg
202	SN 0606—1996	出口乳及乳制品中噻菌灵残留量检验方法　荧光分光光度法 Method for the determination of thiabendazole residues in milk and milk products for export- Fluorescence spectrophotometry	规定了出口乳及乳制品中噻菌灵残留量检验的抽样、制样和测定方法［荧光分光光度法］。适用于出口鲜乳中噻菌灵残留量的检验，方法检出限：0.02mg/kg
203	SN/T 0607—2011 (SN 0607—1996)	出口肉及肉制品中噻苯哒唑（噻菌灵）残留量检验方法 Method for the determination of thiabendazole residues in meat and meat products for export	规定了出口肉及肉制品中噻菌灵及代谢物 5-羟基噻苯哒唑含量的测定方法（液相色谱-质谱/质谱法）。适用于出口猪肉、牛肉、羊肉、鸡肉及其制品中噻苯哒唑和 5-羟基噻苯哒唑含量的测定。方法测定低限（LOQ）：10.0μg/kg

（续）

序号	标准编号 （被替代标准号）	标准名称	应用范围和要求
204	SN/T 0639—2013 （SN 0639—1997）	出口肉及肉制品中利谷隆及其代谢产物残留量的检测方法　液相色谱-质谱/质谱法 Determination of linuron and its metabolite residues in meat and meat products for export. HPLC-MS/MS method	规定了出口肉和肉制品中利谷隆及其代谢物（3，4-二氯苯胺）残留量的测定方法［液相色谱-质谱/质谱法］。适用于出口猪肉、猪肾、猪肝、猪肠衣、午餐肉、香肠等肉及肉制品中利谷隆及其代谢物（3，4-二氯苯胺）残留量的测定和确证。本方法利谷隆及3，4-二氯苯胺的测定低限为10μg/kg
205	SN/T 0641—2011 （SN0641—1997）	出口肉及肉制品中丁烯磷（巴毒磷）残留量的测定　气相色谱法 Determination of crotoxyphos residues in meat and meat products for export. Gas chromatographic method	规定了出口肉及肉制品中巴毒磷残留量的测定方法［气相色谱法］。适用于出口猪肉、香肠和午餐肉等肉及肉制品中丁烯磷残留量的测定，本方法测定低限为：0.01mg/kg
206	SN/T 0642—2011 （SN0642—1997）	肉及肉制品中残杀威残留量检测方法　气相色谱法 Deterdoatbn of propoxur residues in meat and meat products for eaPart. Gas chromatopraphy method	规定了肉及肉制品中残杀威残留量检验的测定方法［气相色谱法］。适用于猪肉、鸡肉和牛肉残杀威残留量的检测，方法测定低限为：0.01mg/kg
207	SN/T 0645—2014 （SN 0645—1997）	出口肉及肉制品中敌草隆残留量的测定　液相色谱法 Determination of diuron residues in meat and meat products for export. Liquid chromatography method	规定了出口肉及肉制品中敌草隆残留量的测定方法［液相色谱法］。适用于牛肉、午餐肉罐头、鸡肉丸子、羊肉、驴肉中敌草隆残留量的测定，本方法测定低限为：0.01mg/kg

（续）

序号	标准编号（被替代标准号）	标准名称	应用范围和要求
208	SN/T 0647—2013（SN0647—1997）	出口坚果及坚果制品中抑芽丹残留量的测定　高效液相色谱法 Determination of hydrazide residues in nuts and nut products for export—HPLC method	规定了出口坚果及坚果制品中抑芽丹残留量检测的制样和测定方法［高效液相色谱法］。适用核桃及制品、板栗及制品中抑芽丹残留量的测定，本方法抑芽丹的检出限为 0.2mg/kg
209	SN 0654—1997	出口水果中克菌丹残留量　检验方法 Method for the determination of captan residues in fruits for export	规定了出口水果中克菌丹残留量检验的抽样、制样和测定方法［液相色谱法］。适用于出口苹果中克菌丹残留量的检验，方法检出限：0.3mg/kg
210	SN/T 0655—2012	出口食品中敌麦丙(*噻节因*）残留量的检测方法 Determination of dimethipin residues in foods for export	规定了大米、白菜、柑橘、马铃薯、茶叶、板栗、鸡肉、鱼肉、猪肉、牛肉、猪肝、蜂蜜、鸡蛋、牛奶中噻节因残留量的测定方法［气相色谱法］。适用于大米、白菜、柑橘、马铃薯、茶叶、板栗、鸡肉、鱼肉、猪肉、牛肉、猪肝、蜂蜜、鸡蛋、牛奶中噻节因残留量的测定和确证，本方法的低限均为 0.01mg/kg
211	SN 0656—1997	出口油籽中乙霉威残留量检验方法 Method for the determination of diethofencarb residues in oil seeds for export	规定了出口油籽中乙霉威残留量检验的抽样、制样、测定方法［气相色谱法］及确证方法［气相色谱-质谱法］。适用于出口大豆、花生仁中乙霉威残留量的检验，方法检出限：0.05mg/kg

（续）

序号	标准编号（被替代标准号）	标准名称	应用范围和要求
212	SN 0659—1997	出口蔬菜中邻苯基苯酚残留量检验方法　液相色谱法 Method for the determination of ophenylphenol residues in vegetables for export-Liquid chromatography	规定了出口蔬菜中邻苯基苯酚残留量检验的抽样、制样和测定方法［液相色谱法］。适用于出口番茄中邻苯基苯酚残留量的检验，方法检出限：0.5mg/kg
213	SN 0660—1997	出口粮谷中克螨特残留量检验方法 Method for the determination of propargite residues in cereals for export	规定了出口粮谷中克螨特残留量检验的抽样、制样和测定方法［气相色谱法］。适用于出口玉米、大米中克螨特残留量的检验。方法检出限：0.05mg/kg
214	SN 0661—1997	出口粮谷中2，4，5-涕残留量检验方法 Method for the determination of 2，4，5-T residues in cereals for export	规定了出口粮谷中2，4，5-涕残留量检验的抽样、制样和测定方法［气相色谱法］。适用于出口大米中2，4，5-涕残留量的检验，方法检出限：0.025mg/kg
215	SN/T 0663—2014 （SN 0663—1997）	出口肉及肉制品中七氯和环氧七氯残留量测定 Determination of heptachlor，heptachlor epoxide residues in meats and meat products for export	规定了出口肉及肉制品中七氯和环氧七氯残留量的测定方法。适用于猪肉、牛肉、鸡肉、火腿肠、香肠中七氯和环氧七氯残留量的测定。本方法的低限均为0.01mg/kg

（续）

序号	标准编号（被替代标准号）	标准名称	应用范围和要求
216	SN/T 0675—2011（SN0675—1997）	肉及肉制品中定菌磷（*吡菌磷*）残留量检测方法　气相色谱法 Determination of pyrazophos residues in meat and meat products for export Gas chromatography method	规定了肉及肉制品中定吡菌磷留量检验的测定方法［气相色谱法］。适用于猪肉、鸡肉和牛肉中定菌磷残留量的检测，方法测定低限为：20.0μg/mg
217	SN/T 0683—2014（SN 0683—1997）	出口粮谷中三环唑残留量的测定 液相色谱-质谱/质谱法 Determination of tricylazole in cereals for export-HPLC-MS/MS method	规定了出口粮谷中三环唑残留量检验的测定方法［液相色谱-质谱/质谱法］。适用于出口玉米、大麦、糙米、大米、小麦中三环唑残留量的测定和确证。方法测定低限为：20.0μg/mg
218	SN 0685—1997	出口粮谷中霜霉威残留量检验方法 Method for the determination of propamocarh residues in cereals for export	规定了出口粮谷中霜霉威残留量检验的抽样、制样和测定方法［气相色谱法］。适用于出口大米中霜霉威残留量的检验。方法检出限：0.02mg/kg
219	SN 0687—1997	出口粮谷及油籽中禾草灵残留量检验方法 Method for the determination of diclofop-methyl residues in cereals and oil seeds for export	规定了出口粮谷及油籽中禾草灵残留量检验的抽样、制样和测定方法［气相色谱法］及确认方法［气相色谱-质谱法］。适用于出口糙米、玉米、小麦、大豆中禾草灵残留量的检验。方法检出限：0.02mg/kg

（续）

序号	标准编号 （被替代标准号）	标准名称	应用范围和要求
220	SN 0688—1997	出口粮谷及油籽中丰索磷残留量检验方法 Method for the determination of fensulfothion residues in cereals and oil seeds for export	规定了出口粮谷及油籽中丰索磷残留量检验的抽样、制样和测定方法［气相色谱法］及确证方法［气相色谱-质谱法］。适用于出口糙米、玉米、大豆、花生仁中丰索磷残留量的检验。方法检出限：0.02mg/kg
221	SN 0691—1997	出口蜂产品中氟胺氰菊酯残留量检验方法 Method for the determination of fluvalinate residues in bees products for export	规定了出口蜂产品中氟胺氰菊酯残留量检验的抽样、制样和测定方法［气相色谱法］。适用于出口蜂蜜中氟胺氰菊酯残留量的检验。方法检出限：0.02mg/kg
222	SN 0693—1997	出口粮谷中烯虫酯残留量检验方法 Method for the determination of methoprene residues in cereals for export	规定了出口粮谷中烯虫酯残留量检验的抽样、制样和测定方法［液相色谱法］。适用于出口糙米中烯虫酯残留量的检验。方法检出限：0.50mg/kg
223	SN 0695—1997	出口粮谷中嗪氨灵残留量检验方法 Method for the determination of triforine residues in cereals for export	规定了出口粮谷中嗪氨灵残留量检验的抽样、制样和测定方法［气相色谱法］。适用于出口大米中嗪氨灵残留量的检验。方法检出限：0.02mg/kg
224	SN/T 0697—2014 （SN/T 0697—1997）	出口肉及肉制品中杀线威残留量的测定 Determination of oxamyl residues in meal and meal product for export	规定了出口肉及肉制品中杀线威残留量测定的液相色谱法-质谱和高效液相色谱检测方法。适用于出口猪肉、牛肉、羊肉、鸡肉、香肠中杀线威残留量的测定。方法的检出限：1.0μg/kg

（续）

序号	标准编号（被替代标准号）	标准名称	应用范围和要求
225	SN 0701—1997	出口粮谷中磷胺残留量检验方法 Method for the determination of phosphamidon residues in cereals for export	规定了出口粮谷中磷胺残留量检验的抽样、制样和测定方法［气相色谱法］。适用于出口大米、玉米中磷胺残留量的检验。方法检出限：0.02mg/kg
226	SN/T 0702—2011（SN0702—1997）	进出口粮谷和坚果中乙酯杀螨醇残留量的检测方法　气相色谱-质谱法 Determination of chlorbenzilate residues in grains and nuts for import and xwport. GC-MS method	规定了粮谷及坚果中乙酯杀螨醇残留量测定的制样、测定及确证方法［气相色谱-质谱法］。适用于大米、小麦、大麦、玉米、大豆、燕麦、核桃仁、杏仁、榛子仁、花生、芝麻、栗子、甘薯、山药中乙酯杀螨醇残留量的测定和确证，方法测定低限为：0.01g/kg
227	SN 0705—1997	出口肉及肉制品中乙烯利残留量检验方法 Method for the determination of ethephon residues in meats and meat products for export	规定了出口肉及肉制品中乙烯利残留量检验的抽样、制样和测定方法［气相色谱法］。适用于出口猪肉中乙烯利残留量的检验。本方法检出限：0.02mg/kg
228	SN/T 0706—2013	出口动物源性食品中二溴磷残留量的测定 Determination of naled residue in foodstuffs of animal origin for export	规定了出口动物源性食品中二溴磷残留量测定方法的确证［气相色谱和液相色谱-质谱/质谱法］。适用于猪肉、猪肝、鸡肉、牛肉、鱼肉、猪肉罐头和鸡蛋中二溴磷残留量的检测和确证。GC-ECD 和 HPLC-MS/MS 法的检出限：0.01mg/kg

（续）

序号	标准编号 （被替代标准号）	标准名称	应用范围和要求
229	SN/T 0707—2014 （SN 0707—1997）	出口食品中二硝甲酚残留量的测定 液相色谱-质谱/质谱法 Dtermination of dinitrocresol residue in foodtuffs for export-LC-MS/MS method	规定了出口食品中二硝甲酚制样和测定方法［液相色谱-质谱/质谱法］。适用于鸡肉、猪肉、牛肉、牛肝、牛肾、大米、玉米、小麦、大豆、苹果和鸡蛋中二硝甲酚残留量的检测和确证。本法的检出限为 0.01mg/kg
230	SN/T 0710—2014 （SN/T 0710—1997）	出口粮谷中嗪草酮残留量检验方法 Dtermination of metribuzin residue in cereal for export	规定了出口粮谷中嗪草酮残留量的液相色谱-质谱/质谱检测方法，气相色谱方法及气相色谱-质谱确证方法。适用于出口大米、玉米中嗪草酮残留量的测定。液相色谱-质谱/质谱法嗪草酮的检出限为 1.0μg/kg，气相色谱法嗪草酮的检出限为 0.05mg/kg
231	SN/T 0711—2011 （SN 0711—1997）	进出口茶叶中二硫代氨基甲酸酯（盐）类农药残留量的检测方法 液相色谱-质谱/质谱法 Determination of dithiocarbamate (salt) residues in tea products for export. LC-MS/MS method	规定了出口茶叶中二硫代氨基甲酸酯（盐）类农药残留量检测的液相色谱-质谱/质谱确证方法。适用于出口绿茶、乌龙、红茶中乙撑双二硫代氨基甲酸盐（包括代森锌、代森锰、代森锌锰、代森钠、代森联）；甲基乙撑双二硫代氨基甲酸盐（包括甲基代森锌）；二甲基二硫代氨基甲酸酯（盐）类（包括福美双、福美锌、福美铁）农药残留量的定性检测。 本方法测定低限为：代森锌、代森锰、代森锌锰、代森钠、代森联为 10μg/mg，福美双、福美锌、福美铁为 10μg/mg，甲基代森锌为 20μg/mg

（续）

序号	标准编号 (被替代标准号)	标准名称	应用范围和要求
232	SN/T 0712—2010 (SN/T 0712—1997)	进出口粮谷和大豆中 11 种除草剂残留量的测定　气相色谱-质谱法 Determination of 11 herbicide residues in cereals and soybean for import and export. GC-MS method	规定了进出口粮谷和大豆中 11 种除草剂残留量的气相色谱-质谱检测方法。适用于进出口大米、玉米、小麦和大豆中乙草胺、戊草丹、甲草胺、异丙甲草胺、二甲戊灵、丁草胺、氟酰胺、丙草胺、灭莠胺、吡氟酰草胺和苯噻酰草胺残留量的测定和确证，方法的各种农药的测定低限为 0.01mg/kg
233	SN 0731—1992 (SN 0131—92， ZB B22 014—88)	出口粮谷中马拉硫磷残留量检验方法 Method for the determination of malathion residues in cereals for export	规定了出口玉米中马拉硫磷残留量检验的抽样、制样和测定方法［气相色谱法］。适用于出口玉米中马拉硫磷残留量的检验
234	SN/T 0931—2013	出口粮谷中调环酸钙残留量检测方法　液相色谱法 Determination of prohexadione-calcium residues in cereals for export. LC method	规定了出口粮谷中调环酸钙残留量检测的液相色谱检测方法。适用于大米、小麦、玉米、马铃薯中调环酸钙残留量的检测。本方法检出限：0.02mg/kg
235	SN/T 0965—2000	进出口粮谷中噻吩甲氯残留量检验方法（噻吩草胺） Method for the determination of thenychlor residues in cereals for import and export	规定了进出口粮谷中噻吩草胺残留量检验的抽样、制样和测定方法［气相色谱法］及确证方法［气相色谱-质谱法］。适用于进出口糙米、玉米中噻吩甲氯残留量的检验。方法检出限：0.02mg/kg

（续）

序号	标准编号 （被替代标准号）	标准名称	应用范围和要求
236	SN/T 0983—2013 （SN/T 0983—2000）	出口粮谷中呋草黄残留量的测定 Determination of benfuresate residues in cereals for export	规定了出口粮谷中呋草黄残留量的检测方法。适用于出口大米、玉米和小麦中呋草黄残留量的测定和确证。气相色谱和气相色谱-质谱法检出限均为 0.01mg/kg
237	SN/T 1017.5—2002	出口粮谷及油籽中快杀稗（二氯喹啉酸）残留量检验方法 Method residues for the determination of quinclorac in cereals and oil seeds for export	规定了出口粮谷及油籽中二氯喹啉酸残留量检验的抽样、制样和测定方法［气相色谱法］。适用于出口糙米、大豆、玉米、小麦中二氯喹啉酸残留量的检验。方法检出限：5.0μg/kg
238	SN/T 1017.7—2014 （SN/T 1017.7—2002）	出口粮谷中涕灭威、甲萘威、杀线威、恶虫威、抗蚜威残留量的测定 Determination of aldicarb，carbryl，oxamyl，bendiocarb and pirimicarb residues in cereals for export	规定了出口粮谷中涕灭威、甲萘威、杀线威、恶虫威、抗蚜威残留量的测定方法［液相色谱-质谱/质谱和液相色谱法］。适用于出口大米、玉米、小麦和大豆中涕灭威、甲萘威、杀线威、恶虫威、抗蚜威五种氨基甲酸酯类农药残留量的测定。液相色谱-质谱/质谱和液相色谱法的方法检出限：5μg/kg，液相色谱法的检出限：10μg/kg
239	SN/T 1017.8—2004	进出口粮谷中吡虫啉残留量检验方法　液相色谱法 Determination of imadacloprid residues in cereals for import and export-Liquid chromatography method	规定了进出口粮谷中吡虫啉残留量检验的抽样、制样和测定方法［液相色谱法］。适用于进出口玉米、小麦及大米中吡虫啉残留量的检验。方法检出限：0.02mg/kg

（续）

序号	标准编号 (被替代标准号)	标准名称	应用范围和要求
240	SN/T 1017.9—2004	进出口粮谷中吡氟乙草灵残留量检验方法 Determination of haloxyfop residues in cereals for import and export	规定了进出口粮谷中吡氟乙草灵残留量检验的抽样、制样和测定方法［气相色谱法］。适用于进出口大米中吡氟乙草灵残留量的检验。方法检出限：0.02mg/kg
241	SN/T 1114—2014 (SN/T 1114—2002)	出口水果中烯唑醇残留量的检测方法　液相色谱-质谱/质谱法 Determination of diniconazole residues in fruits for export-HPLC-MS/MS method	规定了出口水果中烯唑醇残留量的液相色谱-质谱/质谱法测定方法。适用于柑橘、苹果、葡萄、桃、香蕉中烯唑醇残留量的测定和确证。方法中烯唑醇的检出低限：0.005mg/kg
242	SN/T 1115—2002	进出口水果中噁草酮残留量检验方法 Method for the determination of oxadiazon residues in fruits for import and export	规定了进出口水果中噁草酮残留量检验的抽样、制样和测定方法［气相色谱法］及确证方法［气相色谱-质谱法］。适用于进出口柑橘、苹果中噁草酮残留量的检验。方法检出限：0.01mg/kg
243	SN/T 1381—2004	进出口肉及肉制品中克阔乐（乳氟禾草灵）残留量检验方法　液相色谱法 Determination of lactofen residues in meats and meat products for import and export-Liquid chromatographic method	规定了进出口肉及肉制品中乳氟禾草灵残留量检验的抽样、制样和测定方法［液相色谱法］。适用于进出口猪肉和猪肉火腿肠中乳氟禾草灵残留量的检验。方法检出限：0.02mg/kg

（续）

序号	标准编号 (被替代标准号)	标准名称	应用范围和要求
244	SN/T 1392—2004	进出口肉及肉制品中 2 甲 4 氯及 2 甲 4 氯丁酸残留量检验方法 Determination of MCPA and MCPB residues in meat and meat products for import and export	规定了进出口肉及肉制品中 2 甲 4 氯及 2 甲 4 氯丁酸残留量检验的抽样、制样和气相色谱-质谱测定方法。适用于进出口冻分割牛肉中 2 甲 4 氯及 2 甲 4 氯丁酸残留量的检验。方法检出限：0.02mg/kg
245	SN/T 1477—2012	出口食品中多效唑残留量检测方法 Determination of paclobutrazol residues in food for export	规定了出口食品中多效唑残留量的测定方法［气相色谱-质谱法］。适用于出口大米、梨中多效唑残留量的测定，本方法的测定低限为 0.005mg/kg
246	SN/T 1541—2005	出口茶叶中二硫代氨基甲酸酯总残留量的检验方法 Determination of the total residues of dithiocarbamate pesticides in tea for export	规定了出口茶叶中二硫代氨基甲酸酯总残留量检验的抽样、制样和测定方法［气相色谱法］。适用于出口茶叶中二硫代氨基甲酸酯类农药如福美双、福美锌、福美铁、代森锌、代森钠等的总残留量的检验。方法检出限（以 CS_2 计）：0.1mg/kg
247	SN/T 1591—2005	进出口茶叶中 9 种有机杂环类农药残留量的检验方法 Inspection of 9 organic heterocyclic pesticides in tea for import and export	规定了进出口茶叶中 9 种有机杂环类农药残留量检验的抽样和制样、测定方法、测定低限及回收率。适用于进出口茶叶中 9 种有机杂环类农药残留量的检验。方法检出限（mg/kg）：莠去津 0.02，乙烯菌利核 0.02，腐霉利 0.02，氟菌唑 0.38，抑霉唑 0.05，噻嗪酮 0.01，丙环唑 0.05，氯苯嘧啶醇 0.02，哒螨灵 0.50

（续）

序号	标准编号 (被替代标准号)	标准名称	应用范围和要求
248	SN/T 1593—2005	进出口蜂蜜中五种有机磷农药残留量检验方法　气相色谱法 Inspection of five organophosphorus pesticides residues in honey for import and export—Gas chromatography	规定了蜂蜜中5种有机磷农药残留量检验的抽样、制样和检验方法［气相色谱法］。适用于蜂蜜中5种有机磷农药农药残留量的检验。方法检出限（mg/kg）：敌百虫0.01，皮蝇磷0.01，毒死蜱0.01，马拉硫磷0.01，蝇毒磷0.01
249	SN/T 1594—2005	进出口茶叶中噻嗪酮残留量的检验方法　气相色谱法 Insepction of buprofezin residue in tea for import and export—Gas chromatography method	规定了进出口茶叶中噻嗪酮残留量检验的抽样、制样和测定方法［气相色谱法］。适用于进出口茶叶中噻嗪酮残留量的检验。方法检出限：0.01mg/kg
250	SN/T 1605—2005	进出口植物性产品中氰草津、氟草隆、莠去津、敌稗、利谷隆残留量检验方法　高效液相色谱法 Inspection of cyanazin，fluometuron，atrazine，propanil and linuron residues in products of plant origin for import and export　HPLC	规定了进出口粮谷中氰草津等5种除草剂残留量的抽样、制样和测定方法。适用于进出口小麦、大麦、大豆、油菜籽和大米中氰草津等5种除草剂残留量的检验。方法检出限（mg/kg）：氰草津0.01，氟草隆0.01，莠去津0.01，敌稗0.01，利谷隆0.01

（续）

序号	标准编号 (被替代标准号)	标准名称	应用范围和要求
251	SN/T 1606—2005	进出口植物性产品中苯氧羧酸类除草剂残留量检验方法　气相色谱法 Inspection of phenoxy acid herbicides residues in products of plant origin for import and export—GC	规定了进出口粮谷中麦草畏等6种除草剂残留量的抽样、制样和测定方法［气相色谱-质谱法］。适用于进出口小麦、大麦、大豆、油菜籽和大米中麦草畏等6种除草剂残留量的检验。方法检出限（mg/kg）：麦草畏 0.025，2，4-滴丙酸 0.05，2，4-滴 0.05，2，4，5-三氯苯氧基丙酸 0.05，2，4，5-三氯苯氧基乙酸 0.05，2，4-滴丁酸 0.05
252	SN/T 1624—2009 （SN/T 1624—2005）	进出口食品中嘧霉胺、嘧菌胺、腈菌唑、嘧菌酯残留量的检测方法　气相色谱质谱法 Determination of pyrimethanil, mepanipyrim, myclobutanil and azoxystrobin residues in foods for import and export—GC-MS method	规定了试样的制备方法和保存条件以及粮谷、蔬菜、水果、坚果、茶叶、畜禽、水产品、蜂产品中嘧霉胺、嘧菌胺、腈菌唑、嘧菌酯残留量检验的气相色谱-质谱测定方法。适用于大米、茄子、苹果、板栗、茶叶、牛肉、鸡肉、鱼、蜂蜜中嘧霉胺、嘧菌胺、腈菌唑、嘧菌酯残留量的测定。四种农药的测定低限分别为：嘧霉胺为 0.01mg/kg；嘧菌胺为 0.01mg/kg；腈菌唑为 0.01mg/kg；嘧菌酯为 0.005mg/kg
253	SN/T 1734—2006	进出口水果中4，6-二硝基邻甲酚残留量的检验方法　气相色谱串联质谱法[注1] Inspection of 4，6 - dinitro-cresol residue in fruits for import and export—GC-MS method	规定了水果中4，6-二硝基邻甲酚（DNOC）残留量的抽样、制样和检验方法［气相色谱-质谱法］。适用于苹果、梨中4，6-二硝基邻甲酚残留量的检验。方法检出限：0.01mg/kg

（续）

序号	标准编号（被替代标准号）	标准名称	应用范围和要求
254	SN/T 1737.1—2006	除草剂残留量检验方法　第1部分：气相色谱串联质谱法测定粮谷及油籽中酰胺类除草剂残留量 Determination of herbicide residues. Part 1: Multiple acetanilide herbicide residues in cereals and oil seeds determined by gas chromatography-mass spectrometry method	规定了进出口粮谷及油籽中酰胺除草剂残留量检验的抽样、制样和测定方法［气相色谱-质谱法］。适用于进出口大米、大豆中酰胺除草剂残留量的检验。方法检出限（mg/kg）：毒草胺0.02，莠去津0.02，乙草胺0.02，异丙甲草胺0.02，丙草胺0.02，草萘胺0.02，二甲吩草胺0.02，嗪草酮0.02，敌稗0.02，甲草胺0.05，丁草胺0.05
255	SN/T 1737.2—2007	除草剂残留量检测方法　第2部分：气相色谱/质谱法测定粮谷及油籽中二苯醚类除草剂残留量 Determination of herbicides residues. Part 2: Determination of diphenyl ether herbicides residues in cereal and oilseed by GC/MS method	规定了粮谷与油籽中环庚草醚、甲氧除草醚、苯草醚、甲羧除草醚、氟咯草酮、乳氟禾草灵、除草醚、乙氧氟草醚、乙羧氟草醚9种二苯醚类除草剂残留量的气相色谱/质谱检测方法。适用于大米与大豆中9种二苯醚类除草剂残留量的检测与确证
256	SN/T 1737.3—2010	除草剂残留量检测方法　第3部分：液相色谱—质谱/质谱法测定食品中环已酮类除草剂残留量 Determination of herbicide residues. Part 3: Determination of aryloxyphenoxypropionate herbicide residues in foodstuff for import and export by GC-MS/MS method	规定了进出口食品中吡喃草酮、禾草灭、噻草酮、烯草酮、稀禾定、丁苯草酮、三甲苯草酮、环苯草酮残留量的测定和确证方法［液相色谱-质谱/质谱法］。适用于大米、大豆、猪肉、牛肝、鸡肝、牛奶、橙子、蓝莓、菠菜、洋葱、核桃仁、茶叶中吡喃草酮、禾草灭、噻草酮、烯草酮、稀禾定、丁苯草酮、三甲苯草酮、环苯草酮残留量的检测，本方法的各种农药的低限为0.005mg/kg

（续）

序号	标准编号 (被替代标准号)	标准名称	应用范围和要求
257	SN/T 1737.4—2010	除草剂残留量检测方法　第4部分：气相色谱—质谱/质谱法测定进出口食品中芳氧苯氧丙酸酯类除草剂残留量 Determination of herbicide residues. Part 4: Determination of aryloxyphenoxypropionate herbicide residues in foodstuff for import and export by GC-MS/MS method	规定了食品中2，4-滴丁酯、吡氟氯禾灵、吡氟禾草灵、炔草酯、禾草灵、氰氟草酯、噁唑禾草灵、精喹禾灵等芳氧苯氧丙酸酯类除草剂残留量的检测方法［气相色谱-质谱/质谱法］。适用于大豆、大麦茶、粳米、胡萝卜、菠菜、青刀豆、蒜苗、草莓、蜂蜜、猪肉、鱼、禽蛋中2，4-滴丁酯、吡氟氯禾灵、吡氟禾草灵、炔草酯、禾草灵、氰氟草酯、噁唑禾草灵、精喹禾灵残留量的测定和确证，方法对各种农药低限为0.005mg/kg
258	SN/T 1737.5—2010	除草剂残留量检测方法　第5部分：液相色谱—质谱/质谱法测定进出口食品中硫代氨基甲酸酯类除草剂残留量 etermination of herbicide residues. Part 5: Determination of thiocarbmate herbicide residues in foodstuffs for import and export-by LC-MS/MS	规定了进出口食品中禾草敌、克草敌、灭草敌、野麦畏、燕麦敌、禾草丹、环草敌、茵草敌和丁草敌的测定方法［液相色谱-质谱/质谱法］。适用于大米、大豆、白萝卜、小白菜、椰菜、生姜、茶叶、花生、橙子、葡萄、鸡肉、鸡肝和鱼肉中禾草敌、克草敌、灭草敌、野麦畏、燕麦敌、禾草丹、环草敌、茵草敌和丁草敌残留量的检测与确证。本方法检出限：5.0μg/kg
259	SN/T 1737.6—2010	除草剂残留量检测方法　第6部分：液相色谱—质谱/质谱法测定食品中杀草强残留量 Determination of herbicide residues. Part 6: Determination of amitrole residues in food by HPLC-MS/MS method	规定了食品中杀草强残留量的测定方法［液相色谱-质谱/质谱法］。本部分适用于苹果、菠萝、菠菜、胡萝卜、紫苏叶、金银花、姜粉、花椒粉、茶叶、小麦、玉米、花生、肉、鱼及动物肝脏中杀草强残留量的检测和确证。本方法的各种农药的测定低限为：苹果、菠萝、菠菜、胡萝卜、紫苏叶、小麦、玉米、花生、姜、肉、鱼及动物肝脏的测定低限为0.01mg/kg，茶叶、金银花、花椒粉的测定低限为0.02mg/kg

（续）

序号	标准编号（被替代标准号）	标准名称	应用范围和要求
260	SN/T 1738—2014（SN/T 1770—2006，SN/T 1738—2006）	出口食品中虫酰肼残留量的测定 Determination of tebufenozide residue in foodstuffs for export	规定了食品中虫酰肼残留量的测定第一法［液相色谱-质谱/质谱法］、第二法［气相色谱-质谱法］/第三法［液相色谱法］。第一法适用于大米、玉米、大豆、猪肉、鸡肝、牛奶、蓝莓、橙子、菠菜、洋葱、板栗仁和茶叶中虫酰肼残留量的测定和确证，第二法适用于糙米、玉米、大豆、花生仁中虫酰肼残留量的测定，第三法适用于大米中虫酰肼残留量的测定。第一法的测定低限为 0.01mg/kg、第二法的测定低限为 0.10mg/kg，第三法的测定低限为 0.025mg/kg
261	SN/T 1739—2006	进出口粮谷及油籽中多种有机磷农药残留量的检验方法　气相色谱串联质谱法 Determination of organophosphrous pesticides residues in cereals and oil seeds for import and export-Gas chromatography mass spetrometry method	规定了进出口粮谷及油籽中 55 种有机磷农药残留量的检测方法［气相色谱-质谱法］。适用于进出口糙米、玉米、大豆、花生仁中 55 种有机磷农药残留量的测定和确证。方法检出限（μg/g）：甲胺磷 0.05，敌敌畏 0.05，乙酰甲胺磷 0.02，氧乐果 0.10，甲基内吸磷 0.10，丙线磷 0.005，二溴磷 0.10，百治磷 0.05，久效磷 0.02，甲基乙拌磷 0.10，乐果 0.01，特丁磷 0.005，地虫硫磷 0.10，二嗪磷 0.02，乙拌磷 0.02，乙嘧硫磷 0.10，除线磷 0.02，磷胺 0.05，甲基对硫磷 0.10，甲基立枯磷 0.05，皮蝇磷 0.10，砜吸磷 0.02，杀螟硫磷 0.10，甲基嘧啶磷 0.05，马拉硫磷 0.05，倍硫磷 0.05，毒死蜱 0.01，水胺硫磷 0.10，毒壤磷 0.05，甲基溴硫磷 0.10，乙基安定磷 0.02，毒虫畏 0.02，稻丰散 0.05，丁烯磷 0.05，杀扑磷 0.02，乙基溴硫磷 0.10，杀虫畏 0.10，碘硫磷 0.01，丙硫磷 0.10，丙溴磷 0.05，脱叶磷 0.10，丰索磷 0.02，乙硫磷 0.10，三唑磷 0.02，三硫磷 0.05，敌瘟磷 0.10，亚胺硫磷 0.05，苯硫磷 0.10，保棉磷 0.05，伏杀硫磷 0.10，溴苯磷 0.10，益棉磷 0.05，吡菌磷 0.05，吡唑硫磷 0.10，蝇毒磷 0.10

（续）

序号	标准编号 （被替代标准号）	标准名称	应用范围和要求
262	SN/T 1740—2006	进出口食品中四螨嗪残留量的检验方法　气相色谱串联质谱法 Determination of clofentezine residues in foods for import and export-Gas chromatography mass spetrometry method	规定了进出口食品中四螨嗪残留量的检测方法［气相色谱-质谱法］。适用于进出口柑橘、苹果、菠菜、西兰花、牛肝、鸡肾中四螨嗪残留量的测定和确证。方法检出限：0.05mg/kg
263	SN/T 1742—2006	进出口食品中燕麦枯残留量的检测方法　气相色谱串联质谱法（野燕枯） Determination of difenzoquat residues in foods for import and export-Gas chromatography mass spetrometry method	规定了进出口食品中野燕枯残留量的检测方法［气相色谱-质谱法］。适用于进出口小麦、玉米、猪肉、牛肉中野燕枯残留量的测定和确证。方法检出限：0.01mg/kg
264	SN/T 1753—2006	进出口浓缩果汁中噻菌灵、多菌灵残留量检测方法　高效液相色谱法 Determination of thiabendazole and carbendazim residue in concentrated fruits juice for import and export-High performance Liquid chromatography method	规定了浓缩果汁中噻菌灵、多菌灵检验的抽样、制样和测定方法［液相色谱法］。适用于浓缩苹果汁、浓缩菠萝汁、浓缩芒果汁、浓缩橙汁、浓缩梨汁和浓缩刺梨汁中噻菌灵、多菌灵残留量的检测。方法检出限（mg/kg）：噻菌灵 0.02，多菌灵 0.02

（续）

序号	标准编号 (被替代标准号)	标准名称	应用范围和要求
265	SN/T 1774—2006	进出口茶叶中八氯二丙醚残留量测定方法　气相色谱法 Determination of octachlorodipropyl ether residue in tea for import and export-Gas chromatography method	规定了进出口茶叶中八氯二丙醚残留量检验的抽样、制样和测定方法［气相色谱法］。适用于进出口茶叶中八氯二丙醚残留量的检验。方法检出限：0.01mg/kg
266	SN/T 1776—2006	进出口动物源食品中9种有机磷农药残留量检测方法　气相色谱法 Determination of nine organophosphorus pesticides residues in animal-original food for export and import-Gas chromatography	规定了进出口火腿和腌制鱼干9种有机磷农药残留量检验的制样和检测方法［气相色谱法］。适用于火腿和腌制鱼干中9种有机磷农药残留量的检测。方法检出限（mg/kg）：敌敌畏0.01，甲胺磷0.01，乙酰甲胺磷0.01，甲基对硫磷0.01，马拉硫磷0.01，对硫磷0.01，喹硫磷0.01，杀扑磷0.01，三唑磷0.01
267	SN/T 1866—2007	进出口粮谷中咪唑磺隆残留量检测方法　液相色谱法 Determination of imazosulfuron residue in cereals for import and export-Liquid chromatography	规定了出口粮谷中咪唑磺隆残留量检验的制样和检测方法［液相色谱法］。适用于出口糙米中咪唑磺隆残留量的检测。方法检出限：0.02mg/kg
268	SN/T 1873—2007	进出口食品中硫丹残留量的检测方法　气相色谱—质谱法 Determination of endosulfan residue in food for import and export-GC-MS	规定了食品中α-硫丹、β-硫丹、硫丹硝酸盐残留量的检测方法［气相色谱-质谱法］。适用于鳗鱼、泥鳅、鲶鱼、黄鳝、牛肉、大豆、蘑菇、毛豆、菠菜、蒜薹、番茄、甘蓝、苹果、柑橘、茶叶中硫丹残留量的测定。方法检出限（mg/kg）：动物产品0.004、植物产品0.01

（续）

序号	标准编号 （被替代标准号）	标准名称	应用范围和要求
269	SN/T 1902—2007	水果蔬菜中吡虫啉、吡虫清残留量的测定　高效液相色谱法 Determination of imidacloprid and acctamiprid residues in fruits and vegetables-HPLC	规定了水果蔬菜中吡虫啉、吡虫清残留量的测定方法［液相色谱法］。适用于番茄、黄瓜、柑橘中吡虫啉、吡虫清残留量的检验。方法检出限：0.02mg/kg
270	SN/T 1920—2007	进出口动物源性食品中敌百虫、敌敌畏、蝇毒磷残留量的检测方法　液相色谱—质谱/质谱法 Determination of residue of trichlofor，dichlorvos，coumaphos in foodstuffs of animal origin for import and export-LC-MS/MS method	规定了畜、禽分割肉、盐渍肠衣和蜂蜜中敌百虫、敌敌畏、蝇毒磷残留量测定方法［液相色谱-质谱法］。适用于畜、禽分割肉、盐渍肠衣和蜂蜜中敌百虫、敌敌畏、蝇毒磷残留量的检测。方法检出限（mg/kg）：敌百虫 0.01，敌敌畏 0.01，蝇毒磷 0.01
271	SN/T 1923—2007	进出口食品中草甘膦残留量的检测方法　液相色谱—质谱/质谱法 Determination of plyphosate residue in food for import and export-HPLC-MS/MS method	规定了食品中草甘膦残留量检验的制样和测定方法［液相色谱-质谱法］。适用于大豆、小麦、大米、玉米、甘蔗、柑橙、紫苏、板栗、茶叶、虾、鱼、畜禽肉、蜂蜜、香料、人参中草甘膦（PMG）及其代谢产物氨甲基磷酸（AMP）残留量的检测和确证。方法检出限（mg/kg）：茶叶 0.10、其他 0.05
272	SN/T 1950—2007	进出口茶叶中多种有机磷农药残留量的检测方法　气相色谱法 Determination of organphosphorus pesticide multiresidue in tea for import and export-Gas Chromatography	规定了茶叶中敌敌畏等 21 种有机磷农药残留量的测定方法［气相色谱法］。适用于茶叶中 21 种有机磷农药残留量的测定。方法检出限（mg/kg）：敌敌畏 0.02，甲胺磷 0.02，乙酰甲胺磷 0.02，甲拌磷 0.02，氧乐果 0.02，乙拌磷 0.02，异稻瘟净 0.01，乐果 0.02，皮蝇磷 0.02，毒死蜱 0.02，杀螟硫磷 0.02，对硫磷 0.02，水胺硫磷 0.01，杀扑磷 0.02，乙硫磷 0.02，三唑磷 0.02，芬硫磷 0.01，苯硫磷 0.01，亚胺硫磷 0.02，伏杀硫磷 0.02，吡嘧磷 0.02

（续）

序号	标准编号 (被替代标准号)	标准名称	应用范围和要求
273	SN/T 1952—2007	进出口粮谷中戊唑醇残留量的检测方法　气相色谱—质谱法 Determination of tebuonazoe residue in cereals for import and export—GC-MS method	规定了粮谷中戊唑醇残留量的检测方法。适用于玉米［气相色谱-质谱法］、小麦中戊唑醇残留量的检测和确证。方法检出限：0.01mg/kg
274	SN/T 2145—2008	木材防腐剂与防腐处理木材及其制品中五氯苯酚的测定　气相色谱法 Determination of pentachlorophenol in wood preservative solutions and treated wood，wood-based products—Gas chromatography method	规定了采用气相色谱法测定木材防腐剂以及防腐处理木材及其制品中五氯苯酚含量的方法。适用于含有五氯苯酚的木材防腐剂以及防腐处理后的木材及其制品中五氯苯酚的定量分析
275	SN/T 2278—2009	食品接触材料　软木中五氯苯酚（五氯酚）的测定　气相色谱—质谱法 Food contact materiais—Determination of pentachlorophenol in woody materials—GC/MS method	规定了进出口食品接触材料软木中五氯苯酚的测定方法［气相色谱-质谱法］。适用于与食品接触材料软木中五氯苯酚的测定，方法的测定低限为0.1mg/kg

（续）

序号	标准编号 (被替代标准号)	标准名称	应用范围和要求
276	SN/T 2308—2009	木材防腐剂与防腐处理后木材及其制品中铜、铬和砷的测定　原子吸收光谱法 Determination of copper，chromium，arsenic in preservative solutions and treated wood and wood-based products. Atomic absorption spectrometric method	规定了木材防腐剂与防腐处理后的木材及其制品中铜、铬和砷的原子吸收光谱测定方法。适用于木材防腐剂与防腐处理后的木材及其制品中铜、铬和砷的原子吸收光谱测定。 元素检测低限 铜　铬　砷 木材防腐剂（g/100mL）　0.000 2　0.001　0.005 防腐处理后的木材及其制品（%）　0.000 1　0.000 5　0.003
277	SN/T 2319—2009	进出口食品中喹氧灵残留量的检测方法 Determination of quinoxyfen residue in food for import and export	规定了进出口食品中喹氧灵残留检测方法［液相色谱-质谱/质谱法］。适用于大豆、花椰菜、樱桃、木耳、葡萄酒、茶叶、蜂蜜、猪肝、鸡肉、鳗鱼中喹氧灵残留量的测定和确证，液相色谱法方法低限 0.01mg/kg，液相色谱-质谱/质谱法方法低限 0.001mg/kg
278	SN/T 2320—2009	进出口食品中百菌清、苯氟磺胺、甲抑菌灵（甲苯氟磺胺）、克菌丹、灭菌丹、敌菌丹和四溴菊酯残留量的检测方法　气相色谱—质谱法 Determination of chlorthalonil，dichlofluanid，tolylfluanid，captan，folpet，captafol and deltamethrin residues in food for import and export. GC/MS method	规定了食品中百菌清、苯氟磺胺、甲抑菌灵、克菌丹、灭菌丹、敌菌丹和四溴菊酯残留量的检测方法［气相色谱-质谱法］。适用于大米、糙米、大麦、小麦、玉米及大白菜中百菌清、苯氟磺胺、甲抑菌灵、克菌丹、灭菌丹、敌菌丹和四溴菊酯残留量的检测和确证，方法对所测农药的低限均为 0.01mg/kg

（续）

序号	标准编号 （被替代标准号）	标准名称	应用范围和要求
279	SN/T 2321—2009	进出口食品中腈菌唑残留量检测方法 气相色谱—质谱法 Determination of myclobutanil residue in foodstuffs for import and export—GC-MS method	规定了食品中腈菌唑残留量的检测和确证方法［气相色谱-质谱法］。适用于大米、小米、玉米、豆类、红茶、绿茶、花茶、乌龙茶、大麦茶、草莓、苹果、梨、小白菜、黄瓜、辣椒、胡萝卜、花生、榛子等植物源性产品；牛肉、羊肉、猪肉、鸡肉、鱼肉、猪肝、羊肝、鸡肝、牛奶、蜂蜜等动物源性产品中腈菌唑残留量的检测和确证，方法腈菌唑的测定低限为 0.005mg/kg
280	SN/T 2322—2009	进出口食品中乙草胺残留量检测方法 Determination of acetochlor residue in foods for import and export	规定了食品中乙草胺残留量的确证和制样方法［气相色谱测定、气相色谱-质谱］。适用于花生、大豆、玉米、小麦、洋葱、海菜、鸡肉、猪肉、腰果和松茸中乙草胺残留量的测定，方法的测定低限均为 0.01mg/kg
281	SN/T 2323—2009	进出口食品中蚍虫胺（烯啶虫胺）、呋虫胺等 20 种农药残留量检测方法 液相色谱—质谱/质谱法 Determination of residues of 20 pesticides including nitenpyram, dinotefuran etc in foods for import and export. HPLC-MS/MS method	规定了食品中烯啶虫胺、呋虫胺、螺环菌胺 sporoxamine，丁苯吗啉，杀螨隆-甲脒（丁醚脲-甲酰胺 diafenthiuron-methanimidamide），十三吗啉，叶菌唑/羟菌唑，杀螨隆-脲（丁醚脲-脲 diafenthiuron-urea），密灭汀（milbmectin 米尔贝霉素），泰妙菌素（Thmulin-fumarate 延胡索酸泰妙菌素），多杀菌素 A，多杀菌素 D，甲氨基阿维菌素，甲氨基阿维菌素 1，甲氨基阿维菌素 2），二氯丙烯胺（烯丙酰草胺），驱虫磷（萘磷 nophthalophos），烯唑醇，阿维菌素，甲氨基阿维菌素 N 甲基甲酰氨基酸（emamectin-N-methyl formyl amino 甲氨基阿维菌素代谢物）农药残留量测定和制样方法［液相色谱-质谱/质谱法］。适用于进出口大米、糙米、玉米、大麦和小麦中以上 20 种农药残留量的检测和确证，方法的测定低限均为 0.005mg/kg

（续）

序号	标准编号 （被替代标准号）	标准名称	应用范围和要求
282	SN/T 2324—2009	进出口食品中抑草磷、毒死蜱、甲基毒死蜱等 33 种有机磷农药残留量的检测方法 Determination of 33 organophosphrous pesticides residues (butamifos, chlorpyrifos, chlorpyrifos-methyl et al) in foodstuffs for import and export	规定了粮谷类食品中 33 种有机磷农药残留量［抑草磷、毒死蜱、甲基毒死蜱、敌敌畏、敌瘟磷、杀螟硫磷、倍硫磷、地虫硫磷、异柳磷、氧异柳磷、甲基立枯磷、三唑磷、毒虫畏(E)、毒虫畏（Z）、丙线磷、特丁磷、二嗪磷、甲基毒虫畏(E)、甲基毒虫畏（Z）、苯硫磷、乙嘧啶磷、丰索磷、马拉硫磷、治螟磷、对硫磷、甲基对硫磷、稻丰散、甲基嘧啶磷、喹硫磷、杀虫畏、甲基乙拌磷、完灭硫磷、完灭硫磷砜］的确证方法［气相色谱及气相色谱-质谱法］。适用于进出口大米、糙米、玉米、大麦、小麦中 33 种有机磷农药残留量的测定和确证，方法丙线磷、三唑磷、对硫磷在大米、糙米、玉米、大麦、小麦中测定低限为 0.005mg/kg，其余 30 种有机磷农药在大米、糙米、玉米、大麦、小麦中的测定低限为 0.01mg/kg
283	SN/T 2325—2009	进出口食品中四唑嘧磺隆、甲基苯苏呋安（苄嘧磺隆）、醚磺隆等 45 种农药残留量的检测方法　高效液相色谱—质谱/质谱法 Determination of 45 pesticides residues including azimsulfron, bensulfron-methyl, cinousulfron et al in foods for import and export-HPLC-MS/MS method	规定了食品中四唑嘧磺隆、苄嘧磺隆、醚磺隆等 45 种农药残留量的检测方法及样品的制备和保存方法［液相色谱-质谱/质谱法］。适用于糙米、大米、玉米、大麦和小麦中氟唑嘧磺草胺（唑嘧磺草胺）、醚磺隆、咪草酸（甲酯）、甲基噻吩磺隆、烟嘧磺隆、灭草喹、萘草胺、甲氧磺草胺、氯酯磺草胺、丙苯磺隆、甲磺草胺、甲酰胺磺隆、甲基胺苯磺隆、玉嘧磺隆、苯磺隆、三氟啶磺隆、四唑嘧磺隆、苄嘧磺隆、嘧啶磺隆、乙磺隆、氯嘧磺隆、咪唑磺隆、苯并双环酮（双环磺草酮 benzobicyclon）、乙氧嘧磺隆、环丙嘧磺隆、吡嘧磺隆、恶草酸、双氟磺草胺、醚苯磺隆、甲磺隆、氯磺隆、五氟磺草胺、双氯磺草胺、甲基碘磺隆、烯草酮砜、甲磺胺磺隆、氟磺隆、杀鼠灵、2 甲 4 氯丙酸、氟嘧磺隆、氟磺胺草醚、氟胺磺隆、氯吡嘧磺隆、达诺杀（地乐酚 dinoseb）和特乐酚 45 种农药残留量的检测，方法低限在以上 45 种农药中除杀鼠灵为 1μg/kg 外，其余均为 1μg/kg

（续）

序号	标准编号 （被替代标准号）	标准名称	应用范围和要求
284	SN/T 2385—2009	进出口食品中敌草腈残留量的测定 气相色谱—质谱法 Determination of dichlobenil residues in food for import and export. GC-MS method	规定了食品中敌草腈残留量的测定方法［气相色谱-质谱］。适用于大米、大豆、栗子、菠菜、洋葱、香菇、番茄、芒果、橙子、黑莓、西瓜、猪肉以及牛奶中敌草腈残留量的检测和确证，方法测定低限为 5μg/kg
285	SN/T 2386—2009	进出口食品中氯酯磺草胺残留量的测定 液相色谱—质谱/质谱法 Determination of cloransulam-methyl residues in food for import and export. LC-MS/MS	规定了食品中氯酯磺草胺残留量的检测方法［液相色谱-质谱法］。适用于玉米、大米、大豆、栗子、核桃、菜心、番茄、辣椒、菠菜、洋葱、橙子、草莓、芒果、樱桃、香菇、茶叶等植物源性产品和鸡肝、猪肝、牛奶等动物源性产品中氯酯磺草胺残留量的检测，方法测定低限为 10μg/kg
286	SN/T 2387—2009	进出口食品中井冈霉素残留量的测定 液相色谱—质谱/质谱法 Determination of validamycin residues in food for import and export. LC-MS/MS method	规定了进出口食品中井冈霉素残留量的分析方法［液相色谱-质谱/质谱法］。适用于大米、卷心菜、葱、胡萝卜、番茄、黄瓜、菠菜、木耳、梨、柠檬、杏仁、茶叶、猪肉、猪肝、罗非鱼、虾中井冈霉素残留量的检测和确证，方法测定低限为 10μg/kg
287	SN/T 2406—2009	玩具中木材防腐剂的测定 Determination of wood preservatives in toys	规定了木质玩具中防腐剂 2，4-二氯苯酚、2，3，4，6-四氯苯酚、2，4，6-三氯苯酚、2，4，5-三氯苯酚、五氯苯酚、林丹、氟氯氧菊酯、氯氧菊酯、溴氨菊酯、氯菊酯的测定方法［气相色谱法］。适用于木质玩具中防腐剂 2，4-二氯苯酚、2，3，4，6-四氯苯酚、2，4，6-三氯苯酚、2，4，5-三氯苯酚、五氯苯酚、林丹、氟氯氰菊酯、氯氰菊酯、溴氰菊酯、氯菊酯的测定。方法的检出限（mg/kg）为：氟氯氰菊酯 3、氯氰菊酯 3、溴氰菊酯 5、氯菊酯 5、2，4-二氯苯酚 1、2，3，4，6-四氯苯酚 0.5、2，4，6-三氯苯酚 0.5、、五氯苯酚 0.5、林丹 0.5、2，4，5-三氯苯酚 1

（续）

序号	标准编号（被替代标准号）	标准名称	应用范围和要求
288	SN/T 2431—2010	进出口食品中苄螨醚残留量的检测方法 Determination of halfenprox residues in food for import and export	规定了进出口食品中苄螨醚残留量检测的确证的方法［气相色谱测定和气相色谱-质谱法］。适用于芦笋、马铃薯、葱、梨、桃、玉米、荞麦、茶叶、食醋、蜂蜜、核桃仁、兔肉 、鸡肝、虾仁、鸡肉中苄螨醚残留量的检测。对桃、梨、芦笋、马铃薯、玉米、荞麦、蜂蜜、食醋、核桃仁、虾仁、鸡肉 、兔肉、大葱、茶叶和鸡肝的测定低限为 0.01mg/kg
289	SN/T 2432—2010	进出口食品中哒螨灵残留量的检测方法 Determination of pyridaben residues in food for import and export	规定了进出口食品中哒螨灵残留量检测的确证的方法［气相色谱测定和气相色谱-质谱法］。适用于芦笋、马铃薯、葱、梨、桃、玉米、荞麦、茶叶、食醋、蜂蜜、核桃仁、兔肉、鸡肝、虾仁、鸡肉中哒螨灵残留量的检测，对芦笋、马铃薯、葱、梨、桃、玉米、荞麦、茶叶、食醋、蜂蜜、核桃仁、兔肉、鸡肝、虾仁、鸡肉的测定低限为 0.01mg/kg
290	SN/T 2433—2010	进出口食品中炔草酯残留量的检测方法 Determination of clodinafop propargyl residues in food for import and export	规定了进出口食品中炔草酯残留量检测的气相色谱测定和确证的方法［气相色谱-质谱法］。适用于芦笋、马铃薯、葱、梨、桃、玉米、荞麦、茶叶、食醋、蜂蜜、核桃仁、兔肉、鸡肝、虾仁、鸡肉中炔草酯残留量的检测，对芦笋、马铃薯、葱、梨、桃、玉米、荞麦、茶叶、食醋、蜂蜜、核桃仁、兔肉、鸡肝、虾仁、鸡肉的测定低限为 0.01mg/kg

（续）

序号	标准编号 （被替代标准号）	标准名称	应用范围和要求
291	SN/T 2441—2010	进出口食品中涕灭威、涕灭威砜、涕灭威亚砜残留量检测方法　液相色谱—质谱/质谱法 Determination of aldicarb, aldicarb-sulfone and aldicarb-sulfoxide residues in food for import and export. LC-MS/MS method	规定了食品中涕灭威及其代谢产物涕灭威砜、涕灭威亚砜残留量的检测和确证［液相色谱-质谱/质谱法］。适用于生姜、番茄、菠菜、大米、花生、大豆、杏仁、苹果、柑橘、茶叶、猪肝、鸡肉、牛奶中涕灭威、涕灭威砜、涕灭威亚砜的测定和确证，方法测定低限均为 0.002mg/kg
292	SN/T 2445—2010	进出口动物源食品中五氯酚残留量检测方法　液相色谱—质谱/质谱法 Determination of pentachlorophenol residues in foodstuffs of animal origin for import and export. LC-MS/MS method	规定了动物源食品中五氯酚残留量的制样、测定方法［液相色谱-质谱/质谱法］。适用于猪肝、猪肾、猪肉、牛奶、鱼肉、虾、蟹等动物源食品中五氯酚残留的测定，方法的测定低限为 0.001mg/kg
293	SN/T 2456—2010	进出口食品中苯胺灵残留量的测定　气相色谱—质谱法 Determination of propham residues in food for import and export. GC-MS method	规定了进出口食品中苯胺灵残留测定的测定方法［气相色谱-质谱法］。适用于毛豆、芥末菜、芦柑、花生、茶叶、姜、香菇、鳗鱼、猪肉、鸡肝、大米、大豆等进出口食品中苯胺灵残留量的测定和确证，方法的测定低限为 0.005mg/kg

（续）

序号	标准编号 （被替代标准号）	标准名称	应用范围和要求
294	SN/T 2457—2010	进出口食品中地乐酚残留量的测定　液相色谱—质谱/质谱法 Determination of dinoseb residues in food for import and export. LC-MS/MS method	规定了进出口食品中地乐酚残留量检验的检测方法［液相色谱-质谱/质谱法］。适用于苹果、板栗、甘蓝、牛肉、蜂蜜、小麦、鸡肉、姜、茶叶、大豆和牛奶中地乐酚残留量的检测和确证。方法中茶叶的测定低限为 0.01mg/kg，其他基质均为 0.005mg/kg
295	SN/T 2458—2010	进出口食品中十三吗啉残留量的测定　液相色谱—质谱/质谱法 Determination of tridemorph residues in foods for import and export. LC-MS/MS method	规定了进出口食品中十三吗啉残留量的测定方法［液相色谱-质谱/质谱法］。适用于苹果、菠菜、姜、小麦、花生、牛肉、鸡肝、鱼肉、大豆、蜂蜜、奶和茶叶中十三吗啉残留量的检测和确证，方法测定低限：苹果、菠菜、姜、大豆、小麦、牛肉、鸡肝、鱼肉、奶和蜂蜜为 0.005mg/kg；茶叶为 0.5mg/kg
296	SN/T 2459—2010	进出口食品中氟烯草酸残留量的测定　气相色谱—质谱法 Determination of flumiclorac-pentyl residues in food for import and export. GC-MS method	规定了进出口食品中氟烯草酸残留量的测定方法［气相色谱-质谱法］。适用于玉米、芹菜、苹果、花生、茶叶、牛肉、鸡肝、鱼、蜂蜜、大豆和牛奶中氟烯草酸残留量的检测和确证，方法的测定低限：氟烯草酸为 0.005mg/kg
297	SN/T 2461—2010	纺织品中苯氧羧酸类农药残留量的测定　液相色谱—串联质谱法 Determination of the phenoxy acid pesticide residues in textiles. LC-MS/MS method	规定了纺织品中 7 种苯氧羧酸类农药残留量的方法［液相色谱-质谱法测定］。适用于纺织品中 7 种苯氧羧酸类农药残留量的测定，方法对纺织品中 7 种苯氧羧酸类农药低限为 2.5μg/kg

（续）

序号	标准编号 (被替代标准号)	标准名称	应用范围和要求
298	SN/T 2514—2010	进出口食品中噻酰菌胺（tiadinil）残留量的测定　液相色谱—质谱/质谱法 Determination of tiadinil residues in food for import and export. LC-MS/MS method	规定了进出口食品中噻酰菌胺残留量检测的检测方法［液相色谱-质谱/质谱法］。适用于生菜、胡萝卜、菜心、大米、柑橘、葡萄、板栗、牛肉、羊肝、鸡肉、罗非鱼、番茄酱、茶叶、蜂蜜中噻酰菌胺残留量的测定和确证，方法的测定低限为10μg/kg
299	SN/T 2540—2010	进出口食品中苯甲酰脲类农药残留量的测定　液相色谱—质谱/质谱法 Determination of benzoylurea pesticides residues in foodstuffs for import and export. LC-MS/MS method	规定了食品中氟啶脲、杀铃脲、除虫脲、伏虫隆、氟虫脲、氟铃脲、氟幼脲、虱螨脲、氟酰脲、啶蜱脲残留量检测的制样和液相色谱-质谱/质谱测定方法。本标准适用于大米、小麦、柑橘、菠菜、核桃仁、茶叶、猪肉、猪肝和牛奶中氟啶脲、杀铃脲、除虫脲、伏虫隆、氟虫脲、氟铃脲、氟幼脲、虱螨脲、氟酰脲、啶蜱脲残留量的确证和定量测定。大米、小麦、柑橘、菠菜、核桃仁、猪肉、猪肝和牛奶中苯甲酰脲类农药测定的低限均为5.0μg/kg；茶叶中苯甲酰脲类农药低限均为10μg/kg
300	SN/T 2559—2010	进出口食品中苯并咪唑类农药残留量的测定　液相色谱—质谱/质谱法 Determination of benzimidazole pesticides residues in food stuffs for import and export. LC-MS/MS	规定了食品中多菌灵、噻菌灵、甲基硫菌灵、硫菌灵、麦穗宁和烯菌灵残留检测的制样和液相色谱-质谱/质谱测定方法。适用于大米、小麦、柑橘、葡萄、菠菜、马铃薯、核桃仁、茶叶、猪肉、鱼肉、猪肝和牛奶中多菌灵、噻菌灵、甲基硫菌灵、硫菌灵、麦穗宁和烯菌灵残留的确证和定量测定。大米、小麦、柑橘、葡萄、菠菜、核桃仁、猪肉、猪肝和牛奶中苯并咪唑类农药测定低限均为5.0μg/kg；茶叶中苯并咪唑类农药测定低限均为10μg/kg

（续）

序号	标准编号 （被替代标准号）	标准名称	应用范围和要求
301	SN/T 2560—2010	进出口食品中氨基甲酸酯类农药残留量的测定　液相色谱—质谱/质谱法 Determination of carbamate pesticides residues in foodstuffs for import and export. LC-MS/MS method	规定了食品中灭害威、克百威、甲萘威、灭除威等 20 种氨基甲酸酯类农药残留量检测制样和测定方法［液相色谱-质谱/质谱罚］。适用于大米、菠菜、马铃薯、柑橘、葡萄、核桃仁、茶叶、猪肉、鱼肉、猪肝和牛奶中灭害威、克百威、甲萘威、灭除威等 20 种氨基甲酸酯类农药残留量的确证和定量测定，方法氨基甲酸酯类农药的测定低限均为 5μg/kg
302	SN/T 2561—2010	进出口食品中吡啶类农药残留量的测定　液相色谱—质谱/质谱法 Determination of pyridine pesticides residues in foodstuffs for import and export. LC-MS/MS	规定了食品中吡虫啉、啶虫脒、咪草烟、氟啶草酮、啶酰菌胺等 7 种吡啶类农药残留量检测的抽样和测定方法［液相色谱-质谱/质谱法］。适用于大米、小麦、马铃薯、菠菜、柑橘、核桃仁、茶叶、猪肉、鱼肉、猪肝和牛奶中吡虫啉、啶虫脒、咪草烟、氟啶草酮、啶酰菌胺、噻草啶和氟硫草啶残留量的测定和确证，大米、小麦、马铃薯、菠菜、柑橘、核桃仁、猪肉、鱼肉、猪肝和牛奶中吡啶类农药的测定低限均为 5μg/kg，茶叶中的测定低限均为 10μg/kg
303	SN/T 2571—2010	进出口蜂王浆中多种杀螨剂残留量检测方法　气相色谱—质谱法 Determination of multiple miticide residues in royal-jelly for import and export. GC-MS	规定了蜂王浆中氯杀螨、甲基克杀螨、杀螨酯、乐杀螨、乙酯杀螨醇、溴螨酯、三氯杀螨醇、哒螨酮残留量的测定和确证方法［气相色谱-质谱法］。适用于蜂王浆中氯杀螨、甲基克杀螨、杀螨酯、乐杀螨、乙酯杀螨醇、溴螨酯、三氯杀螨醇、哒螨酮残留量的测定和确证，方法测定低限为：10μg/kg

（续）

序号	标准编号 （被替代标准号）	标准名称	应用范围和要求
304	SN/T 2572—2010	进出口蜂王浆中多种氨基甲酸酯类农药残留量检测方法　液相色谱—质谱/质谱法	规定了蜂王浆中甲硫威、恶虫威、异丙威、甲萘威、灭多威、克百威、抗蚜威、仲丁威残留量的液相色谱-质谱/质谱测定方法。适用于蜂王浆中甲硫威、恶虫威、异丙威、甲萘威、灭多威、克百威、抗蚜威、仲丁威残留量测定和确证，方法的测定低限为：10μg/kg
305	SN/T 2573—2010	进出口蜂王浆中杀虫脒及其代谢产物残留量检测方法　气相色谱—质谱法 Determination of chlordimeform and its metabolites residues in royal jelly for import and export. GC-MS	规定了蜂王浆中杀虫脒及其代谢产物残留量的测定及确证方法［气相色谱-质谱法］。适用于蜂王浆中杀虫脒及其代谢产物残留量测定和确证，方法对杀虫脒和4氯邻苯胺的测定低限为：10μg/kg
306	SN/T 2574—2010	进出口蜂王浆中双甲脒及其代谢产物残留量检测方法　气相色谱—质谱法 Determination of amitraz and its metabolites residues in royal-jelly for import and export. GC-MS	规定了蜂王浆中双甲脒及其代谢产物残留量的测定及确证方法［气相色谱-质谱法］。适用于蜂王浆中双甲脒及其代谢产物残留量测定和确证，方法测定低限为：10μg/kg
307	SN/T 2575—2010	进出口蜂王浆中多种菊酯类农药残留量检测方法 Determination of eleven organo-phosphorus pesticides residues in royal jelly for import and export. Gas chromatography	规定了蜂王浆中联苯菊酯、甲氰菊酯、氯氟氰菊酯、氯菊酯、氟氯氰菊酯、氯氰菊酯、氟胺氰菊酯、氰戊菊酯、溴氰菊酯农药残留量的测定方法［气相色谱法］。适用于蜂王浆中联苯菊酯、甲氰菊酯、氯氟氰菊酯、氯菊酯、氟氯氰菊酯、氯氰菊酯、氟胺氰菊酯、氰戊菊酯、溴氰菊酯农药残留量测定，方法的测定低限为：10μg/kg

（续）

序号	标准编号 (被替代标准号)	标准名称	应用范围和要求
308	SN/T 2577—2010	进出口蜂王浆中11种有机磷农药残留量的测定　气相色谱法 Determination of eleven organophosphorus pesticides residues in royal jelly for import and export. Gas chromatography	规定了进出口蜂王浆中11种有机磷农药残留量测定的制样和定方法［气相色谱测法］。适用于蜂王浆中敌敌畏、甲胺磷、灭线磷、甲拌磷、乐果、甲基对硫磷、马拉硫磷、对硫磷、喹硫磷、三唑磷、蝇毒磷农药残留量的检测。方法中11种有机磷低限均为10μg/kg
309	SN/T 2581—2010	进出口食品中氟虫酰胺（氟虫双酰胺）残留量的测定　液相色谱—质谱/质谱法	规定了进出口食品中氟虫酰胺残留量测定的分析方法［液相色谱-质谱/质谱法］。适用于葱、萝卜、番茄、橙、大豆、苹果、茶、核桃、鱼、猪瘦肉、猪肝和牛奶中氟虫酰胺残留量的检测和确证。本方法氟虫酰胺的测定低限均为5μg/kg
310	SN/T 2623—2010	进出口食品中吡丙醚残留量的检测方法　液相色谱—质谱/质谱法 Determination of pyriproxyfen residues in foodstuffs for import and export. HPLC-MS/MS method	规定了进出口食品中吡丙醚残留量制样和测定方法［液相色谱-质谱/质谱法］。适用于大米、大豆、菠菜、柠檬、茶叶、蘑菇、牛肉、猪肝和牛奶中吡丙醚残留量的检测，方法中菠菜、柠檬、牛肉、猪肝和牛奶中的低限均为5μg/kg，大豆、大米、蘑菇和茶叶中的低限为15μg/kg
311	SN/T 2645—2010	进出口食品中四氟醚唑残留量的检测方法　气相色谱—质谱法 Determination of teraconazole residues in food for import and export. GC-MS method	规定了食品中四氟醚唑残留量制样和检测方法［气相色谱-质谱法］。适用于菠菜、藕、草莓、花生、鸡肉、猪肉、鳕鱼、蜂蜜、板栗、茶叶和酱油中四氟醚唑残留量的检测和确证，方法的测定低限为10μg/kg

（续）

序号	标准编号 （被替代标准号）	标准名称	应用范围和要求
312	SN/T 2646—2010	进出口食品中吡螨胺残留量检测方法　气相色谱—质谱法 Determination of tebufenpyrad residues in food for import and export. GC-MS method	规定了食品中吡螨胺残留量制样和测定方法［气相色谱-质谱法］。适用于菠菜、藕、草莓、花生、鸡肉、猪肉、鳕鱼、蜂蜜、板栗和茶叶中吡螨胺残留量的检测和确证，方法的测定低限为 10μg/kg
313	SN/T 2647—2010	进出口食品中炔苯酰草胺残留量检测方法　气相色谱—质谱法 Determination of propyzamide residues in food for import and export. GC-MS method	规定了食品中炔苯酰草胺的测定方法［气相色谱-质谱法］。适用于菠菜、胡萝卜、草莓、花生、鸡肉、葱、鳕鱼、蜂蜜、板栗和茶叶中炔苯酰草胺残留量的检测和确证，方法的测定低限为 10μg/kg
314	SN/T 2648—2010	进出口食品中啶酰菌胺残留量的测定　气相色谱—质谱法 Determination of boscalid residues in food for import and export. GC-MS method	规定了食品中啶酰菌胺残留量的检测方法［气相色谱-质谱法］。适用于菠菜、胡萝卜、草莓、花生、板栗、茶叶、葱、鸡肉、鳕鱼和蜂蜜中啶酰菌胺残留量的检测和确证，方法的测定低限为 10μg/kg
315	SN/T 2654—2010	进出口动物源性食品中吗啉胍（盐酸吗啉胍）残留量检测方法　液相色谱—质谱/质谱法 Determination of moroxydine residue in foodstuffs of animal origin for import and export. LC-MS/MS method	规定了动物源性食品中吗啉胍残留量的制样方法与测定方法［液相色谱-质谱/质谱法］。适用于猪肉、猪肝、猪肾、牛肉、牛肝、牛肾、鸡肉、鸡肝、鸡肾、鱼肉和虾仁中吗啉胍残留量的测定，方法的测定低限为 5μg/kg

（续）

序号	标准编号（被替代标准号）	标准名称	应用范围和要求
316	SN/T 2679—2010	木材及木制品中砷含量的测定　氢化物发生—原子荧光光谱法 Determination of arsenic in wood and wood-based products. Hydride generation-atomic fluorescence spectrometry	规定了木材及木制品中砷含量的氢化物发生——原子荧光光谱测定方法。适用于木材及木制品中砷含量的测定。方法测定低限为 0.3mg/kg
317	SN/T 2795—2011	进出口食品中二硝基苯胺类农药残留量的检测方法　液相色谱—质谱/质谱法 Determination of dinitroaniline pesticide residues in foodstuffs for import and export. LC-MS/MS method	规定了进出口食品中氟乐灵、二甲戊乐灵、氨磺乐灵、仲丁灵、氨基丙氟灵、氨基乙氟灵、磺乐灵和异乐灵残留量的测定和确证方法［液相色谱-质谱/质谱法］。适用于黄豆、大米、菠菜、生姜、苹果、西瓜、甘蓝、节瓜、茶叶、鸡蛋、猪肉和鸡肝中以上农药残留量的测定，方法的低限（$\mu g/kg$）：氟乐灵 50.0；二甲戊乐灵、氨磺乐灵、仲丁灵、氨基丙氟灵、氨基乙氟灵、磺乐灵和异乐灵的测定低限均为 10.0
318	SN/T 2796—2011	进出口食品中氟啶虫酰胺残留量的检测方法 Determination of flonicamid residues in food for import and export	规定了食品中氟啶虫酰胺残留量检测的确证方法［气相色谱法和液相色谱-质谱法］。适用于生菜、胡萝卜、菜心、大米、柑橘、葡萄、板栗、牛肉、羊肝、鸡肉、罗非鱼、番茄酱、茶叶、蜂蜜中氟啶虫酰胺残留量的定量测定和定性确证，方法的检测限（$\mu g/kg$）：在生菜、胡萝卜、菜心、柑橘、葡萄、牛肉、羊肝、鸡肉、番茄酱中为 20.0，在大米、板栗、罗非鱼、蜂蜜中为 10.0

（续）

序号	标准编号 （被替代标准号）	标准名称	应用范围和要求
319	SN/T 2806—2011	进出口蔬菜、水果、粮谷中氟草烟（氯氟吡氧乙酸）残留量检测方法 Determination of fluroxypyr residue in vegetables, fruits, cereals for import and export	规定了进出口蔬菜、水果、粮谷中氯氟吡氧乙酸残留量的检测和确证方法［液相色谱-质谱/质谱和液相色谱法］。适用于大蒜、苹果、糙米中氯氟吡氧乙酸残留量的检测和确证，两方法的低限（mg/kg）分别为 0.001 和 0.01
320	SN/T 2807—2011	进出口食品中三氟羧草醚残留量的检测　液相色质谱—质谱法 Determination of acifluorfen residues in foodstuffs for import and export. LC-MS/MS method	规定了食品中三氟羧草醚残留量的检测和确证方法［液相色谱-质谱法］。适用于大豆、大米、糙米、毛豆、苹果和猪肉中三氟羧草醚残留量的测定，方法测定低限为 0.002mg/kg
321	SN/T 2912—2011	出口乳及乳制品中多种拟除虫菊酯农药残留量的检测方法　气相色谱—质谱法 Determination of multiple pyrethroid pesticide residues in dairy products for export. Gas chromatography-mass spectrometry (GC-MS) method	规定了出口乳及乳制品中 2，6-二异丙基萘、七氟菊酯、生物丙烯菊酯、烯虫酯、苄呋菊酯、联苯菊酯、甲氰菊酯、氯氟氰酯、氟丙菊酯、氯菊酯、氟氯氰菊酯、氯氰菊酯、氟氰戊菊酯、醚菊酯、氰戊菊酯、氟胺氰菊酯、溴氰菊酯 17 种多组分农药残留量的气相色谱-质谱检测方法。适用于液体乳、乳粉、炼乳、乳脂肪、干酪、乳冰淇淋和乳清粉中以上 17 种农药残留量的检测和确证，本方法的检测低限（mg/kg）：氟氯氰菊酯、氯氰菊酯为 0.02，2，6-二异丙基萘、七氟菊酯、联苯菊酯为 0.005，其余为 0.01

（续）

序号	标准编号（被替代标准号）	标准名称	应用范围和要求
322	SN/T 2914—2011	出口食品中二缩甲酰亚胺类农药残留量的测定 Determination of dicondensing-formylimine residues in foodstuffs for export	规定了出口食品中乙烯菌核利、乙菌利、腐霉利、异菌脲残留量的检测和确证方法［气相色谱-质谱法］。适用于茶叶、大米、大蒜、苹果、菠菜、板栗、葡萄酒、蜂蜜、鱼肉、鸡肉、猪肾、猪肉中以上4种农药留量的检测和确证，方法的测定低限（mg/kg）：乙烯菌核利、乙菌利、腐霉利在茶叶中为0.025，异菌脲为0.05，在大米蜂蜜、板栗中乙烯菌核利、乙菌利、腐霉利为0.005，异菌脲为0.01，在大蒜、苹果、菠菜、鱼肉、鸡肉、猪肾、猪肉中乙烯菌核利、乙菌利、腐霉利为0.01，异菌脲为0.02
323	SN/T 2915—2011	出口食品中甲草胺、乙草胺、甲基吡恶磷等160种农药残留量的检测方法　气相色谱—质谱法 Determination of 160 pesticides residues including alachlor，acetochlor，azamethiphos in foodstuffs for export. GC-MS method	规定了食品中160种农药残留量的检测方法［气相色谱-质谱法］。适用于大米、糙米、大麦、小麦、玉米中160种农药残留量的测定，方法测定低限为：0.01mg/kg
324	SN/T 2917—2011	出口食品中烯酰吗啉残留量检测方法 Determination of dimethomorph residues of foodstuffs for export	规定了出口食品中烯酰吗啉残留量的测定方法［液相色谱-质谱/质谱法和气相色谱-质谱法］。第一法适用于葱、大蒜、菠菜、豌豆、番茄、马铃薯、苹果、柑橘、猪肉、猪肝、牛肾和牛奶中烯酰吗啉残留量的检测和确证，第二法是用于荷兰豆、白果、鲜山葵、萝卜、脱水洋葱、干姜、大米、芸豆、核桃、普洱茶、猪肉、蜂蜜中烯酰吗啉残留量的检测和确证。对于蔬菜和水果，方法测定低限为10μg/kg，对于动物肌肉、肝脏、肾脏和奶，方法测定低限为2.0μg/kg

（续）

序号	标准编号（被替代标准号）	标准名称	应用范围和要求
325	SN/T 2921—2011	农产品中甲萘威、毒死蜱、霜霉威、甲霜灵、甲草胺、异丙草胺残留胶体金快速检测方法 Fast determination of carbaryl, chlorpyrifos, propamocarb, metalaxyl, alachlor, metolachlor in farm produces by colloidal gold immunoassay	规定了农产品中甲萘威、毒死蜱、霜霉威、甲霜灵、甲草胺、异丙草胺残留胶体金快速检测方法。适用于黄瓜、番茄、西兰花、白菜、梨果等蔬菜和水果中甲萘威、毒死蜱、霜霉威、甲霜灵、甲草胺、异丙草胺残留量的筛选检验，阳性结果须用其他方法进行确证，方法检测限：0.1～2mg/kg
326	SN/T 3025—2011	木材防腐剂杂酚油及杂酚油处理后木材、木制品取样分析方法　杂酚油中苯并［a］芘含量的测定 Wood presservatives. Creosote, creosoted timber and wooden product. Methods of sampling and analysis. Determination of the benzo［a］pyrene content of creosote	规定了杂酚油防腐处理木材、木制品中杂酚油的提取以及杂酚油中苯并［a］芘含量的测定方法［液相色谱法］。适用于杂酚油防腐处理木材、木制品中杂酚油的提取以及杂酚油中苯并［a］芘的测定，方法的测定低限为 30mg/kg
327	SN/T 3035—2011	出口植物源性食品中环己烯酮类除草剂残留量的测定　液相色谱—质谱/质谱法 Determination of cyclohexanedione herbicides residues in foodstuffs origined from plant for export. LC-MS/MS method	规定了大米、大豆、玉米、小白菜、马铃薯、大蒜、葡萄和橙子中吡喃草酮、禾草灭、噻草酮、苯草酮、稀禾定和烯草酮6种环己烯酮类除草剂的测定方法［液相色谱-质谱/质谱法］。适用于大米、大豆、玉米、小白菜、马铃薯、大蒜、葡萄和橙子中吡喃草酮、禾草灭、噻草酮、苯草酮、稀禾定和烯草酮6种环己烯酮类除草剂残留量的检测与确证。本方法测定低限为：5μg/mg

（续）

序号	标准编号 (被替代标准号)	标准名称	应用范围和要求
328	SN/T 3036—2011	出口乳及乳制品中多种有机氯农药残留量的测定　气相色谱—质谱/质谱法 Determination of cyclohexanedione herbicides residues in foodstuffs origined from plant for export. LC-MS/MS method	规定了乳及乳制品中多种有机氯农药残留量检测方法［气相色谱-质谱/质谱法］。适用于液态奶、奶粉、酸奶（半固态）、冰淇淋、奶糖等乳及乳制品中 a-六六六、β-六六六、林丹、δ-六六六、o，p″-滴滴涕、p，p″-滴滴涕、o，p″-滴滴伊、p，p″-滴滴伊、o，p″-滴滴滴、p，p″-滴滴滴、甲氧滴滴涕、七氯、环氧七氯、艾氏剂、狄氏剂、异狄氏剂、异狄氏剂醛、异狄氏剂酮、顺式—氯丹、反式—氯丹、氧化氯丹、α-硫丹、β-硫丹、硫丹硫酸盐、六氯苯、四氯硝基苯、五氯硝基苯、五氯苯胺、甲基五氯苯基硫醚、灭蚁灵 30 种有机氯农药残留量的测定和确证。本方法各种有机氯农药的测定低限均为 0.8μg/kg
329	SN/T 3143—2012	出口食品中苯酰胺类农药残留量的测定　气相色谱—质谱法 Determination of phenylamide pesticides residues in foods for export. Gas chromatography-mass spectrometry	规定了出口食品中 25 种苯酰胺类农药残留量的检测方法［气相色谱-质谱法］。适用于玉米、菠菜、蘑菇、苹果、大豆、板栗、茶叶、牛肉、牛肝、鸡肉、鱼肉、牛奶中 25 种苯酰胺类农药残留量的测定和确证，方法测定低限均为 0.01mg/kg
330	SN/T 3156—2012	乳及乳制品中多种氨基甲酸酯类农药残留量测定方法　液相色谱—串联质谱法 Determination of carbamate pesticide residues in milk and dairy products. LC-MS-MS method	规定了乳和乳制品中杀线威、灭多威、抗蚜威、涕灭威、速灭威、噁虫威、克百威、甲萘威、呋线威、异丙威、乙霉威、仲丁威、残杀威和甲硫威 14 种氨基甲酸酯类农药残留量的检测方法［液相色谱-质谱法］。适用于纯奶、酸奶、奶粉、奶酪和果奶中以上 14 种氨基甲酸酯类农药残留量的测定和确证，方法测定低限均为 0.01mg/kg

（续）

序号	标准编号（被替代标准号）	标准名称	应用范围和要求
331	SN/T 3303—2012	出口食品中噁唑类杀菌剂残留量的测定 Determination of oxazole fungicide residues in foodstuffs for export	规定了食品中肼菌酮、乙烯菌核利、乙菌利、腐霉利、噁霜灵、噁唑菌酮的检测方法［气相色谱-质谱法］。适用于毛豆、胡萝卜、上海青、青瓜、苹果、大米、猪肉、壳肉、虾中以上6种农药残留量的测定和确证，方法定量限为0.01mg/kg
332	SN/T 3376—2012	木材及木制品中有机氯杀虫剂的测定　气相色谱法 Determination of organochlorine pesticides in timber and wood products. Gas chromatography method	规定了木材及木制品中α-六六六、β-六六六、γ-六六六、-六六六、七氯、艾氏剂、氯丹、狄氏剂、2,4″滴滴涕、4,4″滴滴涕10种有机氯杀虫剂的测定方法［气相色谱法］。适用于木材及木制品中有机氯杀虫剂的测定。本方法对有机氯化合物的检出限为0.02mg/kg
333	SN/T 3539—2013	出口食品中丁氟螨酯的测定 Determination of cyflumetofen in food for export	规定了出口食品中丁氟螨酯及其代谢物邻三氟甲基苯甲酸残留量的检测方法［液相色谱-串联质谱法］。适用于大豆、茄子、甘蓝、番茄、苹果、茶叶、猪肉、鱼肉、猪肝等食品中丁氟螨酯及其代谢物邻三氟甲基苯甲酸残留量的测定和确证，方法的丁氟螨酯及其代谢物的测定低限：茶叶0.04mg/kg，其他基质：0.01mg/kg
334	SN/T 3642—2013	出口水果中甲霜灵残留量检测方法　气相色谱—质谱法 Determination of metalaxyl residues in fruits for export. GC/MS method	规定了出口水果中甲霜灵残留量气相色谱-质谱检测方法。适用于出口苹果、柑橘、梨、桃、葡萄、柿子等水果中甲霜灵残留量的测定和确证。本方法的测定低限为0.01mg/kg

（续）

序号	标准编号 （被替代标准号）	标准名称	应用范围和要求
335	SN/T 3643—2013	出口水果中氯吡脲（比效隆）残留量的检测方法　液相色谱—串联质谱法 Determination of forchlorfenuron residue in fruits for export. LC-MS-MS method	规定了出口水果中氯吡脲（比效隆）残留量的液相色谱-串联质谱检测方法。适用于葡萄、猕猴桃、西瓜、梨、柑橘、苹果等水果中氯吡脲（比效隆）残留量的测定和确证。本方法的测定低限为 0.01mg/kg
336	SN/T 3650—2013	药用植物中多菌灵、噻菌灵和甲基硫菌灵残留量的测定　液相色谱—质谱/质谱法 Determination of carbendazim, thiabendazole and thiophanate-methyl residues in medicinal herbs. LC-MS/MS method	规定了药用植物中多菌灵、噻菌灵和甲基硫菌灵残留量的液相色谱-质谱/质谱检测方法。适用于当归、番泻叶、红花、川芎、枸杞等药用植物或类似药用植物中多菌灵、噻菌灵和甲基硫菌灵残留量的检测和确证。本方法对多菌灵、噻菌灵和甲基硫菌灵的测定低限为 0.05mg/kg
337	SN/T 3695.1—2014	电子电气产品中灭蚁灵的测定　第 1 部分：气相色谱—氢火焰离子化检测器法 Determination of mirex in electrical and electronic products. Part 1: Gas chromatography-flame ionization detector method	规定了电子电气产品中灭蚁灵含量的气相色谱-氢火焰离子化检测器测定方法。适用于电子电气产品塑料部件中灭蚁灵的测定。本方法的测定低限为 5mg/kg

（续）

序号	标准编号 (被替代标准号)	标准名称	应用范围和要求
338	SN/T 3695.2—2014	电子电气产品中灭蚁灵的测定　第2部分：气相色谱—质谱法 Determination of mirex in electrical and electronic products. Part 2: Gas chromatography-mass spectrometry method	规定了电子电气产品中灭蚁灵含量的气相色谱-质谱检测方法。适用于电子电气产品塑料部件中灭蚁灵的测定。本方法的测定低限为5mg/kg
339	SN/T 3768—2014 (SN 0133—1992， SN 0136—1992， SN 0137—1992， SN 0144—1992， SN 0209—1993， SN 0351—1995， SN 0493—1995， SN 0495—1995， SN 0522—1996， SN 0585—1996， SN 0591—1996， SN 0651—1997， SN/T 1017.2—2001)	出口粮谷中多种有机磷农药残留量测定方法　气相色谱—质谱法 Determination of organicphosforus residues in cereal grains for export-GC/MS method	规定了粮谷中敌敌畏、乙酰甲胺磷、丙线磷、二嗪硫磷、特丁（硫）磷、甲基乙拌磷、二嗪磷、乙嘧硫磷、甲基嘧啶磷、马拉硫磷、杀螟硫磷、对硫磷、倍硫磷、稻丰散、丁胺磷、苯硫磷等16种有机磷农药残留量的检测方法［气相色谱-质谱法］。适用于玉米、糙米、大米、荞麦、小麦中以上16种有机磷农药留量的检测和确证方法，方法低限（mg/kg）：除丙线磷、特丁（硫）磷、对硫磷为0.005，甲基乙拌磷（荞麦、小麦）0.02外，其他全是0.01

（续）

序号	标准编号（被替代标准号）	标准名称	应用范围和要求
340	SN/T 3769—2014（SN 0209—1993、SN 0493—1995）	出口粮谷中敌百虫、辛硫磷残留量测定方法　液相色谱—质谱/质谱法 Determination of trichlorfon、phoxim residues in cereal grains for export-LC-MS/MS method	规定了粮谷中敌百虫、辛硫磷有机磷农药残留量的检测和确证方法［液相色谱-质谱/质谱法］。适用于玉米、糙米、大米、小麦和荞麦中敌百虫、辛硫磷有机磷农药残留量的检测和确证方法，方法低限（mg/kg）：敌百虫、辛硫磷（玉米、糙米、大米、小麦和荞麦）：0.002
341	SN/T 3788—2014	进出口纺织品中四种有机氯农药的测定　气相色谱法 Determination of four organochlorine pestisides on import and export textiles-Gas chromatography method	规定了纺织品中异艾氏剂（isodrin）、十氯酮（kepon）、乙滴涕（perthan）和碳氯灵（telodrin）四种有机氯农药的气相色谱测定方法。适用于各种纺织品材料及产品中这四种有机氯农药的测定。本方法的异艾氏剂、十氯酮、乙滴涕和碳氯灵的测定低限分别为0.01mg/kg、0.02mg/kg、0.05mg/kg和0.01mg/kg
342	SN/T 3852—2014	出口食品中氰氟虫腙残留量的测定　液相色谱—质谱/质谱法 Determination of metaflumizone residues in food for export. LC-MS/MS method	规定了出口食品中氰氟虫腙及其代谢物（3-三氟甲基苯甲酸甲酯）残留量的检测和确证方法［液相色谱-质谱/质谱法］。适用于玉米、糙米、葡萄、柑橘、洋葱、花生、牛奶等食品中氰氟虫腙及其代谢物残留量的测定和确证。本方法的测定低限为0.01mg/kg
343	SN/T 3856—2014	出口食品中乙氧基喹残留量的测定 Determination of ethoxyquin residue in food for export	规定了食品中乙氧基喹残留量的检测方法［液相色谱和气相色谱-质谱法］。适用于猪肉、虾肉、鸡蛋、猪肝、梨、大白菜、番茄、辣椒粉等食品中乙氧基喹残留量的测定和确证。本方法的测定低限为0.01mg/kg

（续）

序号	标准编号 （被替代标准号）	标准名称	应用范围和要求
344	SN/T 3857—2014	出口食品中异恶唑草酮及代谢物的测定　液相色谱—质谱/质谱法 Determination of isoxaflutole and its metabolites residues in foodstuffs for export. LC-MS/MS method	规定了食品中异恶唑草酮及代谢物的测定方法［液相色谱-质谱/质谱法］。适用于大米、玉米、猪肉、鸡肝、牛奶、橙子、菠菜、鸡蛋中异恶唑草酮及代谢物残留量的检测和确证。本方法测定低限异恶唑草酮为 10μg/kg，异恶唑草酮代谢物Ⅰ、Ⅱ均为 5μg/kg
345	SN/T 3858—2014	出口食品中异抗坏血酸的测定 Determination of erythorbic acid in food for export. HPLC method	规定了出口食品中异抗坏血酸的高效液相色谱检测方法。适用于肉类罐头、鱼肉罐头、八宝粥罐头、水果罐头、葡萄酒、醋、啤酒、牛奶中异抗坏血酸的测定。本方法的定量限为 10.0mg/kg
346	SN/T 3859—2014	出口食品中仲丁灵农药残留量的测定 Determination of butralin pesticide residue in foodstuffs for export	规定了食品中仲丁灵农药残留量的测定确定方法［气相色谱相和气相色谱-质谱/质谱法］。适用于大米、大豆、梨、西瓜、番茄、卷心菜、茄子、南瓜、胡萝卜、猪肉、猪肝、鸡肉中仲丁灵农药残留量的测定，本方法的测定低限为 0.01mg/kg
347	SN/T 3860—2014	出口食品中吡蚜酮残留量的测定　液相色谱—质谱/质谱法 Determination of pymetrozine residue in foods for export-LC-MS/MS method	规定了食品中吡蚜酮残留量的测定方法［液相色谱-质谱/质谱法］。适用于苹果、桃、大米、玉米、杏仁、菠菜、牛奶、鸡蛋、猪肉、猪肝中吡蚜酮农药残留量的测定和确定，本方法的测定低限为 5μg/kg

（续）

序号	标准编号 （被替代标准号）	标准名称	应用范围和要求
348	SN/T 3862—2014	出口食品中沙蚕毒素类农药残留量的筛查测定　气相色谱法 Determination of nereistoxinic pesticide residue in foodstuffs for export-GC method	规定了食品中杀螟丹、杀虫环、杀虫双、杀虫磺、杀虫单等沙蚕毒素类农药残留量的筛查测定［气相色谱法］。适用于大米、玉米、马铃薯、菠菜、洋葱、橙子、樱桃、大豆、辣椒、蘑菇等中杀螟丹、杀虫环、杀虫双、杀虫磺、杀虫单等沙蚕毒素类农药残留量的筛查测定，本方法沙蚕毒素类农药总量的测定低限为 0.10mg/kg
349	SN/T 3932—2014	出口食品中蜡样芽孢杆菌快速检测方法　实时荧光定量 PCR 法 Rapid detection of Bacillus Cereus for export foods. Real-time PCR method	规定了出口食品中蜡样芽孢杆菌的检测方法［实时荧光定量 PCR］。适用于出口食品中蜡样芽孢杆菌的快速检测
350	SN/T 3935—2014	出口食品中烯效唑类植物生长调节剂残留量的测定　气相色谱—质谱法 Determination of uniconazole class of plant growth regulators residues in foods for export. GC-MS method	规定了出口食品中烯效唑、多效唑、抑芽唑、丙环唑、三唑酮、戊唑醇、己唑醇、糠菌唑、氟硅唑、腈菌唑和烯唑醇 11 种植物生长调节剂残留量的测定方法［气相色谱-质谱法］。适用于甘蓝、番茄、苹果、柑橘、大米、玉米、大豆、花生油、鸡肉、蜂蜜中 11 种植物生长调节剂残留量的测定和确证。本方法的测定低限为 0.01mg/kg

（续）

序号	标准编号 （被替代标准号）	标准名称	应用范围和要求
351	SN/T 3983—2014	出口食品中氨基酸类有机磷除草剂残留量的测定　液相色谱—质谱/质谱法 Determination of phosphonic and amino acid group-containing herbicides residues in foodstuffs for export-LC-MS/MS method	规定了大米、小麦、大豆、玉米、奶白菜、葡萄、橙子、马铃薯、大蒜、茶叶、虾肉、鱼肉和蜂蜜等食品中草甘膦（glyphosate）及其代谢物氨甲基膦酸（aminomethyl phosphonic acid，AMPA）和草铵膦（glufosinate/glufosinate-ammonium）等氨基酸类有机磷除草剂留量的液相色谱-质谱/质谱测定方法。适用于大米、小麦、大豆、玉米、奶白菜、葡萄、橙子、马铃薯、大蒜、茶叶、虾肉、鱼肉和蜂蜜中草甘膦及其代谢物氨甲基膦酸（AMPA）和草铵留量的测定和确证。本方法的测定低限均为 0.050 0mg/kg
352	SN/T 4021—2014	出口鱼油和鱼饲料中毒杀芬残留量的检测方法 Determination of residues of toxaphene in fish oil and feedingstuffs for export	规定了鱼油和鱼饲料中毒杀芬标志残留量检验的测定方法[气相色谱-质谱/质谱法]。适用于鱼油和鱼饲料中毒杀芬标志残留物残留量的检测。方法的测定低限毒杀芬 Parlar No. 26 为 25μg/kg、毒杀芬 Parlar No. 50 为 25μg/kg、毒杀芬 Parlar No. 62 为 5μg/kg
353	SN/T 4039—2014	出口食品中萘乙酰胺、吡草醚、乙虫腈、氟虫腈农药残留量的测定方法　液相色谱—质谱/质谱法 Determination of 1-Naphthylacetamide，pyraflufen-ethyl，ethiprole，fipronilof residues in foodstuffs for export-LC-MS/MS method	规定了出口食品中萘乙酰胺、吡草醚、乙虫腈、氟虫腈农药残留量的液相色谱-质谱/质谱法测定方法。适用于苹果、菠菜、圆葱中萘乙酰胺、吡草醚、乙虫腈、氟虫腈农药残留量的测定和确证。本方法的测定低限均为 0.01mg/kg

（续）

序号	标准编号 （被替代标准号）	标准名称	应用范围和要求
354	SN/T 4045—2014	出口食品中硝磺草酮残留量的测定 液相色谱—质谱/质谱法 Determination of mesotrione residues of food for export-LC-MS/MS method	规定了出口食品中硝磺草酮残留量的液相色谱-质谱/质谱测定和确证方法。适用于玉米、糙米、苹果、柑橘、菠菜、鸡肉、牛肉、鸡肾、鸡蛋中硝磺草酮残留量的测定和确证。本方法的测定低限为 0.01mg/kg
355	SN/T 4046—2014	出口食品中噻虫啉残留量的测定 Determination of thiacloprid residues of food for export	规定了出口食品中噻虫啉残留量的高效液相色谱测定方法。适用于番茄、大白菜、萝卜、马铃薯、苹果、香蕉、大豆、韭菜、洋葱、猪肉、鸡肉、猪肝、油脂、蜂蜜、大米、鸡蛋、牛奶、茶叶中噻虫啉残留量的测定。本方法的测定低限为 0.01mg/kg
356	SN/T 4138—2015	出口水果和蔬菜中敌敌畏、四氯硝基苯、丙线磷等 88 种农药残留的筛选检测 QuEChERS-气相色谱-负化学源质谱法 Screening detection of dichlorvos, tecnazene, ethoprophos 88 pesticide residues of exported fruits and vegetables-QuEChERS-GC-NCI-MS method	规定了出口水果和蔬菜中 88 种农药残留量的气相色谱-负化学源质谱筛选测定方法。适用于胡萝卜、白菜、生姜、苹果、梨、黄桃、草莓、菠菜、西瓜、豇豆、火龙果等蔬菜和水果中 88 种农药残留量的筛选测定，不适用于橙子类水果中灭藻醌（quinoclamine）残留量的测定。本方法的测定低限为 0.008mg/kg

（续）

序号	标准编号 （被替代标准号）	标准名称	应用范围和要求
357	SN/T 4254—2015	出口黄酒中乙酰甲胺磷等 31 种农药残留量检测方法 Determination of 31 pesticide residues including acephate in rice wine for export	规定了出口黄酒中乙酰甲胺磷等 12 种农药残留量的气相色谱、杀螟硫磷等 13 种农药残留量的气相色谱-质谱和苄嘧磺隆等 6 种农药残留量的液相色谱-质谱/质谱测定方法。适用于出口黄酒中乙酰甲胺磷等 12 种农药残留量的测定、杀螟硫磷和苄嘧磺隆等 19 种农药残留量的测定和确证。本方法中甲草胺、乙草胺、丙草胺、丁草胺、腈氟草酯的测定低限为 20μg/kg，其余农药的测定低限均为 10μg/kg
358	YC/T 179—2004	烟草及烟草制品　酰胺类除草剂农药残留量的测定　气相色谱法 Tobacco and tobacco products—Determination of amide herbicides-Gas chromatographic method	规定了烟草中 3 种酰胺类除草剂残留量的测定法［气相色谱法］。适用于烟草和烟草制品中 3 种中酰胺类除草剂残留量的测定。方法检出限（μg/g）：异丙甲草胺 0.02、敌草胺 0.02、双苯酰草胺 0.02
359	YC/T 180—2004	烟草及烟草制品　毒杀芬农药残留量的测定　气相色谱法 Tobacco and tobacco products-Determination of camphechlor residues-Gas chromatographic method	规定了烟草中毒杀芬残留量的测定法［气相色谱法］。适用于烟草和烟草制品中毒杀芬残留量的测定。方法检出限：0.05 μg/g
360	YC/T 181—2004	烟草及烟草制品　有机氯除草剂农药残留量的测定　气相色谱法 Tobacco and tobacco products-Determination of organochlorine herbicide residues-Gas chromatographic method	规定了烟草中 3 种有机氯除草剂残留量的测定法［气相色谱法］。适用于烟草和烟草制品中 3 种有机氯除草剂残留量的测定。方法检出限（μg/g）：麦草畏 0.01，2,4-滴 0.02，2,4,5-涕 0.02

（续）

序号	标准编号 （被替代标准号）	标准名称	应用范围和要求
361	YC/T 218—2007	烟草及烟草制品　菌核净农药残留量的测定　气相色谱法 Tobacco and tobacco products-Determination of dimethachlon residues-Gas chromatographic method	规定了烟草中菌核净残留量的测定方法［气相色谱法］。适用于烟草和烟草制品中菌核净残留量的测定。方法检出限：0.01mg/kg
362	YC/T 342—2010	烟叶熏蒸杀虫磷化氢浓度的测定　无线传感法 Determination of Phosphine Concentration for Tobacco Pest Fumigation-Wireless Sensor Method	规定了使用无线传感技术测定磷化氢浓度的方法。适用于烟叶熏蒸杀虫磷化氢浓度的测定
363	YC/T 405.1—2011 （YC/T 182—2004， YC/T 183—2004， YC/T 219—2007）	烟草及烟草制品　多种农药残留量的测定　第 1 部分：高效液相色谱—串联质谱法 Tobacco and tobacco prodocts. Determination of mufti-pestidde residues. Part 1：High performance liquid chromatography-tandem mass spectrometry method	规定了烟草及烟草制品中所列 73 种农药残留量的测定方法［液相色谱-质谱法］。适用于以上 73 种农药残留量的测定，方法测定低限为 0.005～0.032mg/kg

（续）

序号	标准编号 (被替代标准号)	标准名称	应用范围和要求
364	YC/T 405.2—2011	烟草及烟草制品　多种农药残留量的测定　第2部分：有机氯和拟除虫菊酯农药残留量的测定　气相色谱法 Tobacco and tobacco products—Determination of multi-pesticide residues—Part 2: Determination of organochlorine and pyrethroids pesticide residues—Gas chromatographic method	规定了烟草及烟草制品中附录A中表A.1所列有机氯和拟除虫菊酯农药残留量的气相色谱测定法。适用于烟草及烟草制品中附录A中表A.1所列有机氯和拟除虫菊酯农药残留量的测定，方法的测定低限为0.001～0.014mg/kg
365	YC/T 405.3—2011	烟草及烟草制品　多种农药残留量的测定　第3部分：气相色谱质谱联用和气相色谱法 Tobacco and tobacco products—Determination of multi—pesticide residues—Part 3: Gas chromatography-mass spectrometry method and gas chromatographic methods	规定了烟草及烟草制品中38种农药残留量的测定方法［气相色谱-质谱和气相色谱法］。适用于标准中所列农药残留量的测定，方法的测定低限为0.003～0.024mg/kg

（续）

序号	标准编号（被替代标准号）	标准名称	应用范围和要求
366	YC/T 405.4—2011	烟草及烟草制品　多种农药残留量的测定　第4部分：二硫代氨基甲酸酯农药残留量的测定　气相色谱质谱联用法 Tobacco and tobacco products—Determination of multi-pesticide residues—Part 4: Determination of dithiocarbamate pesticides residues—Gas chromatography-mass spectrometry method	规定了烟草及烟草制品中二硫代氨基甲酸酯农药残留量的气相色谱-质谱联用测定法。适用于烟草及烟草制品中二硫代氨基甲酸酯农药残留量的测定，方法检出限为0.005 mg/kg，定量限为0.017 mg/kg
367	YC/T 405.5—2011	烟草及烟草制品　多种农药残留量的测定　第5部分：马来酰肼农药残留量的测定　高效液相色谱法	适用于烟草及烟草制品中马来酰肼农药残留量的测定，方法检出限为0.66 mg/kg，定量限为2.18 mg/kg

注1：农药中间体。

（二）残留限量

序号	标准编号 （被替代标准号）	标准 名称	应用范围和要求[①]
1	GB 2763—2014 （GB 2763—2012）	食品中农药 最大残留限量 Maximum residue limits for pesticides in food	规定了食品中387种农药3 650项最大残留限量。适用于与限量相关的食品
			2，4-滴和2，4-滴钠盐，ADI：0.01：小麦，2；黑麦，2；玉米，0.05；鲜食玉米，0.1；高粱，0.01；大豆，0.01；大白菜，0.2；番茄，0.5；茄子，0.1；辣椒，0.1；马铃薯，0.2；玉米笋，0.05；柑橘类水果，1；仁果类水果，0.01；核果类水果，0.05；浆果及其他小粒水果，0.1；坚果，0.2；甘蔗，0.05；蘑菇类（鲜），0.1
			2，4-滴丁酯，ADI：0.01：玉米，0.05
			2甲4氯（钠），ADI：0.1：糙米，0.05；玉米，0.05；柑橘，0.1；甘蔗，0.05
			阿维菌素，ADI：0.002：糙米，0.02；棉籽，0.01；韭菜，0.05；结球甘蓝，0.05；花椰菜，0.5；菠菜，0.05；普通白菜，0.05；莴苣，0.05；芹菜，0.05；大白菜，0.05；番茄，0.02；甜椒，0.02；黄瓜，0.02；西葫芦，0.01；豇豆，0.05；菜豆，0.1；萝卜，0.01；马铃薯，0.01；柑橘类水果（柑橘除外），0.01；柑橘，0.02；苹果，0.02；梨，0.02；草莓，0.02；瓜果类水果，0.01；杏仁，0.01；核桃，0.01；啤酒花，0.1；干辣椒，0.2；胡椒，0.05
			矮壮素，ADI：0.05：小麦，5；大麦，2；燕麦，10；小黑麦，3；黑麦，3；玉米，53；黑麦粉，3；黑麦全麦粉，4；油菜籽，5；菜籽油毛油，0.1；棉籽，0.5
			胺苯磺隆，ADI：0.2：油菜籽，0.02

① 农药，ADI（mg/kg bw）；食品，最大残留限量（mg/kg）。

（续）

序号	标准编号（被替代标准号）	标准名称	应用范围和要求
1	GB 2763—2014（GB 2763—2012）	食品中农药最大残留限量 Maximum residue limits for pesticides in food	胺鲜酯，ADI：0.023：玉米，0.2；普通白菜，0.05；大白菜，0.2
			氨氯吡啶酸，ADI：0.3：油菜籽，0.1
			百草枯（二氯化物），ADI：0.005：玉米，0.1；高粱，0.03；杂粮类，0.5；小麦粉，0.5；菜籽油，0.05；大豆，0.5；棉籽，0.2；葵花籽，2；鳞茎类蔬菜，0.05；芸薹属类蔬菜，0.05；叶菜类蔬菜，0.05；茄果类蔬菜，0.05；瓜类蔬菜，0.05；豆类蔬菜，0.05；茎类蔬菜，0.05；根茎类和薯芋类蔬菜，0.05；水生类蔬菜，0.05；芽菜类蔬菜，0.05；其他蔬菜，0.05；柑橘类水果（柑橘除外），0.02；柑橘，0.2；仁果类水果（苹果除外），0.01；苹果，0.05；核果类水果，0.01；浆果及其他小粒水果，0.01；橄榄，0.1；皮不可食的热带和亚热带水果（香蕉除外），0.01；香蕉，0.02；瓜果类水果，0.02；坚果，0.05；啤酒花，0.1
			百菌清，ADI：0.02：稻谷，0.2；小麦，0.1；鲜食玉米，5；绿豆，0.2；赤豆，0.2；大豆，0.2；花生仁，0.05；菠菜，5；普通白菜，5；莴苣，5；大白菜，5；番茄，5；茄子，5；辣椒，5；黄瓜，5；西葫芦，5；丝瓜，5；南瓜，5；柑橘，1；苹果，1；梨，1；葡萄，0.5；西瓜，5；甜瓜，5；蘑菇类（鲜），5
			保棉磷，ADI：0.03：大豆，0.05；棉籽，0.2；蔬菜（单列的除外），0.5；花椰菜，1；番茄，1；甜椒，1；黄瓜，0.2；马铃薯，0.05；水果（单列的除外），1；苹果，2；梨，2；桃，2；樱桃，2；油桃，2；李子，2；李子干，2；蓝莓，5；越橘，0.1；西瓜，0.2；甜瓜类水果，0.2；杏仁，0.05；山核桃，0.3；甘蔗，0.2；调味料（单列的除外），0.5；干辣椒，10

（续）

序号	标准编号（被替代标准号）	标准名称	应用范围和要求
1	GB 2763—2014（GB 2763—2012）	食品中农药最大残留限量 Maximum residue limits for pesticides in food	倍硫磷，ADI：0.007；稻谷，0.05；小麦，0.05；食用植物油，0.01；初榨橄榄油，1；鳞茎类蔬菜，0.05；芸薹属类蔬菜，0.05；叶菜类蔬菜，0.05；茄果类蔬菜，0.05；瓜类蔬菜，0.05；豆类蔬菜，0.05；茎类蔬菜，0.05；根茎类和薯芋类蔬菜，0.05；水生类蔬菜，0.05；芽菜类蔬菜，0.05；其他蔬菜，0.05；柑橘类水果，0.05；仁果类水果，0.05；核果类水果（樱桃除外），0.05；樱桃，2；浆果和其他小型水果，0.05；热带和亚热带水果（橄榄除外），0.05；橄榄，1；瓜果类水果，0.05
			苯丁锡，ADI：0.03；番茄，1；黄瓜，0.5；柑橘，1；柑橘脯，25；柠檬，5；柚，5；橙，5；仁果类（苹果、梨除外），5；苹果，5；梨，5；樱桃，10；桃，7；李子，3；李子干，10；葡萄，5；葡萄干，20；草莓，10；香蕉，10；杏仁，0.5；山核桃，0.5；核桃，0.5
			苯氟磺胺，ADI：0.3；洋葱，0.1；莴苣，10；番茄，2；辣椒，2；黄瓜，5；马铃薯，0.1；苹果，5；梨，5；桃，5；加仑子（黑、红、白），15；悬钩子，7；醋栗（红、黑），15；葡萄，15；草莓，10；干辣椒，20
			苯磺隆，ADI：0.01；小麦，0.05
			苯菌灵，ADI：0.1；柑橘，5；梨，3
			苯硫威，ADI：0.007 5；柑橘，0.5
			苯螨特，ADI：0.15；柑橘，0.3

（续）

序号	标准编号（被替代标准号）	标准名称	应用范围和要求
1	GB 2763—2014（GB 2763—2012）	食品中农药最大残留限量 Maximum residue limits for pesticides in food	苯醚甲环唑，ADI：0.01：糙米，0.5；小麦，0.1；油菜籽，0.05；大豆，0.05；花生仁，0.2；葵花籽，0.02；大蒜，0.2；葱，0.3；结球甘蓝，0.2；抱子甘蓝，0.2；青花菜，0.5；花椰菜，0.2；叶用莴苣，2；结球莴苣，2；大白菜，1；番茄，0.5；黄瓜，1；食荚豌豆，0.7；芦笋，0.03；胡萝卜，0.2；根芹菜，0.5；马铃薯，0.02；柑橘，0.2；仁果类（苹果、梨除外），0.5；苹果，0.5；梨，0.5；李子，0.2；李子干，0.2；桃，0.5；油桃，0.5；樱桃，0.2；西番莲，0.05；橄榄，2；荔枝，0.5；芒果，0.07；香蕉，1；番木瓜，0.2；西瓜，0.1；坚果，0.03；甜菜，0.2；茶叶，10；人参，0.5
			苯噻酰草胺，ADI：0.007：糙米，0.05
			苯霜灵，ADI：0.07：洋葱，0.02；结球莴苣，1；番茄，0.2；马铃薯，0.02；葡萄，0.3；西瓜，0.1；甜瓜类水果，0.3
			苯酰菌胺，ADI：0.5：番茄，2；瓜类蔬菜，2；马铃薯，0.02；葡萄，5；瓜果类水果，2；葡萄干，15
			苯线磷，ADI：0.000 8：花生仁，0.05；花生油，0.05；鳞茎类蔬菜，0.02；芸薹属类蔬菜，0.02；叶菜类蔬菜，0.02；茄果类蔬菜，0.02；瓜类蔬菜，0.02；豆类蔬菜，0.02；茎类蔬菜，0.02；根茎类和薯芋类蔬菜，0.02；水生类蔬菜，0.02；芽菜类蔬菜，0.02；其他蔬菜，0.02；仁果类水果，0.02；柑橘类水果，0.02；核果类水果，0.02；浆果和其他小型水果，0.02；热带和亚热带水果，0.02；瓜果类水果，0.02
			苯锈啶，ADI：0.02：小麦，1
			吡丙醚，ADI：0.1：棉籽，0.05；棉籽毛油，0.01；棉籽油，0.01；番茄，1；柑橘类水果，0.5

（续）

序号	标准编号（被替代标准号）	标准名称	应用范围和要求
1	GB 2763—2014（GB 2763—2012）	食品中农药最大残留限量 Maximum residue limits for pesticides in food	吡草醚，ADI：0.2：小麦，0.03；苹果，0.03
			吡虫啉，ADI：0.06：糙米，0.05；小麦，0.05；玉米，0.05；鲜食玉米，0.05；棉籽，0.5；韭菜，1；结球甘蓝，1；芹菜，5；大白菜，0.2；番茄，1；茄子，1；黄瓜，1；节瓜，0.5；萝卜，0.5；柑橘，1；苹果，0.5；梨，0.5；甘蔗，0.2；茶叶，0.5
			吡氟酰草胺，ADI：0.2：小麦，0.05
			吡氟禾草灵和精吡氟禾草灵，ADI：0.007 4：大豆，0.5；棉籽，0.1；花生仁，0.1；甜菜，0.5
			吡嘧磺隆，ADI：0.043：糙米，0.1
			吡蚜酮，ADI：0.03：糙米，0.1；小麦，0.02；棉籽，0.1；结球甘蓝，0.2
			吡唑醚菌酯，ADI：0.03：花生仁，0.05；结球甘蓝，0.5；大白菜，5；黄瓜，0.5；辣椒，0.5；马铃薯，0.02；苹果，0.5；葡萄，2；荔枝，0.05；芒果，0.05；香蕉，0.02；西瓜，0.5；甜瓜，0.5
			苄嘧磺隆，ADI：0.2：大米，0.05；糙米，0.05；小麦，0.02
			丙草胺，ADI：0.018：大米，0.1；小麦，0.05
			丙环唑，ADI：0.07：糙米，0.1；小麦，0.05；大麦，0.2；黑麦，0.02；小黑麦，0.02；油菜籽，0.02；大豆，0.2；花生仁，0.1；玉米笋，0.05；苹果，0.1；越橘，0.3；香蕉，1；菠萝，0.02；甘蔗，0.02；甜菜，0.02；山核桃，0.02；咖啡豆，0.02
			丙硫菌唑，ADI：0.05：小麦，0.1；大麦，0.2；燕麦，0.05；黑麦，0.05；小黑麦，0.05；杂粮类，1；油菜籽，0.1；大豆，1；花生仁，0.02；甜菜，0.3

（续）

序号	标准编号 (被替代标准号)	标准 名称	应用范围和要求
1	GB 2763—2014 （GB 2763—2012）	食品中农药 最大残留限量 Maximum residue limits for pesticides in food	丙硫克百威，ADI：0.01：大米，0.2；糙米，0.2；棉籽，0.5；棉籽油，0.05
			丙炔噁草酮，ADI：0.008：糙米，0.02；马铃薯，0.02
			丙炔氟草胺，ADI：0.02：大豆，0.02；柑橘，0.05
			丙森锌，ADI：0.007：大白菜，5；番茄，5；黄瓜，5；苹果，5；梨，5；核果类水果（樱桃除外），7；樱桃，0.2；葡萄，5
			丙溴磷，ADI：0.03：糙米，0.02；棉籽油，0.05；结球甘蓝，0.5；番茄，10；辣椒，3；马铃薯，0.05；柑橘，0.2；苹果，0.05；芒果，0.2；山竹，10；干辣椒，20
			草铵膦，ADI：0.01：番茄，0.5；柑橘，0.5；香蕉，0.2；番木瓜，0.2；茶叶，0.5
			草除灵，ADI：0.006：油菜籽，0.2
			草甘膦，ADI：1：稻谷，0.1；小麦，5；小麦粉，0.5；全麦粉，5；玉米，1；棉籽油，0.05；柑橘类水果（柑橘除外），0.1；柑橘，0.5；仁果类水果（苹果除外），0.1；苹果，0.5；核果类水果，0.1；浆果和其他小型水果，0.1；热带和亚热带水果，0.1；瓜果类水果，0.1；甘蔗，2；茶叶，1
			虫螨腈，ADI：0.03：结球甘蓝，1；大白菜，2；黄瓜，0.5
			虫酰肼，ADI：0.02：糙米，2；油菜籽，2；结球甘蓝，1；青花菜，0.5；叶菜类蔬菜（大白菜、菠菜除外），10；菠菜，10；大白菜，0.5；番茄，1；辣椒，1；柑橘类水果，2；仁果类水果，1；桃，0.5；油桃，0.5；蓝莓，3；醋栗（红、黑），2；越橘，0.5；葡萄，2；葡萄干，2；猕猴桃，0.5；鳄梨，1；杏仁，0.05；核桃，0.05；山核桃，0.01；甘蔗，1；薄荷，20；干辣椒，10

（续）

序号	标准编号（被替代标准号）	标准名称	应用范围和要求
1	GB 2763—2014（GB 2763—2012）	食品中农药最大残留限量 Maximum residue limits for pesticides in food	除虫脲，ADI：0.02：稻谷，0.01；小麦，0.2；玉米，0.2；结球甘蓝，2；花椰菜，1；菠菜，1；普通白菜，1；莴苣，1；大白菜，1；柑橘，1；橙，1；柚，1；仁果类水果（苹果、梨除外），5；苹果，2；梨，1；柠檬，1；茶叶，20；蘑菇（鲜），0.3
			春雷霉素，ADI：0.113：糙米，0.1；番茄，0.05；柑橘，0.1；荔枝，0.05
			哒螨灵，ADI：0.01：大豆，0.1；棉籽，0.1；辣椒，2；柑橘，2；苹果，2；茶叶，5
			代森铵，ADI：0.03：苹果，5
			代森联，ADI：0.03：小麦，1；结球莴苣，0.5；大白菜，0.5；马铃薯，0.5；辣椒，1；柑橘，3；仁果类水果（苹果除外），5；苹果，5；加仑子（黑、红、白），10；葡萄，5；西瓜，1；甜瓜，0.5；啤酒花，30
			代森锰锌，ADI：0.03：鲜食玉米，1；花生仁，0.1；大白菜，0.5；番茄，5；茄子，1；辣椒，1；甜椒，2；黄秋葵，2；黄瓜，5；菜豆，3；扁豆，3；豇豆，3；食荚豌豆，3；马铃薯，0.5；甘薯，0.5；木薯，0.5；山药，0.5；柑橘，3；苹果，5；梨，5；枣，2；黑莓，5；醋栗，5；葡萄，5；猕猴桃，2；草莓，5；荔枝，5；芒果，2；香蕉，1；菠萝，2；西瓜，1；蘑菇类（鲜），1
			代森锌，ADI：0.03：芦笋，2；马铃薯，0.5；西瓜，1
			单甲脒和单甲脒盐酸盐，ADI：0.004：柑橘，0.5；苹果，0.5；梨，0.5
			单氰胺，ADI：0.002：葡萄，0.05
			单嘧磺隆，ADI：0.12：小麦，0.1

（续）

序号	标准编号（被替代标准号）	标准名称	应用范围和要求
1	GB 2763—2014（GB 2763—2012）	食品中农药最大残留限量 Maximum residue limits for pesticides in food	稻丰散，ADI：0.003：糙米，0.2；大米，0.05；节瓜，0.1；柑橘，1
			稻瘟灵，ADI：0.016：大米，1
			稻瘟酰胺，ADI：0.007：糙米，1
			敌百虫，ADI：0.002：糙米，0.1；稻谷，0.1；小麦，0.1；花生仁，0.1；棉籽，0.1；鳞茎类蔬菜，0.2；结球甘蓝，0.1；芸薹属类蔬菜（结球甘蓝除外），0.2；普通白菜，0.1；叶菜类蔬菜（普通白菜除外），0.2；茄果类蔬菜，0.2；瓜类蔬菜，0.2；豆类蔬菜，0.2；茎类蔬菜，0.2；萝卜，0.5；根茎类和薯芋类蔬菜（萝卜除外），0.2；水生类蔬菜，0.2；芽菜类蔬菜，0.2；其他类蔬菜，0.2；柑橘类水果，0.2；仁果类水果，0.2；核果类水果，0.2；浆果和其他小型水果，0.2；热带和亚热带水果，0.2；瓜果类水果，0.2
			敌稗，ADI：0.2：大米，2
			敌草快，ADI：0.005：小麦，2；小麦粉，0.5；全麦粉，2；油菜籽，2；食用植物油，0.05；马铃薯，0.05；甘薯，0.05；木薯，0.05；山药，0.05；苹果，0.1；甘蔗，0.05
			敌草隆，ADI：0.001：甘蔗，0.1
			敌敌畏，ADI：0.004：糙米，0.2；稻谷，0.1；麦类，0.1；玉米，0.2；旱粮类，0.1；杂粮类，0.1；大豆，0.1；鳞茎类蔬菜，0.2；芸薹属类蔬菜（结球甘蓝除外），0.2；结球甘蓝，0.5；叶菜类蔬菜（大白菜除外），0.2；大白菜，0.5；茄果类蔬菜，0.2；瓜类蔬菜，0.2；豆类蔬菜，0.2；茎类蔬菜，0.2；根茎类和薯芋类蔬菜（萝卜除外），0.2；萝卜，0.5；水生类蔬菜，0.2；芽菜类蔬菜，0.2；其他类蔬菜，0.2；柑橘类水果，0.2；仁果类水果，0.2；核果类水果（桃除外），0.2；桃，0.1；浆果和其他小型水果，0.2；热带和亚热带水果，0.2；瓜果类水果，0.2

（续）

序号	标准编号 （被替代标准号）	标准 名称	应用范围和要求
1	GB 2763—2014 （GB 2763—2012）	食品中农药 最大残留限量 Maximum residue limits for pesticides in food	敌磺钠，ADI：0.02：糙米，0.5；黄瓜，0.5
			敌菌灵，ADI：0.1：稻谷，0.2；番茄，10；黄瓜，10
			敌螨普，ADI：0.008：番茄，0.3；辣椒，0.2；瓜类蔬菜（西葫芦、黄瓜除外），0.05；西葫芦，0.07；黄瓜，0.07；苹果，0.2；桃，0.1；葡萄，0.5；草莓，0.5；瓜果类水果（甜瓜类水果除外），0.05；甜瓜类水果，0.5；干辣椒，2
			敌瘟磷，ADI：0.003：大米，0.1；糙米，0.2
			地虫硫磷，ADI：0.002：花生仁，0.1；鳞茎类蔬菜，0.01；芸薹属类蔬菜，0.01；叶菜类蔬菜，0.01；茄果类蔬菜，0.01；瓜类蔬菜，0.01；豆类蔬菜，0.01；茎类蔬菜，0.01；根茎类和薯芋类蔬菜，0.01；水生类蔬菜，0.01；芽菜类蔬菜，0.01；其他类蔬菜，0.01；柑橘类水果，0.01；仁果类水果，0.01；核果类水果，0.01；浆果和其他小型水果，0.01；热带和亚热带水果，0.01；瓜果类水果，0.01；甘蔗，0.1
			丁草胺，ADI：0.1：大米，0.5；玉米，0.5
			丁苯吗啉，ADI：0.003：小麦，0.5；大麦，0.5；燕麦，0.5；黑麦，0.5；香蕉，2；甜菜，0.05
			丁硫克百威，ADI：0.01：糙米，0.5；稻谷，0.5；玉米，0.1；高粱，0.1；粟，0.1；棉籽，0.05；花生仁，0.05；韭菜，0.05；结球甘蓝，1；菠菜，0.05；普通白菜，0.05；芹菜，0.05；大白菜，0.05；番茄，0.1；茄子，0.1；辣椒，0.1；甜椒，0.1；黄秋葵，0.1；黄瓜，0.2；节瓜，1；甘薯，1；柑橘，1；橙，0.1；柚，0.1；柠檬，0.1；苹果，0.2；甘蔗，0.1；甜菜，0.3

（续）

序号	标准编号（被替代标准号）	标准名称	应用范围和要求
1	GB 2763—2014（GB 2763—2012）	食品中农药最大残留限量 Maximum residue limits for pesticides in food	丁醚脲，ADI：0.003：结球甘蓝，2；普通白菜，1；柑橘，0.2；茶叶，5
			丁虫腈，ADI：0.008：糙米，0.02；结球甘蓝，0.1
			丁香菌酯，ADI：0.045：苹果，0.2
			啶虫脒，ADI：0.07：糙米，0.5；小麦，0.5；棉籽，0.1；结球甘蓝，0.5；普通白菜，1；番茄，1；黄瓜，1；萝卜，0.5；柑橘类水果（柑橘除外），2；柑橘，0.5；仁果类水果（苹果除外），2；苹果，0.8；核果类水果，2；浆果和其他小型水果，2；热带和亚热带水果，2；瓜果类水果，2
			啶酰菌胺，ADI：0.04：黄瓜，5；苹果，2；草莓，3；甜瓜，3
			啶氧菌酯，ADI：0.043：西瓜，0.05
			毒死蜱，ADI：0.01：稻谷，0.5；小麦，0.5；玉米，0.05；棉籽，0.3；大豆，0.1；花生仁，0.2；棉籽油，0.05；韭菜，0.1；结球甘蓝，1；花椰菜，1；菠菜，0.1；普通白菜，0.1；莴苣，0.1；芹菜，0.05；大白菜，0.1；番茄，0.5；黄瓜，0.1；菜豆，1；芦笋，0.05；朝鲜蓟，0.05；萝卜，1；胡萝卜，1；根芹菜，1；芋，1；柑橘，1；橙，2；柚，2；柠檬，2；苹果，1；梨，1；荔枝，1；龙眼，1；甜菜，1；甘蔗，0.05
			对硫磷，ADI：0.004：稻谷，0.1；麦类，0.1；旱粮类，0.1；杂粮类，0.1；大豆，0.1；棉籽油，0.1；鳞茎类蔬菜，0.01；芸薹属类蔬菜，0.01；叶菜类蔬菜，0.01；茄果类蔬菜，0.01；瓜类蔬菜，0.01；豆类蔬菜，0.01；茎类蔬菜，0.01；根茎类和薯芋类蔬菜，0.01；水生类蔬菜，0.01；芽菜类蔬菜，0.01；其他类蔬菜，0.01；柑橘类水果，0.01；仁果类水果，0.01；核果类水果，0.01；浆果和其他小型水果，0.01；热带和亚热带水果，0.01；瓜果类水果，0.01

（续）

序号	标准编号（被替代标准号）	标准名称	应用范围和要求
1	GB 2763—2014（GB 2763—2012）	食品中农药最大残留限量 Maximum residue limits for pesticides in food	多果定，ADI：0.1：仁果类水果，5；桃，5；油桃，5；樱桃，3
			多菌灵，ADI：0.03：大米，2；小麦，0.05；大麦，0.5；黑麦，0.05；玉米，0.5；杂粮类，0.5；大豆，0.2；花生仁，0.1；油菜籽，0.1；韭菜，2；抱子甘蓝，0.5；结球莴苣，5；番茄，3；辣椒，2；黄瓜，0.5；西葫芦，0.5；菜豆，0.5；食荚豌豆，0.02；芦笋，0.1；胡萝卜，0.2；柑橘，5；橙，0.5；柚，0.5；柠檬，0.5；仁果类水果（苹果、梨除外），3；苹果，3；梨，3；葡萄，3；桃，2；油桃，2；李子，0.5；李子干，0.5；杏，2；樱桃，0.5；枣，0.5；草莓，0.5；黑莓，0.5；醋栗，0.5；西瓜，0.5；无花果，0.5；橄榄，0.5；香蕉，0.1；菠萝，0.5；猕猴桃，0.5；荔枝，0.5；芒果，0.5；坚果，0.1；甜菜，0.1；茶叶，5；咖啡豆，0.1；干辣椒，20
			多杀霉素，ADI：0.02：稻谷，1；麦类，1；旱粮类，1；棉籽，0.1；大豆，0.01；洋葱，0.1；葱，4；芸薹属蔬菜（结球甘蓝除外），2；结球甘蓝，2；叶菜类蔬菜（芹菜除外），10；芹菜，2；番茄，1；茄子，1；辣椒，1；甜椒，1；黄秋葵，1；瓜类蔬菜，0.2；豆类蔬菜，0.3；马铃薯，0.01；玉米笋，0.01；柑橘类水果，0.3；苹果，0.1；核果类水果，0.2；越橘，0.02；蓝莓，0.4；黑莓，1；醋栗（红、黑），1；露莓（包括波森莓和罗甘莓），1；葡萄，0.5；葡萄干，1；西番莲，0.7；猕猴桃，0.05；瓜果类水果，0.2；坚果，0.07
			多效唑，ADI：0.1：稻谷，0.5；小麦，0.5；油菜籽，0.2；菜籽油，0.5；花生仁，0.5；苹果，0.5；荔枝，0.5
			噁草酮，ADI：0.003 6：糙米，0.05；稻谷，0.05；花生仁，0.1；棉籽，0.1；大蒜，0.1；蒜薹，0.05

（续）

序号	标准编号 （被替代标准号）	标准 名称	应用范围和要求
1	GB 2763—2014 （GB 2763—2012）	食品中农药 最大残留限量 Maximum residue limits for pesticides in food	噁霉灵，ADI：0.2：糙米，0.1；黄瓜，0.5；西瓜，0.5；甜菜，0.1
			噁嗪草酮，ADI：0.009 1：糙米，0.05
			噁霜灵，ADI：0.01：黄瓜，5
			噁唑菌酮，ADI：0.006：小麦，0.1；大麦，0.2；番茄，2；黄瓜，1；西葫芦，0.2；柑橘，1；橙，1；柚，1；柠檬，1；苹果，0.2；梨，0.2；香蕉，0.5
			二苯胺，ADI：0.08：苹果，5；梨，5
			二甲戊灵，ADI：0.03：糙米，0.1；玉米，0.1；韭菜，0.2；大蒜，0.1；结球甘蓝，0.2；普通白菜，0.2；莴苣，0.1；菠菜，0.2；芹菜，0.2；大白菜，0.2
			二氯吡啶酸，ADI：0.15：小麦，2；玉米，1；油菜籽，2
			二氯喹啉酸，ADI：0.3：糙米，1
			二嗪磷，ADI：0.005：稻谷，0.1；小麦，0.1；玉米，0.02；棉籽，0.2；花生仁，0.5；洋葱，0.05；葱，1；结球甘蓝，0.5；球茎甘蓝，0.2；羽衣甘蓝，0.05；青花菜，0.5；菠菜，0.5；普通白菜，0.2；叶用莴苣，0.5；结球莴苣，0.5；大白菜，0.05；番茄，0.5；甜椒，0.05；黄瓜，0.1；西葫芦，0.05；菜豆，0.2；食荚豌豆，0.2；萝卜，0.1；胡萝卜，0.5；马铃薯，0.01；玉米笋，0.02；仁果类水果，0.3；桃，0.2；樱桃，1；李子，1；李子干，2；哈密瓜，0.2；加仑子（黑、红、白），0.2；黑莓，0.1；醋栗（红、黑），0.2；越橘，0.2；波森莓，0.1；草莓，0.1；菠萝，0.1；核桃，0.01；甜菜，0.1；啤酒花，0.5；干辣椒，0.5；果类调味料，0.1；种子类调味料，5；根茎类调味料，0.5

（续）

序号	标准编号（被替代标准号）	标准名称	应用范围和要求
1	GB 2763—2014（GB 2763—2012）	食品中农药最大残留限量 Maximum residue limits for pesticides in food	二氰蒽醌，ADI：0.01：辣椒，2；苹果，5；梨，2
			粉唑醇，ADI：0.01：小麦，0.5
			砜嘧磺隆，ADI：0.1：玉米，0.1
			伏杀硫磷，ADI：0.02：棉籽油，0.1；菠菜，1；普通白菜，1；莴苣，1；大白菜，1；仁果类水果，2；核果类水果，2；杏仁，0.1；榛子，0.05；核桃，0.05；果类调味料，2；种子类调味料，2；根茎类调味料，3
			氟胺氰菊酯，ADI：0.005：棉籽油，0.2；韭菜，0.5；结球甘蓝，0.5；花椰菜，0.5；菠菜，0.5；普通白菜，0.5；芹菜，0.5；大白菜，0.5
			氟苯脲，ADI：0.01：韭菜，0.5；结球甘蓝，0.5；抱子甘蓝，0.5；菠菜，0.5；普通白菜，0.5；芹菜，0.5；大白菜，0.5；马铃薯，0.05；柑橘，0.5；仁果类水果，1；李子，0.1；李子干，0.1
			氟吡禾灵，ADI：0.000 7：豌豆，0.2；鹰嘴豆，0.05；洋葱，0.2；柑橘类水果，0.02；仁果类水果，0.02；核果类水果，0.02；葡萄，0.02；香蕉，0.02；甜菜，0.4；咖啡豆，0.02
			氟吡磺隆，ADI：0.041：糙米，0.05
			氟吡甲禾灵和高效氟吡甲禾灵，ADI：0.000 7：大豆，0.1；花生仁，0.1；棉籽，0.2；食用植物油，1；结球甘蓝，0.2
			氟吡菌胺，ADI：0.08：西瓜，0.1；大白菜，0.5；番茄，0.1；辣椒，0.1；黄瓜，0.5；马铃薯，0.05
			氟虫腈，ADI：0.000 2：糙米，0.02；玉米，0.1；鲜食玉米，0.1；韭菜，0.02；菠菜，0.02；结球甘蓝，0.02；普通白菜，0.02；芹菜，0.02；大白菜，0.02

（续）

序号	标准编号（被替代标准号）	标准名称	应用范围和要求
1	GB 2763—2014（GB 2763—2012）	食品中农药最大残留限量 Maximum residue limits for pesticides in food	氟虫脲，ADI：0.04：柑橘，0.5；柠檬，0.5；柚，0.5；苹果，1；梨，1
			氟苯虫酰胺，ADI：2：糙米，0.2；结球甘蓝，0.2
			氟啶胺，ADI：0.05：辣椒，3
			氟啶虫胺腈，ADI：0.025：糙米，2；棉籽，0.4；黄瓜，0.5
			氟啶虫酰胺，ADI：0.025：玉米，0.7；黄瓜，1；马铃薯，0.2；苹果，1
			氟啶脲，ADI：0.005：棉籽，0.1；结球甘蓝，2；球茎茴香，0.1；大白菜，2；萝卜，0.1；胡萝卜，0.1；芜菁，0.1；根芹菜，0.1；芋，0.1；柑橘，0.5；甜菜，0.1
			氟硅唑，ADI：0.007：稻谷，0.2；麦类，0.2；旱粮类，0.2；油菜籽，0.1；大豆，0.05；葵花籽，0.1；大豆油，0.1；番茄，0.2；黄瓜，1；刀豆，0.2；玉米笋，0.01；仁果类水果（苹果、梨除外），0.3；苹果，0.2；梨，0.2；桃，0.2；油桃，0.2；杏，0.2；葡萄，0.5；香蕉，1；甜菜，0.05
			氟环唑，ADI：0.02：糙米，0.5；小麦，0.05；苹果，0.5；香蕉，3
			氟磺胺草醚，ADI：0.002 5：大豆，0.1；花生仁，0.2
			氟菌唑，ADI：0.035：黄瓜，0.2
			氟乐灵，ADI：0.025：玉米，0.05；棉籽，0.05；大豆，0.05；花生仁，0.05；大豆油，0.05；花生油，0.05
			氟铃脲，ADI：0.02：棉籽，0.1；结球甘蓝，0.5

（续）

序号	标准编号 （被替代标准号）	标准 名称	应用范围和要求
1	GB 2763—2014 （GB 2763—2012）	食品中农药 最大残留限量 Maximum residue limits for pesticides in food	氟氯氰菊酯和高效氟氯氰菊酯，ADI：0.04：油菜籽，0.07；棉籽，0.05；韭菜，0.5；结球甘蓝，0.5；花椰菜，0.1；菠菜，0.5；普通白菜，0.5；芹菜，0.5；大白菜，0.5；番茄，0.2；茄子，0.2；辣椒，0.2；马铃薯，0.01；柑橘类水果，0.3；干柑橘脯，2；苹果，0.5；梨，0.1；茶叶，1；蘑菇类（鲜），0.3；干辣椒，1
			氟吗啉，ADI：0.16：黄瓜，2；葡萄，5；荔枝，0.1
			氟氰戊菊酯，ADI：0.02：鲜食玉米，0.2；绿豆，0.05；赤豆，0.05；大豆，0.05；棉籽油，0.2；结球甘蓝，0.5；花椰菜，0.5；番茄，0.2；茄子，0.2；辣椒，0.2；萝卜，0.05；胡萝卜，0.05；山药，0.05；马铃薯，0.05；苹果，0.5；梨，0.5；甜菜，0.05；茶叶，20；蘑菇类（鲜），0.2
			氟烯草酸，ADI：1：棉籽，0.05
			氟酰胺，ADI：0.09：大米，1；糙米，2
			氟酰脲，ADI：0.01：杂粮类，0.1；棉籽，0.5；芸薹类蔬菜，0.7；叶芥菜，25；茄果类蔬菜（番茄除外），0.7；番茄，0.02；菜豆，0.7；菜用大豆，0.01；马铃薯，0.01；仁果类水果，3；核果类水果，7；李子干，3；蓝莓，7；草莓，0.5；甘蔗，0.5；甜菜，15
			氟唑磺隆，ADI：0.36：小麦，0.01
			腐霉利，ADI：0.1：鲜食玉米，5；油菜籽，2；食用植物油，0.5；韭菜，0.2；番茄，2；茄子，5；辣椒，5；黄瓜，2；葡萄，5；草莓，10；蘑菇类（鲜），5

（续）

序号	标准编号（被替代标准号）	标准名称	应用范围和要求
1	GB 2763—2014（GB 2763—2012）	食品中农药最大残留限量 Maximum residue limits for pesticides in food	福美双，ADI：0.01：麦类，0.3；玉米，0.1；大豆，0.3；番茄，5；黄瓜，5；苹果，5
			福美锌，ADI：0.003：苹果，5
			咯菌腈，ADI：0.4：棉籽，0.05
			禾草丹，ADI：0.007：糙米，0.2
			禾草敌，ADI：0.001：大米，0.1；糙米，0.1
			禾草灵，ADI：0.002 3：小麦，0.1；甜菜，0.1
			环丙嘧磺隆，ADI：0.015：糙米，0.1
			环丙唑醇，ADI：0.02：小麦，0.2
			环嗪酮，ADI：0.05：甘蔗，0.5
			环酰菌胺，ADI：0.2：结球莴苣，30；叶用莴苣，30；黄瓜，1；腌制用小黄瓜，1；番茄，2；茄子，2；辣椒，2；西葫芦，1；李子，1；李子干，1；杏，10；樱桃，7；桃，10；油桃，10；越橘，5；黑莓，15；蓝莓，5；加仑子（黑、红、白），5；悬钩子，5；桑葚，5；唐棣，5；露莓（包括罗甘莓和波森莓），15；醋栗（红、黑），15；葡萄，15；葡萄干，25；猕猴桃，15；草莓，10；杏仁，0.02
			环酯草醚，ADI：0.005 6：糙米，0.1
			磺草酮，ADI：0.000 4：玉米，0.05

（续）

序号	标准编号 (被替代标准号)	标准 名称	应用范围和要求
1	GB 2763—2014 (GB 2763—2012)	食品中农药 最大残留限量 Maximum residue limits for pesticides in food	己唑醇，ADI：0.005：糙米，0.1；小麦，0.1；番茄，0.5；苹果，0.5；梨，0.5；葡萄，0.1
			甲氨基阿维菌素苯甲酸盐，ADI：0.000 5：糙米，0.02；棉籽，0.02；结球甘蓝，0.1；番茄，0.02；黄瓜，0.02；梨，0.02；蘑菇类（鲜），0.05
			甲胺磷，ADI：0.004：糙米，0.5；棉籽，0.1；鳞茎类蔬菜，0.05；芸薹属类蔬菜，0.05；叶菜类蔬菜，0.05；茄果类蔬菜，0.05；瓜类蔬菜，0.05；豆类蔬菜，0.05；茎类蔬菜，0.05；根茎类和薯芋类蔬菜（萝卜除外），0.05；萝卜，0.1；水生类蔬菜，0.05；芽菜类蔬菜，0.05；其他类蔬菜，0.05；柑橘类水果，0.05；仁果类水果，0.05；核果类水果，0.05；浆果和其他小型水果，0.05；热带和亚热带水果，0.05；瓜果类水果，0.05
			甲拌磷，ADI：0.000 7：小麦，0.02；高粱，0.02；玉米，0.05；棉籽，0.05；大豆，0.05；花生仁，0.1；花生油，0.05；鳞茎类蔬菜，0.01；芸薹属类蔬菜，0.01；叶菜类蔬菜，0.01；茄果类蔬菜，0.01；瓜类蔬菜，0.01；豆类蔬菜，0.01；茎类蔬菜，0.01；根茎类和薯芋类蔬菜，0.01；水生类蔬菜，0.01；芽菜类蔬菜，0.01；其他类蔬菜，0.01；柑橘类水果，0.01；仁果类水果，0.01；核果类水果，0.01；浆果和其他小型水果，0.01；热带和亚热带水果，0.01；瓜果类水果，0.01；甘蔗，0.01
			甲苯氟磺胺，ADI：0.08：韭葱，2；结球莴苣，15；番茄，3；甜椒，2；黄瓜，1；仁果类水果，5；黑莓，5；加仑子（黑、红、白），0.5；醋栗（红、黑），5；葡萄，3；草莓，5；啤酒花，50；干辣椒，20
			甲草胺，ADI：0.01：糙米，0.05；玉米，0.2；棉籽，0.02；大豆，0.2；花生仁，0.05

（续）

序号	标准编号（被替代标准号）	标准名称	应用范围和要求
1	GB 2763—2014（GB 2763—2012）	食品中农药最大残留限量 Maximum residue limits for pesticides in food	甲磺隆，ADI：0.25：糙米，0.05；小麦，0.05
			甲基碘磺隆钠盐，ADI：0.03：小麦，0.02
			甲基毒死蜱，ADI：0.01：稻谷，5；麦类，5；旱粮类，5；杂粮类，5；成品粮，5；棉籽，0.02；大豆，5；结球甘蓝，0.1；薯类蔬菜，5
			甲基对硫磷，ADI：0.003：稻谷，0.1；小麦，0.1；玉米，0.1；棉籽油，0.1；鳞茎类蔬菜，0.02；芸薹属类蔬菜，0.02；叶菜类蔬菜，0.02；茄果类蔬菜，0.02；瓜类蔬菜，0.02；豆类蔬菜，0.02；茎类蔬菜，0.02；根茎类和薯芋类蔬菜，0.02；水生类蔬菜，0.02；芽菜类蔬菜，0.02；其他类蔬菜，0.02；柑橘类水果，0.02；仁果类水果（苹果除外），0.02；苹果，0.01；核果类水果，0.02；浆果和其他小型水果，0.02；热带和亚热带水果，0.02；瓜果类水果，0.02
			甲基二磺隆，ADI：1.55：小麦，0.02
			甲基立枯磷，ADI：0.07：糙米，0.05；结球莴苣，2；叶用莴苣，2；萝卜，0.1；马铃薯，0.2
			甲基硫环磷，ADI：-：鳞茎类蔬菜，0.03；芸薹属类蔬菜，0.03；叶菜类蔬菜，0.03；茄果类蔬菜，0.03；瓜类蔬菜，0.03；豆类蔬菜，0.03；茎类蔬菜，0.03；根茎类和薯芋类蔬菜，0.03；水生类蔬菜，0.03；芽菜类蔬菜，0.03；其他类蔬菜，0.03；柑橘类水果，0.03；仁果类水果，0.03；核果类水果，0.03；浆果和其他小型水果，0.03；热带和亚热带水果，0.03；瓜果类水果，0.03
			甲基硫菌灵，ADI：0.08：糙米，1；小麦，0.5；番茄，3；茄子，2；辣椒，2；甜椒，2；黄秋葵，2；芦笋，0.5；苹果，3；西瓜，2

（续）

序号	标准编号（被替代标准号）	标准名称	应用范围和要求
1	GB 2763—2014（GB 2763—2012）	食品中农药最大残留限量 Maximum residue limits for pesticides in food	甲基嘧啶磷，ADI：0.03：稻谷，5；糙米，2；大米，1；小麦，5；全麦粉，5；小麦粉，2；果类调味料，0.5；种子类调味料，3
			甲基异柳磷，ADI：0.003：糙米，0.02；玉米，0.02；麦类，0.02；旱粮类，0.02；杂粮类，0.02；大豆，0.02；花生仁，0.05；鳞茎类蔬菜，0.01；芸薹属类蔬菜，0.01；叶菜类蔬菜，0.01；茄果类蔬菜，0.01；瓜类蔬菜，0.01；豆类蔬菜，0.01；茎类蔬菜，0.01；根茎类和薯芋类蔬菜（甘薯除外），0.01；甘薯，0.05；水生类蔬菜，0.01；芽菜类蔬菜，0.01；其他类蔬菜，0.01；柑橘类水果，0.01；仁果类水果，0.01；核果类水果，0.01；浆果和其他小型水果，0.01；热带和亚热带水果，0.01；瓜果类水果，0.01；甜菜，0.05；甘蔗，0.02
			甲硫威，ADI：0.02：小麦，0.05；大麦，0.05；玉米，0.05；豌豆，0.1；油菜籽，0.05；葵花籽，0.05；洋葱，0.5；韭葱，0.5；结球甘蓝，0.1；抱子甘蓝，0.05；花椰菜，0.1；结球莴苣，0.05；甜椒，2；食荚豌豆，0.1；朝鲜蓟，0.05；马铃薯，0.05；草莓，1；甜瓜类水果，0.2；榛子，0.05；甜菜，0.05
			甲咪唑烟酸，ADI：0.5：花生仁，0.1
			甲萘威，ADI：0.008：大米，1；大豆，1；棉籽，1；鳞茎类蔬菜，1；芸薹属类蔬菜（结球甘蓝除外），1；结球甘蓝，2；叶菜类蔬菜（大白菜除外），1；大白菜，1；茄果类蔬菜，1；瓜类蔬菜，1；豆类蔬菜，1；茎类蔬菜，1；根茎类和薯芋类蔬菜，1；水生类蔬菜，1；芽菜类蔬菜，1；其他类蔬菜，1

（续）

序号	标准编号 （被替代标准号）	标准 名称	应用范围和要求
1	GB 2763—2014 （GB 2763—2012）	食品中农药 最大残留限量 Maximum residue limits for pesticides in food	甲氰菊酯，ADI：0.03：小麦，0.1；棉籽，1；大豆，0.1；棉籽毛油，3；韭菜，1；结球甘蓝，0.5；菠菜，1；普通白菜，1；莴苣，0.5；芹菜，1；大白菜，1；番茄，1；茄子，0.2；甜椒，1；腌制用小黄瓜，0.2；萝卜，0.5；仁果类水果，5；柑橘类水果，5；核果类水果，5；浆果和其他小型水果（葡萄除外），5；葡萄，5；热带和亚热带水果，5；瓜果类水果，5；茶叶，5；干辣椒，10
			甲霜灵和精甲霜灵，ADI：0.08：糙米，0.1；麦类，0.05；旱粮类（粟除外），0.05；粟，0.05；棉籽，0.05；花生仁，0.1；葵花籽，0.05；洋葱，2；结球甘蓝，0.5；抱子甘蓝，0.2；花椰菜，2；青花菜，0.5；菠菜，2；结球莴苣，2；番茄，0.5；辣椒，0.5；黄瓜，0.5；西葫芦，0.2；笋瓜，0.2；食荚豌豆，0.05；芦笋，0.05；胡萝卜，0.05；马铃薯，0.05；柑橘类水果，5；仁果类水果，1；醋栗（红、黑），0.2；葡萄，1；荔枝，0.5；鳄梨，0.2；西瓜，0.2；甜瓜类水果，0.2；甜菜，0.05；可可豆，0.2；啤酒花，10；种子类调味料，5
			甲羧除草醚，ADI：0.3：大豆，0.05；菜用大豆，0.1
			甲氧虫酰肼，ADI：0.1：结球甘蓝，2；苹果，3
			甲氧咪草烟，ADI：9：大豆，0.1
			腈苯唑，ADI：0.03：糙米，0.1；小麦，0.1；大麦，0.2；黑麦，0.1；油菜籽，0.05；葵花籽，0.05；黄瓜，0.2；西葫芦，0.05；仁果类水果，0.1；桃，0.5；杏，0.5；樱桃，1；葡萄，1；香蕉，0.05；甜瓜类水果，0.2；坚果，0.01

（续）

序号	标准编号 (被替代标准号)	标准 名称	应用范围和要求
1	GB 2763—2014 (GB 2763—2012)	食品中农药 最大残留限量 Maximum residue limits for pesticides in food	腈菌唑，ADI：0.03 麦类，0.1；玉米，0.02；粟，0.02；高粱，0.02；黄瓜，1；柑橘，5；仁果类水果（苹果、梨除外），0.5；苹果，0.5；梨，0.5；核果类水果（李子除外），2；李子，0.2；李子干，0.5；葡萄，1；草莓，1；荔枝，0.5；香蕉，2；啤酒花，2
			精噁唑禾草灵，ADI：0.002 5：糙米，0.1；麦类，0.1；油菜籽，0.5；棉籽，0.02；花生仁，0.1；花椰菜，0.1；青花菜，0.1
			精二甲吩草胺，ADI：0.07：玉米，0.01；高粱，0.01；杂粮类，0.01；花生仁，0.01；大豆，0.01；大蒜，0.01；洋葱，0.01；葱，0.01；马铃薯，0.01；甘薯，0.01；根甜菜，0.01；玉米笋，0.01；甜菜，0.01
			久效磷，ADI：0.000 6：稻谷，0.02；小麦，0.02；棉籽油，0.05；鳞茎类蔬菜，0.03；芸薹属类蔬菜，0.03；叶菜类蔬菜，0.03；茄果类蔬菜，0.03；瓜类蔬菜，0.03；豆类蔬菜，0.03；茎类蔬菜，0.03；根茎类和薯芋类蔬菜，0.03；水生类蔬菜，0.03；芽菜类蔬菜，0.03；其他类蔬菜，0.03；柑橘类水果，0.03；仁果类水果，0.03；核果类水果，0.03；浆果和其他小型水果，0.03；热带和亚热带水果，0.03；瓜果类水果，0.03；甘蔗，0.02
			抗蚜威，ADI：0.02：稻谷，0.05；鲜食玉米，0.05；旱粮类，0.05；小麦，0.05；大麦，0.05；燕麦，0.05；黑麦，0.05；杂粮类，0.2；油菜籽，0.2；大豆，0.05；葵花籽，0.1；洋葱，0.1；大蒜，0.1；芸薹类蔬菜（羽衣甘蓝、结球甘蓝除外），0.5；羽衣甘蓝，0.3；结球甘蓝，1；花椰菜，1；结球莴苣，5；叶用莴苣，5；茄果类蔬菜，0.5；瓜类蔬菜，1；豆类蔬菜，0.7；芦笋，0.01；朝鲜蓟，5；根茎类和薯芋类蔬菜，0.05；柑橘类水果，3；仁果类水果，1；桃，0.5；油桃，0.5；李子，0.5；杏，0.5；樱桃，0.5；枣，0.5；浆果及其他小粒水果，1；瓜果类水果（甜瓜类水果除外），1；甜瓜类水果，0.2；干辣椒，20；种子类调味料，5

（续）

序号	标准编号（被替代标准号）	标准名称	应用范围和要求
1	GB 2763—2014（GB 2763—2012）	食品中农药最大残留限量 Maximum residue limits for pesticides in food	克百威，ADI：0.001：糙米，0.1；小麦，0.1；玉米，0.1；棉籽，0.1；大豆，0.2；花生仁，0.2；鳞茎类蔬菜，0.02；芸薹属类蔬菜，0.02；叶菜类蔬菜，0.02；茄果类蔬菜，0.02；瓜类蔬菜，0.02；豆类蔬菜，0.02；茎类蔬菜，0.02；根茎类和薯芋类蔬菜（马铃薯除外），0.02；马铃薯，0.1；水生类蔬菜，0.02；芽菜类蔬菜，0.02；其他类蔬菜，0.02；柑橘类水果，0.02；仁果类水果，0.02；核果类水果，0.02；浆果和其他小型水果，0.02；热带和亚热带水果，0.02；瓜果类水果，0.02；甘蔗，0.1；甜菜，0.1
			克菌丹，ADI：0.1：黄瓜，5；马铃薯，0.05；柑橘，5；仁果类水果（苹果、梨除外），15；苹果，15；梨，15；桃，20；油桃，3；李子，10；李子干，10；樱桃，25；蓝莓，20；醋栗（红，黑），20；葡萄，5；草莓，15；甜瓜类水果，10；杏仁，0.3
			喹禾灵和精喹禾灵，ADI：0.000 9：油菜籽，0.1；棉籽，0.05；大豆，0.1；花生仁，0.1；菜用大豆，0.2；甜菜，0.1
			喹啉铜，ADI：0.02：黄瓜，2；苹果，2
			喹硫磷，ADI：0.000 5：大米，0.2；柑橘，0.5
			喹螨醚，ADI：0.005：茶叶，15
			喹氧灵，ADI：0.2：小麦，0.01；大麦，0.01；结球莴苣，8；叶用莴苣，20；辣椒，1；樱桃，0.4；加仑子（黑），1；葡萄，2；草莓，1；甜瓜类水果，0.1；甜菜，0.03；干辣椒，10；啤酒花，1

（续）

序号	标准编号（被替代标准号）	标准名称	应用范围和要求
1	GB 2763—2014（GB 2763—2012）	食品中农药最大残留限量 Maximum residue limits for pesticides in food	乐果，ADI：0.002：稻谷，0.05；小麦，0.05；鲜食玉米，0.5；大豆，0.05；食用植物油，0.05；韭菜，0.2；洋葱，0.2；葱，0.2；百合，0.2；大蒜，0.2；花椰菜，1；结球甘蓝，1；菠菜，1；普通白菜，1；莴苣，1；大白菜，1；番茄，0.5；茄子，0.5；辣椒，0.5；豌豆，0.5；菜豆，0.5；蚕豆，0.5；扁豆，0.5；豇豆，0.5；食荚豌豆，0.5；芹菜，0.5；芦笋，0.5；朝鲜蓟，0.5；萝卜，0.5；胡萝卜，0.5；山药，0.5；马铃薯，0.5；柑橘，2；橙，2；柚，2；柠檬，2；苹果，1；梨，1；桃，2；油桃，2；李子，2；杏，2；樱桃，2；枣，2；甜菜，0.5；蘑菇类（鲜），0.5
			联苯肼酯，ADI：0.01：杂粮类，0.3；棉籽，0.3；番茄，0.5；辣椒，3；甜椒，2；瓜类蔬菜，0.5；豆类蔬菜，7；柑橘，0.7；仁果类水果（苹果除外），0.7；苹果，0.2；核果类水果，2；黑莓，7；露莓（包括波森莓和罗甘莓），7；醋栗（红、黑），7；葡萄，0.7；葡萄干，2；草莓，2；瓜果类水果，0.5；坚果，0.2；啤酒花，20；薄荷，40
			联苯菊酯，ADI：0.01：小麦，0.5；大麦，0.05；玉米，0.05；杂粮类，0.3；棉籽，0.5；大豆，0.3；油菜籽，0.05；食用菜籽油，0.1；芸薹类蔬菜（结球甘蓝除外），0.4；结球甘蓝，0.2；叶芥菜，4；萝卜叶，4；番茄，0.5；茄子，0.3；辣椒，0.5；根茎类和薯芋类蔬菜，0.05；柑橘，0.05；橙，0.05；柚，0.05；柠檬，0.05；苹果，0.5；梨，0.5；黑莓，1；露莓（包括波森莓和罗甘莓），1；醋栗（红、黑），1；草莓，1；香蕉，0.1；茶叶，5；啤酒花，20；干辣椒，5
			联苯三唑醇，ADI：0.01：小麦，0.05；大麦，0.05；燕麦，0.05；黑麦，0.05；小黑麦，0.05；番茄，3；黄瓜，0.5；仁果类水果，2；桃，1；油桃，1；杏，1；李子，2；李子干，2；樱桃，1；香蕉，0.5

（续）

序号	标准编号 （被替代标准号）	标准 名称	应用范围和要求
1	GB 2763—2014 （GB 2763—2012）	食品中农药 最大残留限量 Maximum residue limits for pesticides in food	磷胺，ADI：0.000 5：稻谷，0.02；鳞茎类蔬菜，0.05；芸薹属类蔬菜，0.05；叶菜类蔬菜，0.05；茄果类蔬菜，0.05；瓜类蔬菜，0.05；豆类蔬菜，0.05；茎类蔬菜，0.05；根茎类和薯芋类蔬菜，0.05；水生类蔬菜，0.05；芽菜类蔬菜，0.05；其他类蔬菜，0.05；柑橘类水果，0.05；仁果类水果，0.05；核果类水果，0.05；浆果和其他小型水果，0.05；热带和亚热带水果，0.05；瓜果类水果，0.05
			磷化铝，ADI：0.011：稻谷，0.05；麦类，0.05；旱粮类，0.05；杂粮类，0.05；成品粮，0.05；大豆，0.05；薯类蔬菜，0.05
			磷化镁，ADI：0.011：稻谷，0.05
			磷化氢，ADI：0.011：干蔬菜，0.01；干制水果，0.01；坚果，0.01；可可豆，0.01；调味料，0.01
			邻苯基苯酚，ADI：0.4：柑橘类水果，10；干柑橘脯，60；梨，20；橙汁，0.5
			硫丹，ADI：0.006：大豆，1；大豆毛油，2；棉籽，1；黄瓜，1；甘薯，0.05；芋，0.05；马铃薯，0.05；苹果，1；梨，1；荔枝，2；瓜果类水果，2；甘蔗，0.5；茶叶，10；禽肉类（以脂肪计），0.2；肝脏（牛、羊、猪），0.1；肾脏（牛、羊、猪），0.03；禽肉类（包括内脏），0.03；蛋类，0.03；生乳，0.01
			硫环磷，ADI：0.005：鳞茎类蔬菜，0.03；芸薹属类蔬菜，0.03；叶菜类蔬菜，0.03；茄果类蔬菜，0.03；瓜类蔬菜，0.03；豆类蔬菜，0.03；茎类蔬菜，0.03；根茎类和薯芋类蔬菜，0.03；水生类蔬菜，0.03；芽菜类蔬菜，0.03；其他多年生蔬菜，0.03；柑橘类水果，0.03；仁果类水果，0.03；核果类水果，0.03；浆果和其他小型水果，0.03；热带和亚热带水果，0.03；瓜果类水果，0.03

（续）

序号	标准编号（被替代标准号）	标准名称	应用范围和要求
1	GB 2763—2014（GB 2763—2012）	食品中农药最大残留限量 Maximum residue limits for pesticides in food	硫双威，ADI：0.03：棉籽油，0.1
			硫酰氟，ADI：0.01：稻谷，0.05；糙米，0.1；大米，0.1；旱粮类，0.05；黑麦粉，0.1；黑麦全麦粉，0.1；小麦粉，0.1；小麦全麦粉，0.1；玉米粉，0.1；玉米糁，0.1；麦胚，0.1；干制水果，0.06；坚果，3
			硫线磷，ADI：0.000 5：柑橘，0.005；甘蔗，0.005
			螺虫乙酯，ADI：0.05：杂粮类，2；棉籽，0.4；大豆，4；洋葱，0.4；结球甘蓝，2；花椰菜，1；叶菜类蔬菜（芹菜除外），7；芹菜，4；番茄，1；茄果类蔬菜（辣椒除外），1；辣椒，2；瓜类蔬菜，0.2；豆类蔬菜，1.5；马铃薯，0.8；柑橘类水果（柑橘除外），0.5；柑橘，1；仁果类水果，0.7；核果类水果，3；李子干，5；葡萄，2；葡萄干，4；猕猴桃，0.02；荔枝，15；芒果，0.3；番木瓜，0.4；瓜果类水果，0.2；坚果，0.5；啤酒花，15；干辣椒，15
			螺螨酯，ADI：0.01：棉籽，0.02；柑橘，0.5
			绿麦隆，ADI：0.04：麦类，0.1；玉米，0.1；大豆，0.1
			氯苯胺灵，ADI：0.05：马铃薯，30
			氯氨吡啶酸，ADI：0.9：小麦，0.1；大麦，0.1；燕麦，0.1；小黑麦，0.1
			氯苯嘧啶醇，ADI：0.01：甜椒，0.5；朝鲜蓟，0.1；仁果类水果（苹果、梨除外），0.3；苹果，0.3；梨，0.3；桃，0.5；樱桃，1；葡萄，0.3；葡萄干，0.2；草莓，1；香蕉，0.2；甜瓜类水果，0.05；啤酒花，5；山核桃，0.02；干辣椒，5
			氯吡嘧磺隆，ADI：0.1：玉米，0.05

（续）

序号	标准编号 （被替代标准号）	标准 名称	应用范围和要求
1	GB 2763—2014 （GB 2763—2012）	食品中农药 最大残留限量 Maximum residue limits for pesticides in food	氯吡脲，ADI：0.07：黄瓜，0.1；橙，0.05；枇杷，0.05；猕猴桃，0.05；葡萄，0.05；西瓜，0.1；甜瓜，0.1
			氯虫苯甲酰胺，ADI：2：糙米，0.5；麦类，0.02；旱粮类（玉米除外），0.02；玉米，0.02；棉籽，0.3；芸薹类蔬菜（结球甘蓝、花椰菜除外），2；结球甘蓝，2；花椰菜，2；叶菜类（芹菜除外），20；芹菜，7；茄果类蔬菜，0.6；瓜类蔬菜，0.3；根茎类和薯芋类蔬菜，0.02；玉米笋，0.01；柑橘类水果，0.5；仁果类水果（苹果除外），0.4；苹果，2；核果类水果，1；浆果及其他小粒水果，1；瓜果类水果，0.3；坚果，0.02；甘蔗，0.05；薄荷，15
			氯啶菌酯，ADI：0.05：糙米，2；小麦，0.2；油菜籽，0.5
			氯氟吡氧乙酸和氯氟吡氧乙酸异辛酯，ADI：1：稻谷，0.2；小麦，0.2；玉米，0.05
			氯氟氰菊酯和高效氯氟氰菊酯，ADI：0.02：糙米，1；小麦，0.05；大麦，0.5；燕麦，0.05；黑麦，0.05；小黑麦，0.05；玉米，0.02；鲜食玉米，0.2；含油种子（大豆、棉籽和食用棉籽油除外），0.2；大豆，0.02；棉籽，0.05；棉籽油，0.02；韭菜，0.5；鳞茎类蔬菜，0.2；结球甘蓝，1；花椰菜，0.5；菠菜，2；普通白菜，2；莴苣，2；芹菜，0.5；大白菜，1；茄果类蔬菜（番茄、茄子、辣椒除外），0.3；番茄，0.2；茄子，0.2；辣椒，0.2；瓜类蔬菜，0.05；豆类蔬菜，0.2；芦笋，0.02；根茎类和薯芋类蔬菜，0.01；柑橘类水果（柑橘除外），0.2；柑橘，0.2；仁果类水果（苹果、梨除外），0.2；苹果，0.2；梨，0.2；桃，0.5；油桃，0.5；杏，0.5；李子，0.2；李子干，0.2；樱桃，0.3；葡萄干，0.3；浆果及其他小粒水果，0.2；橄榄，1；荔枝，0.1；芒果，0.2；瓜果类水果，0.05；坚果，0.01；甘蔗，0.05；茶叶，15；蘑菇类（鲜），0.5；干辣椒，3

（续）

序号	标准编号 (被替代标准号)	标准 名称	应用范围和要求
1	GB 2763—2014 (GB 2763—2012)	食品中农药 最大残留限量 Maximum residue limits for pesticides in food	氯化苦，ADI：0.001：稻谷，0.1；麦类，0.1；旱粮类，0.1；杂粮类，0.1；大豆，0.1；茄子，0.05；姜，0.05；其他薯芋类蔬菜，0.1；草莓，0.05；甜瓜，0.05
			氯磺隆，ADI：0.2：小麦，0.1
			氯菊酯，ADI：0.05：稻谷，2；麦类，2；杂粮类，2；旱粮类，2；小麦粉，0.5；麦胚，2；小麦全麦粉，2；油菜籽，0.05；棉籽，0.5；大豆，2；花生仁，0.1；葵花籽，1；棉籽油，0.1；葵花油毛油，1；鳞茎类蔬菜（韭葱、葱除外），1；韭葱，0.5；葱，0.5；芸薹属类蔬菜（单列的除外），1；结球甘蓝，5；球茎甘蓝，0.1；抱子甘蓝，1；羽衣甘蓝，5；花椰菜，0.5；青花菜，2；叶菜类蔬菜（菠菜、结球莴苣、芹菜、大白菜除外），1；菠菜，2；结球莴苣，2；芹菜，2；大白菜，5；茄果类蔬菜（番茄、茄子、辣椒除外），1；番茄，1；茄子，1；辣椒，1；瓜类蔬菜（黄瓜、腌制用小黄瓜、西葫芦、笋瓜除外），1；黄瓜，0.5；腌制用小黄瓜，0.5；西葫芦，0.5；笋瓜，0.5；豆类蔬菜（食荚豌豆、菜豆除外），1；食荚豌豆，0.1；菜豆，1；茎类蔬菜（芦笋除外），1；芦笋，1；根茎类和薯芋类蔬菜（萝卜、胡萝卜、马铃薯等），1；萝卜，0.1；胡萝卜，0.1；马铃薯，0.05；水生类蔬菜，1；芽菜类蔬菜，1；其他类蔬菜（玉米笋除外），1；玉米笋，0.1；柑橘类水果，2；仁果类水果，2；核果类水果，2；浆果和其他小型水果（单列的除外），2；悬钩子，2；加仑子（黑、红、白），2；黑莓，1；醋栗（红、黑），1；露莓（包括波森莓和罗甘莓），1；猕猴桃，2；葡萄，2；草莓，1；热带和亚热带水果（橄榄除外），2；橄榄，1；瓜果类水果，2；杏仁，0.1；开心果，0.05；甜菜，0.05；茶叶，20；咖啡豆，0.05；啤酒花，50；蘑菇（鲜），0.1；调味料（干辣椒、山葵除外），0.05；山葵，0.5；干辣椒，10

（续）

序号	标准编号 (被替代标准号)	标准名称	应用范围和要求
1	GB 2763—2014 (GB 2763—2012)	食品中农药最大残留限量 Maximum residue limits for pesticides in food	氯嘧磺隆，ADI：0.09：大豆，0.02
			氯氰菊酯和高效氯氰菊酯，ADI：0.02：谷物（单列的除外），0.3；稻谷，2；小麦，0.2；大麦，2；黑麦，2；燕麦，2；玉米，0.05；鲜食玉米，0.5；杂粮类，0.05；小型油籽类，0.1；大型油籽类（大豆除外），0.1；大豆，0.05；棉籽，0.2；初榨橄榄油，0.5；精炼橄榄油，0.5；韭葱，0.05；洋葱，0.01；韭菜，1；芸薹类蔬菜（结球甘蓝除外），1；结球甘蓝，5；菠菜，2；普通白菜，2；莴苣，2；芹菜，1；大白菜，2；番茄，0.5；茄子，0.5；辣椒，0.5；秋葵，0.5；瓜类蔬菜（黄瓜除外），0.07；黄瓜，0.2；豌豆，0.5；菜豆，0.5；蚕豆，0.5；扁豆，0.5；豇豆，0.5；食荚豌豆，0.5；芦笋，0.4；朝鲜蓟，0.1；根茎类和薯芋类蔬菜，0.01；玉米笋，0.05；橙，2；柚，2；柠檬，2；柑橘，1；苹果，2；梨，2；核果类水果（桃除外），2；桃，1；葡萄，0.2；葡萄干，0.5；草莓，0.07；橄榄，0.05；杨桃，0.2；龙眼，0.5；荔枝，0.5；芒果，0.7；番木瓜，0.5；榴莲，1；瓜果类水果，0.07；坚果，0.05；甘蔗，0.2；甜菜，0.1；茶叶，20；咖啡豆，0.05；蘑菇类（鲜），0.5；干辣椒，10；果类调味料，0.1；根茎类调味料，0.2
			氯噻啉，ADI：0.025：糙米，0.1；小麦，0.2；柑橘，0.2；茶叶，3
			氯硝胺，ADI：0.01：洋葱，0.2；胡萝卜，15；桃，7；油桃，7；葡萄，7
			氯唑磷，ADI：0.000 05：糙米，0.05；鳞茎类蔬菜，0.01；芸薹属类蔬菜，0.01；叶菜类蔬菜，0.01；茄果类蔬菜，0.01；瓜类蔬菜，0.01；豆类蔬菜，0.01；茎类蔬菜，0.01；根茎类和薯芋类蔬菜，0.01；水生类蔬菜，0.01；芽菜类蔬菜，0.01；其他类蔬菜，0.01；柑橘类水果，0.01；仁果类水果，0.01；核果类水果，0.01；浆果和其他小型水果，0.01；热带和亚热带水果，0.01；瓜果类水果，0.01

（续）

序号	标准编号（被替代标准号）	标准名称	应用范围和要求
1	GB 2763—2014（GB 2763—2012）	食品中农药最大残留限量 Maximum residue limits for pesticides in food	马拉硫磷，ADI：0.3：糙米，1；大米，0.1；稻谷，8；麦类，8；鲜食玉米，0.5；旱粮类，8；杂粮类，8；大豆，8；洋葱，1；葱，5；大蒜，0.5；结球甘蓝，0.5；花椰菜，0.5；菠菜，2；普通白菜，8；莴苣，8；叶芥菜，2；芜菁叶，5；芹菜，1；大白菜，8；番茄，0.5；茄子，0.5；辣椒，0.5；黄瓜，0.2；菜豆，2；豌豆，2；蚕豆，2；扁豆，2；豇豆，2；食荚豌豆，2；芦笋，1；芜菁，0.2；萝卜，0.5；胡萝卜，0.5；山药，0.5；马铃薯，0.5；甘薯，8；芋，8；玉米笋，0.02；柑橘，2；橙，4；柚，4；柠檬，4；苹果，2；梨，2；桃，6；油桃，6；李子，6；杏，6；樱桃，6；枣，6；蓝莓，10；葡萄，8；草莓，1；荔枝，0.5；甜菜，0.5；蘑菇类（鲜），0.5；番茄汁，0.01；种子类调味料，2；果类调味料，1；根茎类调味料，0.5
			麦草畏，ADI：0.3：小麦，0.5；玉米，0.5
			咪鲜胺和咪鲜胺锰盐，ADI：0.01：稻谷，0.5；麦类（小麦除外），2；小麦，0.5；旱粮类，2；油菜籽，0.5；亚麻籽，0.05；葵花籽，0.5；葵花油毛油，1；大蒜，0.1；菜薹，2；辣椒，2；黄瓜，1；柑橘类水果（柑橘除外），10；柑橘，5；苹果，2；葡萄，2；皮不可食热带和亚热带水果（单列的除外），7；荔枝，2；龙眼，5；芒果，2；香蕉，5；西瓜，0.1；蘑菇类（鲜），2；胡椒（黑、白），10
			咪唑喹啉酸，ADI：0.25：大豆，0.05
			咪唑乙烟酸，ADI：2.5：大豆，0.1
			醚磺隆，ADI：0.077：糙米，0.1

（续）

序号	标准编号 （被替代标准号）	标准 名称	应用范围和要求
1	GB 2763—2014 （GB 2763—2012）	食品中农药 最大残留限量 Maximum residue limits for pesticides in food	醚菊酯，ADI：0.03：糙米，0.01；玉米，0.05；杂粮类，0.05；油菜籽，0.01；苹果，0.6；梨，0.6；桃，0.6；油桃，0.6；葡萄干，8；韭菜，1；结球甘蓝，0.5；菠菜，1；普通白菜，1；芹菜，1；大白菜，1
			醚菌酯，ADI：0.4：小麦，0.05；大麦，0.1；黑麦，0.05；初榨橄榄油，0.7；黄瓜，0.5；橙，0.5；柚，0.5；仁果类水果（苹果除外），0.2；苹果，0.2；草莓，2；橄榄，0.2；甜瓜，1
			嘧苯胺磺隆，ADI：0.05：糙米，0.05
			嘧菌酯，ADI：0.2：黄瓜，0.5；冬瓜，1；马铃薯，0.1；柑橘，1；葡萄，5；荔枝，0.5；芒果，1；香蕉，2；西瓜，1
			嘧菌环胺，ADI：0.03：小麦，0.5；大麦，3；洋葱，0.3；结球莴苣，10；叶用莴苣，10；番茄，0.5；茄子，0.2；甜椒，0.5；黄瓜，0.2；西葫芦，0.2；豆类蔬菜，0.5；梨，1；核果类水果，2；李子干，5；醋栗（红、黑），0.5；草莓，2；杏仁，0.02
			嘧霉胺，ADI：0.2：豌豆，0.5；洋葱，0.2；葱，3；结球莴苣，3；番茄，1；黄瓜，2；菜豆，3；胡萝卜，1；马铃薯，0.05；柑橘类水果，7；仁果类水果（梨除外），7；梨，1；桃，4；油桃，4；杏，3；李子，2；李子干，2；樱桃，4；葡萄，4；草莓，3；香蕉，0.1；杏仁，0.2
			灭草松，ADI：0.1：稻谷，0.1；麦类，0.1；玉米，0.2；高粱，0.1；杂粮类，0.05；大豆，0.05；亚麻籽，0.1；洋葱，0.1；菜豆，0.2；利马豆（荚可食），0.05；豌豆（鲜），0.2

（续）

序号	标准编号 （被替代标准号）	标准 名称	应用范围和要求
1	GB 2763—2014 （GB 2763—2012）	食品中农药 最大残留限量 Maximum residue limits for pesticides in food	灭多威，ADI：0.02：小麦，0.5；玉米，0.05；大豆，0.2；棉籽，0.5；结球甘蓝，2；花椰菜，2；菜薹，1；柑橘，1；苹果，2；茶叶，3
			灭菌丹，ADI：0.1：洋葱，1；结球莴苣，50；番茄，3；黄瓜，1；马铃薯，0.1；苹果，10；葡萄，10；葡萄干，40；草莓，5；甜瓜类水果，3
			灭瘟素，ADI：0.01：糙米，0.1
			灭线磷，ADI：0.000 4：糙米，0.02；花生仁，0.02；鳞茎类蔬菜，0.02；芸薹属类蔬菜，0.02；叶菜类蔬菜，0.02；茄果类蔬菜，0.02；瓜类蔬菜，0.02；豆类蔬菜，0.02；茎类蔬菜，0.02；根茎类和薯芋类蔬菜，0.02；水生类蔬菜，0.02；芽菜类蔬菜，0.02；其他类蔬菜，0.02；柑橘类水果，0.02；仁果类水果，0.02；核果类水果，0.02；浆果和其他小型水果，0.02；热带和亚热带水果，0.02；瓜果类水果，0.02
			灭锈胺，ADI：0.05：糙米，0.2
			灭蝇胺，ADI：0.06：黄瓜，1；豌豆，0.5；菜豆，0.5；蚕豆，0.5；扁豆，0.5；豇豆，0.5；食荚豌豆，0.5
			灭幼脲，ADI：1.25：小麦，3；粟，3；结球甘蓝，3；花椰菜，3
			萘乙酸和萘乙酸钠，ADI：0.15：糙米，0.1；小麦，0.05；棉籽，0.05；大豆，0.05；番茄，0.1；苹果，0.1
			宁南霉素，ADI：0.24：糙米，0.2；苹果，1

（续）

序号	标准编号（被替代标准号）	标准名称	应用范围和要求
1	GB 2763—2014（GB 2763—2012）	食品中农药最大残留限量 Maximum residue limits for pesticides in food	内吸磷，ADI：0.000 04；鳞茎类蔬菜，0.02；芸薹属类蔬菜，0.02；叶菜类蔬菜，0.02；茄果类蔬菜，0.02；瓜类蔬菜，0.02；豆类蔬菜，0.02；茎类蔬菜，0.02；根茎类和薯芋类蔬菜，0.02；水生类蔬菜，0.02；芽菜类蔬菜，0.02；其他类蔬菜，0.02；柑橘类水果，0.02；仁果类水果，0.02；核果类水果，0.02；浆果和其他小型水果，0.02；热带和亚热带水果，0.02；瓜果类水果，0.02
			哌草丹，ADI：0.001；糙米，0.05
			嗪氨灵，ADI：0.02；稻谷，0.1；麦类，0.1；旱粮类，0.1；抱子甘蓝，0.2；番茄，0.5；瓜类蔬菜，0.5；菜豆，1；苹果，2；桃，5；樱桃，2；李子，2；李子干，2；蓝莓，1；加仑子（黑、红、白），1；悬钩子，1；草莓，1；瓜果类水果，0.5
			嗪草酮，ADI：0.013；玉米，0.05；大豆，0.05
			氰草津，ADI：0.002；玉米，0.05
			氰氟草酯，ADI：0.01；糙米，0.1
			氰霜唑，ADI：0.17；黄瓜，0.5；马铃薯，0.02；葡萄，1；荔枝，0.02
			氰戊菊酯和S-氰戊菊酯，ADI：0.02；小麦，2；玉米，0.02；鲜食玉米，0.2；小麦粉，0.2；全麦粉，2；棉籽，0.2；大豆，0.1；花生仁，0.1；棉籽油，0.1；结球甘蓝，0.5；花椰菜，0.5；菠菜，1；普通白菜，1；莴苣，1；大白菜，3；番茄，0.2；茄子，0.2；辣椒，0.2；黄瓜，0.2；西葫芦，0.2；丝瓜，0.2；南瓜，0.2；萝卜，0.05；胡萝卜，0.05；山药，0.05；马铃薯，0.05；柑橘类水果（柑橘除外），0.2；柑橘，1；仁果类水果（苹果、梨除外），0.2；苹果，1；梨，1；核果类水果，0.2；浆果和其他小型水果，0.2；热带和亚热带水果，0.2；瓜果类水果，0.2；甜菜，0.05；蘑菇类（鲜），0.2

（续）

序号	标准编号（被替代标准号）	标准名称	应用范围和要求
1	GB 2763—2014（GB 2763—2012）	食品中农药最大残留限量 Maximum residue limits for pesticides in food	炔草酯，ADI：0.000 3；小麦，0.1
			炔螨特，ADI：0.01；棉籽，0.1；棉籽油，0.1；菠菜，2；普通白菜，2；莴苣，2；大白菜，2；橙，5；柑橘，5；柚，5；柠檬，5；苹果，5；梨，5
			乳氟禾草灵，ADI：0.008；大豆，0.05；花生仁，0.05
			噻苯隆，ADI：0.04；棉籽，1；黄瓜，0.05；葡萄，0.05；甜瓜，0.05
			噻虫啉，ADI：0.01；小麦，0.1；油菜籽，0.5；芥菜籽，0.5；棉籽，0.02；番茄，0.5；茄子，0.7；甜椒，1；黄瓜，1；马铃薯，0.02；仁果类水果，0.7；核果类水果，0.5；浆果及其他小粒水果（猕猴桃除外），1；猕猴桃，0.2；甜瓜类水果，0.2；坚果，0.02
			噻虫嗪，ADI：0.08；糙米，0.1；结球甘蓝，0.2；黄瓜，0.5；西瓜，0.2；茶叶，10
			噻吩磺隆，ADI：0.07；小麦，0.05；玉米，0.05；大豆，0.05；花生仁，0.05
			噻呋酰胺，ADI：0.014；糙米，3；马铃薯，2
			噻节因，ADI：0.02；油菜籽，0.2；棉籽，1；葵花籽，1；棉籽毛油，0.1；食用棉籽油，0.1；马铃薯，0.05
			噻菌灵，ADI：0.1；菊苣，0.05；马铃薯，15；柑橘，10；柚，10；橙，10；柠檬，10；仁果类水果，3；芒果，5；鳄梨，15；番木瓜，10；香蕉，5；香菇（鲜），5

（续）

序号	标准编号（被替代标准号）	标准名称	应用范围和要求
1	GB 2763—2014（GB 2763—2012）	食品中农药最大残留限量 Maximum residue limits for pesticides in food	噻螨酮，ADI：0.03：棉籽，0.05；瓜类蔬菜，0.05；番茄，0.1；茄子，0.1；柑橘，0.5；橙，0.5；柚，0.5；柠檬，0.5；仁果类水果（苹果、梨除外），0.4；苹果，0.5；梨，0.5；核果类水果（枣除外），0.3；枣，2；李子干，1；葡萄，1；葡萄干，1；草莓，0.5；瓜果类水果，0.05；坚果，0.05；啤酒花，3；茶叶，15
			噻霉酮，ADI：0.017：黄瓜，0.1
			噻嗪酮，ADI：0.009：糙米，0.3；稻谷，0.3；番茄，2；柑橘，0.5；橙，0.5；柚，0.5；柠檬，0.5；茶叶，10
			噻唑磷，ADI：0.004：黄瓜，0.2
			噻唑锌，ADI：0.01：糙米，0.2；柑橘，0.5
			三苯基氢氧化锡，ADI：0.000 5：马铃薯，0.1
			三氟羧草醚，ADI：0.013：大豆，0.1
			三环唑，ADI：0.04：稻谷，2；菜薹，2
			三氯杀螨醇，ADI：0.002：棉籽油，0.5；柑橘，1；橙，1；柚，1；柠檬，1；苹果，1；梨，1
			三氯杀螨砜，ADI：0.02：苹果，2
			三乙膦酸铝，ADI：3：黄瓜，30；苹果，30；荔枝，1
			三环锡，ADI：0.007：橙，0.2；加仑子（黑、红、白），0.1；葡萄，0.3；干辣椒，5

（续）

序号	标准编号 (被替代标准号)	标准 名称	应用范围和要求
1	GB 2763—2014 （GB 2763—2012）	食品中农药 最大残留限量 Maximum residue limits for pesticides in food	三唑醇，ADI：0.03：稻谷，0.2；糙米，0.05；麦类（小麦除外），0.2；小麦，0.2；旱粮类（玉米、高粱除外），0.2；玉米，0.1；高粱，0.1；茄果类蔬菜，1；瓜类蔬菜，0.2；朝鲜蓟，0.7；苹果，0.3；加仑子（黑、红、白），0.7；葡萄干，10；草莓，0.7；香蕉，1；菠萝，5；瓜果类水果，0.2；甜菜，0.05；咖啡豆，0.5；干辣椒，5
			三唑磷，ADI：0.001：稻谷，0.05；麦类，0.05；旱粮类，0.05；棉籽，0.1；结球甘蓝，0.1；节瓜，0.1；柑橘，0.2；苹果，0.2；荔枝，0.2
			三唑酮，ADI：0.03：稻谷，0.5；麦类（小麦除外），0.2；小麦，0.2；旱粮类（玉米除外），0.2；玉米，0.5；油菜籽，0.2；棉籽，0.05；结球甘蓝，0.05；茄果类蔬菜，1；瓜类蔬菜（黄瓜除外），0.2；黄瓜，0.1；豌豆，0.05；朝鲜蓟，0.7；柑橘，1；苹果，1；梨，0.5；加仑子（黑、红、白），0.7；葡萄干，10；草莓，0.7；荔枝，0.05；香蕉，0.05；菠萝，5；瓜果类水果，0.2；甜菜，0.1；咖啡豆，0.5；干辣椒，5
			三唑锡，ADI：0.003：柑橘，2；橙，0.2；柚，0.2；柠檬，0.2；苹果，0.5；梨，0.2；加仑子（红、黑、白），0.1；葡萄，0.3
			杀草强，ADI：0.002：仁果类水果，0.05；核果类水果，0.05；葡萄，0.05
			杀虫单，ADI：0.01：糙米，0.5；结球甘蓝，0.2；菜豆，2；苹果，1；甘蔗，0.1
			杀虫环，ADI：0.05：大米，0.2

（续）

序号	标准编号（被替代标准号）	标准名称	应用范围和要求
1	GB 2763—2014（GB 2763—2012）	食品中农药最大残留限量 Maximum residue limits for pesticides in food	杀虫脒，ADI：0.001：鳞茎类蔬菜，0.01；芸薹属类蔬菜，0.01；叶菜类蔬菜，0.01；茄果类蔬菜，0.01；瓜类蔬菜，0.01；豆类蔬菜，0.01；茎类蔬菜，0.01；根茎类和薯芋类蔬菜，0.01；水生类蔬菜，0.01；芽菜类蔬菜，0.01；其他类蔬菜，0.01；柑橘类水果，0.01；仁果类水果，0.01；核果类水果，0.01；浆果和其他小型水果，0.01；热带和亚热带水果，0.01；瓜果类水果，0.01
			杀虫双，ADI：0.01：大米，0.2
			杀铃脲，ADI：0.014：柑橘，0.05；苹果，0.1
			杀螟丹，ADI：0.1：大米，0.1；糙米，0.1；大白菜，3；柑橘，3；茶叶，20；甘蔗，0.1
			杀螟硫磷，ADI：0.006：大米，1；稻谷，5；麦类，5；小麦粉，1；全麦粉，5；旱粮类，5；杂粮类，5；大豆，5；棉籽，0.1；鳞茎类蔬菜，0.5；芸薹属类蔬菜（结球甘蓝除外），0.5；结球甘蓝，0.2；叶菜类蔬菜，0.5；茄果类蔬菜，0.5；瓜类蔬菜，0.5；豆类蔬菜，0.5；茎类蔬菜，0.5；根茎类和薯芋类蔬菜，0.5；水生类蔬菜，0.5；芽菜类蔬菜，0.5；其他类蔬菜，0.5；柑橘类水果，0.5；仁果类水果，0.5；核果类水果，0.5；浆果和其他小型水果，0.5；热带和亚热带水果，0.5；瓜果类水果，0.5；茶叶，0.5
			杀扑磷，ADI：0.001：柑橘，2
			杀线威，ADI：0.009：棉籽，0.2；花生仁，0.05；番茄，2；甜椒，2；黄瓜，2；胡萝卜，0.1；马铃薯，0.1；柑橘类水果，5；甜瓜类水果，2
			生物苄呋菊酯，ADI：0.03：小麦，1；小麦粉，1；麦胚，3；全麦粉，1

（续）

序号	标准编号（被替代标准号）	标准名称	应用范围和要求
1	GB 2763—2014（GB 2763—2012）	食品中农药最大残留限量 Maximum residue limits for pesticides in food	双氟磺草胺，ADI：0.05：小麦，0.01
			双胍三辛烷基苯磺酸盐，ADI：0.009：番茄，1；黄瓜，2；芦笋，1；柑橘，3；苹果，2；葡萄，1；西瓜，0.2
			双甲脒，ADI：0.01：鲜食玉米，0.5；棉籽，0.5；棉籽油，0.05；番茄，0.5；茄子，0.5；辣椒，0.5；黄瓜，0.5；柑橘，0.5；橙，0.5；柚，0.5；柠檬，0.5；仁果类水果（苹果、梨除外），0.5；苹果，0.5；梨，0.5；樱桃，0.5；桃，0.5；蘑菇类（鲜），0.5
			双炔酰菌胺，ADI：0.3：洋葱，0.1；葱，7；结球甘蓝，3；青花菜，2；叶菜类（芹菜除外），25；芹菜，20；辣椒，1；西葫芦，0.2；黄瓜，0.2；马铃薯，0.01；葡萄，2；荔枝，0.2；西瓜，0.2；甜瓜类水果，0.5
			霜霉威和霜霉威盐酸盐，ADI：0.4：菊苣，2；茄子，0.3；甜椒，3；番茄，2；瓜类蔬菜，5；萝卜，1；马铃薯，0.3；葡萄，2；瓜果类水果，5；干辣椒，10
			霜脲氰，ADI：0.013：黄瓜，0.5；马铃薯，0.5；葡萄，0.5；荔枝，0.1
			水胺硫磷，ADI：0.003：稻谷，0.1；糙米，0.1；棉籽，0.05；柑橘，0.02；苹果，0.01
			四聚乙醛，ADI：0.01：糙米，0.2；韭菜，1；结球甘蓝，2；菠菜，1；普通白菜，3；芹菜，1；大白菜，1
			四氯苯酞，ADI：0.15：稻谷，0.5；糙米，1
			四氯硝基苯，ADI：0.02：马铃薯，20

（续）

序号	标准编号（被替代标准号）	标准名称	应用范围和要求
			四螨嗪，ADI：0.02：番茄，0.5；黄瓜，0.5；柑橘，0.5；橙，0.5；柚，0.5；柠檬，0.5；仁果类水果（苹果、梨除外），0.5；苹果，0.5；梨，0.5；核果类水果（枣除外），0.5；枣，1；加仑子（黑、红、白），0.2；葡萄，2；葡萄干，2；草莓，2；甜瓜类水果，0.1；坚果，0.5
			特丁硫磷，ADI：0.000 6：花生仁，0.02；鳞茎类蔬菜，0.01；芸薹属类蔬菜，0.01；叶菜类蔬菜，0.01；茄果类蔬菜，0.01；瓜类蔬菜，0.01；豆类蔬菜，0.01；茎类蔬菜，0.01；根茎类和薯芋类蔬菜，0.01；水生类蔬菜，0.01；芽菜类蔬菜，0.01；其他类蔬菜，0.01；柑橘类水果，0.01；仁果类水果，0.01；核果类水果，0.01；浆果和其他小型水果，0.01；热带和亚热带水果，0.01；瓜果类水果，0.01
1	GB 2763—2014（GB 2763—2012）	食品中农药最大残留限量 Maximum residue limits for pesticides in food	涕灭威，ADI：0.003：棉籽，0.1；花生仁，0.02；棉籽油，0.01；花生油，0.01；鳞茎类蔬菜，0.03；芸薹属类蔬菜，0.03；叶菜类蔬菜，0.03；茄果类蔬菜，0.03；瓜类蔬菜，0.03；豆类蔬菜，0.03；茎类蔬菜，0.03；根茎类和薯芋类蔬菜（甘薯、马铃薯、木薯、山药除外），0.03；甘薯，0.1；马铃薯，0.1；木薯，0.1；山药，0.1；水生类蔬菜，0.03；芽菜类蔬菜，0.03；其他类蔬菜，0.03；柑橘类水果，0.02；仁果类水果，0.02；核果类水果，0.02；浆果和其他小型水果，0.02；热带和亚热带水果，0.02；瓜果类水果，0.02
			甜菜安，ADI：0.04：甜菜，0.1
			甜菜宁，ADI：0.03：甜菜，0.1
			威百亩，ADI：0.001：黄瓜，0.05
			萎锈灵，ADI：0.008：糙米，0.2；玉米，0.2；棉籽，0.2

（续）

序号	标准编号 (被替代标准号)	标准 名称	应用范围和要求
1	GB 2763—2014 (GB 2763—2012)	食品中农药 最大残留限量 Maximum residue limits for pesticides in food	肟菌酯，ADI：0.04：柑橘，0.5；苹果，0.7
			五氯硝基苯，ADI：0.01：小麦，0.01；大麦，0.01；玉米，0.01；鲜食玉米，0.1；杂粮类（豌豆除外），0.02；豌豆，0.01；大豆，0.01；花生仁，0.5；棉籽油，0.01；结球甘蓝，0.1；花椰菜，0.05；番茄，0.1；茄子，0.1；辣椒，0.1；甜椒，0.05；菜豆，0.1；马铃薯，0.2；西瓜，0.02；甜菜，0.01；蘑菇类（鲜），0.1；干辣椒，0.1；果类调味料，0.02；种子类调味料，0.1；根茎类调味料，2；禽肉类，0.1；禽类内脏，0.1；蛋类，0.03
			戊菌唑，ADI：0.03：黄瓜，0.1；番茄，0.2；仁果类水果，0.2；油桃，0.1；桃，0.1；葡萄，0.2；葡萄干，0.5；草莓，0.1；甜瓜类水果，0.1；啤酒花，0.5
			戊唑醇，ADI：0.03：糙米，0.5；小麦，0.05；大麦，2；燕麦，2；黑麦，0.15；小黑麦，0.15；杂粮类，0.3；油菜籽，0.3；棉籽，2；花生仁，0.1；大豆，0.15；洋葱，0.1；大蒜，0.1；韭葱，0.7；结球甘蓝，1；抱子甘蓝，0.3；青花菜，0.2；花椰菜，0.05；结球莴苣，5；茄子，0.1；甜椒，1；黄瓜，1；西葫芦，0.2；朝鲜蓟，0.6；胡萝卜，0.4；玉米笋，0.6；柑橘，2；仁果类水果（苹果、梨除外），0.5；苹果，2；梨，0.5；桃，2；樱桃，4；杏，2；油桃，2；李子，1；李子干，3；桑葚，1.5；葡萄，2；橄榄，0.05；芒果，0.05；西番莲，0.1；番木瓜，2；甜瓜类水果，0.15；坚果，0.05；咖啡豆，0.1；啤酒花，40；干辣椒，10
			西草净，ADI：0.025：糙米，0.05
			西玛津，ADI：0.018：玉米，0.1；甘蔗，0.5

（续）

序号	标准编号（被替代标准号）	标准名称	应用范围和要求
1	GB 2763—2014（GB 2763—2012）	食品中农药最大残留限量 Maximum residue limits for pesticides in food	烯草酮，ADI：0.01：杂粮类，2；油菜籽，0.5；棉籽，0.5；大豆，0.1；花生仁，5；葵花籽，0.5；棉籽毛油，0.5；食用棉籽油，0.5；葵花油毛油，0.1；大蒜，0.5；洋葱，0.5；番茄，1；豆类蔬菜，0.5；马铃薯，0.5；甜菜，0.1
			烯啶虫胺，ADI：0.53：棉籽，0.05；柑橘，0.5
			烯禾啶，ADI：0.14：大豆，2；花生仁，2；油菜籽，0.5；亚麻籽，0.5；棉籽，0.5；甜菜，0.5
			烯肟菌胺，ADI：0.069：小麦，0.1
			烯酰吗啉，ADI：0.2：结球甘蓝，2；青花菜，1；野苣，10；茄果类蔬菜，1；瓜类蔬菜（黄瓜除外），0.5；黄瓜，5；结球莴苣，10；马铃薯，0.05；葡萄，5；草莓，0.05；菠萝，0.01；瓜果类水果（甜瓜除外），0.5；甜瓜，0.5；啤酒花，80
			烯唑醇，ADI：0.005：稻谷，0.05；小麦，0.2；玉米，0.05；高粱，0.05；粟，0.05；稷，0.05；芦笋，0.5；柑橘，1；苹果，0.2；梨，0.1；葡萄，0.2；香蕉，2
			酰嘧磺隆，ADI：0.2：麦类，0.01
			硝磺草酮，ADI：0.01：玉米，0.01
			辛硫磷，ADI：0.004：稻谷，0.05；麦类，0.05；旱粮类，0.05；杂粮类，0.05；油菜籽，0.1；大豆，0.05；花生仁，0.05；鳞茎类蔬菜（大蒜除外），0.05；大蒜，0.1；芸薹属类蔬菜（结球甘蓝除外），0.05；结球甘蓝，0.1；叶菜类蔬菜（普通白菜除外），0.05；普通白菜，0.1；茄果类蔬菜，0.05；瓜类蔬菜，0.05；豆类蔬菜（菜豆除外），0.05；菜豆，0.05；茎类蔬菜，0.05；根茎类和薯芋类蔬菜，0.05；水生类蔬菜，0.05；芽菜类蔬菜，0.05；其他类蔬菜，0.05；柑橘类水果，0.05；仁果类水果（梨除外），0.05；梨，0.05；核果类水果，0.05；浆果和其他小型水果，0.05；热带和亚热带水果，0.05；瓜果类水果，0.05；甘蔗，0.05

（续）

序号	标准编号 （被替代标准号）	标准 名称	应用范围和要求
1	GB 2763—2014 （GB 2763—2012）	食品中农药 最大残留限量 Maximum residue limits for pesticides in food	溴苯腈，ADI：0.01：小麦，0.05；玉米，0.1
			溴甲烷，ADI：1：稻谷，5；麦类，5；旱粮类，5；杂粮类，5；成品粮，5；大豆，5；薯类蔬菜，5；草莓，30
			溴菌腈，ADI：0.001：苹果，0.2；黄瓜，0.5
			溴螨酯，ADI：0.03：菜豆，3；黄瓜，0.5；西葫芦，0.5；柑橘，2；橙，2；柚，2；柠檬，2；仁果类水果（苹果、梨除外），2；苹果，2；梨，2；李子，2；李子干，2；葡萄，2；草莓，2；甜瓜类水果，0.5
			溴氰菊酯，ADI：0.01：稻谷，0.5；麦类，0.5；旱粮类（鲜食玉米除外），0.5；鲜食玉米，0.2；杂粮类（豌豆、小扁豆除外），0.5；豌豆，1；小扁豆，1；成品粮（小麦粉除外），0.5；小麦粉，0.2；油菜籽，0.1；棉籽，0.1；大豆，0.05；花生仁，0.01；葵花籽，0.05；洋葱，0.05；韭葱，0.2；结球甘蓝，0.5；花椰菜，0.5；菠菜，0.5；普通白菜，0.5；莴苣，0.5；大白菜，0.5；番茄，0.2；茄子，0.2；辣椒，0.2；豆类蔬菜，0.2；萝卜，0.2；胡萝卜，0.2；芜菁，0.2；马铃薯，0.01；根芹菜，0.2；芋，0.2；甘薯，0.5；柑橘，0.05；橙，0.05；柚，0.05；柠檬，0.05；苹果，0.1；梨，0.1；核果类水果，0.05；葡萄，0.2；猕猴桃，0.05；草莓，0.2；橄榄，1；荔枝，0.05；芒果，0.05；香蕉，0.05；菠萝，0.05；榛子，0.02；核桃，0.02；茶叶，10；蘑菇类（鲜），0.2
			蚜灭磷，ADI：0.008：苹果，1；梨，1
			亚胺硫磷，ADI：0.01：稻谷，0.5；玉米，0.05；棉籽，0.05；大白菜，0.5；马铃薯，0.05；柑橘，5；橙，5；柚，5；柠檬，5；仁果类水果，3；桃，10；油桃，10；杏，10；蓝莓，10；葡萄，10；坚果，0.2

（续）

序号	标准编号（被替代标准号）	标准名称	应用范围和要求
1	GB 2763—2014（GB 2763—2012）	食品中农药最大残留限量 Maximum residue limits for pesticides in food	亚砜磷，ADI：0.000 3：小麦，0.02；大麦，0.02；黑麦，0.02；杂粮类，0.1；棉籽，0.05；球茎甘蓝，0.05；羽衣甘蓝，0.01；花椰菜，0.01；马铃薯，0.01；梨，0.05；柠檬，0.2；甜菜，0.01
			亚胺唑，ADI：0.009 8：柑橘，1；苹果，1；青梅，3；葡萄，3
			烟碱，ADI：0.000 8：结球甘蓝，0.2；柑橘，0.2
			烟嘧磺隆，ADI：2：玉米，0.1
			氧乐果，ADI：0.000 3：小麦，0.02；棉籽，0.02；大豆，0.05；鳞茎类蔬菜，0.02；芸薹属类蔬菜，0.02；叶菜类蔬菜，0.02；茄果类蔬菜，0.02；瓜类蔬菜，0.02；豆类蔬菜，0.02；茎类蔬菜，0.02；根茎类和薯芋类蔬菜，0.02；水生类蔬菜，0.02；芽菜类蔬菜，0.02；其他类蔬菜，0.02；仁果类水果，0.02；柑橘类水果，0.02；核果类水果，0.02；浆果和其他小型水果，0.02；热带和亚热带水果，0.02；瓜果类水果，0.02
			野麦畏，ADI：0.025：小麦，0.05
			野燕枯，ADI：0.25：麦类，0.1
			依维菌素，ADI：0.001：结球甘蓝，0.02
			乙草胺，ADI：0.02：糙米，0.05；玉米，0.05；大豆，0.1；油菜籽，0.2；花生仁，0.1
			乙虫腈，ADI：0.005：糙米，0.2
			乙基多杀菌素，ADI：0.05：结球甘蓝，0.5；茄子，0.1；豇豆，0.1

（续）

序号	标准编号（被替代标准号）	标准名称	应用范围和要求
1	GB 2763—2014（GB 2763—2012）	食品中农药最大残留限量 Maximum residue limits for pesticides in food	乙硫磷，ADI：0.002：稻谷，0.2；棉籽油，0.5
			乙螨唑，ADI：0.05：柑橘，0.5
			乙霉威，ADI：0.004：番茄，1；黄瓜，5
			乙嘧酚，ADI：0.035：黄瓜，1
			乙羧氟草醚，ADI：0.01：大豆，0.05
			乙蒜素，ADI：0.001：糙米，0.05；棉籽，0.05；黄瓜，0.1
			乙烯菌核利，ADI：0.01：番茄，3；黄瓜，1；调味料，0.05
			乙烯利，ADI：0.05：小麦，1；黑麦，1；玉米，0.5；棉籽，2；番茄，2；辣椒，5；苹果，5；樱桃，10；蓝莓，20；葡萄，1；葡萄干，5；猕猴桃，2；荔枝，2；芒果，2；香蕉，2；菠萝，2；哈密瓜，1；干制无花果，10；无花果蜜饯，10；榛子，0.2；核桃，0.5；干辣椒，50
			乙酰甲胺磷，ADI：0.03：糙米，1；小麦，0.2；玉米，0.2；大豆，0.3；棉籽，2；鳞茎类蔬菜，1；芸薹属类蔬菜，1；叶菜类蔬菜，1；茄果类蔬菜，1；瓜类蔬菜，1；豆类蔬菜，1；茎类蔬菜（朝鲜蓟除外），1；朝鲜蓟，0.3；根茎类和薯芋类蔬菜，1；水生类蔬菜，1；芽菜类蔬菜，1；其他类蔬菜，1；柑橘类水果，0.5；仁果类水果，0.5；核果类水果，0.5；浆果和其他小型水果（越橘除外），0.5；越橘，0.5；热带和亚热带水果，0.5；瓜果类水果，0.5；茶叶，0.1；其他调味料（干辣椒除外），0.2；干辣椒，50
			乙氧喹啉，ADI：0.005：梨，3

（续）

序号	标准编号（被替代标准号）	标准名称	应用范围和要求
1	GB 2763—2014（GB 2763—2012）	食品中农药最大残留限量 Maximum residue limits for pesticides in food	乙氧氟草醚，ADI：0.03：糙米，0.05；大蒜，0.05；蒜薹，0.1；蒜苗，0.1
			乙氧磺隆，ADI：0.04：糙米，0.05
			异丙草胺，ADI：0.013：玉米，0.1；大豆，0.1；菜用大豆，0.1；甘薯，0.05
			异丙甲草胺和精异丙甲草胺，ADI：0.1：糙米，0.1；玉米，0.1；油菜籽，0.1；芝麻，0.1；大豆，0.5；花生仁，0.5；菜用大豆，0.1；甘蔗，0.05；甜菜，0.1
			异丙隆，ADI：0.015：糙米，0.05；小麦，0.05
			异丙威，ADI：0.002：大米，0.2；黄瓜，0.5
			异稻瘟净，ADI：0.035：糙米，0.5
			异噁草酮，ADI：0.133：糙米，0.02；大豆，0.05；甘蔗，0.1
			异菌脲，ADI：0.06：油菜籽，2；番茄，5；黄瓜，2；苹果，5；梨，5；葡萄，10；香蕉，10
			抑霉唑，ADI：0.03：小麦，0.01；黄瓜，0.5；腌制用小黄瓜，0.5；马铃薯，5；柑橘，5；橙，5；柚，5；柠檬，5；仁果类水果，5；醋栗（红、黑），2；草莓，2；柿，2；甜瓜类水果，2
			抑芽丹，ADI：0.3：大蒜，15；洋葱，15；葱，15；马铃薯，50
			印楝素，ADI：0.1：结球甘蓝，0.1
			茚虫威，ADI：0.01：糙米，0.1；棉籽，0.1；结球甘蓝，3；花椰菜，1；芥蓝，2；菠菜，3；普通白菜，2

（续）

序号	标准编号（被替代标准号）	标准名称	应用范围和要求
1	GB 2763—2014（GB 2763—2012）	食品中农药最大残留限量 Maximum residue limits for pesticides in food	蝇毒磷，ADI：0.000 3：鳞茎类蔬菜，0.05；芸薹属类蔬菜，0.05；叶菜类蔬菜，0.05；茄果类蔬菜，0.05；瓜类蔬菜，0.05；豆类蔬菜，0.05；茎类蔬菜，0.05；根茎类和薯芋类蔬菜，0.05；水生类蔬菜，0.05；芽菜类蔬菜，0.05；其他类蔬菜，0.05；柑橘类水果，0.05；仁果类水果，0.05；核果类水果，0.05；浆果和其他小型水果，0.05；热带和亚热带水果，0.05；瓜果类水果，0.05
			莠灭净，ADI：0.072：菠萝，0.2；甘蔗，0.05
			莠去津，ADI：0.02：玉米，0.05；甘蔗，0.05
			鱼藤酮，ADI：0.000 4：结球甘蓝，0.5
			增效醚，ADI：0.2：稻谷，30；麦类，30；麦胚，90；旱粮类，30；杂粮类，0.2；小麦粉，10；全麦粉，30；大豆，0.2；花生仁，1；玉米毛油，80；菠菜，50；叶芥菜，50；萝卜叶，50；叶用莴苣，50；番茄，2；辣椒，2；瓜类蔬菜，1；根茎类和薯芋类蔬菜，0.5；瓜果类水果，1；干制水果，0.2；柑橘类水果，5；番茄汁，0.3；橙汁，0.05；干辣椒，20
			治螟磷，ADI：0.001：鳞茎类蔬菜，0.01；芸薹属类蔬菜，0.01；叶菜类蔬菜，0.01；茄果类蔬菜，0.01；瓜类蔬菜，0.01；豆类蔬菜，0.01；茎类蔬菜，0.01；根茎类和薯芋类蔬菜，0.01；水生类蔬菜，0.01；芽菜类蔬菜，0.01；其他类蔬菜，0.01；柑橘类水果，0.01；仁果类水果，0.01；核果类水果，0.01；浆果和其他小型水果，0.01；热带和亚热带水果，0.01；瓜果类水果，0.01
			仲丁灵，ADI：0.2：棉籽，0.05
			仲丁威，ADI：0.06：稻谷，0.5；节瓜，0.05

（续）

序号	标准编号（被替代标准号）	标准名称	应用范围和要求
1	GB 2763—2014（GB 2763—2012）	食品中农药最大残留限量 Maximum residue limits for pesticides in food	唑草酮，ADI：0.03：糙米，0.1；小麦，0.1
			唑虫酰胺，ADI：0.006：结球甘蓝，0.5；大白菜，0.5；茄子，0.5
			唑螨酯，ADI：0.01：棉籽，0.1；柑橘，0.2；苹果，0.3
			唑嘧磺草胺，ADI：1：玉米，0.05；大豆，0.05
			唑菌酯，ADI：0.001 3：黄瓜，1
			艾氏剂，ADI：0.000 1：稻谷，0.02；麦类，0.02；旱粮类，0.02；杂粮类，0.02；成品粮，0.02；大豆，0.05；鳞茎类蔬菜，0.05；芸薹属类蔬菜，0.05；叶菜类蔬菜，0.05；茄果类蔬菜，0.05；瓜类蔬菜，0.05；豆类蔬菜，0.05；茎类蔬菜，0.05；根茎类和薯芋类蔬菜，0.05；水生类蔬菜，0.05；芽菜类蔬菜，0.05；其他类蔬菜，0.05；柑橘类水果，0.05；仁果类水果，0.05；核果类水果，0.05；浆果和其他小型水果，0.05；热带和亚热带水果，0.05；瓜果类水果，0.05；哺乳动物肉类（海洋哺乳动物除外），0.2（以脂肪计）；禽肉类，0.2（以脂肪计）；蛋类，0.1；生乳，0.006
			滴滴涕，ADI：0.01：稻谷，0.1；麦类，0.1；旱粮类，0.1；杂粮类，0.05；成品粮，0.05；大豆，0.05；鳞茎类蔬菜，0.05；芸薹属类蔬菜，0.05；叶菜类蔬菜，0.05；茄果类蔬菜，0.05；瓜类蔬菜，0.05；豆类蔬菜，0.05；茎类蔬菜，0.05；根茎类和薯芋类蔬菜（胡萝卜除外），0.05；胡萝卜，0.2；水生类蔬菜，0.05；芽菜类蔬菜，0.05；其他类蔬菜，0.05；柑橘类水果，0.05；仁果类水果，0.05；核果类水果，0.05；浆果和其他小型水果，0.05；热带和亚热带水果，0.05；瓜果类水果，0.05；茶叶，0.2；脂肪含量10%以下，0.2（以原样计）；脂肪含量10%以上，2（以脂肪计）；水产品，0.5；蛋类，0.1；生乳，0.02

（续）

序号	标准编号 （被替代标准号）	标准 名称	应用范围和要求
1	GB 2763—2014 （GB 2763—2012）	食品中农药 最大残留限量 Maximum residue limits for pesticides in food	狄氏剂，ADI：0.000 1：稻谷，0.02；麦类，0.02；旱粮类，0.02；杂粮类，0.02；成品粮，0.02；大豆，0.05；鳞茎类蔬菜，0.05；芸薹属类蔬菜，0.05；叶菜类蔬菜，0.05；茄果类蔬菜，0.05；瓜类蔬菜，0.05；豆类蔬菜，0.05；茎类蔬菜，0.05；根茎类和薯芋类蔬菜，0.05；水生类蔬菜，0.05；芽菜类蔬菜，0.05；其他类蔬菜，0.05；柑橘类水果，0.02；仁果类水果，0.02；核果类水果，0.02；浆果和其他小型水果，0.02；热带和亚热带水果，0.02；瓜果类水果，0.02；哺乳动物肉类（海洋哺乳动物除外），0.2（以脂肪计）；禽肉类，0.2（以脂肪计）；蛋类，0.1；奶类，0.006
			毒杀芬，ADI：0.000 25：稻谷，0.01；麦类，0.01；旱粮类，0.01；杂粮类，0.01；大豆，0.01；鳞茎类蔬菜，0.05；芸薹属类蔬菜，0.05；叶菜类蔬菜，0.05；茄果类蔬菜，0.05；瓜类蔬菜，0.05；豆类蔬菜，0.05；茎类蔬菜，0.05；根茎类和薯芋类蔬菜，0.05；水生类蔬菜，0.05；芽菜类蔬菜，0.05；其他类蔬菜，0.05；柑橘类水果，0.05；仁果类水果，0.05；核果类水果，0.05；浆果和其他小型水果，0.05；热带和亚热带水果，0.05；瓜果类水果，0.05
			林丹，ADI：0.005：小麦，0.05；大麦，0.01；黑麦，0.01；燕麦，0.01；玉米，0.01；鲜食玉米，0.01；高粱，0.01；脂肪含量10%以下（以原样计），0.1；脂肪含量10%及以上（以脂肪计），1；家禽肉（脂肪），0.05；可食用家禽内脏，0.01；可食用内脏（哺乳动物），0.01；蛋类，0.1；生乳，0.01

（续）

序号	标准编号（被替代标准号）	标准名称	应用范围和要求
1	GB 2763—2014（GB 2763—2012）	食品中农药最大残留限量 Maximum residue limits for pesticides in food	六六六，ADI：0.005：稻谷，0.05；麦类，0.05；旱粮类，0.05；杂粮类，0.05；成品粮，0.05；大豆，0.05；鳞茎类蔬菜，0.05；芸薹属类蔬菜，0.05；叶菜类蔬菜，0.05；茄果类蔬菜，0.05；瓜类蔬菜，0.05；豆类蔬菜，0.05；茎类蔬菜，0.05；根茎类和薯芋类蔬菜，0.05；水生类蔬菜，0.05；芽菜类蔬菜，0.05；其他类蔬菜，0.05；柑橘类水果，0.05；仁果类水果，0.05；核果类水果，0.05；浆果和其他小型水果，0.05；热带和亚热带水果，0.05；瓜果类水果，0.05；茶叶，0.2；脂肪含量10%以下，0.1（以原样计）；脂肪含量10%及以上，1（以脂肪计）；水产品，0.1；蛋类，0.1；生乳，0.02
			氯丹，ADI：0.000 5：谷物，0.02；大豆，0.02；植物毛油，0.05；植物油，0.02；鳞茎类蔬菜，0.02；芸薹属类蔬菜，0.02；叶菜类蔬菜，0.02；茄果类蔬菜，0.02；瓜类蔬菜，0.02；豆类蔬菜，0.02；茎类蔬菜，0.02；根茎类和薯芋类蔬菜，0.02；水生类蔬菜，0.02；芽菜类蔬菜，0.02；其他类蔬菜，0.02；柑橘类水果，0.02；仁果类水果，0.02；核果类水果，0.02；浆果和其他小型水果，0.02；热带和亚热带水果，0.02；瓜果类水果，0.02；坚果，0.02；哺乳动物肉类（海洋哺乳动物除外），0.05（以脂肪计）；禽肉类，0.5（以脂肪计）；蛋类，0.02；生乳，0.002
			灭蚁灵，ADI：0.000 3：稻谷，0.01；麦类，0.01；旱粮类，0.01；杂粮类，0.01；大豆，0.01；鳞茎类蔬菜，0.01；芸薹属类蔬菜，0.01；叶菜类蔬菜，0.01；茄果类蔬菜，0.01；瓜类蔬菜，0.01；豆类蔬菜，0.01；茎类蔬菜，0.01；根茎类和薯芋类蔬菜，0.01；水生类蔬菜，0.01；芽菜类蔬菜，0.01；其他类蔬菜，0.01；柑橘类水果，0.01；仁果类水果，0.01；核果类水果，0.01；浆果和其他小型水果，0.01；热带和亚热带水果，0.01；瓜果类水果，0.01

（续）

序号	标准编号（被替代标准号）	标准名称	应用范围和要求
			七氯，ADI：0.000 1：稻谷，0.02；麦类，0.02；旱粮类，0.02；杂粮类，0.02；成品粮，0.02；棉籽，0.02；大豆，0.02；大豆毛油，0.05；大豆油，0.02；鳞茎类蔬菜，0.02；芸薹属类蔬菜，0.02；叶菜类蔬菜，0.02；茄果类蔬菜，0.02；瓜类蔬菜，0.02；豆类蔬菜，0.02；茎类蔬菜，0.02；根茎类和薯芋类蔬菜，0.02；水生类蔬菜，0.02；芽菜类蔬菜，0.02；其他类蔬菜，0.02；柑橘类水果，0.01；仁果类水果，0.01；核果类水果，0.01；浆果和其他小型水果，0.01；热带和亚热带水果，0.01；瓜果类水果，0.01；禽肉类，0.2；哺乳动物肉类（海洋哺乳动物除外），0.2；蛋类，0.05；生乳，0.006
1	GB 2763—2014（GB 2763—2012）	食品中农药最大残留限量 Maximum residue limits for pesticides in food	异狄氏剂，ADI：0.000 2：稻谷，0.01；麦类，0.01；旱粮类，0.01；杂粮类，0.01；大豆，0.01；鳞茎类蔬菜，0.05；芸薹属类蔬菜，0.05；叶菜类蔬菜，0.05；茄果类蔬菜，0.05；瓜类蔬菜，0.05；豆类蔬菜，0.05；茎类蔬菜，0.05；根茎类和薯芋类蔬菜，0.05；水生类蔬菜，0.05；芽菜类蔬菜，0.05；其他类蔬菜，0.05；柑橘类水果，0.05；仁果类水果，0.05；核果类水果，0.05；浆果和其他小型水果，0.05；热带和亚热带水果，0.05；瓜果类水果，0.05；哺乳动物肉类（海洋哺乳动物除外），0.1（以脂肪计）
2	NY/T 1243—2006	蜂蜜中农药残留限量(一) Maximum residue limits of pesticides in beehoney	规定了氟胺氰菊酯、氟氯苯氰菊酯、溴螨酯在蜂蜜中的最高残留限量，适用于蜂蜜。最大残留限量（μg/kg）分别为：氟胺氰菊酯 50，氟氯苯氰菊酯 10，溴螨酯 100

五、环境标准

（一）试验方法

序号	标准编号 （被替代标准号）	标准名称	应用范围和要求
1	GB/T 5750.9—2006 （GB/T 5750—1985）	生活饮用水标准检验方法　农药指标 Standard examination methods for drinking water—Pesticides parameters	规定了生活饮用水及其水源中滴滴涕等 21 种农药的检测方法。适用于生活饮用水及其水源中滴滴涕等 21 种农药的测定，方法检出限（μg/L）： [气相色谱法]：滴滴涕 0.03，六六六各种异构体 0.008，[毛细管-气相色谱法]：滴滴涕 0.02，六六六 0.01； [气相色谱法]：对硫磷 2.5，甲基对硫磷 2.5，内吸磷 2.5，马拉硫磷 2.5，乐果 2.5，敌敌畏 2.5，[毛细管-气相色谱法]：敌敌畏 0.05，对硫磷 0.1，甲基对硫磷 0.1，内吸磷 0.1，马拉硫磷 0.1，乐果 0.1，甲拌磷 0.1； [气相色谱法]：百菌清 0.4； [气相色谱法]：甲萘威 0.01，[分光光度法]（mg/L）：甲萘威 0.02； [气相色谱法]：溴氰菊酯 0.20，甲氰菊酯 0.10，高效氯氟氰菊酯 0.04，氯菊酯 0.64，氯氰菊酯 0.14，氰戊菊酯 0.26，[液相色谱法]（mg/L）：溴氰菊酯 0.002； [气相色谱法]：灭草松 0.2，2,4-滴 0.05； [液相色谱法]：克百威 0.125，甲萘威 0.125； [气相色谱法]：毒死蜱 2； [气相色谱法]：莠去津 0.5； [液相色谱法]：草甘膦 25； [气相色谱法]：七氯 0.2

（续）

序号	标准编号 (被替代标准号)	标准名称	应用范围和要求
2	GB/T 7492—1987	水质 六六六、滴滴涕的测定 气相色谱法 Water quality-Determination of BHC and DDT-Gas chromatography	规定了测定水中六六六、滴滴涕的残留量测定方法［气相色谱法］。适用于地面水、地下水以及部分污水中的上述两种农药的测定，方法检出限（ng/L）：γ-六六六 4，滴滴涕 200
3	GB/T 9803—1988	水质 五氯酚的测定 藏红 T 分光光度法 Water quality. Determination of pentachlorophenol by safranine-T spectrophotometric method	适用于含五氯酚工业废水以及被五氯酚污染的水体中五氯酚的测定。其测定浓度范围为 0.01～0.5mg/L；挥发酚类化合物（以苯酚计）低于 150mg/L 对测定无干扰。最低检出浓度为 0.01mg/L
4	GB/T 13192—1991	水质 有机磷农药的测定 气相色谱法 Water quality-Determination of organic phosphorous pesticide in water-Gas chromatography	规定了气相色谱法测定水中的有机磷农药的测定方法［气相色谱法］。适用于地面水、地下水及工业废水中的有机磷农药（甲基对硫磷、对硫磷、马拉硫磷、乐果、敌敌畏、敌百虫等农药）的测定，方法检出限 10^{-9}～10^{-10}g，测定下限 5×10^{-4}～10^{-5}mg/L
5	GB/T 14550—2003 (GB/T 14550—1993)	土壤中六六六和滴滴涕测定的气相色谱法 Method of gas chromatographic for determination of BHC and DDT in soil	规定了土壤中六六六和滴滴涕的残留量的测定方法［气相色谱法］。适用于土壤样品中六六六和滴滴涕两种有机氯农药残留量的分析。方法检出限：4.9～4.87μg/kg

（续）

序号	标准编号 （被替代标准号）	标准名称	应用范围和要求
6	GB/T 14552—2003 （GB/T 14552—1993）	水、土中有机磷农药测定的气相色谱法 Method of gas chromatographic for determination of organophosphorus pesticides in water and soil	规定了水和土壤中10种有机磷农药残留量的测定方法［气相色谱法］。适用于地面水、地下水及土壤中10种有机磷农药的残留量分析，水和土壤的方法检出限（μg/kg）分别为：速灭磷 0.086、0.431，甲拌磷 0.096、0.484，二嗪磷 0.141、0.708，异稻瘟净 0.252、1.26，甲基对硫磷 0.189、0.947，杀螟硫磷 0.237、1.186，溴硫磷 0.286、1.43，水胺硫磷 0.572、2.86，稻丰散 0.440、2.20，杀扑磷 0.424、2.12
7	GB/T 16125—2012 （GB/T 16125—1995）	大型溞急性毒性实验方法 Method for acute toxicity test of *Daphnia magna* straus	规定了大型溞急性毒性试验的方法。适用于评价可溶性化学物质的毒性、工业废水及固体废弃物浸出液的综合毒性、废水的处理效果、地表水、地下水及水中沉积物的毒性
8	GB/T 21800—2008	化学品　生物富集　流水式鱼类试验 Chemicals—Bioconcentration—Flow—through fish test	规定了生物富集流水式鱼类试验的方法和基本要求。适用于测试与评价 lgP_{ow} 值在1.5～6.0之间的稳定的有机化学品和 $lgP_{ow}>6.0$ 的高度亲脂性的物质的生物富集性
9	GB/T 21805—2008	化学品　藻类生长抑制试验 Chemicals—Alga growth inhibition test	规定了藻类生长抑制试验的方法和基本要求。适用于试验条件下溶于水的化学品。对于挥发性、强吸附性、有颜色、不溶或难溶于水的化学品，以及可能影响培养基中营养物质有效利用的化学品，需对试验程序进行修改
10	GB/T 21808—2008	化学品　鱼类延长毒性14天试验 Chemicals—Fish, prolonged toxicity: 14—day study test	规定了鱼类延长毒性14d试验的方法和基本要求。适用于化学品对淡水鱼类延长毒性14d的试验

（续）

序号	标准编号 (被替代标准号)	标准名称	应用范围和要求
11	GB/T 21809—2008	化学品　蚯蚓急性毒性试验 Chemicals—Test method ofearth-worm acure toxicity test	规定了蚯蚓急性毒性试验的方法和基本要求。适用于评价化学品的蚯蚓急性毒性
12	GB/T 21810—2008	化学品　鸟类日粮毒性试验 Chemicals—Avian dietary toxicity test	规定了鸟类日粮毒性试验的方法和基本要求。适用于测定化学品对鸟类日粮的毒性。不适用于高挥发性或不稳定的物质
13	GB/T 21811—2008	化学品　鸟类繁殖试验 Chemicals—Avian reproduction test	规定了鸟类繁殖试验的方法和基本要求。适用于测定化学品对鸟类繁殖的影响。不适用于高挥发性或不稳定的物质
14	GB/T 21812—2008	化学品　蜜蜂急性经口毒性试验 Chemicals—Honeybees，acute oral toxicity test	规定了蜜蜂急性经口毒性试验的方法和基本要求。适用于测定农药及其他化学品对成年工蜂的急性经口毒性
15	GB/T 21813—2008	化学品　蜜蜂急性接触性毒性试验 Chemicals—Honeybees，acute contact toxicity test	规定了实验室评估杀虫剂及其他化学物质对蜜蜂产生急性接触性毒性大小试验的方法和基本要求。适用于实验室评估杀虫剂及其他化学物质对蜜蜂产生急性接触性毒性的大小
16	GB/T 21828—2008	化学品　大型溞繁殖试验 Chemicals—*Daphnia magna* reproduction test	规定了大型溞繁殖试验的方法和基本要求。适用于测定化学品对大型溞繁殖的影响

（续）

序号	标准编号 （被替代标准号）	标准名称	应用范围和要求
17	GB/T 21830—2008	化学品　溞类急性活动抑制试验 Chemicals—*Daphnia* sp., acute immobilisation test	规定了溞类急性活动抑制试验的方法和基本要求。适用于测试与评价化学品对溞类活动的急性抑制作用
18	GB/T 21851—2008	化学品　批平衡法检测吸附/解吸附试验 Chemicals—Adsorption-desorption using a batch equilibrium method	规定了批平衡法检测吸附/解吸附试验的方法和基本要求。适用于采用批平衡法检测化学品在土壤中的吸附/解吸附行为
19	GB/T 21854—2008	化学品　鱼类早期生活阶段毒性试验 Chemicals—Fish early-life stage toxity test	规定了鱼类早期生活阶段毒性试验的方法和基本要求。适用于确定化学品对受试生物在早期生活阶段的致死和亚致死效应
20	GB/T 21855—2008	化学品　与 pH 有关的水解作用试验 Chemicals—Test of hydrolysis as a function of pH	规定了化学品与 pH 有关的水解作用试验的方法和基本要求。适用于测定具有足够的精确度和灵敏度的分析方法的化合物与 pH 有关的水解作用能力。适用于轻微挥发性和非挥发性的具有足够水溶解度的化合物。不适用于具有高挥发性，在实验条件下的水溶液中得以保存的化合物。对极小水溶性的物质试验很难进行

（续）

序号	标准编号 （被替代标准号）	标准名称	应用范围和要求
21	GB/T 21858—2008	化学品　生物富集　半静态式鱼类试验 Chemicals—Bioconcentration—Semi-static fish test	规定了生物富集半静态式鱼类试验的方法和基本要求。适用于测试与评价 $\lg P_{ow}$ 值在 1.5～6.0 之间的稳定的有机化学品和 $\lg P_{ow}$>6.0 的高度亲脂性的物质的生物富集性
22	GB/T 21925—2008	水中除草剂残留量的测定　液相色谱/质谱法 Determination of herbicide residues in water—LC/MS method	规定了水中 5 种三嗪类除草剂残留量的测定方法［液-质法］。适用于农田灌溉用水、地表水、地下水等水中三嗪类和苯脲类除草剂的残留测定。方法检出限（μg/L）：扑草净 0.05，莠去津 0.25，绿麦隆 0.25，异丙威 0.25，西玛津 0.25
23	GB/T 23214—2008	饮用水中 450 种农药及相关化学品残留量的测定　液相色谱—串联质谱法 Determination of 450 pesticides and related chemicals residues in drinking water—LC-MS-MS method	规定了饮用水中 450 种农药及相关化学品残留量液相色谱-串联质谱测定方法。适用于饮用水中 450 种农药及相关化学品的定性鉴别，也适用于其中 427 种农药及相关化学品的定量测定。其定量测定的 427 种农药及相关化学品方法检出限为 0.010μg/L～0.065mg/L
24	GB/T 26393—2011	燃香类产品有害物质测试方法 Test methods for harmful matter of burnable incense	规定了燃香类产品的术语和定义、分类、要求、试验方法［可迁移元素采样电感耦合等离子体发射光谱仪测定，按 GB/T 15516—1995 方法测定燃烧后甲醛浓度，GB/T 11737—1989 方法测定燃烧后的苯、甲苯、二甲苯浓度，GB/T 50326—2001 附录 E 方法测定燃烧后总有机挥发物 TVOC 浓度］、标志、包装、运输、贮存。适用于宗教、礼仪、祭祀等公共场所及改善室内外环境使用的固态燃香

（续）

序号	标准编号 （被替代标准号）	标准名称	应用范围和要求
25	GB/T 27851—2011	化学品　陆生植物　生长活力试验 Chemicals—Terrestrial plant test—Vegetative vigour test	规定了评价受试物对陆生植物露出地面部分生长活力的潜在影响的方法，不包括对植物的所有慢性效应及对繁殖的影响。适用于一般化学物质、生物杀灭剂或农药
26	GB/T 27853—2011	化学品　水—沉积物系统中好氧厌氧转化试验 Chemicals—Aerobic and anaerobic transformation in aquatic sediment systems test	规定了水-沉积物系统中好氧厌氧转化试验的方法和基本要求。适用于低挥发性或无挥发性的、水溶性或非水溶性的、能够被精确测定的所有化学品；适用于评价化学品在淡水及沉积物中的转化，也适用于河口/海水体系。不适用于在水中具有挥发性，且本试验条件下无法在水和/或沉积物中保留的化学品；不适用于模拟流水（如河流）及开放式的海域
27	GB/T 27854—2011	化学品　土壤微生物　氮转化试验 Chemicals—Soil microorganisms—Nitrogen transformation test	规定了土壤微生物氮转化试验的方法和基本要求。适用于评估化学品单次暴露后对土壤微生物氮转化活性的长期负面影响
28	GB/T 27855—2011	化学品　土壤微生物　碳转化试验 Chemicals—Soil microorganisms—Carbon transformation test	规定了单一化学品对土壤微生物碳转化活性所产生的长期潜在影响的试验方法。适用于对受试物进行毒性特征评估，碳转化试验针对的是化学品对土壤微生物菌群的影响
29	GB/T 27856—2011	化学品　土壤中好氧厌氧转化试验 Chemicals—Aerobic and anaerobic transformation in soil test	规定了土壤中好氧厌氧转化试验的方法和基本要求，用于评价化学物质在土壤中的好氧和厌氧转化，用于测定化学物质在植物和土壤微生物作用下的转化率，以及转化产物的性质和生成率、降解率。适用于低挥发性的、水溶性或非水溶性、能够被精确测定的所有化学品。不适用于在土壤中具有易挥发性，且本试验条件下无法在土壤中保留的化学物质

（续）

序号	标准编号 (被替代标准号)	标准名称	应用范围和要求
30	GB/T 27858—2011	化学品　沉积物—水系统中摇蚊毒性试验　加标于水法 Chemicals—Sediment—water chironomid toxicity test—Spiked water method	规定了加标于水法评估沉积物-水系统中摇蚊毒性的试验方法。适用于评估化学品长期暴露对于处在沉积物—水中的淡水双翅目摇蚊属（*Chironomus* sp.）幼虫的影响
31	GB/T 27859—2011	化学品　沉积物—水系统中摇蚊毒性试验　加标于沉积物法 Chemicals—Sediment—water chironomid toxicity test—Spiked sediment method	规定了加标于沉积物法评估沉积物-水系统中摇蚊毒性的试验方法。适用于评估化学品长期暴露对于处在沉积物—水中的淡水双翅目摇蚊属（*Chironomus* sp.）幼虫的影响
32	GB/T 27860—2011	化学品　高效液相色谱法估算土壤和污泥的吸附系数 Chemicals—Estimation of the adsorption coefficient（K_{oc}）on soil and on sewage sludge using high performance liquid chromatography（HPLC）	规定了高效液相色谱法（HPLC）估算化学品在土壤和污泥中吸附系数的方法和基本要求。适用于试验期间化学性质稳定的物质，尤其适用于难以用其他方法测试的物质，如：挥发性物质、由于水溶性查而无法分析检测其浓度的物质、对于吸附试验器皿具有强亲和性的化学物质，也适用于含有不能完全分离洗脱带的混合物体系。适用的吸附系数（lgK_{oc}）范围为1.5～5.0。不适用于可与高效液相色谱固定相或流动相发生反应的物质、可与某些无机物以特殊方式发生作用的物质和表面活性剂、无机物、中强酸和碱
33	GB/T 27861—2011	化学品　鱼类急性毒性试验 Chemicals—Fish acute toxicity test	规定了鱼类急性毒性试验的方法和基本要求。适用于测试和评价化学品的鱼类急性毒性

（续）

序号	标准编号 （被替代标准号）	标准名称	应用范围和要求
34	GB/T 29763—2013	化学品　稀有鮈鲫急性毒性试验 Chemicals—Rare Minnow（*Gobiocypris rarus*）acute toxicity test	规定了稀有鮈鲫化学品急性毒性试验的方法（包括静态试验、半静态试验和流水式试验）和基本要求。适用于测试稀有鮈鲫的化学品急性毒性
35	GB/T 29881—2013	杂项危险物质和物品分类试验方法　水生生物毒性试验 Test method for classification of hazardous materials-Hydrobiology toxicity test	规定了危险货物运输中杂项危险物质和物品分类方法的水生生物毒性试验的说明、概念和证据权重。适用于杂项危险物质和物品的分类
36	GB/T 29882—2013	杂项危险物质和物品分类试验方法　正辛醇/水分配系数 Testing method for classification of hazardous materials—Partition coefficient of 1-octanol/water	规定了危险货物运输中杂项危险物质和物品的正辛醇/水分配系数的试验原理、试验方法、试验步骤、试验结果、数据报告和结论。适用于用缓慢搅拌法测定纯的有机化合物的正辛醇/水分配系数的试验方法，适用于正辛醇/水分配系数对数值 $\lg P_{ow}$ 在 5～8.2 之间的化合物的 P_{ow} 值的测定
37	GB/T 31270.1—2014	化学农药环境安全评价试验准则　第 1 部分：土壤降解试验 Test guidelines on environmental safety assessment for chemical pesticides—Part 1: Transformation in soil	规定了好氧和积水厌气条件下化学农药土壤降解试验的方法和基本要求。适用于为化学农药登记而进行的好氧和积水厌气条件下的土壤降解试验。不适用于高挥发性化学农药的土壤降解试验。农药在土壤中的降解性等级划分： 等级　半衰期 $t_{0.5}$/d　降解性 Ⅰ　$t_{0.5} \leqslant 30$　易降解 Ⅱ　$30 < t_{0.5} \leqslant 90$　中等降解 Ⅲ　$90 < t_{0.5} \leqslant 180$　较难降解 Ⅳ　$t_{0.5} > 180$　难降解

（续）

序号	标准编号 (被替代标准号)	标准名称	应用范围和要求
38	GB/T 31270.2—2014	化学农药环境安全评价试验准则 第2部分：水解试验 Test guidelines on environmental safety assessment for chemical pesticides—Part 2：Hydrolysis	规定了化学农药水解试验的方法和基本要求。适用于为化学农药登记而进行的水解试验。不适用于高挥发性农药的水解试验。农药水解特性等级划分（25℃）： 等级　半衰期 $t_{0.5}$/d　降解性 Ⅰ　$t_{0.5} \leqslant 30$　易降解 Ⅱ　$30 < t_{0.5} \leqslant 90$　中等降解 Ⅲ　$90 < t_{0.5} \leqslant 180$　较难降解 Ⅳ　$t_{0.5} > 180$　难降解
39	GB/T 31270.3—2014	化学农药环境安全评价试验准则 第3部分：光解试验 Test guidelines on environmental safety assessment for chemical pesticides—Part 3：Phototransformation	规定了化学农药水中光解和土壤表面光解的方法和基本要求。适用于为化学农药登记而进行的水中光解和土壤表面光解试验。农药光解特性等级划分： 等级　半衰期 $t_{0.5}$/h　光解性 Ⅰ　$t_{0.5} < 3$　易光解 Ⅱ　$3 \leqslant t_{0.5} < 6$　较易光解 Ⅲ　$6 \leqslant t_{0.5} < 12$　中等光解 Ⅳ　$12 \leqslant t_{0.5} < 24$　较难光解 Ⅴ　$t_{0.5} \geqslant 24$　难光解

（续）

序号	标准编号 （被替代标准号）	标准名称	应用范围和要求
40	GB/T 31270.4—2014	化学农药环境安全评价试验准则 第4部分：土壤吸附/解吸试验 Test guidelines on environmental safety assessment for chemical pesticides—Part 4: Adsorption/desorption in soil	规定了农药土壤吸附/解析试验的方法和基本要求。适用于为化学农药登记而进行的土壤吸附试验。不适用于易降解及易挥发农药的土壤吸附试验。农药土壤吸附特性等级划分： 等级　K_{oc}　土壤吸附性 Ⅰ　$K_{oc}>20\ 000$　易土壤吸附 Ⅱ　$5\ 000<K_{oc}\leqslant 20\ 000$　较易土壤吸附 Ⅲ　$1\ 000<K_{oc}\leqslant 5\ 000$　中等土壤吸附 Ⅳ　$200<K_{oc}\leqslant 1\ 000$　较难土壤吸附 Ⅴ　$K_{oc}\leqslant 200$　难土壤吸附
41	GB/T 31270.5—2014	化学农药环境安全评价试验准则 第5部分：土壤淋溶试验 Test guidelines on environmental safety assessment for chemical pesticides—Part 5: Leaching in soil	规定了农药土壤淋溶试验的方法（含土壤薄层层析和柱淋溶法）和基本要求。适用于为化学农药登记而进行的土壤淋溶试验。 农药在土壤中的移动性等级划分：农药在土壤中的淋溶性等级划分： 等级　R_f　移动性　等级　R_i/%　淋溶性 Ⅰ　$0.90<R_f\leqslant 1.0$　极易移动　Ⅰ　$R_4>50$　易淋溶 Ⅱ　$0.65<R_f\leqslant 0.90$　可移动　Ⅱ　$R_3+R_4>50$　可淋溶 Ⅲ　$0.35<R_f\leqslant 0.65$　中等移动　Ⅲ　$R_2+R_3+R_4>50$　较难淋溶 Ⅳ　$0.10<R_f\leqslant 0.35$　不易移动　Ⅳ　$R_1>50$　难淋溶 Ⅴ　$R_f\leqslant 0.10$　难移动

（续）

序号	标准编号 （被替代标准号）	标准名称	应用范围和要求
42	GB/T 31270.6—2014	化学农药环境安全评价试验准则 第 6 部分：挥发性试验 Test guidelines on environmental safety assessment for chemical pesticides—Part 6: Volatility	规定了农药挥发性试验的方法和基本要求。适用于为化学农药登记而进行的农药挥发性试验。农药挥发性等级划分： 等级　挥发率 Rv/%　挥发性 Ⅰ　Rv＞20　易挥发 Ⅱ　10＜Rv≤20　中等挥发性 Ⅲ　1＜Rv≤10　挥发性 Ⅳ　Rv≤1　难挥发
43	GB/T 31270.7—2014	化学农药环境安全评价试验准则 第 7 部分：生物富集试验 Test guidelines on environmental safety assessment for chemical pesticides—Part 7: Bioconcentration test	规定了生物富集试验的方法和基本要求。适用于为化学农药登记而进行的生物富集试验。农药生物富集等级划分： 富集等级　生物富集系数（BCF） 低富集性　BCF≤10 中等富集性　10＜ BCF≤1 000 高富集性　BCF ＞1 000
44	GB/T 31270.8—2014	化学农药环境安全评价试验准则 第 8 部分：水—沉积物降解试验 Test guidelines on environmental safety assessment for chemical pesticides—Part 8: Degradation in water-sediment systems	规定了好氧和厌氧条件下，农药在水-沉积物系统中降解转化试验的方法和基本要求。适用于为化学农药登记而进行的水—沉积物系统降解试验。不适用于在水中易挥发的化学农药。农药在水—沉积物系统中的降解特性等级划分： 等级　半衰期 $t_{0.5}$/d　降解特性 Ⅰ　$t_{0.5}$≤30　易降解 Ⅱ　30＜$t_{0.5}$≤90　中等降解 Ⅲ　90＜$t_{0.5}$≤180　较难降解 Ⅳ　$t_{0.5}$＞180　难降解

（续）

序号	标准编号 （被替代标准号）	标准名称	应用范围和要求
45	GB/T 31270.9—2014	化学农药环境安全评价试验准则 第9部分：鸟类急性毒性试验 Test guidelines on environmental safety assessment for chemical pesticides—Part 9: Avian acute toxicity test	规定了鸟类急性经口毒性试验和急性饲喂毒性试验的方法和基本要求。适用于为化学农药登记而进行的鸟类急性经口毒性试验和急性饲喂毒性试验。不适用于易挥发和难溶解的化学农药。农药对鸟类的毒性等级划分： 毒性等级 急性经口 LD_{50}（mg a. i. /kg 体重） 急性饲喂 LC_{50}（mg a. i. /kg 饲料） 剧毒 $LD_{50} \leqslant 10$ $LC_{50} \leqslant 50$ 高毒 $10 < LD_{50} \leqslant 50$ $50 < LC_{50} \leqslant 500$ 中毒 $50 < LD_{50} \leqslant 500$ $500 < LC_{50} \leqslant 1\ 000$ 低毒 $LD_{50} > 500$ $LC_{50} > 1\ 000$
46	GB/T 31270.10—2014	化学农药环境安全评价试验准则 第10部分：蜜蜂急性毒性试验 Test guidelines on environmental safety assessment for chemical pesticides—Part 10: Honeybee acute toxicity test	规定了蜜蜂急性经口毒性试验和急性接触毒性试验的方法和基本要求。适用于为化学农药登记而进行的蜜蜂急性经口毒性和急性接触毒性试验。不适用于易挥发和难溶解的化学农药。农药对蜜蜂的毒性等级划分： 毒性等级 LD_{50}（48h）/（μg a. i. /蜂） 剧毒 $LD_{50} \leqslant 0.001$ 高毒 $0.001 < LD_{50} \leqslant 2.0$ 中毒 $2.0 < LD_{50} \leqslant 11.0$ 低毒 $LD_{50} > 11.0$

（续）

序号	标准编号 (被替代标准号)	标准名称	应用范围和要求
47	GB/T 31270.11—2014	化学农药环境安全评价试验准则 第 11 部分：家蚕急性毒性试验 Test guidelines on environmental safety assessment for chemical pesticides—Part 11: silkworm acute toxicity test	规定了浸叶法和熏蒸法测定化学农药对家蚕急性毒性试验的方法和基本要求。适用于为化学农药登记而进行的家蚕浸叶法毒性试验和熏蒸法毒性试验。不适用于易挥发和难溶解的化学农药。农药对家蚕的毒性等级划分： 毒性等级　LC_{50}（96 h）/（mga. i. /L） 剧毒　$LC_{50}\leqslant 0.5$ 高毒　$0.5<LC_{50}\leqslant 20$ 中毒　$20<LC_{50}\leqslant 200$ 低毒　$LC_{50}>200$
48	GB/T 31270.12—2014	化学农药环境安全评价试验准则 第 12 部分：鱼类急性毒性试验 Test guidelines on environmental safety assessment for chemical pesticides—Part 12: Fish acute toxicity test	规定了化学农药鱼类急性毒性试验的方法和基本要求。适用于为化学农药登记而进行的鱼类急性毒性试验。不适用于易挥发和难溶解的化学农药。农药对鱼类的毒性等级划分： 毒性等级　LC_{50}（96h）/（mg a. i. /L） 剧毒　$LC_{50}\leqslant 0.1$ 高毒　$0.1<LC_{50}\leqslant 1.0$ 中毒　$1.0<LC_{50}\leqslant 10$ 低毒　$LC_{50}>10$

（续）

序号	标准编号 （被替代标准号）	标准名称	应用范围和要求
49	GB/T 31270.13—2014	化学农药环境安全评价试验准则 第 13 部分：溞类急性毒性试验 Test guidelines on environmental safety assessment for chemical pesticides—Part 13: *Daphnia* sp. Acute immobilisation test	规定了溞类急性活动抑制试验的方法和基本要求。适用于为化学农药登记而进行的溞类急性活动抑制试验。不适用于难挥发和难溶解的化学农药。农药对溞类的毒性等级划分： 毒性等级　EC_{50}（48h）/（mga. i. /L） 剧毒　$EC_{50} \leq 0.1$ 高毒　$0.1 < EC_{50} \leq 1.0$ 中毒　$1.0 < EC_{50} \leq 10$ 低毒　$EC_{50} > 10$
50	GB/T 31270.14—2014	化学农药环境安全评价试验准则 第 14 部分：藻类生长抑制试验 Test guidelines on environmental safety assessment for chemical pesticides—Part 14: Alga growth inhibition test	规定了藻类生长抑制试验的方法和基本要求。适用于为化学农药登记而进行的藻类生长抑制试验。不适用于易挥发和难溶解的化学农药。农药对藻类的毒性等级划分： 毒性等级　EC_{50}（72h）/（mg a. i. /L） 高毒　$EC_{50} \leq 0.3$ 中毒　$0.3 < EC_{50} \leq 3.0$ 低毒　$EC_{50} > 3.0$

（续）

序号	标准编号 (被替代标准号)	标准名称	应用范围和要求
51	GB/T 31270.15—2014	化学农药环境安全评价试验准则 第15部分：蚯蚓急性毒性试验 Test guidelines on environmental safety assessment for chemical pesticides—Part 15: Earthworm acute toxicity test	规定了蚯蚓急性毒性试验的方法和基本要求。适用于为化学农药登记而进行的蚯蚓急性毒性试验。不适用于易挥发和难溶解的化学农药。农药对蚯蚓的毒性等级划分： 毒性等级　LC_{50}（14d）/（mga. i. /kg 干土） 剧毒　$LC_{50} \leqslant 0.1$ 高毒　$0.1 < LC_{50} \leqslant 1.0$ 中毒　$1.0 < LC_{50} \leqslant 10$ 低毒　$LC_{50} > 10$
52	GB/T 31270.16—2014	化学农药环境安全评价试验准则 第16部分：土壤微生物毒性试验 Test guidelines on environmental safety assessment for chemical pesticides—Part 16: Soil microorganism toxicity test	规定了CO_2吸收法和氮转化法测定化学农药对土壤微生物毒性的方法和基本要求。适用于为化学农药登记而进行的土壤微生物毒性试验。不适用于易挥发和难溶解的化学农药。农药对土壤微生物毒性的毒性等级划分： 1. CO_2吸收法 毒性等级　土壤中农药加量……，在15d内对土壤微生物呼吸强度抑制达50% 高毒　土壤中农药加量为常量，能达到上述抑制水平 中毒　土壤中农药加量为常量10倍，能达到上述抑制水平 低毒　土壤中农药加量为常量100倍，能达到上述抑制水平 若三种处理均达不到上述抑制水平，则同样划分为低毒 2. 氮转化法 在试验28d后的任何时间所取样品，若测定其低浓度处理组和对照组的硝酸盐形成　速率的差异不大于25%，则可认为该农药对土壤中的氮转化没有长期影响

（续）

序号	标准编号 （被替代标准号）	标准名称	应用范围和要求
53	GB/T 31270.17—2014	化学农药环境安全评价试验准则 第17部分：天敌赤眼蜂急性毒性试验 Test guidelines on environmental safety assessment for chemical pesticides—Part 17: Trichogramma acute toxicity test	规定了化学农药对赤眼蜂成峰急性毒性试验的方法和基本要求。适用于为化学农药登记而进行的赤眼蜂成峰急性毒性试验。不适用于易挥发和难溶解的化学农药。农药对赤眼蜂的风险性等级划分： 风险性等级　安全系数 k 极高风险性　$k \leqslant 0.05$ 高风险性　$0.05 < k \leqslant 0.5$ 中等风险性　$0.5 < k \leqslant 5$ 低风险性　$k > 5$
54	GB/T 31270.18—2014	化学农药环境安全评价试验准则 第18部分：天敌两栖类急性毒性试验 Test guidelines on environmental safety assessment for chemical pesticides—Part 18: Amphibian acute toxicity test	规定了天敌两栖类急性毒性试验的方法和基本要求。适用于为化学农药登记而进行的天敌两栖类急性毒性试验。不适用于易挥发和难溶解的化学农药。农药对两栖类的毒性等级划分： 毒性等级　LC_{50}（96h）/（mg a. i. /L） 剧毒　$LC_{50} \leqslant 0.1$ 高毒　$0.1 < LC_{50} \leqslant 1.0$ 中毒　$1.0 < LC_{50} \leqslant 10$ 低毒　$LC_{50} > 10$

（续）

序号	标准编号 (被替代标准号)	标准名称	应用范围和要求
55	GB/T 31270.19—2014	化学农药环境安全评价试验准则 第19部分：非靶标中文影响试验 Test guidelines on environmental safety assessment for chemical pesticides—Part 19: Effect on non-target plants	规定了化学农药对非靶标植物影响试验的方法和基本要求。适用于为化学农药登记而进行的非靶标植物影响试验。不适用于易挥发和难溶解的化学农药。农药对非靶标植物的毒性等级划分： 毒性等级　EC_{50}（mg a.i./kg 干土） 剧毒　$EC_{50}\leqslant 0.01$ 高毒　$0.01<EC_{50}\leqslant 0.1$ 中毒　$0.1<EC_{50}\leqslant 1.0$ 低毒　$EC_{50}>1.0$
56	GB/T 31270.20—2014	化学农药环境安全评价试验准则 第20部分：家畜短期饲喂试验 Test guidelines on environmental safety assessment for chemical pesticides—Part 20: Livestock short-term dietary txicity test	规定了化学农药对家畜短期饲喂毒性试验的方法和基本要求。适用于为化学农药登记而进行的家畜短期饲喂毒性试验。不适用于易挥发的化学农药。农药对家畜短期饲喂毒性等级划分： 毒性等级　LC_{50}（28d）/（mg/kg 饲料） 剧毒　$LC_{50}\leqslant 50$ 高毒　$50<LC_{50}\leqslant 500$ 中毒　$500<LC_{50}\leqslant 2\ 000$ 低毒　$LC_{50}>2\ 000$

（续）

序号	标准编号 （被替代标准号）	标准名称	应用范围和要求
57	GB/T 31270.21—2014	化学农药环境安全评价试验准则 第21部分：大型甲壳类生物毒性试验 Test guidelines on environmental safety assessment for chemical pesticides—Part 21: Macro-crustacean toxicity test	规定了化学农药对大型甲壳类生物（虾、蟹）毒性试验的方法和基本要求。适用于为化学农药登记而进行的大型甲壳类生物毒性试验。不适用于易挥发和难溶解的化学农药。农药对大型甲壳类急性毒性的毒性等级划分标准： 毒性等级 LC_{50}（96h）/（mg a.i./L） 剧毒 $LC_{50} \leqslant 0.1$ 高毒 $0.1 < LC_{50} \leqslant 1.0$ 中毒 $1.0 < LC_{50} \leqslant 10$ 低毒 $LC_{50} > 10$
58	GBZ/T 160.76—2004	工作场所空气有毒物质测定 有机磷农药 Methods for determination of organophosphorus pesticides in the air of workplace	规定了监测工作场所空气中有机磷农药浓度的测定方法［气相色谱法］。适用于工作场所空气中11种有机磷农药浓度的测定。方法检出限（μg/mL）：对硫磷0.014，敌敌畏0.03，甲拌磷0.01，乐果0.025，甲基对硫磷1.5，亚胺硫磷0.15，杀螟松0.25，久效磷0.2，异稻瘟净0.1，氧乐果0.25，倍硫磷1.3
59	GBZ/T 160.77—2004 （GB/T 16093—1995，GB/T 16092—1995）	工作场所空气有毒物质测定 有机氯农药 Methods for determination of organic chlorine pesticides in the air of workplace	规定了监测工作场所空气中有机氯农药浓度的测定方法［气相色谱法］。适用于工作场所空气中上述两种有机氯农药浓度的测定。方法检出限（μg/mL）：六六六0.014，滴滴涕0.03

（续）

序号	标准编号 （被替代标准号）	标准名称	应用范围和要求
60	GBZ/T 160.78—2007 （GBZ/T 160.78—2004）	工作场所空气有毒物质测定　拟除虫菊酯类农药 Determination of pyrethriod pesticides in the air of workplace	规定了监测工作场所空气中3种拟除虫菊酯类农药残留量测定的方法。适用于工作场所空气中上述3种菊酯类农药浓度的测定，方法检出限（μg/mL）：［气相色谱法］溴氰菊酯0.002，氰戊菊酯0.01；［液相色谱法］溴氰菊酯0.2，氯氰菊酯0.11，氰戊菊酯0.06
61	NY/T 2882.1—2016	农药登记　环境风险评估指南第1部分：总则 Guidance on environmental risk assessment for pesticide registration Part 1：General principles	规定了农药登记环境风险评估的原则、程序和方法。适用于为化学农药以及有效成分化学结构明确的生物源农药登记而进行的环境风险评估
62	NY/T 2882.2—2016	农药登记　环境风险评估指南第2部分：水生生态系统 Guidance on environmental risk assessment for pesticide registration Part 2：Aquatic ecosystem	规定了农药对水生生态系统影响的风险评估原则、程序和方法。适用于为化学农药以及有效成分化学结构明确的生物源农药登记而进行的对水生生态系统影响的风险评估
63	NY/T 2882.3—2016	农药登记　环境风险评估指南第3部分：鸟类 Guidance on environmental risk assessment for pesticide registrationn Part 3：Birds	规定了农药对鸟类的风险评估原则、程序和方法。适用于为化学农药以及有效成分化学结构明确的生物源农药登记而进行的农药使用对鸟类影响的风险评估

（续）

序号	标准编号 （被替代标准号）	标准名称	应用范围和要求
64	NY/T 2882.4—2016	农药登记　环境风险评估指南第4部分：蜜蜂 Guidance on environmental risk assessment for pesticide registration Part 4：Honeybees	规定了农药对蜜蜂影响的风险评估原则、程序和方法。适用于在农药喷施、土壤处理和种子处理时，为化学农药以及有效成分化学结构明确的生物源农药登记而进行的对蜜蜂影响的风险评估
65	NY/T 2882.5—2016	农药登记　环境风险评估指南第5部分：家蚕 Guidance on environmental risk assessment for pesticide registration Part 5：Silkworms	规定了化学农药对家蚕影响的风险评估原则、程序和方法。适用于为化学农药以及有效成分化学结构明确的生物源农药登记而进行的、喷雾使用的农药对家蚕影响的风险评估
66	NY/T 2882.6—2016	农药登记　环境风险评估指南第6部分：地下水 Guidance on environmental risk assessment for pesticide registration Part 6：Ground water	规定了农药对地下水的风险评估原则、程序和方法。适用于为化学农药以及有效成分化学结构明确的生物源农药登记而进行的农药使用对地下水的风险评估
67	NY/T 2882.7—2016	农药登记　环境风险评估指南第7部分：非靶标节肢动物 Guidance on environmental risk assessment for pesticide registration Part 7：Non-target arthropod	规定了农药对陆生非靶标节肢动物影响的风险评估程序和方法。适用于为化学农药以及有效成分化学结构明确的生物源农药登记而进行的、喷雾使用的农药对农田内外两种暴露场景下的非靶标节肢动物影响的风险评估。不适用于蜜蜂和家蚕的风险评估

（续）

序号	标准编号（被替代标准号）	标准名称	应用范围和要求
68	HJ 610—2016（HJ 610—2011）	环境影响评价技术导则　地下水环境 Technical guidelines for environmental impact assessment — groundwater environment	规定了地下水环境影响评价的一般性原则、工作程序、内容、方法和要求。适用于对地下水环境可能产生影响的建设项目的环境影响评价。规划环境影响评价中的地下水环境影响评价可参照执行
69	HJ 614—2011	土壤　毒鼠强的测定　气相色谱法 Soil-Determination of tetramethylene disulphotetramine-Gas chromatography method	规定了测定土壤中毒鼠强的方法［气相色谱法］。适用土壤中毒鼠强的残留量分析，当取样量为 5g，方法检出限：3.5 μg/kg，测定下限 14μg/kg，线性范围：0～5.0mg/L
70	HJ 698—2014	水质　百菌清和溴氰菊酯的测定　气相色谱法 Water Quality-Determination of Chlorothalonil and Deltamethrin-Gas Chromatography Method	规定了测定水中百菌清和溴氰菊酯的方法［气相色谱法］。适用于地表水、地下水、工业废水和生活污水中百菌清和溴氰菊酯的测定。当样品量为 100mL 时，方法检出限（μg/L）：百菌清 0.07，溴氰菊酯 0.40，测定下限（μg/L）：百菌清 0.28，溴氰菊酯 1.60，线性范围（μg/L）：百菌清 0～200，溴氰菊酯 0～1 000
71	HJ 699—2014	水质　有机氯农药和氯苯类化合物的测定　气相色谱—质谱法 Water quality-Determination of 65 elements-Inductively coupled plasma-mass spectrometry	规定了测定水中有机氯农药和氯苯类化合物的方法［液液萃取或固相萃取/气相色谱—质谱法］。适用于地表水、地下水、生活污水、工业废水和海水中 1，3，5-三氯苯等 34 种农药的残留量分析，方法检出限：0.021～0.069 μg/L，线性范围：20.0～1 000μg/L

（续）

序号	标准编号（被替代标准号）	标准名称	应用范围和要求
72	HJ 710.1—2014	生物多样性观测技术导则　陆生维管植物 Technical guidelines for biodiversity monitoring—terrestrial vascular plants	规定了陆生维管植物多样性观测的主要内容、技术要求和方法。适用于国内陆生维管植物多样性的观测
73	HJ 710.2—2014	生物多样性观测技术导则　地衣和苔藓 Technical guidelines for biodiversity monitoring-lichens and bryophytes	规定了地衣和苔藓多样性观测的上要内容、技术要求和方法。适用于国内除海洋以外的陆生、水生地衣与苔藓多样性的观测
74	HJ 710.3—2014	生物多样性观测技术导则　陆生哺乳动物 Technical guidelines for biodiversity monitoring terrestrial mammals	规定了陆生哺乳动物多样性观测的主要内容、技术要求和方法。适用于国内陆生哺乳动物多样性的观测
75	HJ 710.4—2014	生物多样性观测技术导则　鸟类 Technical guidelines for biodiversity monitoring birds	规定了鸟类多样性观测的主要内容、技术要求和方法。适用于国内鸟类多样性的观测
76	HJ 710.5—2014	生物多样性观测技术导则　爬行动物 Technical guidelines for biodiversity monitoring reptiles	规定了爬行动物多样性观测的主要内容、技术要求和方法。适用于国内爬行动物多样性的观测

（续）

序号	标准编号（被替代标准号）	标准名称	应用范围和要求
77	HJ 710.6—2014	生物多样性观测技术导则　两栖动物 Technical guidelines for biodiversity monitoring amphibians	规定了两栖动物多样性观测的主要内容、技术要求和方法。适用于国内两栖动物多样性的观测
78	HJ 710.7—2014	生物多样性观测技术导则　内陆水域鱼类 Technical guidelines for biodiversity monitoring. inland water fish	规定了内陆水域鱼类多样性观测的主要内容、技术要求和方法。适用于国内所有内陆水域鱼类多样性的观测
79	HJ 710.82014	生物多样性观测技术导则　淡水底栖大型无脊椎动物 Technical guidelines for biodiversity monitoring freshwater benthic macroinvertebrates	规定了淡水底栖大型无脊椎动物多样性观测的主要内容、技术要求和方法。适用于国内淡水底栖大型无脊椎动物多样性的观测
80	HJ 710.92014	生物多样性观测技术导则　蝴蝶 Technical guidelines for biodiversity monitoring butterflies	规定了蝴蝶多样性观测的主要内容、技术要求和方法。适用于国内蝴蝶多样性的观测
81	HJ 710.10—2014	生物多样性观测技术导则　大中型土壤动物 Technical guidelines for biodiversity monitoring. Large-and medium-sized soil animals	规定了中型和大型土壤无脊椎动物多样性观测的主要内容、技术要求和方法。适用于国内中型和大型土壤无脊椎动物多样性的观测

（续）

序号	标准编号（被替代标准号）	标准名称	应用范围和要求
82	HJ 710.11—2014	生物多样性观测技术导则　大型真菌 Technical guidelines for biodiversity monitoring—macrofungi	规定了大型真菌多样性观测的主要内容、技术要求和方法。适用于国内大型真菌多样性的观测
83	HJ 716—2014	水质　硝基苯类化合物的测定　气相色谱—质谱法 Water qualiy. Determination of nitroaromatics. Gas chromatography mass spactrometry	规定了测定水中硝基苯类化合物的液液萃取和固相萃取/气相色谱-质谱法。适用于地表水、地下水、工业废水、生活污水和海水中 15 种硝基苯类化合物的测定。当取样量为 1L 时，目标化合物的方法检出限为 0.04～0.05μg/L，测定下限为0.16～0.20μg/L
84	HJ 735—2015	土壤和沉积物　挥发性卤代烃的测定　吹扫捕集/气相色谱—质谱法 Soil and sediment-Determination of volatile halohydrocarbons-Purge and trap gas chromatography mass spectrometry	规定了测定土壤和沉积物中挥发性卤代烃的吹扫捕集/气相色谱-质谱法。适用于土壤和沉积物中氯甲烷等 35 种挥发性卤代烃的测定，如果通过验证也适用于其他挥发性卤代烃
85	HJ 739—2015	环境空气　硝基苯类化合物的测定　气相色谱—质谱法 Ambient air-Determination of nitroaromatics-Gas chromatography	规定了测定环境空气中气态硝基苯类化合物的气相色谱-质谱法。适用于环境空气和无组织排放废气中硝基苯、硝基甲苯和硝基氯苯的测定

（续）

序号	标准编号 （被替代标准号）	标准名称	应用范围和要求
86	HJ 742—2015	土壤和沉积物　挥发性芳香烃的测定　顶空/气相色谱法 Soil and sediment—Determination of volatile aromatic hydrocarbons-Headspace gas chromatography	规定了测定土壤和沉积物中 12 种挥发性芳香烃的顶空/气相色谱法。适用于土壤和沉积物中 12 种挥发性芳香烃的测定。其他挥发性芳香烃如果通过验证也适用。当取样量为 2g 时，12 种挥发性芳香烃的方法检出限为 3.0～4.7μg/kg，测定下限为 12.0～18.8μg/kg
87	HJ 743—2015	土壤和沉积物　多氯联苯的测定　气相色谱—质谱法 Soil and sediment—Determination of polychlorinated biphenyls (PCBs) -Gas chromatography mass spectrometry	规定了测定土壤和沉积物中多氯联苯的气相色谱—质谱法。适用于土壤和沉积物中 7 种指示性多氯联苯和 12 种共平面多氯联苯的测定。其他多氯联苯如果通过验证也可用本方法测定。当取样量为 10.0g、采用选择的离子扫描模式时，多氯联苯的方法检出限为 0.4～0.6 μg/kg
88	HJ 753—2015	水质　百菌清及拟除虫菊酯类农药的测定　气相色谱—质谱法 Water quality. Determination of chlorothalonil and pyrethroid insecticides. Gas chromatography mass spectrometry	规定了水中百菌清及 8 种拟除虫菊酯类农药的液液萃取或固相萃取/气相色谱-质谱法。适用于地表水、地下水、工业废水和生活污水中百菌清及拟除虫菊酯类农药化合物的测定。液液萃取法取样量为 1L 时，方法检出限为 0.005～0.05μg/L，测定下限为 0.020～0.20μg/L；固相萃取法取样量为 500mL 时，方法检出限为 0.005～0.08μg/L，测定下限为 0.020～0.32μg/L
89	HJ 754—2015	水质　阿特拉津的测定　气相色谱法 Water quality. Determination of atrazine by Gas chromatography	规定了测定水中阿特拉津的气相色谱法。适用于地表水、地下水、生活污水和工业废水中阿特拉津的测定。当样品取样量为 100mL 时，阿特拉津的方法检出限为 0.2μg/L，测定下限为 0.8μg/L

（续）

序号	标准编号 （被替代标准号）	标准名称	应用范围和要求
90	HJ 768—2015	固体废物　有机磷农药的测定　气相色谱法 Solid Waste-Determination of Organic Phosphorous Pesticides-Gas Chromatography	规定了测定固体废物及其浸出液中有机磷农药的气相色谱法。适用于固体废物及其浸出液中 12 种有机磷农药的测定，包括丙溴磷、甲拌磷、乐果、二嗪农、乙拌磷、异稻瘟净、甲基对硫磷、马拉硫磷、毒死蜱、对硫磷、稻丰散和乙硫磷。若通过验证，也可适用于其他有机磷农药的测定。测定固体废物，当取样量为 10.0 g 时，12 种有机磷农药的方法检出限为 0.6 ～1.2 μg/kg，测定下限为 2.4～4.8 μg/kg。测定固体废物浸出液，当取样体积为 100 mL 时，12 种有机磷农药的方法检出限为 0.2～0.3 μg/L，测定下限为 0.8～1.2 μg/L
91	HJ 770—2015	水质　苯氧羧酸类除草剂的测定　液相色谱/串联质谱法 Water quality-Determination of Phenoxy carboxylic acids herbicide by High Performance Liquid Chromatography-Tandem Mass Spectrometry	规定了测定水中苯氧羧酸类除草剂的液相色谱/串联质谱法。适用于地表水、地下水和废水中 2-甲基-4-氯苯氧乙酸、2，4-二氯苯氧乙酸、2-（2-甲基-4-氯苯氧基）丙酸、2-（2，4-二氯苯氧基）-丙酸（或 2，4-滴丙酸）、2，4，5-三氯苯氧乙酸、2-（2，4，5-三氯苯氧基）-丙酸（或 2，4，5-涕丙酸）、4-（2，4-二氯苯氧）-丁酸和 4-（2-甲基-4-氯苯氧基）丁酸共 8 种苯氧羧酸类除草剂的测定。当进样体积为 10 μL 时，直接进样的方法检出限为 0.3～0.5 μg/L，测定下限为 1.2～2.0μg/L；当富集样品体积为 100 mL，浓缩后定容体积为 1.0 mL，进样体积为 10 μL 时，固相萃取的方法检出限为 0.006～0.009 μg/L，测定下限为 0.024～0.036 μg/L

（续）

序号	标准编号 （被替代标准号）	标准名称	应用范围和要求
92	NY/T 1728—2009	水体中甲草胺等六种酰胺类除草剂的多残留测定　气相色谱法 Multresidue Determination of six chloroacetanilide herbicides in water by GC	规定了测定水中甲胺磷、乙草胺、丙草胺、丁草胺、异丙甲草胺和吡氟草胺六种酰胺类除草剂残留量的方法［气相色谱法］。适用于水中上述六种酰胺类除草剂残留量的测定，方法检出限：甲草胺和乙草胺 0.02 μg/L，丙草胺为 0.05 μg/L，丁草胺、异丙甲草胺和吡氟草胺为 0.03 μg/L。方法线性范围为 0.025～5 mg/L
93	NY/T 2067—2011	土壤中 13 种磺酰脲类除草剂残留量的测定　液相色谱串联质谱法 Determination of 13 sulfonylurea herbici-des residues in soil by LC/MS/MS	规定了土壤中环氧嘧磺隆、噻吩磺隆、醚苯磺隆、烟嘧磺隆、甲磺隆、甲嘧磺隆、氯磺隆、胺苯磺隆、苄嘧磺隆、氟磺隆、氯嘧磺隆、氟嘧磺隆、吡嘧磺隆 13 种磺酰脲类除草剂残留量的测定方法［液相色谱-质谱法］。适用于土壤中上述 13 种磺酰脲类除草剂的测定。本方法环氧嘧磺隆、噻吩磺隆、醚苯磺隆、甲磺隆、甲嘧磺隆、氯磺隆、胺苯磺隆、苄嘧磺隆、氟磺隆、氯嘧磺隆、氟嘧磺隆、吡嘧磺隆的定量限均为 0.5μg/kg，烟嘧磺隆定量限为 1.0μg/kg，方法的线性范围为 0.5～200μg/L
94	SC/T 9104—2011	渔业水域中甲胺磷、克百威的测定　气相色谱法 Determination of methamidophos and carbofuran in fishery waters by gas chromatography	规定了渔业水域中甲胺磷和克百威残留量的测定方法［气相色谱法］。适用于渔业水域水体中甲胺磷和克百威残留量的测定，方法检出限（mg/L）：甲胺磷为 0.01，克百威为 0.001，线性范围：甲胺磷 0.1 ～50.0 mg/L，克百威 0.01 ～5.00 mg/L

（续）

序号	标准编号 (被替代标准号)	标准名称	应用范围和要求
95	YC/T 469—2013	植烟土壤及灌溉水　二氯喹啉酸除草剂残留量的测定　高效液相色谱法 Tobacco Soil and Irrigation Water-Determination of Heerbicide Quinclorac Residue-High Performance Liquid Chromatographic Method	规定了土壤及灌溉水中二氯喹啉酸除草剂残留量的测定方法[高效液相色谱法]。适用于土壤及灌溉水中二氯喹啉酸除草剂残留量的测定，本方法测定土壤及灌溉水中二氯喹啉酸的检出限为0.002 5 mg/kg 和0.001 0 mg/L，定量限为0.008 0mg/kg 和0.003 2 mg/L

（二）安全规范

序号	标准编号 （被替代标准号）	标准名称	应用范围和要求
1	GB 18468—2001	室内空气中对二氯苯卫生标准 Hygienic standard for pdichlorobenzene in indoor air	规定了室内空气中对二氯苯（防蛀剂、驱虫剂、除臭剂）的日平均最高容许浓度及检验方法［气相色谱法］。本标准适用于室内空气的监督检测和卫生评价，不适用于生产场所的室内环境。室内空气中对二氯苯的日平均最高容许浓度为 1.0mg/m³
2	GB 21523—2008	杂环类农药工业水污染物排放标准 Effluent standards of pollutants for heterocyclic pesticides industry	规定了杂环类农药原药生产过程中水污染物排放限值。适用于杂环类（吡虫啉、三唑酮、多菌灵、百草枯、莠去津、氟虫腈）原药生产企业的污染物排放控制和管理，及环境影响评价、环境保护设施设计、竣工验收及其运营期的排放管理
3	GB/T 24782—2009	持久性、生物累积性和毒性物质及高持久性和高生物累积性物质的判定方法 Decision method of persistent, bioaccumulative and toxic substances, and very persistentand very bioaccumulative substances	规定了持久性、生物累积性和毒性物质及高持久性和高生物累积性物质的判定标准。第 3 章和第 4 章仅适用于有机金属化合物。 持久性（半衰期）：海水>60d，淡水或河水>40d，海洋沉积物>180d，淡水或河水沉积物>120d，土壤>120d； 生物累积性：生物富集因子 BCF>2 000（淡水和海水水生生物）； 毒性：淡水和海水生物长期观察效应浓度 Noec>0.01mg/L，被分类为致癌物质，被分类为致畸物质，被分类为生殖毒性物质，其他慢性毒性迹象； 高持久性和高生物累积性物质： 持久性（半衰期）：海水、淡水或河水>60d，海水、淡水或河水沉积物>180d，土壤>180d； 高生物累积性：生物富集因子 BCF>5 000； 用筛选标准对持久性、生物累积性和毒性物质及高持久性和高生物累积性物质的判定： 持久性、高持久性：快速生物降解试验，强化生物降解试验，固有生物降解试验，预测模型； 生物累积性、高生物累积性，毒性

（续）

序号	标准编号 （被替代标准号）	标准名称	应用范围和要求
4	GB/T 32163.3—2015	生态设计产品评价规范　第3部分：杀虫剂 Specification for eco-design product assessment. Part 3: Insecticides	规定了杀虫剂生态设计产品评价的评价要求、评价报告编制方法和评价方法。适用于农用杀虫剂和卫生杀虫剂生态设计产品评价
5	HJ/T 217—2005 （HJBZ 32—1999）	环境标志产品技术要求　防虫蛀剂 Technical requirement for environmental labeling products—Products mothproof agent	规定了防虫蛀剂类环境标志产品的产品分类、基本要求、技术内容［生产过程中不得使用萘或对二氯苯；喷雾罐包装的液态产品不得使用氟氯化碳（CFCs）作为气雾推进剂］和检验方法。适用于以樟脑或拟除虫菊酯为原料生产的衣物、布料、书籍类用防虫蛀剂产品。防虫蛀剂类产品按形态分为两类：固体和液体
6	HJ/T 423—2008 （HJBZ 20—1997）	环境标志产品技术要求　杀虫气雾剂 Technical requirement for environmental labeling products—Aerosol insecticide	规定了杀虫气雾剂环境标志产品的基本要求、技术内容［不得使用氯氟化碳类物质（CFCs）（气相色谱法）；不得使用国际公约限定的持久性有机污染物；毒性应符合微毒级要求；苯系物含量（以苯计）≤50mg/L（气相色谱法）；挥发性有机化合物（VOC）（气相色谱法）控制要求：杀爬虫气雾剂≤40%，全害虫型和杀飞虫气雾剂≤45%，全释放型杀虫气雾剂≤55%］和检验方法等。适用于各类杀虫气雾剂产品

（续）

序号	标准编号 (被替代标准号)	标准名称	应用范围和要求
7	HJ 2533—2013 (HJ 2533—2006)	环境标志产品技术要求　蚊香 Technical requirement for environmental labeling products Mosquite-repellent incense	规定了蚊香类环境标志产品的术语和定义、基本要求、技术内容和检验方法。适用于点燃式蚊香、电热蚊香片和电热蚊香液。产品要求：产品毒性应符合《农药登记资料要求》中规定的微毒级要求；产品中不得添加 2，6-二叔丁基-4-甲基苯酚（BHT）、2（3）-叔丁基-4-甲基苯酚（BHA）；产品中不得添加邻苯二甲酸酯：邻苯二甲酸二壬酯（DINP）、邻苯二甲酸二正辛酯（DNOP）、邻苯二甲酸（2-乙基己基）酯（DEHP）、邻苯二甲酸二异癸酯（DIDP）、邻苯二甲酸丁基苄基酯（BBP）、邻苯二甲酸二丁酯（DBP）；电热蚊香液中不得添加苯、甲苯、二甲苯和乙苯；蚊香应使用水性胶粘剂；蚊香的烟尘量不得大于5mg/g；蚊香的焦油排放量不得大于 1.2mg/g。包装和包装材料中重金属铅、镉、汞和六价铬的总量不得超过 100mg/kg；企业提供回收、再生利用的信息
8	NY 1260—2007	农田灌溉水中苯、甲苯、二甲苯最大限量 Maximum Limits of Benzene, Toluene and Xylene for Irrigation Water Quality	规定了农田灌溉水中苯、甲苯、二甲苯最大限量要求、采样方法和试验方法。适用于以地面水、地下水和处理后的城市污水作水源的农田灌溉用水。本标准不适用于医药、生物制品、化学试剂、农药、石油炼制、焦化和有机化工等处理后的工业废水进行灌溉

（续）

序号	标准编号 （被替代标准号）	标准名称	应用范围和要求
9	NY 1614—2008	农田灌溉水中 4 -硝基氯苯、2，4 -二硝基氯苯、邻苯二甲酸二丁酯、邻苯二甲酸二辛酯的最大限量 Maximum limits of 4-chloronitrobenzene，2，4-dinitrochlorobenzene，dibutyl phthalae，dioctyl phthalate for irrigation water quality	规定了农田灌溉水中 4 -硝基氯苯、2，4 -二硝基氯苯、邻苯二甲酸二丁酯、邻苯二甲酸二辛酯的最大限量［分别为≤0.5mL/L、0.5mL/L、0.1mL/L、0.1mL/L］。适用于以地表水、地下水和处理后的城镇生活污水作水源的农田灌溉用水，不适用于医药、生物制品、化学试剂、农药、石油炼制、焦化和有机化工等处理后的工业废水进行灌溉
10	SN/T 3401—2012	进出境植物检疫熏蒸处理后熏蒸剂残留浓度检测规程 Rules for fumigants rusidue detection after plant quarantine fumigation	规定了进出境植物检疫熏蒸处理后溴甲烷、硫酰氟和磷化氢空间残留浓度的要求［溴甲烷空间残留浓度最高限 19.4mg/m^3（5mg/kg）、硫酰氟空间残留浓度最高限 20.9mg/m^3（5mg/kg）和磷化氢空间残留浓度最高限 0.3mg/m^3（0.3mg/kg）］及检测方法［溴甲烷：直接进样——气相色谱法（方法检出限 $5\times10^{-4}\mu g$/mL）和手持式溴甲烷气体检测仪检测（仪器直读法，测量灵敏度 4mg/m^3）；硫酰氟：直接进样——气相色谱法（方法最低检出浓度 0.04mg/m^3）和快速残留检测——便携式红外分析检测法（测量灵敏度 4.17mg/m^3）；磷化氢：直接进样——气相色谱法（方法最低检出浓度 0.001mg/m^3）和钼酸铵分光光度法（方法检出限 0.1μg/mL）］。适用于进出境植物检疫熏蒸处理后溴甲烷、硫酰氟和磷化氢空间残留浓度的检测

六、毒理学标准

（一）试验方法

序号	标准编号 （被替代标准号）	标准名称	应用范围和要求
1	GB 15193.1—2014 （GB 15193.1—2003）	食品安全国家标准　食品安全性毒理学评价程序	规定了食品安全性毒理学评价的程序。对受试物的信息做出了要求，规定了食品安全性毒理学评价试验的内容包括急性经口毒性试验、遗传毒性试验、28 天经口毒性试验、90 天经口毒性试验、致畸试验、生殖毒性试验和生殖发育毒性试验、毒物动力学试验、慢性毒性试验、致癌试验、慢性毒性和致癌合并试验，提出不同受试物选择试验的原则，介绍了不同试验的目的和结果判定方法以及评价时需要考虑的因素。适用于评价食品生产、加工、保藏、运输和销售过程中所涉及的可能对健康造成危害的化学、生物和物理因素的安全性，检验对象包括食品及其原料、食品添加剂、新食品原料、辐照食品、食品相关产品（用于食品的包装材料、容器、洗涤剂、消毒剂和用于食品生产经营的工具、设备）以及食品污染物
2	GB 15193.2—2014 （GB 15193.2—2003）	食品安全国家标准　食品毒理学实验室操作规范	规定了食品毒理学实验室操作的要求。适用于进行食品毒理学试验的实验室
3	GB 15193.3—2014 （GB 15193.3—2003）	食品安全国家标准　急性经口毒性试验	规定了急性经口毒性试验的基本试验方法和技术要求。适用于评价受试物的急性经口毒性作用
4	GB 15193.4—2014 （GB 15193.4—2003）	食品安全国家标准　细菌回复突变试验	规定了鼠伤寒沙门氏菌回复突变试验的基本技术要求，选择大肠杆菌进行细菌回复突变试验时应参阅有关文献。适用于评价受试物的致突变作用

（续）

序号	标准编号 （被替代标准号）	标准名称	应用范围和要求
5	GB 15193.5—2014 （GB 15193.5—2003）	食品安全国家标准　哺乳动物红细胞微核试验	规定了哺乳动物红细胞微核试验的基本试验方法和技术要求。适用于评价受试物的遗传毒性作用
6	GB 15193.6—2014 （GB 15193.6—2003）	食品安全国家标准　哺乳动物骨髓细胞染色体畸变试验	规定了哺乳动物骨髓细胞染色体畸变试验的基本试验方法和技术要求。适用于评价受试物对哺乳动物骨髓细胞的遗传毒性
7	GB 15193.7—2003 （GB 15193.7—1994）	小鼠精子畸形试验 Mice sperm abnormality test	规定了小鼠精子畸形试验的基本技术要求。适用于评价食品生产、加工、保藏、运输和销售过程中所涉及的可能对健康造成危害的化学、生物和物理因素的遗传毒性，检验对象包括食品添加剂（含营养化剂）、食品新资源及其成分、新资源食品、辐照食品、食品容器与包装材料、食品工具、设备、洗涤剂、消毒剂、农药残留、兽药残留、食品工业用微生物等
8	GB 15193.8—2014 （GB 15193.8—2003）	食品安全国家标准　小鼠精原细胞或精母细胞染色体畸变试验	规定了小鼠精原细胞或精母细胞染色体畸变试验的基本试验方法和技术要求。适用于评价受试物对小鼠生殖细胞染色体的损伤，根据具体情况选择精原细胞或精母细胞作为靶细胞
9	GB 15193.9—2014 （GB 15193.9—2003）	食品安全国家标准　啮齿类动物显性致死试验	规定了啮齿类动物显性致死试验的基本试验方法和技术要求。适用于评价受试物的致突变作用
10	GB 15193.10—2014 （GB 15193.10—2003）	食品安全国家标准　体外哺乳类细胞 DNA 损伤修复（非程序性 DNA 合成）试验	规定了体外哺乳类细胞 DNA 损伤修复（非程序性 DNA 合成）试验的基本试验方法和技术要求。适用于评价受试物的诱变性和（或）致癌性
11	GB 15193.11—2015 （GB 15193.11—2003）	食品安全国家标准　果蝇伴性隐性致死试验	规定了果蝇伴性隐性致死试验的基本技术要求。适用于评价受试物的遗传毒性作用

（续）

序号	标准编号（被替代标准号）	标准名称	应用范围和要求
12	GB 15193.12—2014（GB 15193.12—2003）	食品安全国家标准　体外哺乳类细胞 HGPRT 基因突变试验	规定了体外哺乳类细胞次黄嘌呤鸟嘌呤磷酸核糖转移酶（HGPRT）基因突变试验的基本试验方法和技术要求。适用于评价受试物的致突变作用
13	GB 15193.13—2015（GB 15193.13—2003）	食品安全国家标准　90 天经口毒性试验	规定了实验动物 90d 经口毒性试验的基本试验方法和技术要求。适用于评价受试物的亚慢性毒性作用
14	GB 15193.14—2015（GB 15193.14—2003）	食品安全国家标准　致畸试验	规定了动物致畸试验的试验方法和技术要求。适用于评价受试物的致畸作用
15	GB 15193.15—2015（GB 15193.15—2003）	食品安全国家标准　生殖毒性试验	规定了生殖毒性试验的试验方法和技术要求。适用于评价受试物的生殖毒性作用
16	GB 15193.16—2014（GB 15193.16—2003）	食品安全国家标准　毒物动力学试验	规定了毒物动力学试验的基本试验方法和技术要求。适用于评价受试物的毒物动力学过程
17	GB 15193.17—2015（GB 15193.17—2003）	食品安全国家标准　慢性毒性和致癌合并试验	规定了慢性毒性和致癌合并试验的基本试验方法和技术要求。适用于评价受试物的慢性毒性和致癌性作用
18	GB 15193.18—2015（GB 15193.18—2003）	食品安全国家标准　健康指导值	规定了食品及食品有关的化学物质健康指导值的制定方法，包括收集相关资料、起始点的确定、不确定系数的选择、健康指导值的计算等。适用于能够引起有阈值的毒作用的受试物
19	GB 15193.19—2015（GB 15193.19—2003）	食品安全国家标准　致突变物、致畸物和致癌物的处理方法	规定了实验室中致突变物、致畸物和致癌物的处理方法。适用于食品安全性毒理学评价方法中使用的致突变物、致畸物和致癌物的处理
20	GB 15193.20—2014（GB 15193.20—2003）	食品安全国家标准　体外哺乳类细胞 TK 基因突变试验	规定了体外哺乳类胸苷激酶（thymidine kinase，TK）基因突变试验的基本试验方法与技术要求。适用于评价受试物的致突变作用

（续）

序号	标准编号 (被替代标准号)	标准名称	应用范围和要求
21	GB 15193.21—2014 (GB 15193.21—2003)	食品安全国家标准　受试物试验前处理方法	规定了受试物进行安全性评价时的前处理方法。适用于评价受试物安全性时的受试物试验前处理
22	GB 15193.22—2014	食品安全国家标准　28d经口毒性试验	规定了实验动物28d经口毒性试验的基本试验方法和技术要求。适用于评价受试物的短期毒性作用
23	GB 15193.23—2014	食品安全国家标准　体外哺乳类细胞染色体畸变试验	规定了体外哺乳类细胞染色体畸变试验的基本试验方法和技术要求。适用于评价受试物的体外哺乳类细胞染色体畸变
24	GB 15193.24—2014	食品安全国家标准　食品安全性毒理学评价中病理学检查技术要求	规定了食品安全性毒理学评价中常规病理学检查技术要求。适用于食品安全性毒理学评价中常规病理学检查
25	GB 15193.25—2014	食品安全国家标准　生殖发育毒性试验	规定了生殖发育毒性试验的基本试验方法和技术要求。适用于评价受试物的生殖发育毒性作用
26	GB 15193.26—2015	食品安全国家标准　慢性毒性试验	规定了慢性毒性试验的基本试验方法和技术要求。适用于评价受试物的慢性毒性作用
27	GB 15193.27—2015	食品安全国家标准　致癌试验	规定了致癌试验的基本试验方法和技术要求。适用于评价受试物的致癌性作用
28	GB 15670—1995	农药登记毒理学试验方法 Toxicological test methods of pesticides for registration	规定了农药登记毒理学试验的方法［急性：经口、经皮、吸入、皮肤刺激、眼刺激、皮肤变态反应（致敏）；亚急性：经口、经皮/吸入；亚慢性：经口、致突变；慢性：迟发性神经毒性、两代繁殖、致畸、致癌、毒物代谢动力学等试验］、条件和基本要求。适用于为农药登记进行的毒理学试验

（续）

序号	标准编号 （被替代标准号）	标准名称	应用范围和要求
29	GB/T 28646—2012	化学品　体外哺乳动物细胞微核试验方法 Chemicals—Test method of mammalian cell micronucleus in vitro	规定了体外哺乳动物细胞微核试验方法的术语和定义、试验原理、试验方法、试验数据和报告。适用于化学品体外哺乳动物细胞微核试验
30	GB/T 28647—2012	化学品　啮齿类动物子宫增重试验　雌激素作用的短期筛选试验 Chemical—Test method of uterotrophic bioassay in rodents-A short-term screening test for oestrogenic properties	规定了啮齿类动物子宫增重试验雌激素作用的短期筛选试验方法的术语和定义、试验原理、试验方法描述、试验步骤、试验数据和报告、结果的解释和认可。适用于雌激素作用短期筛选啮齿类动物子宫增重试验
31	GB/T 28648—2012	化学品　急性吸入毒性试验　急性毒性分类法 Chemicals—Acute inhalation toxicity testing—Acute toxic class method	规定了急性吸入毒性试验方法的试验原则、试验方法、数据和报告。适用于化学品急性吸入毒性的急性毒性分类
32	GBZ/T 240—2011	化学品毒理学评价程序和试验方法（2～29） Procedures and tests for toxicological evaluations of chemicals（Part 2 - 29）	分别规定了动物急性经口毒性试验、急性经皮毒性试验、急性吸入毒性试验、急性眼刺激/腐蚀性试验、皮肤刺激性/腐蚀性试验、皮肤致敏试验、Ames 试验、体外哺乳动物细胞染色体畸变试验、体外哺乳动物细胞基因突变试验、体内哺乳动物骨髓嗜多染红细胞微核试验、体内哺乳动物骨髓细胞染色体畸变试验、哺乳动物精原细胞/初级精母细胞染色体畸变试验、啮齿类动物显性致死试验、亚急性经口毒性试验、亚急性经皮毒性试验、亚急性吸入毒性试验、亚慢性经口毒性试验、亚慢性经皮毒性试验、亚慢性吸入毒性试验、致畸试验、两代繁殖毒性试验、迟发性神经毒性试验、慢性经口毒性试验、慢性经皮毒性试验、慢性吸入毒性试验、致癌试验、慢性毒性和致癌合并试验、毒物代谢动力学试验的目的、试验概述、试验方法、数据处理与结果评价、评价报告与结果解释。适用于化学品的相关毒性试验

（续）

序号	标准编号 （被替代标准号）	标准名称	应用范围和要求
33	NY/T 2186.1—2012	微生物农药毒理学试验准则　第1部分：急性经口毒性/致病性试验 Microbial pesticide toxicological test guidelines—Part 1：Acute oral toxicity/pathogenicity study	规定了微生物农药急性经口毒性/致病性试验的基本原则、方法和要求。适用于为微生物农药登记而进行的急性经口毒性/致病性试验
34	NY/T 2186.2—2012	微生物农药毒理学试验准则　第2部分：急性经呼吸道毒性/致病性试验 Microbial pesticide toxicological test guidelines—Part 2：Acute pulmonary toxicity/pathogenicity study	规定了微生物农药急性经呼吸道毒性/致病性试验的基本原则、方法和要求。适用于为微生物农药登记而进行的急性经呼吸道毒性/致病性试验
35	NY/T 2186.3—2012	微生物农药毒理学试验准则　第3部分：急性注射毒性/致病性试验 Microbial pesticide toxicological test guidelines—Part 3：Acute injection toxicity/pathogenicity study	规定了微生物农药急性注射毒性/致病性试验的基本原则、方法和要求。适用于为微生物农药登记而进行的急性注射毒性/致病性试验
36	NY/T 2186.4—2012	微生物农药毒理学试验准则　第4部分：细胞培养试验 Microbial pesticide toxicological test guidelines—Part 4：Cell culture study	规定了微生物农药细胞培养试验的基本原则、方法和要求。适用于为微生物农药登记而进行的细胞培养试验

（续）

序号	标准编号 (被替代标准号)	标准名称	应用范围和要求
37	NY/T 2186.5—2012	微生物农药毒理学试验准则　第5部分：亚慢性毒性/致病性试验 Microbial pesticide toxicological test guidelines—Part 5：Subchronic toxicity/pathogenicity study	规定了微生物农药亚慢性毒性/致病性试验的基本原则、方法和要求。适用于为微生物农药登记而进行的亚慢性毒性/致病性试验
38	NY/T 2186.6—2012	微生物农药毒理学试验准则　第6部分：繁殖/生育影响试验 Microbial pesticide toxicological test guidelines—Part 6：Reproductive/fertility effects study	规定了微生物农药繁殖/生育影响试验的基本原则、方法和要求。适用于为微生物农药登记而进行的繁殖/生育影响试验

（二）毒理评价

序号	标准编号（被替代标准号）	标准名称	应用范围和要求
1	GBZ 8—2002（GB 7794—1987）	职业性急性有机磷杀虫剂中毒诊断标准 Diagnostic criteria of occupational acute organophosphorus insecticides poisoning	规定了职业性急性有机磷杀虫剂中毒的诊断和处理原则。诊断原则为根据短时间接触大量有机磷杀虫剂的职业史，以自主神经、中枢神经和周围神经系统症状为主的临床表现，结合血液胆碱酯酶活性的测定，参考作业环境的劳动卫生学调查资料，进行综合分析，排除其他类似疾病后，方可诊断；中毒分为急性中毒（轻度中毒、中度中毒、重度中毒）、中间期肌无力综合征和迟发性多发性神经病；急性中毒的治疗原则为清除毒物、采用特效解毒剂、对症和支持治疗；中间期肌无力综合征在治疗急性中毒的基础上，主要给予对症和支持治疗，重度呼吸困难者，及时建立人工气道，进行机械通气，同时积极防止并发症；迟发性多发性神经病治疗原则与神经科相同，可给予中、西医对症和支持治疗及运动功能的康复锻炼等。适用于因生产和使用有机磷杀虫剂而发生的急性中毒，生活性有机磷杀虫剂中毒以及有机磷杀虫剂与其他农药混配中毒亦可参用本标准
2	GBZ 10—2002（GB7796—2002）	职业性急性溴甲烷中毒诊断标准 Diagnostic criteria of occupational acute methyl bromide poisoning	规定了急性溴甲烷中毒的诊断标准和处理原则。诊断原则：根据短期内接触较大量溴甲烷职业史、急性中枢神经系统、呼吸系统损害为主的临床表现及其他必要的临床检查结果，参考现场劳动卫生学调查，综合分析，排除其他病因所致类似疾病，方可诊断；分为轻度中毒、重度中毒两级；处理原则包括立即脱离现场，清除污染，接触反应者应至少观察 48h，根据情况作处理，中毒患者应卧床休息，严密观察病情变化，治疗以对症治疗及支持治疗为主，要早期、积极地处理脑水肿、肺水肿等情况。适用于职业性急性溴甲烷中毒的诊断和处理，非职业性急性溴甲烷中毒也可参照执行

（续）

序号	标准编号（被替代标准号）	标准名称	应用范围和要求
3	GBZ 11—2014 （GBZ 11—2002 GB7797—1987）	职业性急性磷化氢中毒诊断标准 Diagnosis of occupational acute phosphine poisoning	规定了职业性急性磷化氢中毒的诊断和处理原则。根据短期吸入磷化氢气体的职业史，出现以中枢神经系统、呼吸系统损害为主的临床表现，结合胸部影像学检查，参考现场职业卫生学调查资料，综合分析，并排除其他病因所致类似疾病后，方可诊断；分为轻度中毒、中度中毒、重度中毒三级；处理原则为立即脱离现场，保持安静，保暖，合理氧疗，必要时应用呼吸支持治疗，积极防治脑水肿、肺水肿，早期、足量、短程使用糖皮质激素，其他对症及支持治疗等。适用于职业性急性磷化氢中毒诊断与处理
4	GBZ 34—2002 （GB8792—1988）	职业性急性五氯酚中毒诊断标准 Diagnostic criteria of occupational acute pentachlorophenol poisoning	规定了职业性急性五氯酚中毒的诊断标准及处理原则。诊断原则：根据短期内接触较大量的五氯酚职业史、典型的临床表现，结合现场劳动卫生学调查，综合分析，并排除其他病因所致类似疾病，方可诊断；分为轻度中毒、重度中毒两级；治疗原则为立即清除污染，对接触反应者应至少观察24h，特别注意意识与体温变化，早期治疗，患者有发热时，立即采取各种降温措施，以对症及支持疗法为主，合理补液，维持电解质平衡，必要时给予肾上腺糖皮质激素，供给能量，并注意保护主要脏器，忌用阿托品、巴比妥类药物。适用于在职业活动中由于接触五氯酚及五氯酚钠所引起的急性中毒，非职业性活动中接触五氯酚发生急性中毒时，也可参照使用本标准

（续）

序号	标准编号 （被替代标准号）	标准名称	应用范围和要求
5	GBZ 39—2002 （GB11506—1989）	职业性急性 1，2-二氯乙烷中毒诊断标准 Diagnostic criteria of occupational acute 1，2-dichloroethane poisoning	规定了职业性急性二氯乙烷中毒的诊断标准及处理原则。诊断原则：根据短期接触较高浓度二氯乙烷的职业史和以中枢神经系统损害为主的临床表现，结合现场劳动卫生学调查，综合分析，排除其他病因所引起的类似疾病，方可诊断；分为轻度中毒、重度中毒两级；治疗原则为迅速脱离现场，清除污染，接触反应者应密切观察并给予对症处理，防治中毒性脑病，积极治疗脑水肿，降低颅内压，无特效解毒剂，治疗原则和护理与神经科、内科相同。适用于职业活动中接触二氯乙烷引起的急性和亚急性中毒的诊断与处理
6	GBZ 43—2002 （GB 11510—1989）	职业性急性拟除虫菊酯中毒诊断标准 Diagnostic criteria of occupational acute pyrethroids poisoning	规定了拟除虫菊酯中毒诊断标准及处理原则。诊断原则：根据短期内密切接触较大量拟除虫菊酯的职业史，出现以神经系统兴奋性异常为主的临床表现，结合现场调查，进行综合分析，并排除有类似临床表现的其他疾病后，方可诊断；分为轻度中毒、重度中毒两级；治疗原则为立即脱离事故现场，清除污染，急性中毒以对症治疗为主，重度中毒者应加强支持疗法，拟除虫菊酯与有机磷混配的杀虫剂急性中毒者，应先根据急性有机磷杀虫剂中毒的治疗原则进行处理，而后给予相应的对症治疗。适用于在职业活动中由含氰基的拟除虫菊酯类杀虫剂（如溴氰菊酯、戊氰菊酯、氯氰菊酯等）引起的急性中毒的诊断及处理。非职业性中毒者亦可参用本标准

（续）

序号	标准编号（被替代标准号）	标准名称	应用范围和要求
7	GBZ 46—2002 （GB 11513—1989）	职业性急性杀虫脒中毒诊断标准 Diagnostic criteria of occupational acute chlordimeform poisoning	规定了职业性急性杀虫脒中毒的诊断标准及处理原则。诊断原则：根据短期内接触较大量杀虫脒的职业史、典型的临床表现，血高铁血红蛋白饱和度测定结果，并参考尿中杀虫脒及其代谢产物 4 -氯邻甲苯胺含量测定，排除其他病因所致类似疾病，综合分析，方可诊断；分为轻度中毒、中度中毒、重度中毒三级；治疗原则为立即脱离现场，清除污染，维生素 C 和葡萄糖液静脉滴注或推注，明显紫绀者用美蓝（亚甲蓝）1～2mg/kg 加入 50%葡萄糖溶液中，静脉缓慢推注，必要时可重复半量一次，出血性膀胱炎患者应用 5 %碳酸氢钠溶液静脉滴注，也可口服碳酸氢钠，心血管功能障碍者用儿茶酚胺类强心药物（如多巴胺、间羟胺等）纠正休克，并给予纠正心率紊乱药物和心肌营养剂，昏迷的急救处理同内科。适用于在职业活动中由于接触杀虫脒所引起的急性中毒。在非职业性活动中接触杀虫脒和杀虫脒的同类化合物单甲脒、双甲脒等所引起的急性中毒的诊断，也可参照本标准
8	GBZ 71—2013 （GBZ 71—2002）	职业性急性化学物中毒的诊断　总则 Diagnosis of occupational acute chemical poisoning—General rules	规定了职业性急性化学物中毒诊断和处理原则。诊断原则：根据短期内接触大量化学物的职业史，出现相应靶器官损害为主的临床表现，结合有关实验室、辅助检查等结果，参考现场职业卫生学调查资料，进行综合分析，排除其他病因所致类似疾病后，方可诊断；诊断分三级：轻度中毒、中度中毒、重度中毒；处理原则：包括现场紧急处理、医学监护、尽快排出化学物、根据中毒的病理生理改变合理使用肾上腺糖皮质激素和自由基清除剂、对症及支持治疗等。适用于在职业活动中由于接触化学物所引起的急性中毒的诊断及处理

（续）

序号	标准编号（被替代标准号）	标准名称	应用范围和要求
9	GBZ 245—2013	职业性急性环氧乙烷中毒的诊断 Diagnosis of occupational acute ethylene oxide poisoning	规定了职业性急性环氧乙烷中毒的诊断和处理原则。诊断原则：根据短期内接触较大量环氧乙烷的职业史，出现以中枢神经系统、呼吸系统损害为主的临床表现，结合现场职业卫生学调查和实验室检查结果，综合分析，并排除其他原因所致类似疾病，方可诊断；诊断分三级：轻度中毒、中度中毒、重度中毒；治疗原则：现场处理、合理氧疗、积极防治脑水肿、肺水肿及其他对症支持治疗等。适用于职业活动中接触环氧乙烷引起急性中毒的诊断与处理
10	GBZ 246—2013	职业性急性百草枯中毒的诊断 Diagnosis of occupational acute paraquat poisoning	规定了职业性急性百草枯中毒的诊断原则、诊断分级及处理原则。诊断原则：根据短期内接触较大剂量或高浓度的百草枯职业史，以皮肤黏膜、急性肺损伤为主，可伴有肝、肾等多脏器损害的临床表现，结合现场职业卫生学调查资料，参考血液或尿液中百草枯含量的测定，经综合分析排除其他病因所致类似疾病，方可诊断。诊断分三级：轻度中毒、中度中毒、重度中毒；治疗原则：现场紧急处理，尽快清除毒物、对症及支持疗法为主，无特效解毒剂，因百草枯有迟发性肺脏损伤，中毒病例治疗观察应不少于 2 周。适用于职业性急性百草枯中毒的诊断及处理
11	NY/T 2873—2015	农药内分泌干扰作用评价方法 Evaluation method of pesticide endocrine disrupting Effects	规定了内分泌干扰作用的基本试验方法和技术要求。适用于评价农药的内分泌干扰作用

（续）

序号	标准编号 (被替代标准号)	标准名称	应用范围和要求
12	NY/T 2874—2015	农药每日允许摄入量 Pesticide acceptable daily intake	规定了 1-甲基环丙烯等 554 种农药的每日允许摄入量。适用于制定农药最大残留限量和进行农药长期膳食风险评估等相关工作而制定的每日允许摄入量
13	NY/T 2875—2015	蚊香类产品健康风险评估指南 Guidance on health risk assessment of mosquito coils, vaporizing mats and liquid vaporizers	规定了蚊香类产品居民健康风险评估程序、方法和评价标准。适用于室内使用蚊香类产品（包括蚊香、电热蚊香片、电热蚊香液等）对居民的健康风险评估
14	WS/T 85—1996	食源性急性有机磷农药中毒诊断标准及处理原则 Diagnostic criteria and principles of management of dietary acute organophosphates poisoning	规定了食源性急性有机磷农药中毒的诊断标准（给出急性轻度、中度、重度中毒以及迟发性神经病的判定方法）、判定原则（结合流行病学调查、临床表现和实验室检查来判定）及处理原则（清除毒物：催吐、洗胃，以排出毒物；特效解毒药：轻度中毒者可单独给予阿托品，中度或重度中毒者，需要阿托品和胆碱酯酶复能剂两者并用，敌敌畏、乐果中毒的治疗应以阿托品为主；对症治疗：处理原则同内科；急性中毒者临床症状消失后，应继续观察 2～3d；乐果、马拉硫磷等中毒者，应适当延长观察时间；重度中毒者，应避免过早活动，以防病情突变）。适用于因食用有机磷农药污染的食物而引起的急性有机磷农药中毒
15	WS/T 115—1999	职业接触有机磷酸酯类农药的生物限值 Biological limit values for occupational exposure to organophosphate insecticides	规定了职业接触有机磷酸酯类农药的生物监测指标（全血胆碱酯酶活性校正值）、生物限值（原基础值或参考值的 70%，采样时间：接触起始后三个月内，任意时间；原基础值或参考值的 50%，采样时间：持续接触三个月以后，任意时间）及监测检验方法。适用于有机磷酸酯类农药职业接触者的生物监测

（续）

序号	标准编号 （被替代标准号）	标准名称	应用范围和要求
16	WS/T 264—2006	职业接触五氯酚的生物限值 Biological limit value for occupational exposure to pentachlorophenol	规定了职业接触五氯酚的生物监测指标为尿总五氯酚，生物接触限值为 0.64mmol/mol 肌酐（1.5mg/g 肌酐），采样时间为工作周末的班末。尿总五氯酚的监测检验按 WS/T 61 执行，尿肌酐的监测检验方法按 WS/T 97 或 WS/T 98 执行。适用于职业接触五氯酚劳动者的生物监测
17	WS 375.7—2012	疾病控制基本数据集　第 7 部分：农药中毒报告 Basic dataset of disease control—Part 7：Pesticide poison reporting	规定了农药中毒报告基本数据集的数据集元数据属性和数据元属性。对标识信息子集、内容信息子集两类元数据子集的元数据项和元数据值进行了规定；对标识类、关系类、管理类 3 种数据元公用属性的名称和属性值进行了规定；对 33 项数据元专用属性的内部标识符、数据元标识符、数据元名称、定义、数据元值的数据类型、表示格式和数据元允许值进行了规定。适用于疾病预防控制机构、提供疾病预防控制服务的相关医疗保健机构及卫生行政部门进行相关业务数据采集、传输、存储等工作

七、索　　引

（一）国家标准（按照标准编号从小到大的顺序排列）

（二）行业标准（按照行业代码的字母顺序排列）

1. 包装

2. 化工